“先进化工材料关键技术丛书”（第二批）编委会

先进化工材料关键技术丛书（第二批）

中国化工学会 组织编写

高纯度化学品精馏关键技术

Key Technologies of High-purity Chemical Distillation

李群生 等 编著

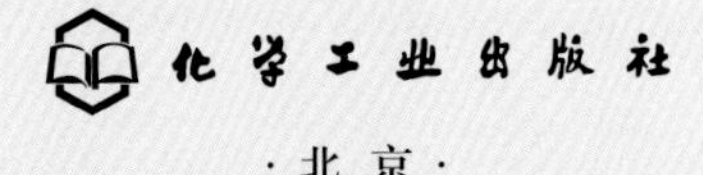

·北京·

内容简介

《高纯度化学品精馏关键技术》是"先进化工材料关键技术丛书"（第二批）的一个分册。

本书围绕高纯度化学品精馏这一主题，系统论述了本领域技术发展现状、相平衡热力学研究、塔板与填料研究、微量杂质分离技术、特殊精馏及精馏耦合技术、流程优化方法以及节能减排技术等内容。本书汇集了高纯度化学品精馏领域的基本概念与原理、工程应用技术、工业应用实例和包括编著者团队在内的新近研究成果。

《高纯度化学品精馏关键技术》是多项国家和省部级成果的系统总结，提供了大量基础研究和代表性工程案例，可供化工、材料等领域的科研人员、工程技术人员、生产管理人员以及高等院校相关专业师生参考。

图书在版编目（CIP）数据

高纯度化学品精馏关键技术/中国化工学会组织编写；李群生等编著. —北京：化学工业出版社，2023.3
（先进化工材料关键技术丛书. 第二批）
国家出版基金项目
ISBN 978-7-122-43119-6

Ⅰ. ①高… Ⅱ. ①中… ②李… Ⅲ. ①精馏－化工过程 Ⅳ. ①TQ028.3

中国国家版本馆 CIP 数据核字（2023）第 047083 号

责任编辑：任睿婷　杜进祥　徐雅妮
文字编辑：胡艺艺　杨振美
责任校对：边　涛
装帧设计：关　飞

出版发行：化学工业出版社（北京市东城区青年湖南街13号　邮政编码100011）
印　　装：中煤（北京）印务有限公司
710mm×1000mm　1/16　印张20½　字数411千字
2024年1月北京第1版第1次印刷

购书咨询：010-64518888　售后服务：010-64518899
网　　址：http：//www.cip.com.cn
凡购买本书，如有缺损质量问题，本社销售中心负责调换。

定　　价：198.00元　

作者简介

李群生，北京化工大学教授、博士生导师，中国石油和化学工业联合会传质与分离工程重点实验室主任，“集成电路高纯化学品制备技术”教育部工程研究中心主任，国际欧亚科学院院士，中国化工学会会士，获侯德榜化工科学技术成就奖、中华国际科学交流基金会杰出工程师奖，享受国务院特殊津贴。担任中国化工学会高纯化学品工艺与装备专业委员会主任委员、中国能源学会专家委员会副主任委员、全国塔器技术专家委员会委员、中国石油和化学工业联合会电子化学品工作组理事、中国氯碱工业协会氯化聚乙烯专业委员会专家组成员、中国盐业总公司技术委员会委员、《现代化工》编委等。

李群生教授主要从事传质与分离工程领域的理论与实验研究和工业应用工作，在电子化学品、石油化工、煤化工等行业，以及高纯度 / 超高纯度化学品分离提纯、高黏度及易自聚等复杂物系精馏、化工生产节能减排碳中和等研究领域拥有多项代表性的科研和应用成果。发表论文 400 余篇，出版专著 1 部。作为第一完成人获国家科学技术进步奖二等奖 2 项，中国专利金奖 1 项，省部级科学技术进步奖和技术发明奖一等奖 9 项、二等奖 5 项，中国专利优秀奖 2 项，等等。

丛书（第二批）序言

材料是人类文明的物质基础，是人类生产力进步的标志。材料引领着人类社会的发展，是人类进步的里程碑。新材料作为新一轮科技革命和产业变革的基石与先导，是“发明之母”和“产业食粮”，对推动技术创新、促进传统产业转型升级和保障国家安全等具有重要作用，是全球经济和科技竞争的战略焦点，是衡量一个国家和地区经济社会发展、科技进步和国防实力的重要标志。目前，我国新材料研发在国际上的重要地位日益凸显，但在产业规模、关键技术等方面与国外相比仍存在较大差距，新材料已经成为制约我国制造业转型升级的突出短板。

先进化工材料也称化工新材料，一般是指通过化学合成工艺生产的、具有优异性能或特殊功能的新型材料。包括高性能合成树脂、特种工程塑料、高性能合成橡胶、高性能纤维及其复合材料、先进化工建筑材料、先进膜材料、高性能涂料与黏合剂、高性能化工生物材料、电子化学品、石墨烯材料、催化材料、纳米材料、其他化工功能材料等。先进化工材料是新能源、高端装备、绿色环保、生物技术等战略新兴产业的重要基础材料。先进化工材料广泛应用于国民经济和国防军工的众多领域中，是市场需求增长最快的领域之一，已成为我国化工行业发展最快、发展质量最好的重要引领力量。

我国化工产业对国家经济发展贡献巨大，但从产业结构上看，目前以基础和大宗化工原料及产品生产为主，处于全球价值链的中低端。“一代材料，一代装备，一代产业。”先进化工材料因其性能优异，是当今关注度最高、需求最旺、发展最快的领域之一，与国家安全、国防安全以及战略新兴产业关系最为密切，也是一个国家工业和产业发展水平以及一个国家整体技术水平的典型代表，直接推动并影响着新一轮科技革命和产业变革的速度与进程。先进化工材料既是我国化工产业转型升级、实现由大到强跨越式发展的重要方向，同时也是保障我国制造业先进性、支撑性和多样性的“底盘技术”，是实施制造强国战略、推动制造业高质量发展的重要保障，关乎产业链和供应链安全稳定、绿色低碳发展以及民生福祉改善，具有广阔的发展前景。

“关键核心技术是要不来、买不来、讨不来的。”关键核心技术是国之重器，要靠我们自力更生，切实提高自主创新能力，才能把科技发展主动权牢牢掌握在自己手里。新材料是战略性、基础性产业，也是高技术竞争的关键领域。作为新材料的重要方向，先进化工材料具有技术含量高、附加值高、与国民经济各部门配套性强等特点，是化工行业极具活力和发展潜力的领域。我国先进化工材料领域科技人员从国家急迫需要和长远需求出发，在国家自然科学基金、国家重点研发计划等立项支持下，集中力量攻克了一批“卡脖子”技术、补短板技术、颠覆性技术和关键设备，取得了一系列具有自主知识产权的重大理论和工程化技术突破，部分科技成果已达到世界领先水平。中国化工学会组织编写的“先进化工材料关键技术丛书”（第二批）正是由数十项国家重大课题以及数十项国家三大科技奖孕育，经过 200 多位杰出中青年专家深度分析提炼总结而成，丛书各分册主编大都由国家技术发明奖、国家科技进步奖获得者及国家重点研发计划负责人等担纲，代表了先进化工材料领域的最高水平。丛书系统阐述了高性能高分子材料、纳米材料、生物材料、润滑材料、先进催化材料及高端功能材料加工与精制等一系列创新性强、关注度高、应用广泛的科技成果。丛书所述内容大都为专家多年潜心研究和工程实践的结晶，打破了化工材料领域对国外技术的依赖，具有自主知识产权，原创性突出，应用效果好，指导性强。

创新是引领发展的第一动力，科技是战胜困难的有力武器。科技命脉已成为关系国家安全和经济安全的关键要素。丛书编写以服务创新型国家建设，增强我国科技实力、国防实力和综合国力为目标，按照《中国制造 2025》《新材料产业发展指南》的要求，紧紧围绕支撑我国新能源汽车、新一代信息技术、航空航天、先进轨道交通、节能环保和“大健康”等对国民经济和民生有重大影响的产业发展，相信出版后将会大力促进我国化工行业补短板、强弱项、转型升级，为我国高端制造和战略性新兴产业发展提供强力保障，对彰显文化自信、培育高精尖产业发展新动能、加快经济高质量发展也具有积极意义。

中国工程院院士：薛群基

2023 年 5 月

序言

随着经济建设的不断发展和科学技术的不断深入，我国经济已由高速增长阶段转向高质量发展阶段。为加速我国从化工大国向化工强国迈进，并构建绿色低碳循环发展的化学工业体系，面向高端化、绿色化、智能化的发展转型尤为关键。

高纯度化学品种类繁多、覆盖面广，是目前关注度最高的新兴化学品类别之一，是高端制造业不可缺少的组成部分。《国家中长期科学和技术发展规划纲要（2006—2020）》将“基础原材料”列为优先主题，其中高纯材料是重点研究对象之一，凸显了高纯度化学品生产技术的重要性与迫切性。

高纯度化学品的生产中，先进高效的分离过程对产品纯度的提升尤为重要。精馏作为当前工业应用最广泛的化工分离技术，在高纯度化学品分离领域的应用备受关注，但迄今为止能参考阅读的专著很少。

北京化工大学李群生教授撰写的《高纯度化学品精馏关键技术》，综述了高纯度化学品精馏涉及的基础理论和关键技术，包含了精馏的相平衡与热力学模型研究、高效塔板/填料的开发与设计、微量杂质脱除分离技术，又涵盖了精馏与其他反应/分离过程的耦合技术、高纯度化学品精馏的节能减排技术等。全书既有基本概念的梳理，也有研究方法和前沿进展的介绍，同时注重理论与实践相结合，选用了大量工业应用实例进行说明，使读者能更好地理解、掌握和运用。该书对高纯度化学品精馏技术进行了全面的总结，填补了该领域科技专著的空白。

李群生教授长期从事精馏分离领域的研究与工业应用工作，在电子化学品、高端聚氯乙烯、高端聚乙烯醇等领域有着丰富的研究经验和产业化成果，多次获得国家及省部级奖励。该书是他30余年科研与工业应用成果的结晶，也是他长期教学工作经验的总结，无论对从事基础研究的研究者，还是对相关领域的技术人员，都具有很高的借鉴和指导价值。

我很荣幸向读者推荐这本书，希望它的出版能对我国高纯度化学品分离技术的进步起到促进作用，进一步推动我国高纯度化学品领域科研与工业技术的发展。

中国工程院院士：谭天伟

前言

高纯度化学品是高端化工、电子信息、航空航天、医疗健康等领域的基础化学原料，在制造业发展中占有先导地位。例如芯片行业中先进制程的晶圆制造，必须用到高纯电子特气（如电子级二氯二氢硅）、电子级氢氟酸等高端高纯度化学品。虽然目前我国高纯度化学品的研究发展成果已日益涌现，但在产品的应用覆盖程度及产品纯度等方面仍与国际领先技术相距较远，已在部分领域成为亟待解决的“瓶颈”问题。

分离提纯技术是高纯度化学品生产的核心之一。譬如当今的芯片制造行业，电路集成度的不断提高，电子化学品纯度要求的不断升级，使现有分离提纯技术面临极大挑战，同时也推动其不断发展。此外，分离提纯技术的进步，也能提升生产过程的技术经济指标，有助于构建更加清洁低碳的生产方式。先进高纯度化学品分离关键技术的创新和突破，不仅是我国高新科技产业发展的需要，也是我国化学工业由大变强的追求。

混合物的分离，应根据其组分的具体物化性质采取适宜的提纯方法。文献报道的高纯度化学品提纯方法就有精馏、分子蒸馏、升华、气体吸收、化学处理、树脂交换、膜分离、结晶等多种。而其中精馏作为当前工业应用最广泛的化工分离技术，在所有分离方法中长期占据着主导地位，它相对成熟可靠，易于放大，因此以精馏方法制备高纯度化学品具有重要的现实意义与经济价值。

然而，高纯度化学品精馏往往存在分离难度大、传质效率低、操作能耗高等问题。高纯度化学品中杂质为痕量，与产品组分的相对挥发度接近于 1 甚至形成共沸，同时气液传质速率也受到限制，往往需要增大精馏的回流比以实现产品纯度的提升，这使得在可行性、经济性、环保性上对现有精馏技术提出了极大挑战。还需指出的是，虽然 20 世纪以来精馏分离技术得到了很大程度的发展，但目前部分高纯度化学品精馏过程的设计尚处于半经验阶段，在高纯度化学品精馏方面还有一些问题亟待解决。例如，部分高纯度化学品的相平衡与热力学研究、高效率精馏塔板和填料的开发、高纯度化学品中微量杂质的脱除、高纯度化学品生产中的分离节能技术、精馏与其他反应 / 分离技术的耦合技术等，都需要进一步深入研究。

本书分为九章。前三章主要梳理了高纯度化学品精馏的基本概念和基本原理：第一章对高纯度化学品行业的相关现状与发展趋势等进行了概述；第二章对精馏分离的原理和方法进行了介绍；第三章则介绍了精馏中的相平衡热力学研究。第四章介绍了精馏传质塔内件的过程强化方法及新型塔内件的研究进展。第五章讨论了高纯精馏分离中微量杂质的分离。第六章介绍了特殊精馏技术和精馏与其他技术的耦合。第七章、第八章分别介绍了高纯度化学品精馏的节能技术与低排放技术。第九章结合工业应用实例介绍了部分高纯度化学品的分离提纯方法。

本书由李群生编著。同时，本书的顺利完成离不开团队的共同努力。北京化工大学化工学院李梦圆、顾翼东、郭瑾、胡柏锋、吴清鹏、薛嘉星、庞逸文、郑宇洋、胡南等为本书的编写和校验工作也做出了贡献，在此对他们的辛勤付出表示衷心的感谢。

本书的部分成果是在北京化工大学化工资源有效利用国家重点实验室、国家自然科学基金委员会的支持下取得的，涉及的研究受到了“973 计划”项目（2013CB733603）、国家自然科学基金面上项目（20476005）等的资助。本书中部分成果获国家科学技术进步奖二等奖（“高纯 / 超高纯化学品精馏关键技术与工业应用”）、教育部科学技术进步奖一等奖（“高纯度化学品精馏过程强化关键技术开发及应用”）等。

本书结合了编著者团队及国内外相关研究团队在高纯度化学品精馏，尤其是在相平衡研究、新型高效塔内件开发、精馏工艺开发与优化等方面的长期研究和应用的成果，同时力求理论与实践结合，引入大量的工程应用实例，以帮助有关科研工作者和工程技术人员加深对高纯度化学品精馏的认识。但限于编著者的经验、水平和精力，书中内容难免有疏漏、不妥之处，敬请读者指正。

李群生
2023 年 6 月

目录

第一章
绪　论　001

第一节　高纯度化学品概述　002
第二节　高纯度化学品精馏关键技术分类　003
一、高效精馏传质元件开发技术　003
二、微量杂质脱除技术　004
三、特殊精馏及精馏耦合技术　004
四、精馏节能及低排放技术　004
第三节　高纯度化学品精馏关键技术先进性及发展趋势　005
一、解决物系复杂且杂质含量极微分离难题的技术先进性　005
二、解决杂质与产品沸点极为相近分离难题的技术先进性　006
三、高纯度化学品精馏关键技术发展趋势　007
第四节　高纯度化学品精馏技术的研究意义　007
一、集成电路领域高纯度化学品需求现状　008
二、高纯度化学品的未来市场走向　009
参考文献　009

第二章
高纯度化学品精馏分离的原理和方法　011

第一节　高纯度化学品分离相平衡简介　012

第二节　高纯度化学品精馏分离原理 013
一、蒸馏 013
二、连续精馏 014
三、间歇精馏 016
四、其他种类的精馏 019
第三节　高纯度化学品精馏流程模拟简介 022
第四节　高纯度化学品精馏分离方法 028
一、湿电子化学品的精馏 028
二、三氯氢硅的精馏 029
三、氯乙烯单体的精馏 030
四、电子特气的精馏 034
参考文献 037

第三章
高纯度化学品精馏的相平衡研究 039

第一节　高纯度化学品的气液相平衡研究 040
一、气液相平衡的理论与模型 040
二、气液相平衡的测试方法 043
三、离子液体的气液相平衡研究 048
四、活度系数模型的关联 050
五、离子液体在萃取精馏中的应用研究 052
第二节　高纯度化学品的固液相平衡研究 059
一、固液相平衡的理论与模型 060
二、固液相平衡的研究方法 070
三、溶解热力学分析 071
参考文献 078

第四章
高效率精馏塔板与填料的研究 083

第一节　塔板强化传质机理及方法 084

一、减小板上液面梯度和滞留返混 085
二、增加气液两相接触面积 092
第二节 塔板的CFD研究 094
一、塔板上的气液两相流场分布模型 095
二、塔板 CFD 模拟研究现状 097
第三节 新型高效精馏塔板的开发 105
一、导向筛板 / 导向浮阀复合塔板的开发与研究 105
二、新型导向立体喷射填料塔板的开发与研究 109
第四节 高效率填料的开发与研究 112
一、填料发展概述 112
二、散堆填料 113
三、规整填料 117
第五节 填料的流体力学性能研究 121
一、液泛气速 121
二、压降 122
三、持液量 124
第六节 填料的传质性能 125
一、有效相界面积 125
二、填料传质动力学参数 127
第七节 计算流体力学在填料研究中的应用 130
一、整体平均 CFD 模型 130
二、单元综合 CFD 模型 130
三、多尺度模型 131
四、高效丝网规整填料的多尺度 CFD 模拟研究 132
参考文献 135

第五章
微量杂质的分离和脱除 141

第一节 高纯度化学品中微量杂质的分离技术发展现状 142
第二节 吸附的原理与微量杂质脱除应用研究 143

第三节　膜分离和除雾技术原理与微量杂质脱除应用研究 149
一、膜分离技术 149
二、除雾技术 151
第四节　微量杂质分离与脱除实例 154
一、电子级硫酸微量杂质脱除 154
二、电子级氢氟酸微量杂质脱除 157
三、电子级四氟化碳微量杂质脱除 160
参考文献 162

第六章
特殊精馏及精馏耦合技术 165

第一节　萃取精馏 166
一、萃取精馏原理 166
二、萃取剂的选择 167
三、萃取剂的筛选方法 168
四、萃取精馏的工业应用 170
第二节　共沸精馏 171
一、共沸精馏的分类 171
二、共沸精馏的原理 172
三、残余曲线图 173
四、共沸剂的选择 175
五、共沸精馏的工业应用 176
第三节　反应精馏 177
一、反应精馏概述 177
二、反应精馏塔的设计与优化 180
三、反应精馏的工业应用 181
第四节　精馏-结晶耦合技术 184
一、结晶技术概述 184
二、结晶的特点和分类 185
三、熔融结晶技术及新装置 186
四、精馏 - 结晶耦合技术 190

五、精馏－结晶耦合技术的工业应用 191
第五节 精馏-膜分离耦合技术 194
一、渗透蒸发、蒸气渗透机理模型 194
二、精馏－膜分离耦合技术 196
三、精馏－膜分离耦合技术的工业应用 198
参考文献 200

第七章
高纯度化学品精馏的节能技术 203

第一节 精馏系统的优化 204
一、操作压力优化 205
二、进料位置优化 207
三、回流比优化 209
四、采出比优化 210
五、正交试验设计 212
第二节 多塔差压集成精馏节能技术 214
一、多塔差压集成精馏的发展 214
二、能耗公式推导 216
三、参数调节 217
四、差压精馏经济效益分析 224
五、工业应用 226
第三节 中间换热器的精馏节能技术 227
一、中间换热技术在精馏过程中的节能原理 227
二、中间换热技术在特殊精馏塔中的应用 231
三、中间换热技术在隔壁精馏塔中的应用 233
第四节 热泵精馏技术 237
一、热泵精馏概述 237
二、新型热泵技术 238
三、工业应用 239
第五节 热管节能技术在高纯度化学品精馏中的应用 241
一、热管节能技术基本原理 241

二、热管节能技术的分类 242
三、工业应用 244
第六节 低温余热回收技术 244
一、多阶梯换热技术 245
二、工业应用 245
参考文献 246

第八章
高纯度化学品精馏的低排放技术 249

第一节 间歇精馏在高纯度化学品精馏减排中的应用 250
一、间歇精馏工艺流程 250
二、间歇精馏操作方式 253
三、间歇精馏的设计 256
四、高纯度丙酮间歇精馏减排 256
第二节 新型高效塔器减排 258
一、高效导向筛板 258
二、新型高效填料 260
三、多晶硅精馏减排 260
四、精乙酸甲酯精馏减排 263
五、乙炔精制减排 264
六、高纯度聚氯乙烯精馏减排 265
七、高纯度乙酸乙烯酯精馏减排 266
参考文献 267

第九章
高纯度化学品精馏的工业应用 271

第一节 高纯度甲醇的制备 272
一、高纯度甲醇生产现状 272

二、高纯度甲醇主要精馏技术 273
三、高纯度甲醇其他制备工艺研究 273
四、相关技术工业应用 273
第二节 精萘的制备 275
一、精萘生产现状 275
二、精萘主要精馏技术 276
三、精萘其他制备工艺研究 276
四、相关技术工业应用 278
第三节 高纯度三氯氢硅的制备 280
一、高纯度三氯氢硅生产现状 280
二、高纯度三氯氢硅主要精馏技术 280
三、相关技术工业应用 284
第四节 光纤级四氯化硅的制备 285
一、光纤级四氯化硅生产现状 285
二、光纤级四氯化硅主要精馏技术 286
三、光纤级四氯化硅其他制备工艺研究 287
四、相关技术工业应用 287
第五节 电子级三氟化氮的制备 288
一、电子级三氟化氮生产现状 288
二、电子级三氟化氮主要精馏技术 289
三、电子级三氟化氮其他制备工艺研究 291
四、相关技术工业应用 292
第六节 电子级三甲基镓的制备 294
一、电子级三甲基镓生产现状 294
二、相关技术工业应用 295
第七节 超净高纯试剂的制备 295
一、超净高纯试剂生产现状 295
二、相关技术工业应用 297
参考文献 301

索引 303

第一章
绪　论

第一节　高纯度化学品概述 / 002

第二节　高纯度化学品精馏关键技术分类 / 003

第三节　高纯度化学品精馏关键技术先进性及发展趋势 / 005

第四节　高纯度化学品精馏技术的研究意义 / 007

化学工业在我国经历了长达近一个世纪的发展，到目前已经形成了门类相对齐全、品种大体配套、基本满足国内发展需求的体系，其产品品种繁多、原料来源广泛、工艺流程复杂且多样，是我国国民经济的支柱产业。但就目前的发展趋势而言，我国的化学工业现状并不乐观。近年来，随着化工、石油、医药、生物、食品、航空航天及电子信息等诸多领域的高端化发展，对于化学品的质量要求也越来越高，高纯度化学品更成为当前化工行业所急需的关键原材料。例如在高技术壁垒的芯片制造业中，高纯度化学品已成为生产过程中最关键和最具代表性的基础必需品，其纯度对产品的合格率和性能有很大的影响。在当前的时代背景下，高纯度化学品将成为国家急需的重要战略物资，生产形势十分严峻。而在完整的生产工艺流程中，又以分离提纯工段最为关键，该步骤的效率是决定最终产品质量的核心因素。精馏作为最适合于工业化规模生产的传质分离技术，在实际生产中应用最为广泛。

本书编著者团队顺应新时代背景下化学工业所面临的产业升级和转型方向，在深刻理解我国精馏提纯技术优缺点的基础上，针对当前高纯度化学品精馏所面临的杂质含量极微、杂质与产品沸点极近、理论板数多、过程能耗大等世界性难题，在精馏分离的热力学模型、工艺系统、高效传质塔内元件等层面进行深入的基础理论研究、实验验证与技术开发，历经 15 年攻关取得了具有完全自主知识产权的技术和成果，并实现了大规模工业应用，生产出我国诸多领域急需的高纯度化学品，对我国实现高纯度化学品精馏自主创新具有积极推动作用。

第一节 高纯度化学品概述

高纯度化学品为化学品的一种类别，通常来讲就是纯度高于优级纯的化学品，具体可以分为超净高纯试剂、电子化学品等，其主体纯度一般大于等于 99.99%，且杂质含量极低，一般可达 10^{-9} 甚至 10^{-12} 数量级，同时对其中的各项杂质含量还有特殊要求。其中，超净高纯试剂是指纯度远高于优级纯的化学试剂，其分类标准基本以产品中杂质含量为依据。

我国对少数高纯度化学品制定了统一的评价标准，例如高纯度硼酸、高纯度氢氟酸等，但绝大部分高纯度化学品还没有较为统一和完善的评价和检测指标。在国际上，对于高纯度化学品如何进一步划分纯度等级，也没有一个公认的统一标准。其主要原因是，高纯度化学品本身是为了适应某些特定领域，如芯片、光伏等的快速发展而采取各种高效分离方法生产出来的新兴产品，因此，对于不同的领域，由于目的、需求的不同，对其纯度要求也不尽相同。此外，同样是高纯度物质，由于各种起始原料性质不同，提纯后可能达到的纯度也不一样，如一般无机物质杂质含量低于 0.01%，可称高纯度物质，杂质含量低于 0.001% 则称超纯度物质，而 Al_2O_3 由于难以达到高纯度，杂质含量低于 0.1% 即称高纯度物质，低于 0.01% 即称超纯度物质。一般有机物也与此相同，杂质含量达到 0.1% 即为高纯度物质，达到 0.01% 即为超纯度物质。

因此，从实际出发，在本书研究领域，将高于甚至远高于常规纯度等级的化学品统称为“高纯度化学品”，不另单分。

高纯度化学品可根据其应用领域的不同大致分为光学与电子学专用、半导体工业专用、单晶生产专用、光导纤维专用、色谱分析专用等。此类行业中，高纯度化学品都是高端必需基础材料，具有无法替代性与先导性。日、韩、美、德等诸多工业强国先后投入大量资源从事此领域的研究，而我国起步较晚，基础更为薄弱，高纯度化学品往往成为掣肘相关尖端行业发展的短板。因此开发高纯度化学品的分离关键技术具有重大战略意义。

第二节
高纯度化学品精馏关键技术分类

高纯度化学品精馏关键技术是本书阐述的主题。在诸多分离技术中，精馏作为应用范围广、技术成熟度高、生产能力大的代表，在高纯硅、电子级二氯二氢硅等产品生产中已获得了应用。高纯度化学品精馏关键技术主要包含高效精馏传质元件开发技术、微量杂质脱除技术、特殊精馏及精馏耦合技术、精馏节能及低排放技术四个层面。

一、高效精馏传质元件开发技术

高效精馏传质元件开发是针对高纯度化学品的现有分离难题从提高精馏设备分离效率的角度进行研究与改进。精馏设备类型主要分为板式塔和填料塔，两者分别采用塔板或填料作为塔内气液接触及传热传质的主要场所，对于操作要求、设备性能、设备维修、适用场合等都有各自的特点[1]。在高纯度化学品的分离中，杂质与产品沸点极为相近，所需理论板数很高，对塔设备的分离效率提出了更高的要求。因此，先进高效的塔板和填料技术是提高分离效率、提升产品质量的核心手段之一[2, 3]。同时，新型塔板和填料的开发可利用计算流体力学（CFD）模拟预测塔内传质元件效率、模拟调节改进结构，从而改善塔内件上的气液流动分布情况，使其具有更加合理的结构和更优异的传质性能[4]。

二、微量杂质脱除技术

微量杂质脱除技术主要解决高纯度化学品中杂质含量极微、难以脱除的精馏难题。以集成电路（integrated circuit，IC）为例，产品正在向大规模集成电路（large scale integrated circuit，LSIC）、超大规模集成电路（very large scale integrated circuit，VLSIC）、极大规模集成电路（ultra large scale integrated circuit，ULSIC）发展，芯片集成度快速增长。晶圆表面的光刻线条越来越细，且 IC 技术的更新换代速度加快，ULSIC 对超净高纯度化学品的纯度及其杂质含量也提出了极其严苛的质量要求和分析检测要求。其中影响集成电路性能的微量杂质主要有以下几类[5]：Au、Pt、Fe、Ni、Cu；碱金属（尤其是 Na、K）；部分卤族阴离子（F^-、Cl^-）；P、As、Sb、B、Al 等ⅡA ～ⅤA 族元素；固体颗粒（包括尘埃、金属氧化物晶体、离子交换树脂碎片、各种过滤网的纤维、微生物的尸体等）；细菌；硅酸根以及总有机碳（TOC）。因此，在深刻分析了高纯度化学品中微量杂质分离现状的基础上，对技术原理开展理论研究，开发了颗粒物和金属离子脱除技术、除雾技术等适用于微量杂质脱除的先进分离技术，并成功应用于高纯度硫酸、高纯度氢氟酸等产品的生产过程。

三、特殊精馏及精馏耦合技术

实际生产中，存在很多相对挥发度极小或有共沸物的物系，单纯以精馏的方式进行提纯不适用[6]。对于此类难题，从工艺层面通过理论研究、实验验证及计算机模拟分析，创新开发出适用于高纯度化学品分离的萃取精馏、共沸精馏等多种特殊精馏技术，以及结晶、膜分离等方法与精馏耦合技术，充分发挥各种分离提纯技术的长处，并将这些技术成功应用于电子级碳酸二甲酯生产、精萘生产等实际工业中，达到节能降耗、提质增效的目的。

四、精馏节能及低排放技术

精馏节能及低排放技术是针对高纯度化学品分离过程能耗高、碳排放量大的难题从精馏系统的角度进行研究与优化。能耗问题一直是化学工业的关注重点，精馏过程的能耗占化学工业总能耗的 60% 以上，高纯度化学品由于纯度极高，故精馏过程注定比普通化学品精馏具有更大能耗和更高碳排放量[7]。部分物系在分离提纯过程中存在分子间作用复杂、回收困难等问题，很多高附加值的化学成分被直接排放或者被迫焚烧，使得部分精馏过程"高能耗、高污染"。因此，精馏系统的节能设计和优化对整个过程的经济性具有至关重要的影响。随着新时代对环境保护的逐渐重视，高纯度化学品精馏过程的节能技术和低排放技术关联的新工艺、新措施、新方法不断问世。为此从精馏系统的理论研究出发，形成了一套包括操作压力、进料位置、回流比、采出比及正交试验设计在内的全套精馏系统优化方案[8-10]；通过数据分析、数学模型建立、计算机模拟和参数调节，设计开发了适用于高纯度化学品精馏过程的多塔差压集成精馏节能技术、中间再沸器和中间冷凝器的精馏节能技术、新型热泵技术、低温余热回收技术、间歇精馏技术以及高效塔器减排等多种节能和低排放关键技术，并在多晶硅生产、精乙酸甲酯生产、高纯度聚氯乙烯生产等实际工业中成功实现技术应用，取得了良好的成果和效益。

第三节 高纯度化学品精馏关键技术先进性及发展趋势

高纯度化学品精馏关键技术的开发是我国实现产品高端化、提升制造质量和发展水平的重要途径。高纯度化学品精馏关键技术的成功开发和工业化应用的实现无疑是打破并替代国外先进技术，扭转我国高端化学品受制于人的严峻形势的重要保障。长期以来，高纯度化学品精馏过程存在分离物系复杂、杂质含量极微、杂质与产品沸点相近、所需理论板数和能耗随纯度提高呈指数增长等世界性难题，这些技术难点一直制约着高纯度化学品的精馏生产。

一、解决物系复杂且杂质含量极微分离难题的技术先进性

在高纯度化学品物系复杂、杂质含量极微的分离难题上，传统的精馏设备难以实现技术突破。传统塔板性能较差，板上气液传质过程易返混、雾沫夹带严重；传统填料易液泛，液膜表面易老化，分离效率低，无法生产出满足市场需求的高纯度化学品[11]。本书所介绍的针对高纯度化学品分离开发的高效精馏塔板

及填料传质元件，从多个角度改善了传统塔内传质元件的缺陷。就塔板而言，新型高效塔板在分离过程中明显优化了液相停留时间分布，减少了塔板上方的雾沫夹带，使塔板效率提高，尤其在高气相负荷下优势变得更加显著[12]。例如针对高黏度、易自聚物系的精馏难题开发出导向筛板 / 导向浮阀复合塔板，其特点是增加了气体分散的均匀性，优化了液相停留时间分布，气液的接触面积增加，从而提高了塔板的效率，同时具有良好的操作弹性[13-15]。就填料而言，新型高效填料在分离过程中液膜扰动增强，表面更新速度加快不易老化，有效传质液膜面积及传质系数增大，攻克了传统填料的精馏难题，适用于物系复杂、杂质含量极低的高纯度化学品精馏体系[16-20]。此外，微量杂质脱除技术的开发也主要解决了这一分离难题。对集成电路有巨大影响的杂质、颗粒物和金属离子脱除技术、除雾技术等微量杂质脱除技术为降低此类杂质含量至 10^{-12} 及更低提供了条件，有利于制备出符合电子工业标准的高纯度化学品[21]。目前，除雾技术已经成功应用于数十种精馏过程，包括淡酒精回收、乙炔气体进反应器前的脱水（减少副反应）、酸性雾滴的脱除（避免后续设备腐蚀）、产品气相侧采脱杂（脱除液滴所含杂质）、塔器设备顶部脱除雾沫以及气液分离器的除雾等。与此同时，已完成的实际工业应用达数百项，例如新疆天业集团有限公司的乙炔水洗塔、第一清洗塔、第二清洗塔、碱洗塔；唐山三友氯碱有限责任公司的乙炔清洗塔、碱洗塔；贵州水晶有机化工（集团）有限公司的乙炔洗涤塔、碱洗塔。

二、解决杂质与产品沸点极为相近分离难题的技术先进性

在针对高纯度化学品杂质与产品沸点极为相近的分离难题上，传统的单一精馏方法难以实现高纯度化学品的生产，因此从精馏工艺系统的层面进行改进与创新，开发出特殊精馏及精馏耦合技术[22-24]，充分利用多种分离方式的优点和长处，实现产品纯度和质量的提高，具有明显的技术先进性。例如精馏 - 膜分离耦合技术在电子化学品提纯过程中对固体颗粒及高价和低价的金属离子的脱除取得了很好的应用效果；精馏 - 吸附耦合技术适用于在高纯度化学品生产中十分常见的挥发性较低的共沸物系或异构体系的分离[25]，该技术将吸附过程和精馏过程耦合，操作连续性好、分离程度高、能耗低，适合规模化工业生产，对于高纯度化学品，该技术适用于沸点与产品相近的杂质的脱除，弥补了单一精馏法的缺点，可得到高质量的产品。目前，特殊精馏及精馏耦合技术已成功应用于实际工业生产，例如精馏 - 吸附耦合技术在高纯度无水乙醇制备等领域取得了显著成果，精馏 - 膜分离耦合技术在甲醇生产过程中，实现了甲醇尾气中有效成分的回收，并且增产甲醇，与传统生产过程相比较而言具有明显优势。

三、高纯度化学品精馏关键技术发展趋势

高纯度化学品精馏关键技术具有明显的技术先进性，且已经成功实现大规模工业应用。例如，高纯度硅料是光伏企业生产太阳能电池所需要的核心原料，因此其合成精制提纯也就成为光伏产业集群中最上游的产业。高纯度多晶硅的提纯、规模生产及副产品回收则是面临的最为关键的技术难题，也是我国电子行业的薄弱环节。我国硅资源丰富，具备先天优势，但长期以来，我国生产的硅粉以 1 万元每吨的价格出口日欧等发达国家和地区，掌握核心生产技术的国外企业则以 350 万元每吨的价格将成品多晶硅返回我国，留给我们的只是更加严重的资源消耗和环境污染。与此同时，产品采购也同样受制于人。有鉴于此，本书编著者团队致力于多晶硅生产过程中多级精馏技术及设备的研究与开发，对传统工艺进行了 11 项革新，不仅能够提炼出纯度高达 99.99999999% 的超纯多晶硅，而且实现了生产过程中废弃物的循环利用和清洁生产。此外，高纯度化学品精馏关键技术已在多种电子化学品（如电子级乙醇、电子级三甲基镓、电子级三氯氢硅、光纤级四氯化硅等）的实际生产中取得了显著的工业应用效果。

由此可见，高纯度化学品精馏关键技术的开发无疑是当前国内外市场着力突破的难题。开发高效率和精密的精馏工艺，高效去除高纯度化学品原料中含量极微的各类杂质，对得到高端化高质量产品起到重要的推动作用。因此，突破固有的分离方式，寻找高纯度化学品分离提纯的新技术，提高过程分离效率，使产品质量达到国际标准是当前急需解决的问题。与此同时，实现高纯度化学品精馏自主创新，替代并超越国外先进技术，对扭转我国高端化学品受制于人的严峻形势，满足国民经济发展重大需求，提升“中国制造”在国际竞争中的影响力和竞争力具有重要的战略意义，也是化学工业未来的发展趋势。

第四节
高纯度化学品精馏技术的研究意义

高纯度化学品广泛应用于多个领域，不同领域对高纯度化学品有不同的质量要求，且形成各自专有的一套评价标准。例如医学界所使用的光谱级高纯度化学品与集成电路领域所使用的电子化学品原材料在质量等各方面具有较大的差别。在高纯度化学品的多种用途中，就目前全球市场而言，光伏产业发展迅猛，因此，

集成电路、LED（发光二极管）显示等领域的高纯度化学品市场需求最为迫切。

一、集成电路领域高纯度化学品需求现状

当下最为火热的集成电路行业中，电子化学品以及超净高纯试剂等是该领域生产过程中关键和具有代表性的基础原料，它们的纯度对于最终的产品质量有非常大的影响。随着集成度越来越高，目前的超大规模集成电路可在 30mm×30mm 的芯片上集成数百万个元件，因此对高纯度化学品提出了更为严苛的质量要求。集成电路生产主要包括设计、制造以及封装三个环节，高纯度化学品在后两个环节的使用较多，其种类包括硅基材料、光刻胶、超净高纯试剂、电子特气（电子行业特种气体）、掩模版等，是整个集成电路领域的先导基础，因此高纯度化学品原材料一旦受卡，包括集成电路在内的电子制造业将受到严重打击。

过去，绝大多数高纯度化学品的生产工艺技术都被美国、日本以及欧洲等国家和地区垄断，中国在相关领域的研究较国外起步晚，因此行业发展相对而言较为落后。但近年来，为了适应我国光伏产业的飞速发展，且力图打破国外对我国集成电路制造领域的控制和封锁，许多国内制造商开始加大对高纯度化学品的研究力度，工业化的市场规模在不断扩大。加之国家在该领域相关政策的支持，我国芯片领域关键高纯度化学品的产业在实现从无到有的基础上发展到了一个新的高度。

集成电路产业是信息技术产业的核心，是支撑经济发展、推动社会进步、保障国家安全的基础性和先导性产业，其生产制造技术和相关产业能力决定了下游应用领域的发展水平。就世界范围而言，集成电路发展的水平高低已成为衡量一个国家综合国力和世界竞争力的重要标志之一。由此可见，集成电路领域用高纯度化学品已成为国家科技发展的关键性战略物资。具体来说，集成电路制造过程中广泛使用的超净高纯试剂，国际半导体设备和材料协会针对世界范围内的产品质量专门制定了统一的国际标准。按照分类，低档产品为 G1 等级，中低档产品为 G2 等级，中高档产品为 G3 等级，高档产品则为 G4 和 G5 等级。集成电路用超净高纯试剂的纯度基本集中在 G3、G4 等级。我国高纯度化学品生产能力与许多发达国家相比还存在明显差距，国内生产技术水平达到 G2 等级的企业只有很少部分，其中屈指可数的厂商能够提供 G3 等级的产品样品，但无法实现规模化的工业应用。因此，国内相关行业的发展还无法满足该领域的基本要求。从世界范围来看，G4 及以上级别的高纯度化学品基本被国外的几个龙头企业所垄断，例如德国巴斯夫、美国霍尼韦尔、日本关东化学和三菱集团等。国内目前仍然处于相关生产技术水平较低的初级阶段，因此急需广泛寻求创新和突破，实现高纯度化学品的自主生产供应，提高我国市场的国际竞争力。

二、高纯度化学品的未来市场走向

从目前的发展趋势来看，应用市场的不断扩大，带动了电子信息、光伏产业等相关领域飞速发展，高纯度化学品在中国、韩国等国家和地区的市场迅速扩大，尤其对欧美、日本同类产品的替代显著，因此，过去欧美垄断相关领域市场的局面正逐步被打破。国内生产高纯度化学品的许多企业在研究力度、技术水平、生产能力及工业规模建设等各个方面都得到快速发展，同时许多学者及研究人员进行着探索新的生产技术和工艺路线的相关工作，预计未来几年，我国高纯度化学品的国际市场占有率将有更大的提升。可见，高纯度化学品的研究对于满足国家相关产业的发展需求、增强综合国力、提高我国市场的国际竞争力、打破国外技术垄断具有重要意义。

通过本书，笔者对当前高纯度化学品精馏所面临的世界性难题，在精馏分离的热力学模型、精馏高效传质塔内元件、精馏分离工艺系统等各个层面进行的基础理论研究、实验验证、技术开发以及历经数十年攻关取得的重要研究成果进行了详细介绍。期待读者能够从中受到启迪并且积极寻求创新和突破，不断探索新的思路，开发新的技术，为实现高纯度化学品的完全自主生产供应、提高我国市场的国际竞争力、打破国外技术垄断贡献力量。

参考文献

[1] Zhao H, Li Q, Yu G, et al. Performance analysis and quantitative design of a flow - guiding sieve tray by computational fluid dynamics[J]. AIChE Journal, 2019, 65(5): e16563.

[2] Li Q, Li L, Zhang M, et al. Modeling flow-guided sieve tray hydraulics using computational fluid dynamics[J]. Industrial & Engineering Chemistry Research, 2014, 53(11): 4480-4488.

[3] Yu D, Cao D, Li Z, et al. Experimental and CFD studies on the effects of surface texture on liquid thickness, wetted area and mass transfer in wave-like structured packings[J]. Chemical Engineering Research & Design, 2018, 129: 55-63.

[4] Zhao H, Li L, Wang B, et al. Hydrodynamics performance and tray efficiency analysis of the novel vertical spray packing tray[J]. Chinese Journal of Chemical Engineering, 2018, 26(12): 2448-2454.

[5] 章慧芳，李群生．高效丝网除雾器的原理及其工业应用 [C]// 中国化工学会 . 2013 中国化工学会年会论文集．北京：中国化工学会，2013: 2.

[6] 李群生，张继国，王宝华，等．离子液体应用于乙酸乙酯 - 乙醇体系萃取精馏的流程模拟 [J]．化工进展，2009, 28(S2): 288-290.

[7] 李群生．氯硅烷和多晶硅精馏节能减排与提高质量的技术与应用 [J]．新材料产业，2008 (9): 60-66.

[8] 李群生，亓军，汤金龙．一种含乙腈废水的精制工艺 [P]. CN 110066226B. 2020-06-30.

[9] Qi J, Zhang Q, Han X, et al. Vapor-liquid equilibrium experiment and process simulation of extractive distillation for separating diisopropyl ether-isopropyl alcohol using ionic liquid[J]. Journal of Molecular Liquids, 2019, 293: 111406.

[10] 李家兴，李群生，李曼曼，等. 隔壁精馏塔分离氯乙烯高沸物的模拟研究 [J]. 北京化工大学学报（自然科学版），2017, 44(4): 33-39.

[11] Zhou Z, Liang Z, Liu Y, et al. Intensification of degradation of Sunset Yellow using packed bed in a pulsed high-voltage hybrid gas-liquid discharge system: optimization of operating parameters, degradation mechanism and pathways[J]. Chemical Engineering and Processing, 2017, 115: 23-33.

[12] Yang Z, Ma Y, Liu Y, et al. Degradation of organic pollutants in near-neutral pH solution by Fe-C micro-electrolysis system[J]. Chemical Engineering Journal, 2017, 315: 403-414.

[13] 李群生. 高效导向筛板塔 [P]. CN 1419946A. 2003-05-28.

[14] Li Q, Zhang M, Tang X, et al. Flow-guided sieve-valve tray (FGS-VT)—A novel tray with improved efficiency and hydrodynamics[J]. Chemical Engineering Research and Design, 2013, 91(6): 970-976.

[15] 李群生，张泽廷，邱顺恩，等. 高黏度物料精馏的研究与应用 [J]. 化工进展，2001, 20 (5): 32-35.

[16] 李群生. 一种高效传质分离散装填料结构 [P]. CN 111545159B. 2021-05-04.

[17] Li Q. Efficient mass-transfer separation bulk filler structure[P]. US 11173469B2. 2021-11-16.

[18] Li Q, Wang T, Dai C, et al. Hydrodynamics of novel structured packings: an experimental and multi-scale CFD study[J]. Chemical Engineering Science, 2016, 143: 23-35.

[19] 李群生，柳卫忠，常秋连，等 . BH 高效填料的原理及其在电子工业甲醇精馏中的应用 [J]. 化工进展，2009, 28(S2): 285-287.

[20] 李群生，李玥，曹占国，等. 电石渣浆中乙炔气的回收技术 [J]. 聚氯乙烯，2015, 43(3): 38-40.

[21] 王宝华，张泽廷，李群生. 新型高效丝网除雾器的研究与应用 [J]. 现代化工，2004, 24(5): 50-52.

[22] 雷志刚，席晓敏，李群生，等. 乙二醇加离子液体萃取精馏分离醇水溶液的方法 [P]. CN 103613485B. 2016-02-17.

[23] Li Q, Hu N, Zhang S, et al. Energy-saving heat integrated extraction-azeotropic distillation for separating isobutanol-ethanol-water[J]. Separation and Purification Technology, 2021(255): 117695.

[24] Qi J, Zhu R, Han X, et al. Ionic liquid extractive distillation for the recovery of diisopropyl ether and isopropanol from industrial effluent: experiment and simulation [J]. Journal of Cleaner Production, 2020(254): 120132.

[25] 李群生，邹高兴，骆土夫，等. 乙酸乙烯与聚乙烯醇生产的新技术研究及应用 [J]. 化工进展，2010, 29(S1): 621-624.

第二章

高纯度化学品精馏分离的原理和方法

第一节　高纯度化学品分离相平衡简介 / 012

第二节　高纯度化学品精馏分离原理 / 013

第三节　高纯度化学品精馏流程模拟简介 / 022

第四节　高纯度化学品精馏分离方法 / 028

精馏是化工生产中最重要的单元操作之一，是产品分离、提纯的重要手段，在高纯度化学品的生产过程中更是如此。利用精馏过程分离液体混合物的依据是体系中各组分的挥发度不同。

精馏可以按照以下方式进行分类。

① 物系中组分的数目：双组分精馏、多组分精馏；

② 操作方式：连续精馏、间歇精馏；

③ 操作压力：常压精馏、加压精馏、减压（真空）精馏；

④ 分离原理：一般精馏、特殊精馏（恒沸精馏、萃取精馏等）。

精馏过程计算的基本思路是利用气液相平衡数据进行平衡级的计算，来确定理论级数、各级的操作条件、物料和能量衡算数据，然后进行平衡级的传质速率、塔板或填料层流体力学计算，进而确定主要设备的操作参数和结构尺寸。

第一节
高纯度化学品分离相平衡简介

精馏过程的相平衡指的是两相或多相在直接接触的过程中，在相与相之间发生物质与能量的相互交换，直至各相的压力、温度、组成等不再发生变化时达到的极限状态。

其中，气液相平衡（vapor-liquid equilibrium，VLE）是精馏过程中基础数据的主要组成部分，对理论研究及实际应用具有重要的价值，如许多化工单元操作的设计、化工工艺的优化、生产装置的评估、气液理论的研究等都与气液相平衡有着很高的关联度[1]。

根据相平衡判据中组分在各相中逸度相等，可得到 VLE 的基本关系式，即组分 i 在气相和液相中的逸度相等。分别依据逸度与逸度系数的定义式，以及活度与活度系数的定义式，组分 i 在两相中的逸度既可以用逸度系数表示，也可以用活度系数表示。

进行气液相平衡的热力学计算时，由于尚未建立针对气相活度系数的关系式，因此组分 i 在气相中的逸度只能用逸度系数法计算；对于液相，逸度系数法和活度系数法都可以使用，但常用活度系数法计算。

活度系数模型大致分为两大类：一类是以 Margules、van Laar 方程为代表的典型模型，多数是基于正规溶液理论，对较简单的系统能得到较理想的结果；另一类是从局部组成概念发展起来的活度系数模型，典型代表有 Wilson、NRTL 等方程以及 UNIFAC 基团贡献模型。实验表明，从局部组成概念发展起来的活度系数模型更优秀，能以较少的特征参数关联或推算混合物的相平衡，特别是对于非理想性较高系统的气液相平衡能获得满意的结果。

关于高纯度化学品活度系数模型的具体内容详见本书第三章。

第二节 高纯度化学品精馏分离原理

精馏原理基于各种液体混合物的热力学性质，沸腾混合物产生的蒸气富含液体中较低沸点的组分，从而将液体混合物分离成组分不同于初始混合物的馏分，甚至单组分。

一、蒸馏

1．简单蒸馏 [2]

一个简单蒸馏装置由一个用于加热的蒸馏釜、一个用于液化蒸馏釜所产蒸气的冷凝器、一个用于收集馏出物的接收罐组成。在简单蒸馏的过程中如果对蒸馏釜进行连续加热，则蒸馏釜中的液体将被部分汽化。因为液体混合物中的各组分具有不同的蒸气压，离开蒸馏釜的蒸气将富含具有较高蒸气压的组分，使接收罐中的馏出物不同于蒸馏釜中的液体混合物。液体混合物通过蒸馏釜蒸发后，蒸馏釜中的初始混合物被分成两部分，即蒸馏釜中的残余物和接收罐中的馏出物。然而，除非液体的组成与由液体所产蒸气的组成差别很大，该方法的分离作用才能得以显现，不然该方法的分离效果较差。

2．闪蒸

闪蒸是将待分离的液体混合物连续加到闪蒸罐中，并向闪蒸罐中持续加入热量，混合物被分成两部分，即馏出物和闪蒸罐底部产物，这两部分的量取决于加入的热量。闪蒸过程与简单蒸馏类似，分离作用由进料的热力学性质决定。同样，除非组分的蒸气压差别很大，否则闪蒸过程的分离效果较差。

3．多级蒸馏

在前述的简单蒸馏过程以及闪蒸过程中，因为初始混合物被分成两部分，虽含所有组分，但组成不同于初始混合物，所以不可能获得某一组分的纯物质。为了将混合物分离成比初始混合物组分更少的馏分，甚至几乎纯的物质，只有将一组简单蒸馏过程或闪蒸过程通过串联形式连接，形成精馏或多级分离过程，才有可能实现。

在实际生产过程中，精馏多以串联塔的形式设计，通过工艺设计选择最优的位置进料，在塔段内液体和蒸气逆流流动。在塔的顶部，馏出物既可作为蒸气也可作为蒸气凝液的一部分被取出，其余的被冷凝为液体返回塔顶用作塔内下降的液体流。从塔釜排出的液体一部分作为底部产物排出，其余部分通过再沸器汽化后返回塔中，用作必要的上升蒸气流。塔内还有塔内件，用于增加液体在塔中的停留时间，同时为液体流和气体流的接触提供大的相界面面积，作用是强化塔内两相之间的质量传递。

由于从沸腾液体中升起的蒸气总是富含液体混合物中沸点更低的组分，塔中向上流动的蒸气中较低沸点组分的含量从塔釜到塔顶增加，因此，塔中精馏段的气体将富含较低沸点组分，而塔中提馏段向下流动的液体将富含较高沸点组分。这种分离作用使得塔顶馏出物和塔釜产物的组成不同于进料组成，实现混合物的分离。如果有足够长的塔段，可以获得几乎纯的组分，即将进料分成两部分，每部分都不含另一部分的组分。举个例子，一股含 A、B、C 三种组分（B 的沸点介于 A、C 之间）的进料和一个具有足够长精馏段和提馏段的塔，可以生产馏分 A/BC、A/ABC、AB/BC、AB/ABC、ABC/C、ABC/BC、ABC/ABC 和 AB/C，但分离出 AC/B 是不可能的。因此，将含 N 种组分的混合物分离成几乎纯的单一组分至少需要 $N-1$ 个塔。理论上可能的分离方案数随组分数呈指数增长，在考虑最小投资和操作费用等约束条件的情况下，最优序列的确定会成为一个相当艰巨的数学优化问题[3, 4]。

二、连续精馏

1. 原理及工艺流程

高纯度化学品的精馏是利用液体混合物中各组分之间相对挥发度的差异，通过液相和气相的回流，使气液两相逆向多级接触，同时在热能的驱动下和相平衡关系的约束下，使系统中易挥发的组分（即轻组分）不断从液相向气相中进行转移，难挥发组分（即重组分）不断从气相中被迁移到液相中，从而让混合物不断被分离的过程。在这个过程中，由于系统同时发生了传热和传质过程，因此属传质过程控制。

精馏过程在精馏装置中进行。一个典型的精馏过程中包含的主要设备有精馏塔、塔顶冷凝器、回流罐、塔釜再沸器、物料输送管及泵等。原料从塔的中部适当位置进塔，将塔分为两段，上段称为精馏段，不含进料板，下段称为提馏段，包含进料板。图 2-1 是一个典型的带侧线采出的精馏系统工艺流程简图。

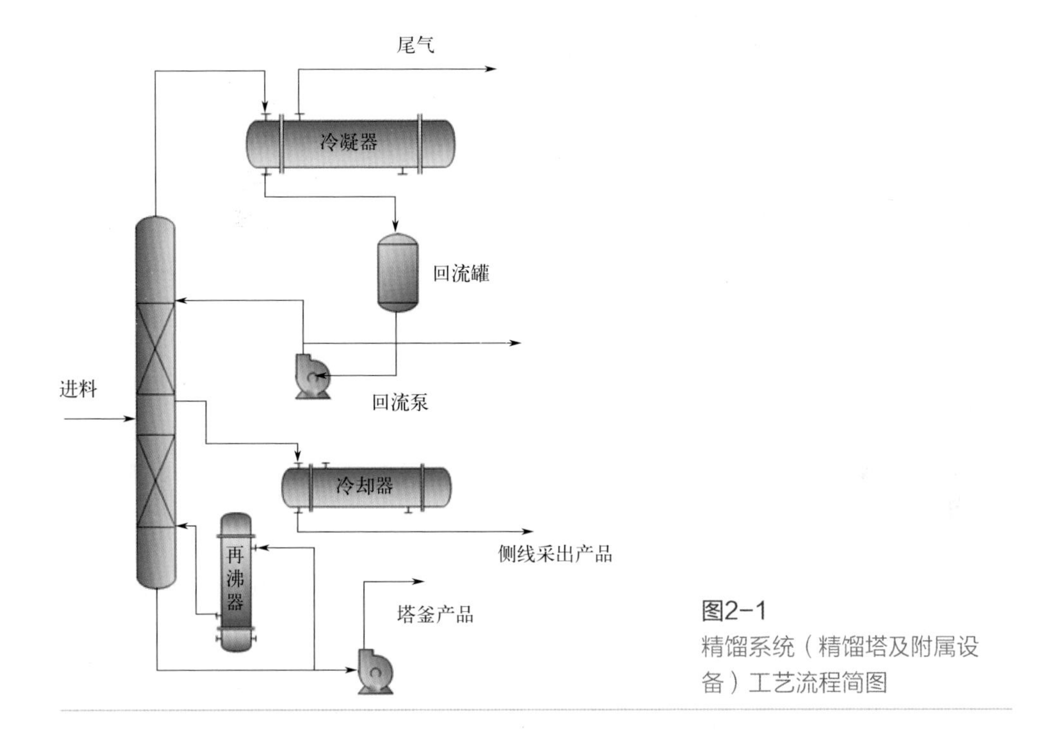

图2-1
精馏系统（精馏塔及附属设备）工艺流程简图

2. 连续精馏的计算

连续精馏过程的计算方法可以分为简捷计算法和严格计算法。其中，简捷计算法的优点是计算简单、可算出塔板数和回流比；缺点是其计算的准确性较差，计算结果往往和实际情况相差较大，所以一般不作为设计的依据，而是作为严格计算法的初值。严格计算法有着准确可靠的优点，可计算逐板温度、流量和组成，已成为当前精馏过程主要的计算方法。

（1）简捷计算法

① 图解法　适用于二元精馏，此方法直观地表达了精馏原理，可以反映分离的难易程度（平衡线与对角线的距离越大，物系越容易分离），同时也很好地表示了产生最小回流比的条件。

② 数值法　对于二元精馏体系，图解法是由精馏过程的数学分析推导出来的，因此，用数值法也可以计算所需理论板数。

③ 简捷法　对于多组分精馏，无法定义塔顶和塔釜的组成，以上两种方法

不再适用。此时可以通过简捷法作出一个初步的设计方案。简捷法仅仅在体系满足以下两个条件时适用：系统是理想的，在整个组成范围内，其相对挥发度是常数；待分离的一对关键组分的挥发度是相邻的。如果上述条件不成立，简捷法将无法给出一个准确的结果，但它可以作为严格计算法的初始值。

精馏的简捷法计算是基于 Fenske、Underwood 和 Gilliland 的研究成果，他们共同的研究成果提供了塔板数与回流比之间的完整关系图。Fenske 的研究发现，在全回流的操作条件下，两关键组分在塔顶和塔釜的摩尔比可以同它们的相对挥发度和最小理论板数关联起来。Underwood 提出了确定多组分体系最小回流比的关系式，即常用的 Underwood 方程。Gilliland 通过对大量体系的研究绘制出回流比与理论板数的关系曲线图，即 Gilliland 关联图。Gilliland 关联图完全是经验性的。在此基础上，为方便利用 Gilliland 经验曲线，Eduljee 对此进行了曲线拟合。

当体系的相对挥发度不是常数，且中间组分在精馏过程中起重要作用时，其违背了 Fenske-Underwood-Gilliland 假设，则简捷法必然产生偏差。尽管假设条件不能满足，但实践证明，用该方法计算的结果作为严格计算法的初始估计值还是有一定价值的。

（2）严格计算法

对于多元精馏系统，进行严格数学求解的核心是建立描述分离过程的动量、质量和热量的传递模型，并用合适的数值方法进行求解。对精馏过程的严格计算，不仅能够确定各塔板上的温度、压力、流率、气液相组成和传热速率等工艺设计所必需的参数，而且能够指导工艺操作，优化控制方案。

精馏严格计算是基于平衡级的理论模型。所谓平衡级就是指满足以下两个假设的塔板。

① 理论级假设　假设气、液两相间的热量和质量传递速率无穷大，在每一块塔板上的气、液两相经接触后马上达到平衡状态，且离开塔板的气、液两相也处于平衡状态。

② 全混级假设　假设塔板上的液体及塔板间的气体是完全混合的，具有均匀的压力、温度和组成，即每块塔板上的液相或气相混合物可以用同一温度、压力或者浓度等参数来进行描述。

三、间歇精馏

间歇精馏是将被处理物料分批加入精馏塔中，从塔的一个或多个出料口将挥发性不同的组分顺序馏出的过程。其主要特点包括：间歇精馏是一个动态过程；单塔可以实现多组分物系的分离；允许进料组分浓度在很大范围内变化，操作弹性大；由于在同一出料口不同时间馏出不同馏分，因此单塔可实现多种物系的分离，即一塔多用；间歇精馏适用于不同分离要求的物系，如相对挥发度及产品纯度要求不同的物系；而且间歇精馏具有设备简单、操作灵活等优点。同时间歇精馏在高沸点、高纯度、高凝固点和热敏物料等特殊分离任务中也具有广泛的应用。

典型的间歇精馏工艺流程如图 2-2 所示，一个操作周期可分为以下 3 个阶段。

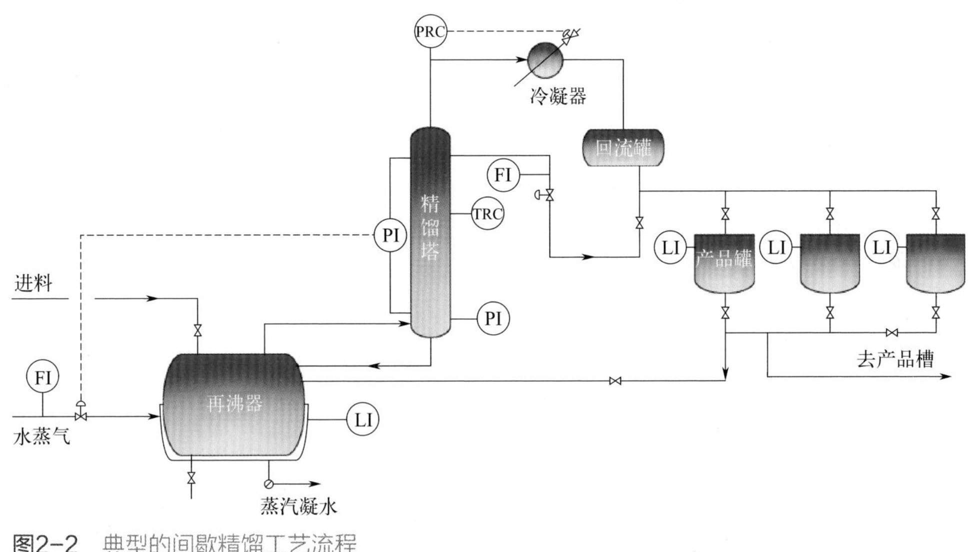

图2-2 典型的间歇精馏工艺流程

第一阶段为全回流开工阶段。全回流开工阶段的目的是在塔内建立起浓度梯度，全回流开工的结束条件一般为回流罐中的液相组成达到第一个产品的浓度要求。

第二阶段为产品采出阶段。产品采出一般是从塔顶液相组成刚刚达成该产品浓度要求时开始，持续到塔顶馏出液组成刚降至低于该产品浓度要求时结束。实际得到的该产品组成为该段馏出液瞬时浓度的平均值。

第三阶段为过渡馏分采出阶段。常见的一种过渡馏分是在其前后各有一个产品馏出段，这种过渡段开始于前一个产品段结束，终止于后一个产品段开始。过渡馏分的馏出液瞬时浓度变化较大，可以分段收集。根据原料组分的多少和分离要求，在一个操作周期中可以有几个产品采出段和过渡馏分采出段。

间歇精馏塔的形式主要可以分为以下几种，如图 2-3 所示。

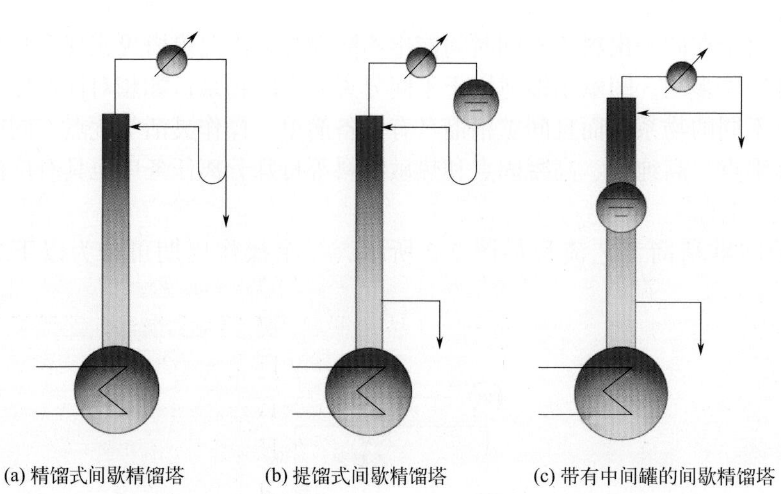

(a) 精馏式间歇精馏塔　(b) 提馏式间歇精馏塔　(c) 带有中间罐的间歇精馏塔

图2-3　间歇精馏塔的几种形式

图 2-3(a) 为常规间歇精馏塔，也称为精馏式间歇精馏塔。塔釜内装有被分离料液，塔顶采出产品。此种流程适用于除去重组分杂质且轻组分纯度要求较高的分离过程。

图 2-3(b) 为提馏式间歇精馏塔。塔顶设有储料罐，塔釜基本不存在料液，从塔釜采出难挥发组分。此种流程适用于难挥发组分为目标产物或难挥发组分为热敏性物质的分离过程。

图 2-3(c) 为带有中间罐的间歇精馏塔。料液储存在塔中部的储罐内，塔顶、塔釜同时出料，与常规连续精馏相似。此流程结合了精馏式间歇精馏和提馏式间歇精馏的优点，生产能力大，节能效果明显，并对某些物料的分离有特别优异的效果。

间歇精馏的回流比控制方案可分为恒回流比、馏出液组成恒定两种。在恒回流比控制方案中，当采出某一馏分时，保持回流比不变，而馏出物的浓度和流率随时间变化，产品组成为馏出时间内的平均组成。恒回流比操作比较容易实现，因而应用也较多。而在馏出液组成恒定的操作中，回流比随过程的持续进行而逐渐增大，从而使馏出物的组成维持恒定。工业上实际多采用分段恒回流比控制，即在馏出产品或过渡馏分的过程中回流比呈阶梯式变化，简单易行。

间歇精馏与连续精馏之间的一个主要区别是前者涉及持液对系统的影响，持液包括塔顶冷凝器、回流罐和管线内持液以及塔身的塔板或填料上的持液等。塔内持液主要有以下三点影响：①塔内持液使得沿塔身建立浓度梯度的过程需要一定时间，即需要一定的开工时间，持液量越大，开工时间越长；②当精馏过程开始馏出产品时，塔顶、塔身持液沾有浓缩的易挥发组分，使釜液浓缩度比无持液情况降低，因此获得同样纯度产品所需的浓缩倍数增加，分离难度加大；③由于塔内持液随精馏进程不断变化，即有组分的“吞吐”，起着延缓塔内浓度变化的作用。

四、其他种类的精馏

当待分离的混合物在某一组成下形成恒沸物时，其相对挥发度为 1，用前述的普通精馏无法获得纯度超过恒沸物的产品。例如，乙醇 - 水物系在乙醇摩尔分数为 0.894 时具有最低恒沸点，该组成是稀乙醇溶液用普通精馏的方法分离能达到的最高产品纯度。此外，有些混合物虽然在全部组成范围内不形成恒沸物，但混合物组分间的相对挥发度很小，如果采用普通精馏所需的理论板数过多，操作中可能需要很高的回流比，这样会使得设备投资费用和实际操作费用都很高。为解决这两个问题，可向待分离的混合物中加入第三个组分，以增大原混合物中各组分间的相对挥发度，降低分离难度。恒沸精馏和萃取精馏都属此类，都为特殊精馏。但特殊精馏并不只有这两种，加盐精馏、催化精馏和吸附精馏等也都属特殊精馏。

1．恒沸精馏概述

如前述内容，在一种难以采用普通精馏分离的混合物中添加某种组分，该组分可以和原料液中的一个或两个组分形成二元或三元恒沸物，且形成的恒沸物与原混合物中的其他组分的沸点相差很大。如此，便可以采用精馏的方法实现新形成的恒沸物和其他组分的分离，获得几乎纯态的组分，这就是恒沸精馏的基本原理，所述的添加物一般被称为夹带剂。

夹带剂的选择是经济、合理地实现恒沸精馏的关键。理想的夹带剂应该满足以下条件。

① 与原料液中的一个或两个（关键）组分形成二元或三元最低恒沸物，且此恒沸物的沸点最好能比原来各组分的沸点低 10℃以上。

② 恒沸物中夹带剂的浓度相对较低，即每份夹带剂能带走较多的原组分。这样可减少夹带剂用量。

③ 易于回收。恒沸物处于液态时如为非均相物系，则通过简单的分层操作就可以回收大部分夹带剂；如还需通过精馏操作回收夹带剂，则其最好与原组分之间具有足够大的挥发性差异；如果采用萃取操作回收夹带剂，则应考虑能否找到合适的萃取剂。

2．萃取精馏概述

萃取精馏的原理[5]是通过向混合物中添加某种挥发性很小的溶剂，增大原溶液中两个组分之间的相对挥发度，或使原有的恒沸点消失，从而使分离过程易于进行，加入的溶剂称为萃取剂。萃取剂使相对挥发度增大的主要原因是它的存在使原组分分子间的吸引力变弱，萃取剂的稀释作用更是弱化了这种作用力。

用于萃取精馏的萃取剂应尽量满足以下条件：

① 少量地添加于原溶液就能明显增大原组分间的相对挥发度。

② 要与原溶液有足够的互溶度，以便其在每层塔板上都发挥作用。

③ 挥发性小，且不与原溶液中的组分形成恒沸物，以便于回收利用。

萃取精馏的操作特点是萃取剂在塔内液相中的浓度对原组分间相对挥发度有重要影响。为保持萃取剂浓度足够高且在塔内分布均匀，除加入萃取剂外，萃取精馏塔在操作上还有以下不同于普通精馏之处：

① 常采用饱和蒸气进料，以使精馏段和提馏段的液相流量大体一致，两段液相中萃取剂的浓度基本相同。

② 回流液和萃取剂加入的温度不宜过低，否则会造成塔内蒸气的“额外”冷凝，冲淡液相，降低萃取剂浓度。

③ 要保持进料量、萃取剂加入量和回流比之间的正确匹配关系，以使萃取剂的浓度足够高。过大的进料量、过小的萃取剂加入量和过大的回流比均会降低塔板上萃取剂的浓度。在进料量和萃取剂加入量一定时，存在一个使馏出液浓度最高的最优回流比，而非回流比越大，馏出液浓度越高。

通过加入某种添加物以增大原组分间的相对挥发度是恒沸精馏与萃取精馏的共同特点，但它们之间也存在以下不同之处：

① 恒沸精馏要求夹带剂必须与原组分形成恒沸物，而萃取精馏对萃取剂无此要求。故萃取剂选择范围要宽得多。

② 恒沸精馏中加入的夹带剂一般都从塔顶蒸出，而萃取精馏中的萃取剂往往沸点很高，不经汽化而从塔釜排出。故恒沸精馏的能耗较高。

③ 由于萃取剂必须从塔顶加入，故萃取精馏无法以间歇操作的方式实现，而恒沸精馏则无此限制。

④ 在同样压强下，恒沸精馏的操作温度较低，故比萃取精馏更适于分离热敏性物料。

3. 加盐精馏概述

加盐精馏的原理和萃取精馏相似，只是添加剂变成了不挥发的可溶性盐。对易溶于盐的组分而言，它的分子与盐分子之间的作用力较大，挥发度减小的程度也较大；反之，溶解度较小的组分，挥发度减小的程度也较低。因此，相对挥发度比未加盐时显著增大，从而有利于采用精馏的方法予以分离。对一些能够形成恒沸物的溶液，加盐使相对挥发度发生变化，能够使恒沸物的组成改变或消除恒沸物，从而使分离容易进行。

与采用液体溶剂作为夹带剂相比，用盐作为添加剂的优点有：

① 盐是完全不挥发的，易在塔顶得到很纯的产品；

② 用少量的盐即可取得显著效果；

③ 可缩小设备尺寸并降低热能消耗，过程经济性较高。

4．反应精馏概述

反应精馏是通过反应精馏塔将化学反应过程和精馏相结合的操作，由于具有选择性好、收率高、能耗低及设备投资少等优点而逐渐受到广泛重视。目前，反应精馏操作已在石油化工生产方面得到了应用，其中在甲基叔丁基醚（MTBE）和乙基叔丁基醚（ETBE）等合成工艺中的应用已全部工业化。但由于该操作的复杂性，即使进料位置、塔板数、反应速率及催化剂性能等因素有微小的变化都会使整个反应精馏过程受到强烈影响，因此在反应精馏过程的设计、放大和控制等方面是存在一定难度的，有待于进一步研究。

反应精馏过程的设计方法目前处于研究的起步阶段。主要有两类方法：作图法和混合整数非线性规划（MINLP）法。

反应精馏在工业中的应用主要可分为两类。一类是通过精馏的组分分离作用，使得反应平衡移动，强化反应，称为反应型反应精馏；另一类是通过快速的可逆反应转化掉精馏中难分离的组分，强化分离，称为精馏型反应精馏。

反应精馏由于具有独特优越性，已成为备受关注的分离技术，但同时反应精馏过程的应用是有其局限性的，它只适用于化学反应和精馏过程可在同样温度和压力范围内进行的工艺过程。此外，在反应和精馏相互耦合过程中，还有许多问题，如精细化工生产的间歇反应精馏非稳态特性、反应和精馏过程的最佳匹配、固体催化剂失活引起的操作困难、通用反应精馏过程模拟软件和设计方法开发等方面，都有待进一步研究。

5．吸附精馏概述

吸附是具有分离因数高、产品纯度高和能耗低等优点的分离过程。吸附分离是基于吸附剂对待分离物系中各组分的吸附选择性不同，而与组分间的相对挥发度无关。因此，吸附精馏适用于恒沸或同分异构等相对挥发度小、用普通精馏无法分离或不经济的物系的分离。例如：从芳烃中分离出纯度为 99.7% 的乙苯，当要求乙苯收率达 99% 时，采用吸附过程的能耗仅为精馏过程能耗的 40%。

但是吸附过程也有许多固有不足，如吸附剂的使用量较大，吸附操作一般为间歇操作，难以实现连续化，这也导致其产品的收率较低。

如能开发由吸附和精馏组成的复合过程，将使各自的不足和不利条件互相抵消。据此，开发了一种被称作吸附精馏的新分离过程，该过程使吸附与精馏操作在同一吸附精馏塔中进行，提高了分离因数，又使精馏与脱附操作在同一精馏脱附塔中进行，强化了脱附作用。因此，吸附精馏过程具有分离因数高、操作连续、能耗低和生产能力大的优点，特别适于恒沸物系和沸点相近物系的分离及需要高纯度产品的情况。

第三节
高纯度化学品精馏流程模拟简介

化工模拟技术始于20世纪50年代，第一代化工模拟软件为适应性流程模拟系统，是由M. W. Kellogg公司开发，其英文名称为Flexible Flowsheet，在合成氨流程模拟中取得了显著的效果，为当时的化工界带来很大的影响。随后出现的第一个化工软件专业公司SIMSCI公司，开始从事化工模拟方面的研究。但当时的化工模拟软件只能局限于某些特定的单元模型以及物性数据，且只可用于模拟，并不具备设计的功能。20世纪70年代和80年代初期是化工模拟软件不断发展壮大的时期，可靠性提高，应用范围扩大。至80年代中后期，模拟软件逐渐趋向成熟，走向了专业化和商品化，此时的化工模拟软件供应商主要有Aspen Tech、Simulation Science、Hyprotech，具有代表性的模拟软件为Aspen Plus、PRO/Ⅱ、Hysys等，而且模拟软件的应用开始与实际生产相结合。化工模拟技术得到更深入的研究是在20世纪90年代以后，由稳态模拟向动态模拟、由“离线”向“在线”发展。此时的动态模拟软件主要有Hysys和Aspen Dynamics，可以将稳态模拟和动态模拟合二为一，功能十分强大，用户可以在稳态与动态模拟间自由地切换。同时，这一时期的另一重要发展方向是人工智能的开发，人工神经网络（ANN）在化工领域的应用得到了很快增长[6]。

对精馏过程的研究主要包括两方面，一是精馏过程模拟计算，二是精馏设备设计。精馏模拟的主要任务就是研究和分析实际工业精馏过程中各项物料的组成、温度和流率在塔内的分布状况以及影响这些分布的因素，然后通过改进设计、改进操作来改善精馏塔的分离能力，降低能耗。在工业应用中提高分离能力和降低能耗是化工精馏过程中必须解决的两个问题。因此在实际工业应用中Aspen Plus就成为非常重要的工具。

针对电子级四氯化硅的特性和提纯要求，设计四塔四差压的工艺方案，采用

Aspen Plus 模拟软件对精馏塔进行模拟，并优化参数[7]。

精馏过程原理是根据各组分间相对挥发度的差异，四氯化硅物系精馏进料组成和沸点如表 2-1 所示，各组分的沸点也列入表中。由表可知，原料中三氯氢硅为轻关键组分杂质，三氯化磷为重关键组分杂质。

表2-1　四氯化硅物系精馏进料组成和沸点

组分	分子式	质量分数	沸点/K
四氯化硅	$SiCl_4$	0.9801	330.75
三氯氢硅	$SiHCl_3$	0.0151	305.00
二氯二氢硅	SiH_2Cl_2	0.0037	281.35
三氯化硼	BCl_3	0.00082	285.65
三氯化磷	PCl_3	0.0002	348.65
氯化氢	HCl	5.50×10^{-5}	188.15
氯化铜	$CuCl_2$	5.00×10^{-6}	1266.15
氯化锰	$MnCl_2$	5.00×10^{-6}	1463.15
氯化镍	$NiCl_2$	5.50×10^{-6}	1260.15
四氯化钒	VCl_4	5.00×10^{-6}	425.00
氯化铁	$FeCl_3$	4.50×10^{-6}	592.15

模拟计算涉及的步骤如下所示。

步骤一：塔初始条件确定

设计采用四塔工艺流程对四氯化硅物系进行精馏提纯，该工艺流程主要包括四个精馏塔，如图 2-4 所示，分别为精馏一塔（T1）、精馏二塔（T2）、精馏三塔（T3）、精馏四塔（T4）以及与之配套的冷凝器和再沸器等。其中 T1 和 T3 为脱轻塔，T2 和 T4 为脱重塔。精馏工艺流程为粗四氯化硅原料通过进料泵送入 T1，在塔顶除去轻组分杂质（HCl、BCl_3、SiH_2Cl_2 和 $SiHCl_3$），塔釜液送入 T2，在塔釜分离出重组分杂质（PCl_3 和 $CuCl_2$、$MnCl_2$ 等金属氯化物），塔顶物质主

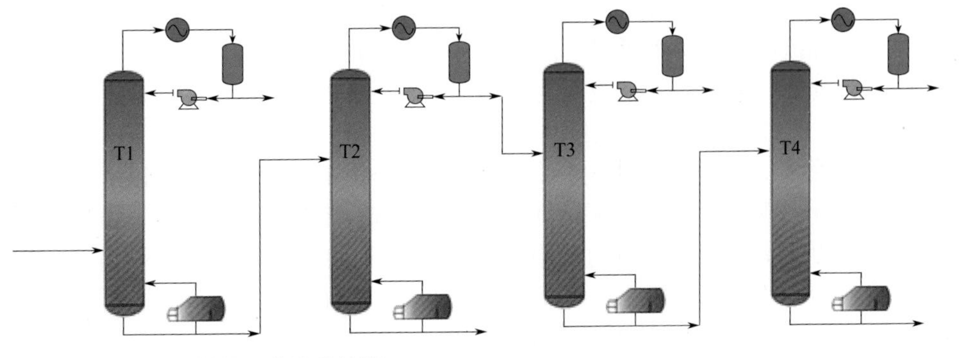

图2-4　四氯化硅精馏工艺流程简图

要是四氯化硅，但两塔精馏后的产品纯度远远不能达到行业要求，杂质尚未完全除去，需要进一步提纯，以获取达标的产品，故将T2塔顶采出液送入T3，进一步脱除轻组分杂质，塔釜液送入T4，进一步脱除重组分杂质，T4塔顶采出高纯度四氯化硅产品。

步骤二：DSTWU工艺流程简捷计算

工艺流程初步确定后，需要分析进料物系各组分的性质和组成以及分离要求，进行初步的物料衡算，所得的结果作为精确计算的初值。

利用Aspen Plus中的Analysis工具，可以得到不同压力下进料主要组分四氯化硅和三氯氢硅的气液相平衡关系，如图2-5所示。由图可以看出，组分间相对挥发度与操作压力呈反比例关系。在两端的高浓度区，气液相平衡曲线距离对角线较近，因为产品纯度要求高，分离难度大，需要很大的塔板数或回流量才能达到要求。

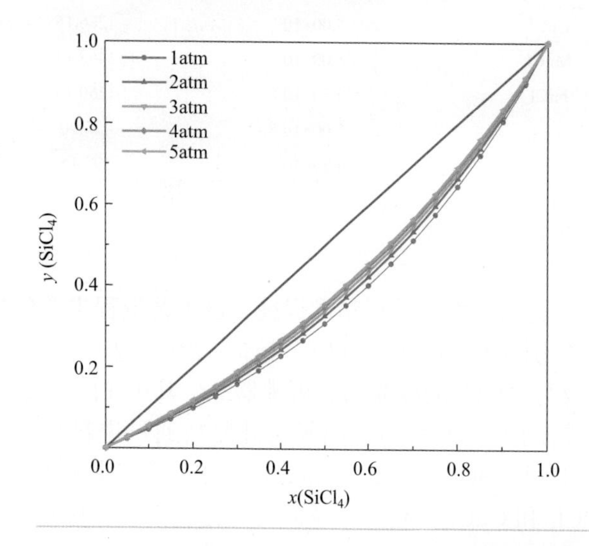

图2-5
不同压力下的气液平衡相图
（1atm = 101.325kPa）

对于多组分精馏过程，首先利用Aspen Plus软件中的DSTWU简捷法计算模型对精馏流程进行初步模拟。该模型需要规定轻重关键组分的收率以及理论板数或回流比，一般以实际回流比为最小回流比的1.2倍进行设定。输入需要分析理论板数的范围，得到回流比随理论板数变化曲线。其中理论板数直接影响精馏塔设备的成本，回流比的大小关系着精馏过程公用工程的消耗，所以需要选取合理的回流比和理论板数，使总费用最小化。随着公用工程的冷却水、加热蒸汽等的价格不断提高，公用工程的费用占据了很大的比例，且是一个不断消耗的过程，因此可以适当增加塔板数从而减少公用工程的消耗。

利用DSTWU模型对四个精馏塔进行初步模拟，以精馏一塔为例，回流比与理论板数的关系如图2-6所示。

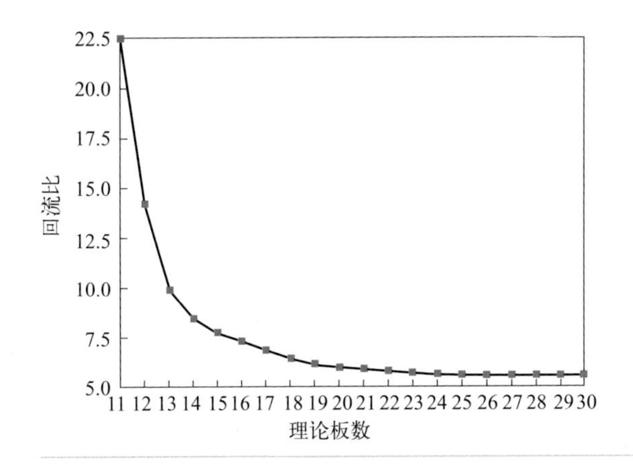

图2-6
精馏一塔回流比随理论板数变化曲线

由图可知，当理论板数小于13时，回流比显著下降，当理论板数大于21时，回流比降幅不明显，趋于稳定。增加理论板数可以降低回流比，减少能耗费用，但增加了设备费用，且理论板数达到一定程度时，回流比趋于稳定，对公用工程费用影响不大，反而大大增加设备费用。综合考虑，选取理论板数为22块板，回流比为5.48。同理可得精馏二塔回流比随理论板数的变化关系。最终选取适宜的理论板数为67块板，回流比为2.02。精馏三塔和精馏四塔的计算方法类似，简捷法计算四个精馏塔的操作参数如表2-2所示。

表2-2　简捷法计算各塔操作参数

精馏塔	理论板数	回流比
T1	22	5.48
T2	67	2.02
T3	49	10.80
T4	35	10.20

DSTWU简捷法模块是针对精馏塔进行的初步估算，其模型假定了组分间恒定相对挥发度和塔内恒定摩尔流量，计算结果只能作为精确算法的初值参考，不能准确反映模拟结果，需要利用RadFrac模块进行严格计算。使用设计规定使精馏四塔塔顶采出液中的四氯化硅产品达到工艺要求的99.9999999%，同时利用灵敏度分析优化主要操作参数，减少精馏过程的总费用。

步骤三：RadFrac模拟优化精馏塔

采用RadFrac模块可以对四个精馏塔均进行模拟优化，由于篇幅限制，以精馏四塔为例进行简单介绍。

精馏四塔为脱重塔，主要作用是继续脱除产品中微量重组分杂质，达到工艺要求的塔顶采出液作为产品采出，产品中四氯化硅纯度达到9N级。其中三氯化磷是精馏四塔主要脱除的重组分杂质，由塔釜采出进入废液回收处理，且在高沸点杂质中其与四氯化硅的沸点最接近，所以优化过程主要考察精馏四塔塔顶采出液中三氯化磷的质量分数。优化过程的主要目的是提高产品质量，同时还要考虑降低能耗，因此，也要重点考察精馏四塔换热器的负荷。

回流比的优化：在不改变 T4 其他参数的前提下，只改变摩尔回流比 R 得到塔顶液 PCl_3 质量分数变化曲线，如图 2-7 所示，T4 塔顶冷凝器负荷 Q_C、塔釜再沸器负荷 Q_R 变化曲线如图 2-8 所示。

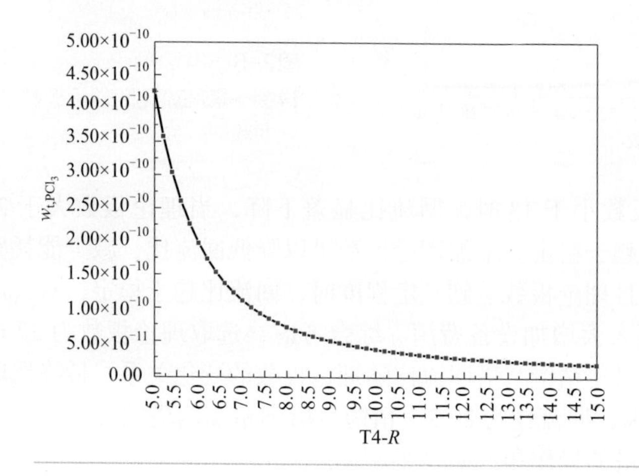

图2-7
T4回流比R对塔顶PCl_3质量分数的影响

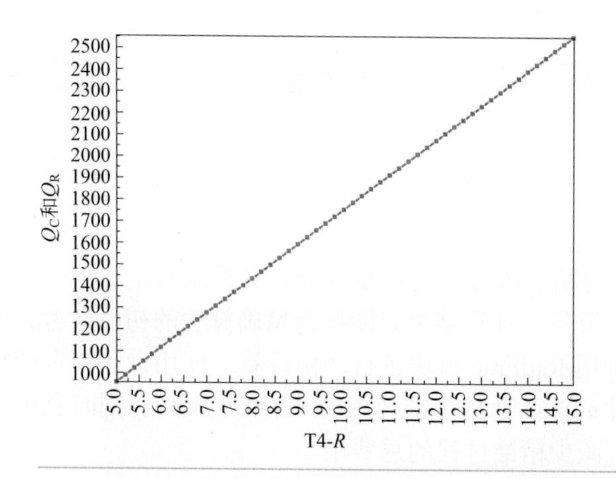

图2-8
T4回流比R对换热器负荷的影响

进料位置的优化：不改变 T4 其他操作参数，进料位置的改变会使精馏过程操作线改变，进料位置上移，则精馏段缩短，提馏段增加，塔釜产品的分离能力得到提高，从而影响精馏过程分离效果。为得到最佳进料位置，通过 RadFrac 模块的灵敏度分析工具，分析一定范围内，T4 的进料位置（N_F）对塔顶 PCl_3 质量分数的影响，图 2-9 为 T4 塔顶采出液中 PCl_3 质量分数随进料位置

N_F 的变化曲线。

由图 2-9 可以看到，当 $N_F<10$ 时，塔顶 PCl_3 的质量分数变化明显，产品分离效果显著。当 $10\leqslant N_F\leqslant 32$ 时，随着进料板的下移，塔顶 PCl_3 的质量分数变化比较平缓，此时进料板对产品分离效果的影响达到最大。当 $N_F>32$ 时，T4 塔顶产品中 $SiCl_4$ 质量分数下降，塔顶 PCl_3 质量分数增加。分析原因为，由于进料板的下移，精馏过程操作曲线的提馏段增加，使产品中更多的 $SiCl_4$ 堆积在塔釜，致使塔顶产品 $SiCl_4$ 显著减少，但此时 PCl_3 的分离程度已经达到最大，不能再减少塔顶产品中的 PCl_3，从而引起 $SiCl_4$ 质量分数的减少，而 PCl_3 质量分数增加。因此，对 T4 进料位置 $N_F=25\sim37$ 做进一步分析，可以得到最佳进料位置，结果如图 2-10 所示。

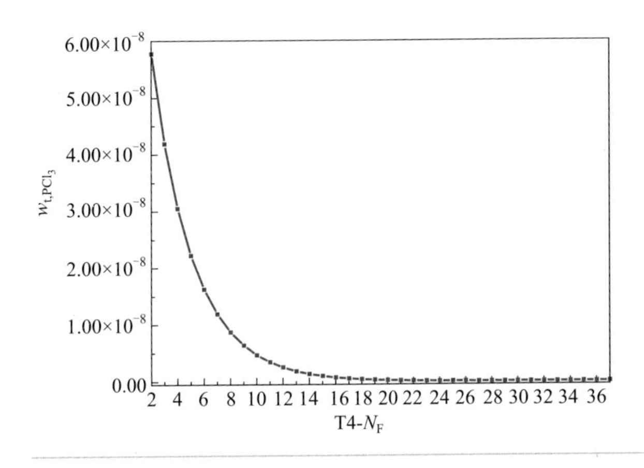

图2-9
T4进料位置（第2～36块塔板）对塔顶PCl_3质量分数的影响

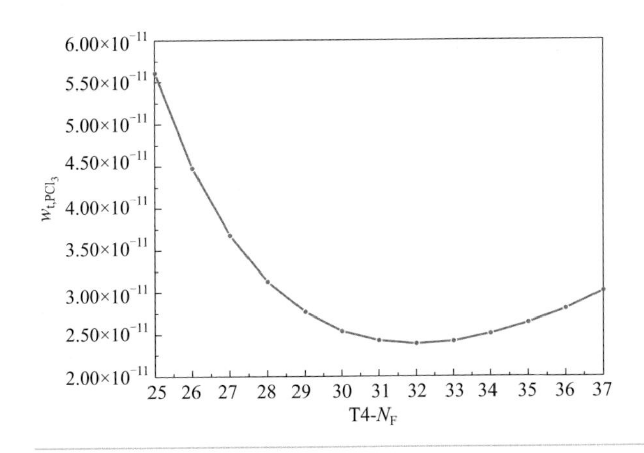

图2-10
T4进料位置（第25～37块塔板）对塔顶PCl_3质量分数的影响

综上，利用 Aspen Plus 的 RadFrac 模型、灵敏度分析功能和正交试验，对四个精馏塔进行模拟优化。核心设备操作参数优化结果见表 2-3。

表2-3 操作参数优化结果

精馏塔	操作压力/MPa	塔板数N	进料位置N_F	回流比R	采出比
T1	1.01325	61	5	6.1	0.127
T2	1.01325	56	33	3.9	0.0035
T3	1.01325	51	5	11.3	0.10
T4	1.01325	39	32	10.8	0.06

第四节
高纯度化学品精馏分离方法

一、湿电子化学品的精馏

湿电子化学品分为通用化学品和功能性化学品，目前国内外的湿电子化学品产品通常执行SEMI（semiconductor equipment and materials international）国际标准。湿电子化学品是现代通信、现代电子信息和新能源等技术的关键化学材料，常应用在平板制造、半导体产品以及太阳能电池等行业，每种产品的应用情况各不相同，是电子工业的基础性材料。

由于电子试剂具有品种多、用量大、技术要求高、贮存有效期短和强腐蚀性等特点，要实现工业化，应将其作为系统工程进行研究，并着重解决下列问题：提纯工艺连续高效，满足大规模生产工艺的要求；提纯设备材料应是高纯的、耐腐蚀的，不应对产品造成二次污染；质量控制应采用分析测试领域的最新技术；要有极好的支撑条件，能够提供基本上是理论纯水的终端水站和生产、分装、测试、研究用纯净条件；包装容器设计、加工和包装材质的选择应满足不同工艺的要求。

1. 采用亚沸精馏制备电子级盐酸

所谓亚沸精馏，就是将需要被提纯的液体加热，在加热到液体的沸点以下5～20℃的时候停止加热，此时的液体温度由于距离沸点仍然有些差距，避免了液相沸腾产生大量蒸气雾粒，因此蒸气中极少或者没有夹带金属离子或者固体微粒。将气相收集后冷凝，就可以得到纯度较高的产物。亚沸精馏法是去除液体中金属离子或者某些固体微粒的非常有效的方法，在除去工业盐酸中的金属离子与固体微粒从而得到高纯度盐酸的过程中非常有效[8]。

亚沸精馏的方法还可以用于电子级氢氟酸等电子级试剂的分离纯化过程。

2．吸附－精馏耦合制备电子级异丙醇

目前，电子级异丙醇的生产过程中，原料来源大多为工业级异丙醇，经过分离纯化精制可得到电子级异丙醇。工业中常用共沸精馏、萃取精馏等精馏方式进行提纯。但是电子级异丙醇应用于微电子化学品工业中，因此对异丙醇产品中的金属杂质含量、颗粒大小和阴离子等指标的要求极为苛刻，单纯采用精馏的方法很难满足要求。

采用吸附-精馏耦合的方法，通过分子筛吸附原料中的水，可将工业级异丙醇原料中的含水量降至 3×10^{-5} 以下；通过精馏对异丙醇中的轻组分杂质及金属离子杂质进行脱除，其中塔的主要材质为抛光等级不同的不锈钢，可以将物料中的金属离子降至 1×10^{-11} 以下；最后通过膜分离的方法脱除产品中的有机大分子、细菌、病毒以及阴离子杂质，得到满足国际标准要求的电子级异丙醇。

二、三氯氢硅的精馏

多晶硅是硅产业链中的重要中间产品，是半导体工业、电子信息产业、太阳能光伏电池产业的最重要、最基础的功能性材料。

改良西门子法是目前生产多晶硅最为成熟、投资风险最小、最容易扩建的工艺，所生产的多晶硅占当今世界生产总量的 70% ～ 80%。我国的多晶硅生产也大多采用改良西门子法。三氯氢硅是改良西门子法生产多晶硅的中间产品，利用 H_2 还原 $SiHCl_3$、在硅芯发热体上沉积硅的工艺技术，就是通常所说的改良西门子法。三氯氢硅的纯度直接影响到多晶硅产品的纯度，三氯氢硅的提纯是多晶硅生产的关键环节。

在三氯氢硅生产中，进入精馏工段的物料是经过冷凝工段深冷后的合成反应液。其主要成分为三氯氢硅和四氯化硅，少量的二氯二氢硅、氯化氢、氢气、三氯化硼等轻组分及少量的三氯化磷、聚氯硅烷等重组分。本书编著者团队[9]通过精馏方法将三氯氢硅纯度由 85% 提纯到 99.9999999%，达到电子级三氯氢硅要求，四氯化硅纯度由 13% 左右提纯到 99.0%，三氯氢硅产品中三氯化硼、三氯化磷等组分的质量分数降到极低。

常压下，三氯氢硅的沸点为 31.8℃，四氯化硅的沸点为 57.6℃，两者相差 25.8℃，容易用精馏的方法分开。为了得到纯度好的三氯氢硅产品和四氯化硅副产品，提高产品的回收率，设计采用多级连续精馏装置。通过三氯氢硅预塔（简称预塔）分凝脱去原料中的大部分轻组分；通过三氯氢硅塔将三氯氢硅和四氯化硅分离，塔顶得到三氯氢硅产品，塔釜的物料进入四氯化硅塔；四氯化硅塔的塔顶蒸出四氯化硅副产品，从塔釜采出三氯化磷、聚氯硅烷等高沸物。三氯氢硅精馏系统进料组成如表 2-4 所示。

表2-4　三氯氢硅精馏系统进料组成

组分	分子式	质量分数	沸点/℃
四氯化硅	$SiCl_4$	2.8×10^{-1}	57.6
三氯氢硅	$SiHCl_3$	7.0×10^{-1}	31.8
二氯二氢硅	SiH_2Cl_2	1.0×10^{-2}	8.2
三氯化硼	BCl_3	1.0×10^{-6}	12.5
三氯化磷	PCl_3	1.0×10^{-6}	75.5
氯化氢	HCl	1.0×10^{-4}	−85.0
氢气	H_2	5.0×10^{-3}	−252.8

为了节省制冷能耗，使用常温冷却水代替深冷水进行冷凝器的冷却，采用加压精馏的方法，提高冷凝温度。由于进料温度对精馏过程的能耗及产品组成都有影响，因此为了减少能耗、提高分离效率，考虑在预塔前增加换热器，对深冷物料进行预热，具体的预热温度由模拟计算结果确定。一个简单的三氯氢硅精馏系统工艺流程图如图 2-11 所示 [10]。

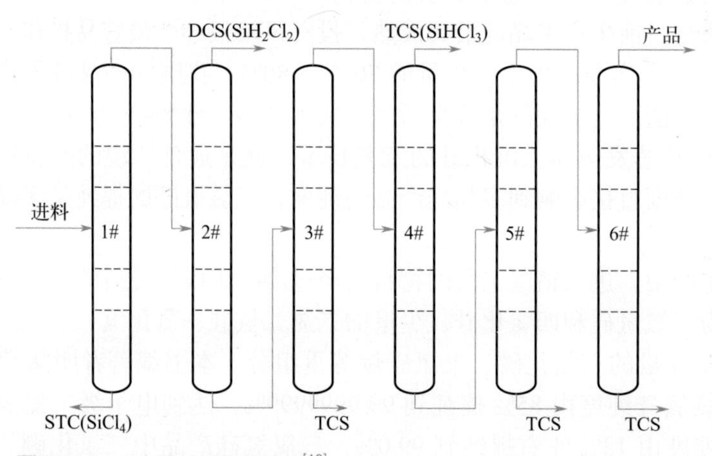

图2-11　三氯氢硅精馏系统[10]

三、氯乙烯单体的精馏

聚氯乙烯（polyvinyl chloride，PVC）树脂是一种白色无定形粉末状的热塑性高聚物，由氯乙烯单体（vinyl chloride monomer，VCM）在引发剂、分散剂、防黏釜剂、消泡剂、链转移剂、抗氧剂、热稳定剂等十余种助剂的合理掺配下聚合而成，以其电绝缘性好、耐腐蚀性强、阻燃性佳和机械强度高等特点在塑料制品行业占据着重要地位。

PVC 的生产中氯乙烯精馏系统是最为关键的生产环节之一，氯乙烯单体的质量分数将直接影响聚氯乙烯树脂的质量与性能，精馏过程的能耗将直接决定生产企业经济效益的高低。针对氯乙烯精馏过程进行系统研究与工业优化，对于提高产品质量、减少能源消耗、降低生产成本和保护环境、实现行业的转型升级具有重要的现实意义。

本书编著者团队[11]发现，聚合级氯乙烯单体中所含杂质对聚合反应的影响非常显著，杂质的存在将使得聚合反应发生阻聚或缓聚，严重影响生产的正常、稳定运行，同时也直接影响到聚氯乙烯树脂的质量与性能。若氯乙烯单体中含有乙醛、乙炔、1,1- 二氯乙烷、偏二氯乙烯、1,2- 二氯乙烷等杂质时，不仅对聚合反应起阻聚作用，而且会产生链转移，造成聚合物分子质量低或生成交联物。若单体中乙炔含量过高，则将会延长聚合反应的诱导期而增加反应所需时间。同时，由于乙炔是活泼的链转移剂，乙炔的存在将使 PVC 树脂的分子质量不均匀，端基共轭双键和孤立不饱和键含量增加，从而影响 PVC 树脂的热稳定性，使其初期着色变差，白度和抗老化性能降低。图 2-12(a) 和图 2-12(b) 分别表达了 1,1- 二氯乙烷和乙炔存在时单体链增长反应的过程。因此为了保证 PVC 产品质量，应充分重视 VCM 的精馏过程，严格控制单体中的杂质含量。

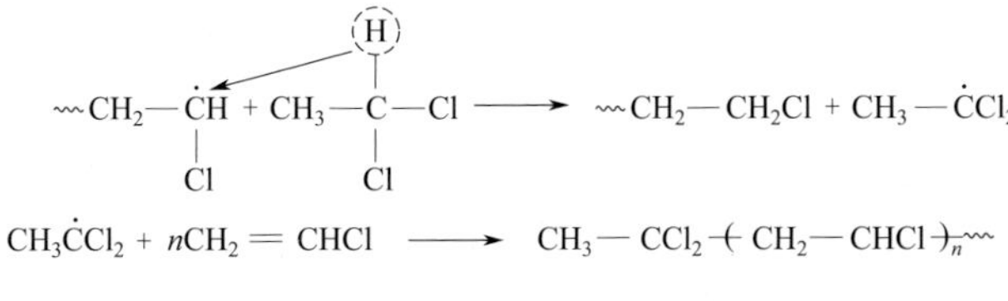

$$\sim CH_2-\dot{C}H(Cl) + CH_3-CH(Cl)-Cl \longrightarrow \sim CH_2-CH_2Cl + CH_3-\dot{C}Cl_2$$

$$CH_3\dot{C}Cl_2 + nCH_2=CHCl \longrightarrow CH_3-CCl_2-\!\!\left(CH_2-CHCl\right)_n\!\sim$$

(a) 1,1-二氯乙烷存在时

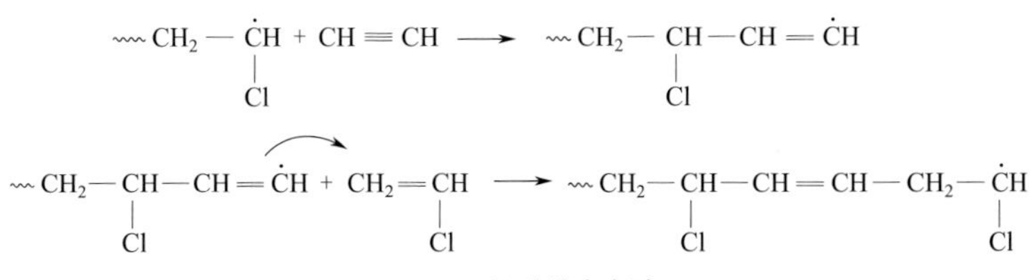

$$\sim CH_2-\dot{C}H(Cl) + CH\equiv CH \longrightarrow \sim CH_2-CH(Cl)-CH=\dot{C}H$$

$$\sim CH_2-CH(Cl)-CH=\dot{C}H + CH_2=CH(Cl) \longrightarrow \sim CH_2-CH(Cl)-CH=CH-CH_2-\dot{C}H(Cl)$$

(b) 乙炔存在时

图2-12　1,1-二氯乙烷和乙炔存在时单体链增长反应示意图

如图 2-13 所示，传统氯乙烯精馏系统主要由脱低沸塔（T1）、脱高沸塔（T2）和相应的冷凝器、再沸器组成。脱低沸塔操作压力设置为 0.65MPa，塔顶设有内回流式分凝器，利用自重进行回流，根据换热需要采用 5℃冷冻水降温冷凝。脱高沸塔 T2 塔顶馏出精制后的氯乙烯产品，塔釜采出含氯乙烯、二氯乙烯及二氯乙烷等的高沸点混合物。脱高沸塔操作压力设置为 0.38MPa 或 0.40MPa。塔顶采用内回流式全凝器自重回流，5℃冷冻水降温冷却。

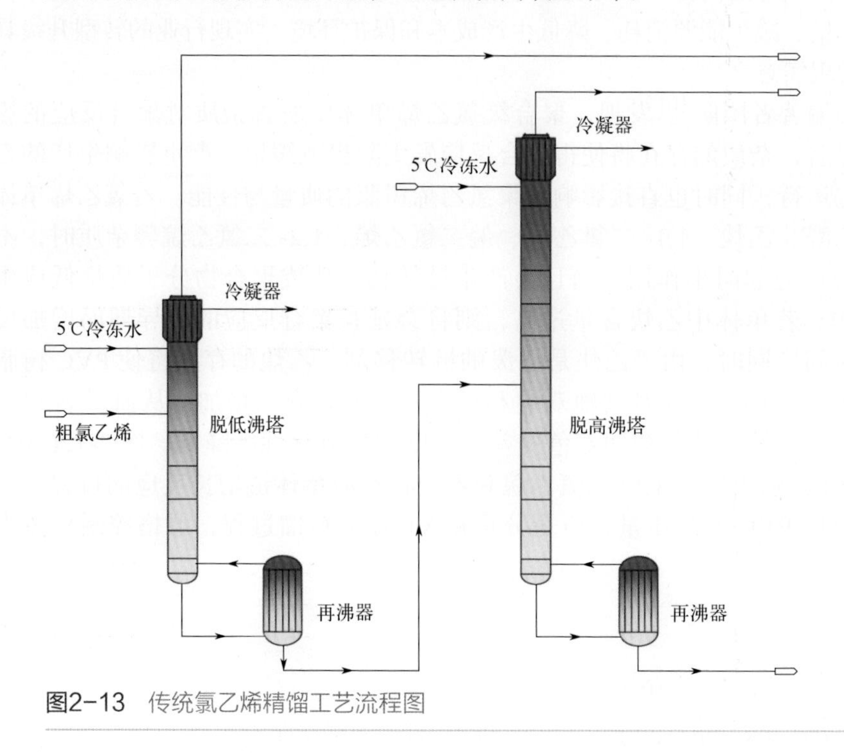

图2-13　传统氯乙烯精馏工艺流程图

在这个工艺流程中存在回流量可控性差、生产能耗高、分离效果差、高附加值釜液未合理回收等多种问题。

本书编著者团队通过对精馏系统的优化对上述问题进行改进。

1. 对脱低沸塔和脱高沸塔的节能改造与模拟优化

将 T1、T2 塔顶回流改为塔外强制回流，同时提高 T1、T2 的操作压力，使塔内精馏温度随之升高，塔顶蒸气可用32℃循环水替代原来的 5℃冷冻水进行冷却，从而节省生产能耗。采用 Aspen Plus 对氯乙烯精馏系统的脱低沸塔、脱高沸塔进行加压模拟，并采用单参数分析和正交试验分析法进行工艺参数的优化，寻求满足生产要求且能耗最低的全局性最优组合。优化后的结果见表 2-5。

表2-5 氯乙烯精馏工艺流程模拟优化结果

精馏塔	塔板数	操作压力/MPa	进料位置	回流比	馏出比	顶温/℃	釜温/℃
T1	68	1.00	9	3.6	0.07	51.7	64.4
T2	88	0.75	54	0.6	0.88	50.6	61.1

2．氯乙烯高沸物回收塔的设置与优化

增设精馏系统高沸物回收装置，主要包括间歇式回收精馏塔、冷凝器、再沸器、原料槽、回流罐、二氯乙烷储罐、二氯乙烯储罐以及过渡储罐。通过 Aspen Plus 模拟优化，得到高沸物回收塔塔顶、塔釜采出中氯乙烯、二氯乙烯以及二氯乙烷三者质量分数随时间的变化情况，如图 2-14、图 2-15 所示。由模拟结果可知，1 个回收周期约为 15.5h。

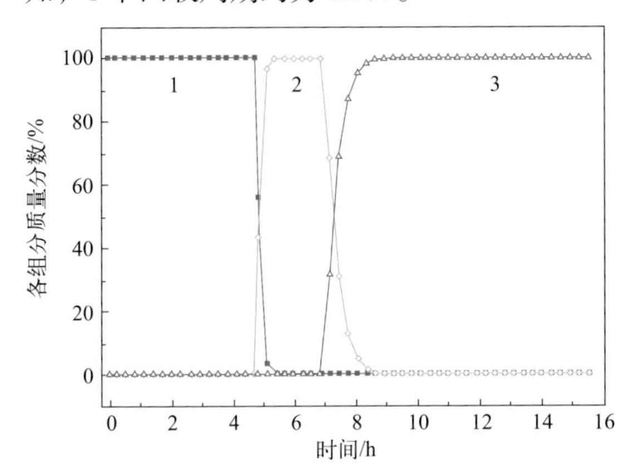

图2-14 高沸物回收塔顶组成随时间变化曲线

1—氯乙烯；2—二氯乙烯；3—二氯乙烷

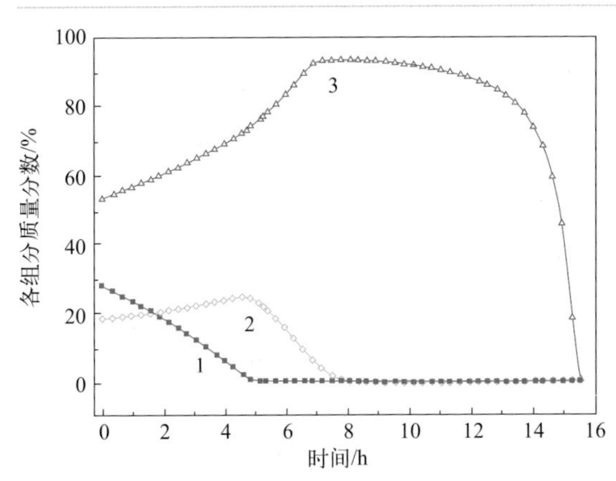

图2-15 高沸物回收塔釜组成随时间变化曲线

1—氯乙烯；2—二氯乙烯；3—二氯乙烷

根据以上氯乙烯精馏系统改造思路，优化后的精馏系统如图 2-16 所示。

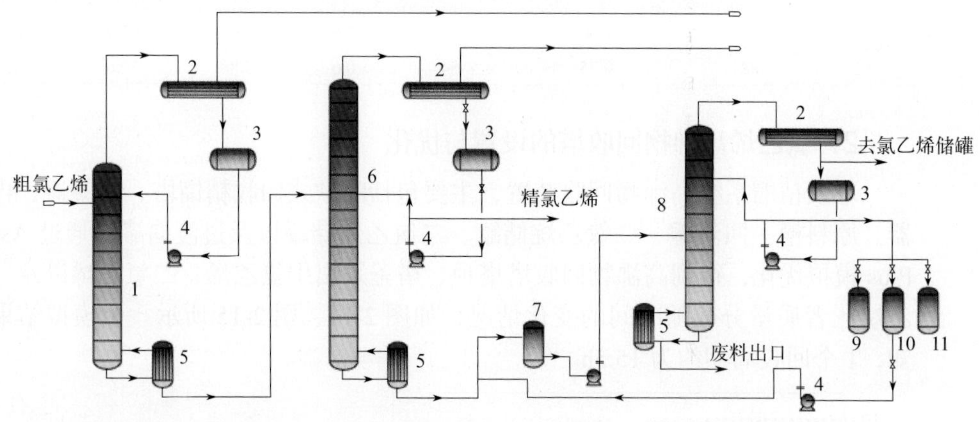

图2-16　优化后氯乙烯精馏工艺流程图

1—脱低沸塔（T1）；2—冷凝器；3—回流罐；4—回流泵；5—再沸器；6—脱高沸塔（T2）；7—原料槽；8—高沸物回收塔（T3）；9—二氯乙烯储罐；10—过渡储罐；11—二氯乙烷储罐

3．高效导向筛板在氯乙烯精馏系统中的应用

为避免生产过程中出现堵塔现象，改善分离效果，提高精馏系统的传质效率，新方案建议更换塔内件类型，采用新型的高效导向筛板。高效导向筛板结构如图 2-17 所示。

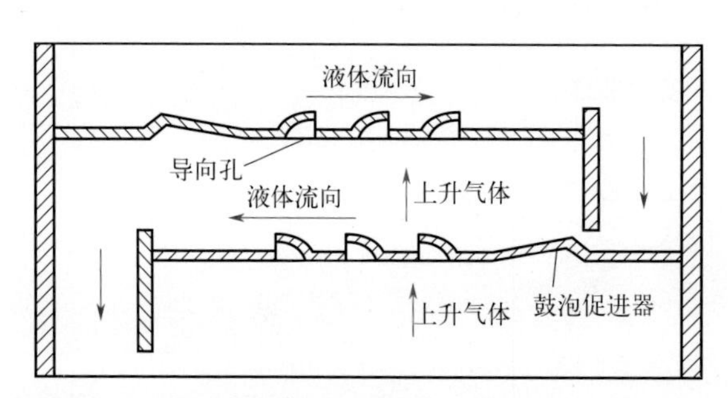

图2-17　高效导向筛板结构图

四、电子特气的精馏

电子行业特种气体（简称电子特气）参与从芯片生长到末端器件封装的几乎每个环节，如化学气相沉积、离子注入、光刻胶印刷、刻蚀、掺杂等，被誉为半导体制造的“血液”。高纯度甲硅烷（SiH_4）是其中最重要的“源”性气体，广

泛用于半导体芯片、显示面板、太阳能电池等的制造过程中，其作为含硅薄膜和涂层的应用已从传统微电子和光电子产业扩展到化工、光学、钢铁、机械等诸多领域，行业影响力显著。

在微电子及光电子器件制备过程中，从单个生成到最后器件的组装，几乎每一步、每一个环节都离不开电子特气，电子特气的质量也决定着半导体器件性能的优劣，电子特气纯度每提高一个等级，就会使半导体器件质量获得飞跃。

1. 高纯度甲硅烷的生产

高纯度甲硅烷生产技术过去曾被美、日、韩等少数国家垄断，即使是用于制造硅化玻璃的低级品也都严重依赖进口。我国采用的甲硅烷制备技术主要是传统的镁硅路线或氟硅路线，存在品质不高或不稳、废物排放量大、成本较高等问题，早期均未能进入电子特气市场。李学刚等[12]基于化工学科前沿的多功能反应器开发的高纯度甲硅烷大规模生产新技术在某集团试车成功，产品纯度稳定保持在 99.9999% 以上，并成功打入国内外电子特气市场。该技术的成功实施打破了国外技术垄断，直接导致国际甲硅烷价格大幅下降。与此同时，国内新能源、电动车等产业的迅猛发展，也在催生新的甲硅烷应用场景和市场需求。

技术路线以三氯氢硅为原料，在催化剂作用下经过歧化反应制取甲硅烷，其反应原理和总反应见式（2-1）~式（2-4）：

$$2SiHCl_3 \longrightarrow SiCl_4 + SiH_2Cl_2 \tag{2-1}$$

$$2SiH_2Cl_2 \longrightarrow SiHCl_3 + SiH_3Cl \tag{2-2}$$

$$2SiH_3Cl \longrightarrow SiH_2Cl_2 + SiH_4 \tag{2-3}$$

总反应：

$$4SiHCl_3 \longrightarrow 3SiCl_4 + SiH_4 \tag{2-4}$$

该路线的主要特点是原料成本低，副产物四氯化硅可经过冷氢化过程循环，从而形成工业硅加氢的闭环生产工艺，无废物排放，且易于规模放大。但是，氯硅法路线存在一个突出的缺点，即上述歧化反应过程的热力学平衡转化率极低（0.2% 以下），需要及时将产物从反应体系中分离出来，以推动反应正向进行，提高原料转化率。传统的工艺采用两个独立的反应器和三套精馏塔，由于反应产物属于间断分离，分离效率不高，单程反应转化率低，因此物料循环量极大，设备投资和操作成本高。

在此基础上提出了基于反应精馏的甲硅烷生产技术，利用“边反应、边分离”的技术原理，将反应产物即时高效地移出反应体系，推动反应向生成甲硅烷的正方向进行，在一个塔内实现原本热力学平衡转化率不足 0.2% 的反应达到近 100% 的转化，大幅降低了物料循环量和操作成本。具体工艺流程如图 2-18 所示。

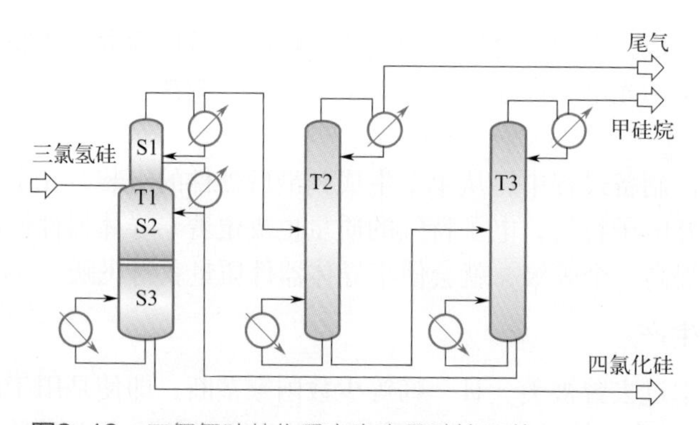

图2-18 三氯氢硅歧化反应生产甲硅烷工艺

T1—反应精馏塔（S1—精馏段；S2—反应段；S3—提馏段）；T2—脱轻塔；T3—甲硅烷塔

2．六氟丁二烯的纯化技术

六氟丁二烯电子气体主要用于半导体产品的等离子介质刻蚀加工技术、超大规模集成电路的干刻蚀。六氟丁二烯具有较低的氟碳比，在刻蚀室的等离子区分解成多种活性游离基，并以刻蚀活性较低的 CF·为主，使得刻蚀过程中，一方面材料侧壁表面快速沉积一层厚度较薄、密度较低的氟碳聚合物保护膜，另一方面又具有适中的刻蚀强度，能实现近乎垂直的刻蚀加工。和四氟化碳、六氟乙烷、八氟丙烷、八氟环丁烷相比，六氟丁二烯在等离子介质刻蚀中表现出高选择性和高深宽比，被认为是目前性能最好的电子线路刻蚀气体。同时，六氟丁二烯在大气中的寿命较短，降解速度快，温室效应小，且分子中不含氯，不损害臭氧层。因此，六氟丁二烯是一种温室效应极低、刻蚀性能优良的干刻蚀气体。

黄华璠等[13]采用两塔连续精馏工艺流程进行初步纯化，再采用吸附塔吸附碳卤化合物杂质，特别是含氯、溴的碳氟化合物，接着用三级精馏塔进行进一步纯化，再经过滤器纯化。该纯化方法可除去六氟丁二烯中有机溶剂、碳卤化合物、O_2、N_2、CO、CO_2、H_2O 和颗粒物等杂质，降低纯化过程中所耗费的冷量和热量，设备投入少，操作简单，生产能力大，收率高。经纯化后，六氟丁二烯纯度在 99.99% 以上。该精馏工艺流程图如图 2-19 所示。

3．三氟化硼的低温精馏

三氟化硼可用于工业生产中，如有机反应（酯化、烷基化、聚合、异构化、磺化、硝化等）催化剂，是最重要的原材料之一；也可用于半导体领域生产中，在电子产品制造过程中广泛应用于薄膜、刻蚀、掺杂、气相沉积、扩散等工艺，是集成电路、液晶面板、LED 及光伏等产业的上游产品。

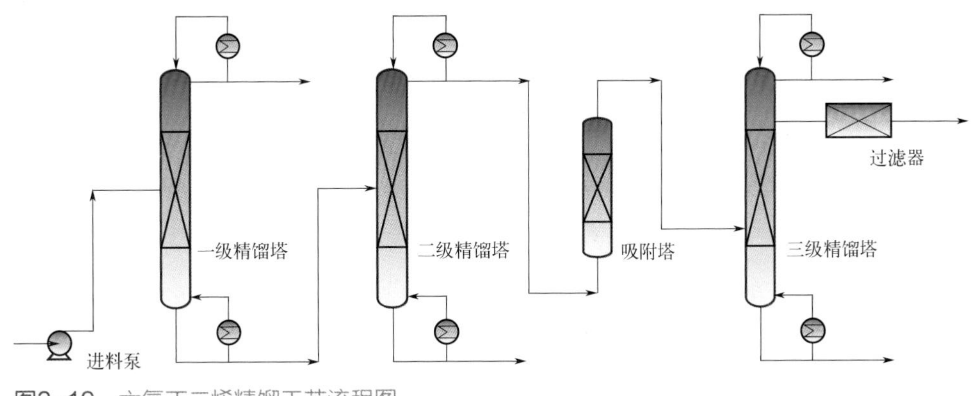

图2-19　六氟丁二烯精馏工艺流程图

三氟化硼气体中的杂质主要有空气组分以及 SiF_4、SO_2、HF 等，以实验室中所用的 99.5%（质量分数）BF_3 气体为例，所含主要杂质为空气，还包括 SiF_4、CF_4、SO_2、HF 等。

三氟化硼的合成方法有很多，大致可以分为干法和湿法，其中包括萤石硼酸法、氟硼酸盐分解法、直接氟化法和络合物分解法等。随着半导体产业的蓬勃发展，电子气体市场对于三氟化硼的需求量也不断增大，同时对其纯度要求也越发严格。国内三氟化硼常用的纯化法包括低温精馏法、吸附法、冷阱法、化学转化法和多种工艺耦合 [14]。

低温精馏法是利用在气液平衡的状态下，气相中的低沸点组分含量比液相中高这一特点，在精馏塔中经过多次部分蒸发和部分冷凝的气液平衡过程，实现不同组分的分离和提纯。

常用的吸附法主要是物理吸附，通常使用的吸附剂有分子筛、活性炭、螯合剂等。为了最经济、最有效、最安全地除去杂质，活性炭吸附法得到广泛应用。

冷阱法也称为冷冻法，利用气体组分之间沸点和凝固点的区别，在一定的分离条件下，使目标气体中某些组分冷凝后在体系中形成两相，从而达到分离纯化的目的。

参考文献

[1] 李群生．传质分离理论与现代塔器技术 [M]．北京：化学工业出版社，2016.

[2] 阿尔方斯・福格波尔．精馏过程理论 [M]．齐鸣斋，译．北京：化学工业出版社，2022.

[3] Westerberg A W. The synthesis of distillation-based separation systems [J]. Computers and Chemical Engineering,

1985,9:421-429.
[4] 李群生，郭凡. 化工分离中相平衡研究进展 [J]. 北京化工大学学报（自然科学版）, 2014,41(6):1-10.
[5] 丁忠伟. 化工原理：下册 [M]. 北京：高等教育出版社，2014.
[6] 孙兰义. 化工过程模拟实训——Aspen Plus 教程 [M]. 2 版. 北京：化学工业出版社，2017.
[7] 杨佳宁. 电子级四氯化硅精馏系统的模拟节能与工艺研究 [D]. 北京：北京化工大学，2017.
[8] 薛伟. 电子化学品高纯盐酸的生产工艺方法和生产装置 [J]. 化工设计通讯，2017,43(11): 153.
[9] 陈文，徐昱，陈位强，等. 三氯氢硅精馏新过程的研究及其节能降耗的应用 [J]. 化工进展，2009,28(S2): 297-300.
[10] 王永亮，沈峰，杨伟强. 高效节能精馏技术在三氯氢硅提纯中的应用 [J]. 中国氯碱，2020(11): 20-23.
[11] 李群生，郭凡，任钟旗，等 . PVC 生产中氯乙烯精馏系统的研究及工业优化 [J]. 现代化工，2016,36(12): 129-131.
[12] 李学刚，肖文德. 电子特气甲硅烷的国产化实践及行业展望 [J]. 化工进展，2021,40(9): 5231-5235.
[13] 黄华璠，姚刚，徐海云，等. 一种六氟丁二烯的纯化方法及纯化装置 [P]. CN 109180424B. 2021-02-19.
[14] 赵鹏德，常琳，李子宽，等. 三氟化硼制备及纯化进展 [J]. 低温与特气，2021,39(6):1-4,24.

第三章

高纯度化学品精馏的相平衡研究

第一节　高纯度化学品的气液相平衡研究 / 040

第二节　高纯度化学品的固液相平衡研究 / 059

第一节
高纯度化学品的气液相平衡研究

精馏分离是生产高纯度化学品的重要手段，而对高纯度化学品的气液相平衡的研究则是精馏分离的前提条件。目前，我国对高纯度化学品的需求不断增大，但是对于一些超高纯度化学品主要还是依靠进口，我国在生产一些高纯度化学品方面还未能实现较大突破。对于一些高纯度化学品如电子特气、湿电子化学品等的气液相平衡研究还不够充足，导致无法准确设计精馏分离过程，现阶段一些高纯度化学品的精馏设计主要是依据经验摸索，没有完备的气液相平衡数据去支撑精馏过程的设计。所以一些高纯度化学品的精馏设计要么达不到分离要求，要么设计余量过大，浪费了很多能耗。

萃取精馏是分离高纯度化学品的手段之一，萃取剂的选择对其分离能力尤为重要。离子液体具有挥发性极低、选择性高的优点，被认为是萃取精馏的超级萃取剂，在高纯度化学品精馏领域具有巨大的应用潜力。然而，离子液体与各化学组分间的气液相平衡基础数据目前尚不完全，严重限制了相关的精馏工程设计计算。因此，开展包含离子液体物系的超高纯度化学品的气液相平衡研究具有很大的必要性。

一、气液相平衡的理论与模型

气液相平衡指的是当气相与液相两相直接接触时，气液两相之间有物质和能量的传递，使得气液两相的性质发生改变，直到两相之间的压力、温度、组成等性质不再变化时，即达到平衡状态。从热力学的角度来看，整个系统平衡时的吉布斯自由能是最小的。

对存在若干个相、若干种组分的体系，相平衡时有[1]：

$$\mu_i^{\alpha} = \mu_i^{\beta} = \cdots = \mu_i^{\pi} \tag{3-1}$$

式中，μ_i^{π}是组分 i 在 π 相中的化学势。

引入逸度后可得到更加实用的判别式：

$$\hat{f}_i^{\alpha} = \hat{f}_i^{\beta} = \cdots = \hat{f}_i^{\pi} \tag{3-2}$$

式中，$\hat{f}_i^{\pi}$是组分 i 在 π 相中的逸度。

因此，对于气液相平衡体系有：

$$\hat{f}_i^{\mathrm{v}} = \hat{f}_i^{\mathrm{l}} \tag{3-3}$$

式中，$\hat{f}_i^{\mathrm{v}}$是组分 i 在气相中的逸度；$\hat{f}_i^{\mathrm{l}}$是组分 i 在液相中的逸度。

气相的逸度可用逸度系数表示：

$$\hat{f}_i^{\mathrm{v}} = \hat{\phi}_i^{\mathrm{v}} y_i p \tag{3-4}$$

式中，$\hat{\phi}_i^{\mathrm{v}}$是气相中组分 i 的逸度系数；y_i是组分 i 在气相中的摩尔分数；p 是气相总压。

液相的逸度可用活度系数表示：

$$\hat{f}_i^{\mathrm{l}} = x_i \gamma_i f_i^{\Theta} \tag{3-5}$$

式中，x_i是组分 i 在液相中的摩尔分数；γ_i是组分 i 在液相中的活度系数；f_i^{Θ}是组分 i 的标准态逸度。

所以气液相平衡的基本关系式——VLE 方程：

$$\hat{\phi}_i^{\mathrm{v}} y_i p = x_i \gamma_i f_i^{\Theta} \tag{3-6}$$

下面介绍一些气液相平衡的模型。

1．Wilson 模型

Wilson 模型是基于局部组成概念发展得到的，该概念是由 G. M. Wilson[2] 在 1964 年的一篇论文中提出的。Wilson 模型表达式如下：

$$\frac{G^{\mathrm{E}}}{RT} = -\sum_i x_i \ln\left(\sum_j x_j \Lambda_{ij}\right) \tag{3-7}$$

$$\ln\gamma_i = 1 - \ln\left(\sum_j x_j \Lambda_{ij}\right) - \sum_k \frac{x_k \Lambda_{ki}}{\sum_j x_j \Lambda_{kj}} \tag{3-8}$$

Wilson 模型参数的温度函数形式为：

$$\Lambda_{ij} = \frac{V_j}{V_i}\exp\frac{-a_{ij}}{RT} \quad (i \neq j) \tag{3-9}$$

式中，V_j 及 V_i 是组分 j 及组分 i 在温度 T 时的液体摩尔体积；a_{ij} 表示与温度和组成无关的常数。当 $i = j$ 时，$\Lambda_{ij} = 1$。

Wilson 方程是个半经验半理论方程，方程常数必须通过一定量的气液相平衡实验数据由最优化方法求解。该模型的主要缺点是对于有限互溶的体系不适用。

2．NRTL 模型

局部组成概念成功地关联了 VLE 数据，并引发其他相关模型的发展，其中著名的有由 Renon 等 [3] 提出的 NRTL 模型。该模型表达式如下：

$$\ln\gamma_i = \frac{\sum_{j=1}^{N} x_j \tau_{ji} G_{ji}}{\sum_{k=1}^{N} x_k G_{ki}} + \sum_{j=1}^{N} \frac{x_j G_{ij}}{\sum_{k=1}^{N} x_k G_{kj}}\left(\tau_{ij} - \frac{\sum_{k=1}^{N} x_k \tau_{kj} G_{kj}}{\sum_{k=1}^{N} x_k G_{kj}}\right) \tag{3-10}$$

其中，模型参数分别表示如下：

$$\tau_{ij}=\frac{g_{ij}-g_{jj}}{RT} \tag{3-11}$$

$$G_{ij}=\exp(-\alpha_{ij}\tau_{ij}) \tag{3-12}$$

$$\alpha_{ij}=\alpha_{ji} \tag{3-13}$$

其中，N表示体系中的组分数目，$\tau_{ii}=\tau_{jj}=0$，$G_{ii}=G_{jj}=1$。α_{ij}称为非随机作用参数，对于一般有机溶剂，互溶体系α_{ij}一般取0.30；部分互溶体系α_{ij}一般取0.20；α_{ij}的取值范围一般在0.20～0.47之间。对于含有离子液体的体系而言，适当扩大取值范围可以取得较好的关联精度。与Wilson方程一样，NRTL方程中所有的参数都可以由对应的二元体系的气液相平衡实验数据拟合计算得到。

3．UNIQUAC模型

UNIQUAC模型[4]比较复杂，它是在似晶格模型和局部组成概念的基础上发展而来的。但它适用于多种体系，例如复杂的分子大小相差较大的聚合物体系和部分互溶体系，因此又被称为通用化学模型。该模型可以表示为：

$$\ln\gamma_i=\ln\frac{\phi_i}{x_i}+\frac{Z}{2}q_i\ln\frac{\theta_i}{\phi_i}+l_i-\frac{\phi_i}{x_i}\sum_j x_j l_j-q_i\ln\left(\sum_j\theta_j\tau_{ji}\right)+q_i-q_i\sum_j\frac{\theta_j\tau_{ij}}{\sum_k\theta_k\tau_{kj}} \tag{3-14}$$

$$l_i=\frac{Z}{2}(r_i-q_i)-(r_i-1) \tag{3-15}$$

$$\theta_i=\frac{q_i x_i}{\sum_j q_j x_j} \tag{3-16}$$

$$\phi_i=\frac{r_i x_i}{\sum_j r_j x_j} \tag{3-17}$$

$$\tau_{ij}=\exp\left(-\frac{u_{ij}-u_{jj}}{RT}\right) \tag{3-18}$$

式中，θ_i和ϕ_i表示纯物质的平均面积分数和体积分数；r_i和q_i表示纯物质参数，可根据分子的范德华体积和表面积计算得到；Z表示晶格配位数，其值取为10；u_{ij}表示分子对i-j的相互作用能，但$u_{ij}\neq u_{ji}$，其值由实验数据确定。

4．eNRTL模型

eNRTL（electrolyte NRTL）模型是1982年由Chen等[5,6]提出来的，将电

解质在溶液中的相互作用力划分为相邻局部粒子之间的相互作用力和离子之间的相互作用力两部分，eNRTL 模型表达式如式（3-19）所示。当 $X_a = X_c = 0$ 时，eNRTL 模型变为 NRTL 模型的形式。

$$\ln\gamma_m = \frac{\sum_j X_j G_{jm}\tau_{jm}}{\sum_k X_k G_{km}} + \sum_{m'} \frac{X_{m'} G_{mm'}}{\sum_k X_k G_{km'}}\left(\tau_{mm'} - \frac{\sum_k X_k G_{km'}\tau_{km'}}{\sum_k X_k G_{km'}}\right)$$
$$+\sum_c \sum_{a'} \frac{X_{a'}}{\sum_{a''} X_{a''}} \frac{X_c G_{mc,a'c}}{\sum_k X_k G_{kc,a'c}}\left(\tau_{mc,a'c} - \frac{\sum_k X_k G_{kc,a'c}\tau_{kc,a'c}}{\sum_k X_k G_{kc,a'c}}\right)$$
$$+\sum_a \sum_{c'} \frac{X_{c'}}{\sum_{c''} X_{c''}} \frac{X_a G_{ma,c'a}}{\sum_k X_k G_{ka,c'a}}\left(\tau_{ma,c'a} - \frac{\sum_k X_k G_{ka,c'a}\tau_{ka,c'a}}{\sum_k X_k G_{ka,c'a}}\right) \tag{3-19}$$

其中：

$$\tau_{ji} = \frac{g_{ji} - g_{ii}}{RT} \tag{3-20}$$

$$G_{ji} = \exp(-\alpha_{ji}\tau_{ji}) \tag{3-21}$$

$$\alpha_{ij} = \alpha_{ji} \tag{3-22}$$

二、气液相平衡的测试方法

气液相平衡实验是获得气液相平衡数据的最直接最有效的方式。相平衡数据包括等压气液相平衡数据和等温气液相平衡数据。而相平衡实验可以在常压、减压和高压下进行，可以获得所有压力下的气液相平衡数据，为变压精馏提供保障。对于一些高纯度化学品，在设计精馏的过程中对气液相平衡数据的精度要求极高，才能准确地设计精馏过程。

气液相平衡实验的核心装置是改进的 Othmer 气液相平衡釜，如图 3-1 所示。改进的气液相平衡实验装置由加热棒、平衡釜主体、冷凝回流装置和压力控制装置四部分组成。该装置测定气液相平衡数据的原理是：通过压力控制装置保持实验过程压力恒定不变，将计算并配制好的不同浓度梯度的样品加入到平衡釜内。在加热棒的作用下，液体逐渐被汽化成气相，在冷凝管处冷凝全回流到液相中，并再次在汽化室汽化，经过多次汽化、冷凝、全回流。当体系温度即温度计显示的温度保持不变时，该体系被视作达到了气液相平衡状态。此时，用微量进样器分别从气相和液相取样点取样，进样到气相色谱仪中进行检测分析，从而得到此温度点时气、液两相中样品的组成。

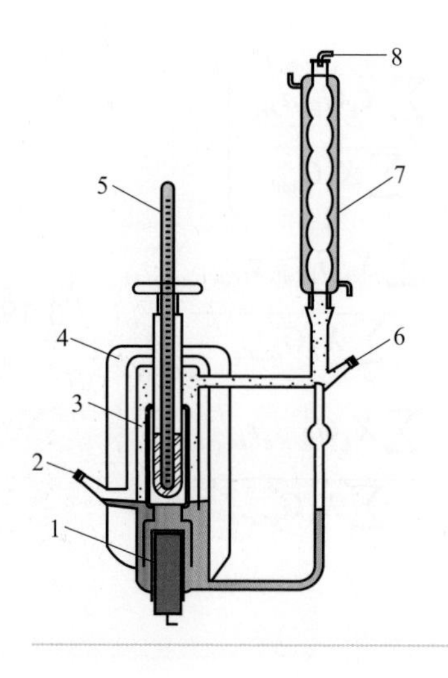

图3-1
气液相平衡釜
1—加热棒；2—液相取样点；3—汽化室；4—真空保温层；5—温度计；6—气相取样点；7—冷凝管；8—压力控制点

气液相平衡釜的材质为玻璃，可以耐受高温，从内到外依次为加热室、液体沸腾室、汽化室和真空保温室。将配制好的实验样品加入到气液相平衡釜内，在加热棒的加热作用下，液体开始沸腾，并通过三根细管喷出到汽化室，汽化的蒸气通过冷凝装置再次回到沸腾室进行加热，形成一个循环。平衡釜最外侧采用真空进行保温，有效减少体系和外界的热交换，缩短达到气液相平衡的时间。相平衡温度可直接由温度计测得。

加热装置由铜制加热棒和控温系统两部分组成，铜制加热棒采用电加热的方式。实验过程中，设定好温度，将热电偶和加热棒一起放入加热室内，热电偶实时反馈加热棒的温度，最终达到恒温加热。加热棒与平衡釜加热室的玻璃壁紧密接触进行传热，使得受热均匀，防止局部温度过高。控温系统可以设定需要加热的温度和加热电流的强度，通过将热电偶监测的温度传递至 PID 控制器控制加热温度的稳定。

冷凝回流装置主要由冷凝管和恒温水槽构成，冷凝管的下部与平衡釜相连。冷却介质采用来自恒温水槽的 0 ～ 5℃冷凝水，下进上出，与来自平衡釜的蒸气在冷凝管内进行逆流换热。蒸气被冷凝成液体回流到沸腾室中，与液相混合均匀，再次进行加热汽化。冷凝管上部接有恒压设备，可控制实验的压力稳定，连接真空泵可实现负压下气液相平衡数据的测定。一些高纯度化学品需要真空精馏，那么真空下的气液相平衡数据是必不可少的，此时压力控制装置就十分有必要。

与传统的气液相平衡釜相比，Othmer 气液相平衡釜的主要优点为：①该装置采用电加热棒进行加热，并连接有恒定温控设备，安全可控；②气相回流液和液相可以完全混合，不存在液相滞留，且气液相分离彻底，可通过不同的取样口进行取样测试，方便操作；③平衡釜内只需加入 60mL 左右的实验试剂，试剂用量小，不仅可以节约试剂，还能缩短实验时间，实验过程更加高效；④平衡釜的外侧采用真空保温，加热棒通过石棉与平衡釜充分接触进行传热，受热均匀，最大限度地利用热能并减少能量损失，节能环保。

本书编著者团队[7]利用改进的气液相平衡釜在常压下测得了丙酸乙酯和正丙醇的二元气液相平衡数据。得到的气液相平衡数据通过了热力学一致性检测，检测结果如图 3-2 所示。为了进一步检测装置的可靠性，对比所测得的二元数据和以前发表的文献数据，对比结果如图 3-3 所示，显示实验数据和文献数据基本

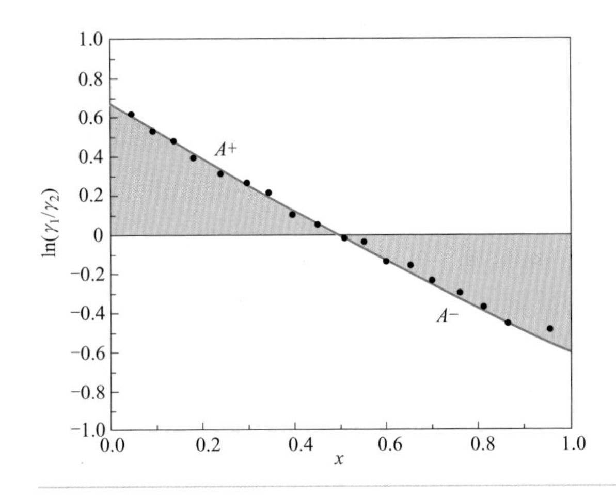

图3-2
热力学一致性检测图

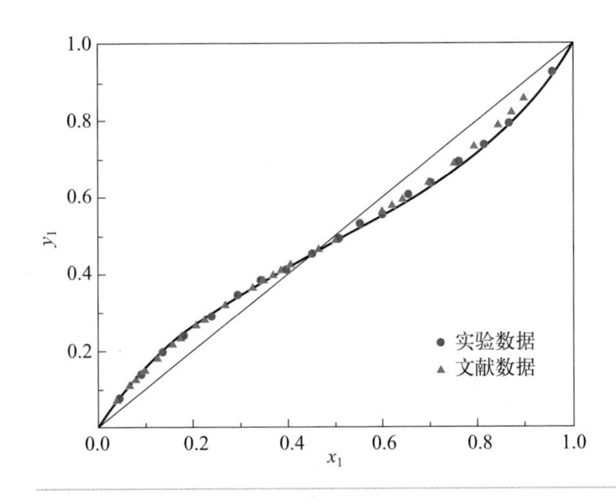

图3-3
实验数据和文献数据对比图

一致，可以说明实验装置的可靠性和准确性。本研究中采用的是 GC9700Ⅱ气相色谱仪对气液相组成进行测定和分析，其主要设备包括双氢火焰离子化检测器（FID）+ 热导检测器（TCD）+ 双填充进样系统 + 毛细进样系统，最大检测温度控制范围为 6 ～ 399℃。同时仪器配有程序升温装置，可在检测时逐渐升温，以实现多种组分的清晰分离。

下面以乙醇 - 碳酸二甲酯（DMC）为例[8]，介绍利用改进 Othmer 釜测试含离子液体的三元相平衡数据的具体操作流程。首先测定了常压下乙醇 -DMC 二元体系的气液相平衡数据，其中，配制的溶液中乙醇的摩尔分数从 0 按照一定的浓度梯度增加到 1，共分为 19 个浓度点。接下来进行乙醇 -DMC- 离子液体（[HMIM][NTf_2]、[BMIM][NTf_2]、[EMIM][NTf_2]）三元体系的气液相平衡实验，其中，离子液体的摩尔分数恒定为 0.05、0.10、0.15，乙醇的摩尔分数从 0 到 1（拟二元）按一定的浓度梯度共测定了 10 个浓度点。分析检测气相和液相组成时，每个实验点的气相和液相至少取样 3 次分析检测。当所测得的 3 次实验数据的偏差小于 0.5%，认为该体系达到了气液相平衡状态且检测的数据较为准确，此时停止取样，并取前后 3 次数据的平均值作为实验值。实验的具体操作步骤如下所述。

（1）配制样品

根据每次实验所要求的不同的摩尔比，分别计算出溶液总体积为 60mL 时所需要的乙醇、DMC、离子液体的质量。采用电子分析天平称重法配制溶液，电子天平称量精度为 0.001g。配制好的溶液盖好锥形瓶塞并用生料带密封，充分摇匀静置，确认溶液充分溶解且无分层现象，贴上标签待用。

（2）搭建装置

将用无水乙醇洗净并烘干的 Othmer 气液平衡釜固定在相平衡实验装置上。将缠绕好的加热棒和热电偶插入到平衡釜的加热室中，用硅胶垫密封气液相取样口。将冷凝管固定好并与平衡釜相连，开启循环水，检查冷凝回流装置。

（3）加热平衡

将配制好的溶液加入到平衡釜内，使用生料带密封冷凝管与平衡釜的接口。在温度计套管内放入温度计，打开加热棒的电源开关，初步设定加热电流为 0.15A，加热温度为 300℃。加热使平衡釜内溶液沸腾，并调节加热电流和加热温度，形成每秒 1 ～ 2 滴的稳定液体回流。

（4）分析组成

当温度计显示的温度在 30min 以上稳定不变时，认为体系已达到气液相平衡状态，记录此时温度计的示数即为气液相平衡温度。用 1μL 进样器分别从气相和液相取样点取样注入气相色谱仪中，分析乙醇和 DMC 的含量。同时称取一定量的液相样品至真空干燥箱中进行烘干，分别记录烘干前后样品的质量，从而计算出液相中离子液体的含量。

（5）拆卸装置

当一组实验结束后，将加热电流调至零，并关闭加热电源。待降至室温后，取出加热棒和热电偶，将实验样品倒出至指定储存容器，用无水乙醇清洗平衡釜并烘干，以备下次使用。

（6）回收离子液体

将含有离子液体的废液倒入圆底烧瓶中，连接旋转蒸发仪和真空泵，设置转速为 50r/min，并缓慢升温至 390K。当不再有液体蒸出后打开真空泵，逐级降压至 0.098MPa 的真空度下，旋转蒸发 12h。

重复进行以上步骤测得含离子液体的三元气液相平衡数据，表 3-1 为本书编著者团队所测得的乙醇 -DMC- [HMIM][NTf_2] 三元物系的相平衡数据。

表3-1　乙醇(1) - DMC(2) - [HMIM][NTf_2](3) 三元物系的相平衡数据

	T/K	x'_1	x_1	y_1	γ_1	γ_2	α_{12}
x_3≈0.05	358.6	0.087	0.082	0.232	2.144	1.033	3.190
	355.2	0.199	0.189	0.403	1.846	1.027	2.719
	352.8	0.317	0.301	0.506	1.594	1.081	2.202
	351.6	0.414	0.393	0.567	1.438	1.149	1.858
	350.9	0.514	0.488	0.625	1.310	1.231	1.576
	350.5	0.620	0.589	0.671	1.186	1.397	1.254
	350.4	0.713	0.677	0.730	1.126	1.525	1.090
	350.6	0.802	0.762	0.788	1.071	1.726	0.917
	351.2	0.894	0.849	0.868	1.035	1.957	0.783
	351.7	0.940	0.893	0.919	1.020	2.106	0.720
x_3≈0.10	360.4	0.077	0.070	0.218	2.226	1.037	3.330
	357.4	0.171	0.154	0.380	1.963	1.010	2.971
	354.9	0.271	0.244	0.481	1.724	1.046	2.488
	353.2	0.386	0.347	0.559	1.505	1.118	2.016
	352.1	0.523	0.471	0.639	1.324	1.224	1.611
	351.9	0.603	0.542	0.687	1.246	1.281	1.447
	351.8	0.690	0.621	0.740	1.177	1.370	1.276
	352.0	0.782	0.704	0.802	1.117	1.471	1.130
	352.6	0.877	0.789	0.875	1.061	1.613	0.982
	353.2	0.926	0.833	0.920	1.033	1.672	0.925

续表

T/K		x'_1	x_1	y_1	γ_1	γ_2	α_{12}
x_3≈0.15	363.0	0.058	0.049	0.185	2.440	1.030	3.718
	359.8	0.135	0.115	0.345	2.179	1.001	3.368
	357.1	0.240	0.204	0.465	1.832	1.017	2.748
	354.7	0.356	0.303	0.548	1.597	1.099	2.192
	353.6	0.485	0.412	0.632	1.412	1.161	1.824
	353.2	0.562	0.477	0.686	1.343	1.180	1.704
	353.4	0.679	0.578	0.754	1.212	1.253	1.450
	353.7	0.774	0.658	0.818	1.141	1.301	1.316
	354.2	0.873	0.742	0.887	1.075	1.412	1.146
	354.5	0.935	0.794	0.940	1.052	1.437	1.104

三、离子液体的气液相平衡研究

气液相平衡数据是化工基础数据中不可缺少的重要部分，测定含离子液体体系的气液相平衡数据，深入分析离子液体的加入对于共沸物系平衡温度、平衡组成、相对挥发度、活度系数等的影响，有利于推动离子液体萃取精馏的理论研究，为实现工业化应用打下坚实的基础。

目前已有大量的文献测定了含离子液体的混合物的气液相平衡数据，并且使用热力学模型关联实验数据，讨论了不同离子液体的影响作用。相关研究成果发表文献较多的主要有水 - 醇、水 - 四氢呋喃等水类物系，醇 - 酯、醇 - 酮等醇类物系，以及很多其他难分离物系。

Ge 等[9] 在 100kPa 下，测定了 [BMIM][BF_4]、[EMIM][BF_4]、[BMIM][$N(CN)_2$]、[EMIM][$N(CN)_2$]、[BMIM][Cl]、[EMIM][Cl]、[BMIM][OAc]、[EMIM][OAc] 八种离子液体对水 - 乙醇共沸物系气液相平衡的影响。通过体系相对挥发度的对比研究，发现离子液体 [EMIM][Cl] 有最好的分离效果，[EMIM][OAc] 次之。但是考虑到 [EMIM][OAc] 的黏度和熔点均低于 [EMIM][Cl]，所以工业生产中优先考虑离子液体 [EMIM][OAc]。

Wang 等[10] 在 101.3kPa 下，测定了 [HMEA][Ac]、[HDEA][Ac]、[HTEA][Ac] 和 [HDEA][Cl] 四种离子液体与水 - 乙醇的气液相平衡数据，并用 NRTL 数据模型进行关联。实验结果发现，[HDEA][Cl] 表现出了盐析效应，能更有效地降低水蒸气的压力，增大乙醇的挥发度，从而更好地实现水和乙醇的分离。

Dohnal 等[11] 测定了 [EMIM][SCN] 和 [BMPYR][DCA] 两种离子液体对乙酸甲酯 - 甲醇体系相对挥发度的影响。实验结果表明，[EMIM][SCN] 和 [BMPYR][DCA] 均能增大乙酸甲酯对甲醇的相对挥发度，即使较低浓度的离子液体都可以打破该体系的共沸行为，证明了 [EMIM][SCN] 和 [BMPYR][DCA] 用于分离乙酸甲酯 - 甲醇物系的可行性。

Orchillés 等[12]测定了在 100kPa 下，[BEIM][OTf] 和 [BMPYR][OTf] 两种离子液体与丙酮 - 甲醇物系的 VLE 数据，并成功地用 NRTL 模型进行数据的关联。研究发现，两种离子液体在共沸点附近均能产生盐析效应从而打破共沸，且在丙酮 - 甲醇物系的萃取精馏过程中，阳离子的大小和结构不是一个十分重要的因素，盐效应是阴离子作用的结果。

Li 等[13]利用改进的 Othmer 气液相平衡釜在 101.32kPa 下分别测定了 [BMIM][PF_6] 在乙酸乙酯 - 乙腈物系中的气液相平衡数据，并用 NRTL 模型进行关联。研究发现，[BMIM][PF_6] 在所有液体浓度范围内均对乙酸乙酯产生了盐析效应，增大了乙酸乙酯对乙腈的相对挥发度。当离子液体的摩尔分数大于 0.05 时，消除了乙酸乙酯 - 乙腈物系的共沸现象。

Safarov 等[14]在 293.15K 到 313.15K 之间四个不同的温度下，测定了乙腈 - 四氢呋喃二元物系和乙腈 - 四氢呋喃 -[EMIM][NTf_2] 三元物系的气液相平衡数据，从而得到了溶剂的活度系数和渗透系数及离子液体对乙腈 - 四氢呋喃体系分离效果的影响。

下面以碳酸二甲酯和甲醇为例[15]，介绍一下 [HMIM][NTf_2]、[BMIM][NTf_2]、[EMIM][NTf_2] 三种离子液体对其相平衡行为的影响。分别测定了在常压 101.3kPa 下，甲醇 - 碳酸二甲酯 - 离子液体三元物系的气液相平衡数据，进一步计算出各组分的活度系数和相对挥发度，并分析离子液体的加入对甲醇 -DMC 物系产生的盐效应，对比不同种类离子液体对甲醇 -DMC 气液相平衡的影响规律，为萃取剂的筛选提供参考。

（1）分离效果

三种离子液体因阳离子碳链长度的不同，作用效果不同。[HMIM][NTf_2]、[BMIM][NTf_2]、[EMIM][NTf_2] 三种离子液体的碳链长度依次减小，对 DMC 的作用力逐渐减弱，使得离子液体 [HMIM][NTf_2] 可以更多地束缚 DMC 分子，更大幅度地增大甲醇对 DMC 的相对挥发度，提高萃取精馏的分离效果。三种离子液体产生盐效应的作用效果按照 [HMIM][NTf_2]、[BMIM][NTf_2]、[EMIM][NTf_2] 的顺序依次减弱，说明阳离子碳链越长，盐效应越明显，分离效果越好。

这主要是由于对于甲醇 -DMC 物系，甲醇的介电常数远大于 DMC，随着离子液体阳离子碳链的增长，离子液体的极性逐渐减弱，并趋向于无极性。根据“相似相溶”原理，当加入离子液体后，离子液体对极性较弱的 DMC 分子产生较强的束缚作用，且阳离子碳链越长，束缚作用越大，从而使得自由甲醇分子的数量与 DMC 分子数量的比值增大。尤其在甲醇高浓度区，更多的甲醇分子扩散到气相中，甲醇对 DMC 的相对挥发度增大幅度更大。

（2）离子液体含量

随着离子液体含量的增加，甲醇对 DMC 的相对挥发度均增大，其增大幅度的大小顺序为 $[HMIM][NTf_2]$＞$[BMIM][NTf_2]$＞$[EMIM][NTf_2]$。当甲醇对 DMC 的相对挥发度大于 1 时，认为甲醇和 DMC 可以实现完全分离，而当在全浓度范围内甲醇对 DMC 的相对挥发度 α_{12} 恰好完全大于 1 时，此时所需要的离子液体的摩尔分数为最小摩尔分数。对于离子液体 $[HMIM][NTf_2]$，采用内插法对实验数据进行计算，可以得到所需 $[HMIM][NTf_2]$ 的最小摩尔分数为 0.125；对于离子液体 $[BMIM][NTf_2]$ 和 $[EMIM][NTf_2]$，可以采用外推法计算所需要的最小摩尔分数，分别为 0.170 和 0.195。因此所需三种离子液体的最小摩尔分数随阳离子碳链的增长而依次减小。

（3）平衡温度

由于溶液的依数性，三种离子液体的加入均会使达到 VLE 的平衡温度 T 有所增加。因为 $[HMIM][NTf_2]$ 的沸点最高，所以对比实验中平衡温度升高幅度也发现，含 $[HMIM][NTf_2]$ 的体系平衡温度会明显高于含 $[BMIM][NTf_2]$ 或 $[EMIM][NTf_2]$ 的体系，这也意味着选择离子液体 $[HMIM][NTf_2]$ 作为萃取剂，会消耗更多的能量。

四、活度系数模型的关联

气液相平衡实验只能得到一部分浓度的气液相平衡数据，因此，必须选用合适的活度系数模型去关联气液相平衡实验数据，预测全浓度范围的气液相平衡行为。进行活度系数模型关联的方法为 1944 年由 Levenberg[16] 提出的 Levenberg-Marquardt 法（简称 L-M 算法），该方法计算速度快，能够较为迅速地找到过程函数最优解，已成功应用于多个物系气液相平衡数据的关联拟合。该方法设定的目标函数如式（3-23）所示，当目标函数的值达到最小值时所对应的解即为活度系数模型的最优解。

$$\mathrm{OF}=\sum_{n}\left[\left(1-\frac{\gamma_1^{\mathrm{calcd}}}{\gamma_1^{\mathrm{exptl}}}\right)^2+\left(1-\frac{\gamma_2^{\mathrm{calcd}}}{\gamma_2^{\mathrm{exptl}}}\right)^2\right] \tag{3-23}$$

式中，n 是实验数据点数；$\gamma_i^{\mathrm{exptl}}$ 和 $\gamma_i^{\mathrm{calcd}}$ 分别是组分 i 活度系数的实验值和活度系数模型计算值。

以乙醇 -DMC 为例 [17]，利用该方法进行关联拟合时，首先根据乙醇 -DMC 二元体系的 VLE 实验数据，利用 Matlab 编程拟合关联出组分交互作用参数。其中，选用的 Wilson 模型、NRTL 模型和 UNIQUAC 模型中的可调参数分别为 2、3、2 个。接下来利用实验测定的乙醇 -DMC- 离子液体三元物系气液相平衡实验数据和关联

拟合得到的乙醇 -DMC 二元交互作用参数，拟合得到含离子液体体系的交互作用参数。其中，NRTL 模型中共有九个待关联参数，Wilson 模型中共有六个待关联参数，UNIQUAC 模型中共有六个待关联参数，eNRTL 模型中共有九个待关联参数。

同时，不同的活度系数模型对研究物系的适用性不同，用来评价关联拟合效果的指标为平均相对偏差（ARD），用于计算实验值与计算值的偏差，计算方式如式（3-24）所示。ARD 较大时，说明计算值与实验值偏差较大，模型拟合效果较差；ARD 较小时，说明该模型计算值与实验值偏差较小，模型对研究物系有良好的适用性。此外，还需计算平衡温度的平均绝对偏差 δT 和标准偏差 σT、气相组成的平均绝对偏差 δy 和标准偏差 σy 等参数，用于判断模型的适用性，计算式如式（3-25）～式（3-28）所示。

平均相对偏差 ARD：

$$\mathrm{ARD}=\frac{1}{n}\sum_{n}\left(\left|1-\frac{\gamma_1^{\mathrm{calcd}}}{\gamma_1^{\mathrm{exptl}}}\right|+\left|1-\frac{\gamma_2^{\mathrm{calcd}}}{\gamma_2^{\mathrm{exptl}}}\right|\right)\times 100\% \tag{3-24}$$

平衡温度平均绝对偏差 δT：

$$\delta T=\frac{1}{n}\sum_{n}\left|T^{\mathrm{exptl}}-T^{\mathrm{calcd}}\right| \tag{3-25}$$

平衡温度标准偏差 σT：

$$\sigma T=\sqrt{\sum_{n}\frac{1}{n-m}(T^{\mathrm{exptl}}-T^{\mathrm{calcd}})^2} \tag{3-26}$$

气相组成平均绝对偏差 δy_i：

$$\delta y_i=\frac{1}{n}\sum_{n}\left|y_i^{\mathrm{exptl}}-y_i^{\mathrm{calcd}}\right| \tag{3-27}$$

气相组成标准偏差 σy_i：

$$\sigma y_i=\sqrt{\sum_{n}\frac{1}{n-m}(y_i^{\mathrm{exptl}}-y_i^{\mathrm{calcd}})^2} \tag{3-28}$$

式中，n 是实验数据点数；m 为模型中待关联的参数的个数；y_i^{exptl}和y_i^{calcd}分别是乙醇气相摩尔分数的实验值和模型计算值；T^{exptl} 和 T^{calcd} 分别是平衡温度的实验值和模型计算值。

对乙醇 -DMC-[HMIM][NTf_2] 三元物系气液相平衡数据进行关联拟合，选用的热力学模型为 Wilson、NRTL、UNIQUAC 和 eNRTL 四种活度系数模型。结合关联得到的乙醇 -DMC 二元物系模型参数，关联得到乙醇 -DMC-[HMIM][NTf_2] 体系模型参数，并计算出关联拟合的平均相对偏差 ARD，如表 3-2 所示。将模型拟合结果与实验数据进行对比，计算不同热力学模型拟合的 δT、σT、δy、σy 等数值，计算结果如表 3-3 所示。

表3-2　乙醇(1) – DMC(2) – $[HMIM][NTf_2]$(3) 三元物系模型参数

模型	组分 i	组分 j	α_{ij}	模型参数		ARD/%
Wilson	乙醇	DMC	—	1947.30	1328.01	1.79
	乙醇	$[HMIM][NTf_2]$	—	34322.66	−2575.45	
	DMC	$[HMIM][NTf_2]$	—	1458.42	1391.83	
NRTL	乙醇	DMC	0.30	2700.44	415.30	1.51
	乙醇	$[HMIM][NTf_2]$	0.21	−26228.16	8127.94	
	DMC	$[HMIM][NTf_2]$	0.37	−28010.53	4669.38	
UNIQUAC	乙醇	DMC	—	575.76	417.05	1.81
	乙醇	$[HMIM][NTf_2]$	—	−1436.87	36244.93	
	DMC	$[HMIM][NTf_2]$	—	−1461.37	5205.98	
eNRTL	乙醇	DMC	0.30	2700.44	415.30	2.24
	乙醇	$[HMIM][NTf_2]$	0.20	25493.76	−11427.93	
	DMC	$[HMIM][NTf_2]$	0.01	571.65	13616.52	

注：Wilson 模型参数为 Λ_{ij} 和 Λ_{ji}；NRTL 和 eNRTL 模型参数为 g_{ij} 和 g_{ji}；UNIQUAC 模型参数为 u_{ij} 和 u_{ji}。

表3-3　乙醇(1) – DMC(2) – $[HMIM][NTf_2]$(3) 三元物系模型拟合偏差

偏差指标	Wilson	NRTL	UNIQUAC	eNRTL
δy	0.0066	0.0048	0.0067	0.0101
σy	0.0097	0.0071	0.0098	0.0139
δT	0.20	0.18	0.22	0.34
σT	0.31	0.35	0.38	0.48

乙醇 -DMC-$[HMIM][NTf_2]$ 三元物系的关联结果表明，四种活度系数模型中，NRTL 模型的关联拟合效果最好，Wilson 和 UNIQUAC 模型拟合效果次之，均在允许的误差范围内，eNRTL 模型拟合效果最差，对部分研究物系的适用性不如前三者，不建议使用。因此，在进行乙醇 -DMC-$[HMIM][NTf_2]$ 三元物系热力学性质计算及计算机模拟设计过程中，优先选择 NRTL 模型。

五、离子液体在萃取精馏中的应用研究

某些高纯度化学品在生产过程中会产生较多杂质，对于沸点相近或者存在共

沸的杂质，传统的精馏分离已经无法满足分离要求。常用于分离共沸物的精馏方法包括萃取精馏、共沸精馏、变压精馏。目前，萃取精馏是运用最广泛的分离共沸物系的精馏方法。在萃取精馏过程中，第三组分被加入作为萃取剂，使得物系的相对挥发度改变，共沸消除。

离子液体（又称室温离子液体）定义为熔点低于100℃的盐[18]，是在室温或者处于低温时完全由阴离子和阳离子组成的液体物质。离子液体的阳离子是有机阳离子，极性较小；阴离子是无机或者有机阴离子，极性较大。这使得离子液体结构高度不对称，阴阳离子之间静电引力小，在室温下就能够自由移动，不容易形成结晶，以液态的形式存在。

离子液体种类繁多，目前文献中报道的离子液体种类有一千多种，比较常见的阳离子有咪唑类阳离子、吡啶盐阳离子、季铵盐阳离子、季鏻盐阳离子4大类。比起阳离子的种类，阴离子的种类则较多，主要有卤素阴离子、四氟硼酸阴离子、六氟磷酸阴离子等。不同阴阳离子的组合使得离子液体的种类可达10^{18}数量级[19]。常见的阳离子、阴离子列于表3-4、表3-5中，其中R_n为烷基。

表3-4 常见的阳离子结构

编号	名称	缩写	结构
1	咪唑类阳离子	$[R_1R_2IM]^+$	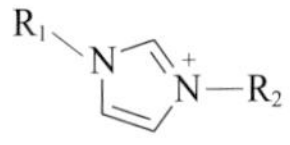
2	吡啶盐阳离子	$[R_1C_5H_5N]^+$	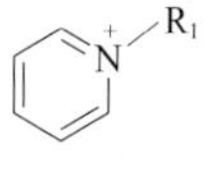
3	季铵盐阳离子	$[R_1R_2R_3R_4N]^+$	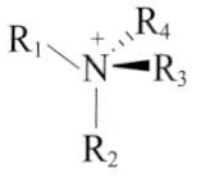
4	季鏻盐阳离子	$[R_1R_2R_3R_4P]^+$	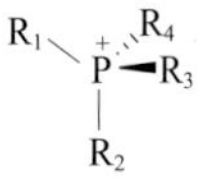

表3-5 常见的阴离子结构

编号	名称	缩写	结构
1	卤素阴离子	X^-	Cl^-、Br^-、I^-
2	四氟硼酸阴离子	BF_4^-	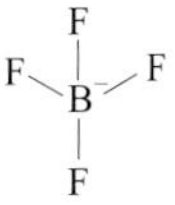

续表

编号	名称	缩写	结构
3	六氟磷酸阴离子	PF_6^-	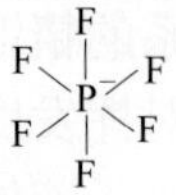 F_6P^-（P 周围连接六个 F）
4	三氟甲磺酸盐阴离子	$CF_3SO_3^-$	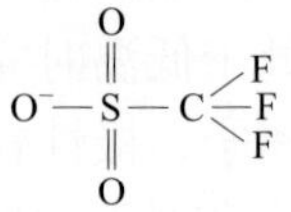 $O^- - \overset{O}{\underset{O}{S}} - CF_3$
5	乙酸阴离子	CH_3COO^-	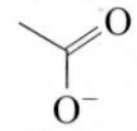 $CH_3C(=O)O^-$
6	硫酸乙酯阴离子	$C_2H_5SO_4^-$	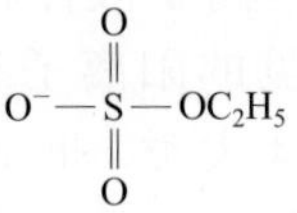 $O^- - \overset{O}{\underset{O}{S}} - OC_2H_5$
7	硫酸甲酯阴离子	$CH_3SO_4^-$	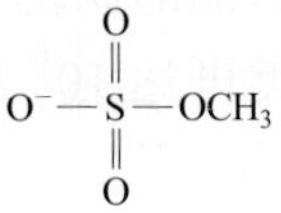 $O^- - \overset{O}{\underset{O}{S}} - OCH_3$
8	双三氟甲磺酰亚胺阴离子	NTf_2^-	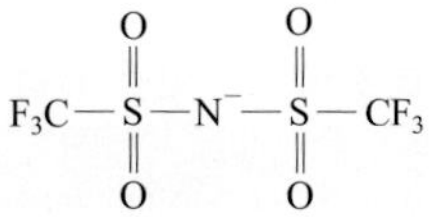 $F_3C - \overset{O}{\underset{O}{S}} - N^- - \overset{O}{\underset{O}{S}} - CF_3$

离子液体目前已成为绿色化学领域的重要研究内容之一，并在萃取精馏领域展示出了良好的应用前景[20]。由于离子液体具有热力学性质和化学性质稳定、蒸气压几乎为零、可设计性、不可燃、低熔点、对很多有机物或无机物都具有很好的溶解能力[21]等性质，使其具有传统有机溶剂和无机盐难以比拟的优势。

① 离子液体的离子化特点使其具有类似于无机盐类的“盐效应”，即在复合溶液的气液相平衡中，表现为某组分相对于其他组分挥发度的改变。同时离子液体与原溶液组分产生萃取效应，极大地改善了分离效果。

② 离子液体挥发性几乎为零的特点不但减少了萃取精馏所需的溶剂回收量，而且大大节约了萃取剂回收的设备投资和能耗。

③ 离子液体的低熔点解决了加盐精馏中盐输送困难和易结晶的问题。

④ 离子液体中只有阴阳离子，故离子液体的物理化学性质主要由阴阳离子的结构决定，可以通过选择适当的阴阳离子及其取代基而改变其性质，即可以根据实际应用来合成所需的离子液体萃取剂。

离子液体独特的优越性（良好的溶解能力和较宽的液体范围等），使其广泛应用于许多液液萃取过程中[22]。离子液体在萃取方面的研究最早是由美国

Alabama 大学的 Rogers 开展的[23]。他采用了憎水性的 [BMIM][PF_6] 离子液体来萃取水中含有的苯的衍生物（例如苯胺、甲苯、氯苯和苯甲酸等）。随后，离子液体在萃取分离共沸物、金属离子、有机物和萃取脱硫方面的应用也被广泛研究，具体为以下几个方面[24]。

① 萃取有机物　离子液体因具有无蒸气压、良好的热稳定性等特点，在应用于萃取具有挥发性的有机物时，可通过提取萃取相回收离子液体循环使用。

② 萃取金属离子　离子液体在应用于萃取金属离子时，通常会采取一定的措施或手段来提高金属离子在体系中的分配系数。一种是引入配位原子或者配位结构到离子液体阳离子的取代基，另一种是向混合液中加萃取剂[25]。

③ 气体的吸收分离　多种离子液体因具有吸湿性被用来除去气体混合物中的水蒸气。Scurto 等[26] 研究了离子液体对 CO_2 气体的溶解性，说明了离子液体 [MIM][PF_6] 可以用来除去天然气中的 CO_2。同时，气体在离子液体中的溶解性是可以调节的，通过选择阳离子、阴离子及其取代基即可。

④ 萃取分离共沸物　离子液体作为一种绿色溶剂用于萃取分离共沸物的报道非常多[27]。在这个过程中，离子液体被用作了萃取精馏中的溶剂，并且因具有沸点高的特点，可以通过蒸馏操作与一般的有机溶剂分离而达到循环使用的效果。虽然这些大部分还处在基础性研究阶段，但可以为将来的工业应用提供理论基础[28]。

离子液体除了在分离工程中用作萃取剂、吸收剂、夹带剂等，还在化学反应中用作反应介质甚至催化剂，在电化学中用作电解质。此外，在其他如溶解纤维素、万能润滑油、质谱的基质、色谱固定相等方面亦有应用。然而其应用最为广泛的还是在气液两相间的组分传递和分离中。

Órfão 等[29] 采用气相色谱法在 318.15 ～ 353.15K 下分别测定了烷烃类、醇类、酮类、醚类、酯类、卤代烃类、含硫类、含氮类等 30 种有机物在两种离子液体 1-（2- 羟乙基）-3- 甲基咪唑三（五氟乙基）三氟磷酸盐（[HO-EMIM][FAP]）和 1-（2- 甲氧基乙基）-1- 甲基吡咯烷三（五氟乙基）三氟磷酸盐（[MO-EMPYR][FAP]）中的无限稀释活度系数和气液分配系数。实验表明，这两种离子液体均能通过偶极性 / 极化和氢键的方式与溶解物相互作用，但缺乏对含有单电子对的物质的作用力。[HO-EMIM][FAP] 作为溶剂从芳烃中分离出脂肪烃的性能很好，明显超过了传统的溶剂及大多数离子液体。另外，[HO-EMIM][FAP] 和 [MO-EMPYR][FAP] 均可以在工业上作为萃取精馏的萃取剂来分离共沸物。

朱吉钦等[30] 采用气相色谱法，以 1- 丁基 -3- 甲基咪唑六氟磷酸盐 ([BMIM][PF_6])、1- 烯丙基 -3- 甲基咪唑四氟硼酸盐 ([AMIM][BF_4])、1- 异丁烯基 -3- 甲基

咪唑四氟硼酸盐 ([MPMIM][BF_4]) 等新型离子液体以及 [MPMIM][BF_4]+$AgBF_4$ 复合型离子液体作为色谱固定液，测定了不同温度下烷烃、烯烃、苯及其同系物在上述离子液体中的无限稀释活度系数，初步考察了离子液体对烷烃 - 芳烃、烷烃 - 烯烃和烯烃异构体的分离效果。结果表明，离子液体可以很好地分离烷烃 - 芳烃和烷烃 - 烯烃，[BMIM][PF_6] 和 [MPMIM][BF_4]+$AgBF_4$ 对烯烃异构体有较好的分离效果。

Jiang 等 [31] 采用气相色谱法在温度 303.15 ～ 363.15K 下测得了一系列有机物在离子液体 1- 己基 -3- 甲基咪唑三氟乙酸盐（[HMIM][TFA]）中的无限稀释活度系数，并计算得到了无限稀释下的偏摩尔剩余焓和离子液体的溶解参数。Królikowski 等 [32] 采用气相色谱法在温度 308.15 ～ 368.15K 下测定了 53 种有机物（包括烷烃、烯烃、炔烃、环烷烃、芳香烃、醇、噻吩、醚、酮、乙腈、吡啶、1- 硝基丙烷和水）在离子液体 1- 丁基 -4- 甲基吡啶二氰胺盐（[B^4MPy][DCA]）中的无限稀释活度系数，并通过其与温度的关系计算得到无限稀释下的偏摩尔吉布斯自由能、焓和熵。另外，实验也测得了气液分配系数。实验计算了很多分离问题的选择性，并与文献值进行比较。实验还测得了 308.15K 到 368.15K 下纯离子液体的密度。Bahadur 等 [33] 采用气相色谱法在温度 308.15K、313.15K、323.15K 和 331.5K 下测得了易挥发的有机物在离子液体 1- 乙基 -3- 甲基咪唑 2-(2- 甲氧基乙氧基）硫酸乙酯（[EMIM][$MDEGSO_4$]）中的无限稀释活度系数。实验研究得到的选择性参数值是 NMP（*N*-methyl-2-pyrrolidone，*N*- 甲基 -2- 吡咯烷酮）的 3.7 倍，NFM（*N*-formylmorpholine，*N*- 甲酰吗啉）的 2.6 倍，环丁砜的 2.3 倍。实验表明，该离子液体在萃取精馏领域具有应用潜力。

本书编著者团队 [34,35] 利用改进的气液相平衡釜测定了含离子液体的一些物系的等压气液相平衡数据，为工艺应用提供了理论指导。以工业上常见的能形成共沸的异丙醚 - 异丙醇体系分离为例，本书编著者团队 [36] 测定了含离子液体 [MMIM] [DMP]（1,3- 二甲基咪唑磷酸二甲酯盐）的常压下的等压气液相平衡数据。图 3-4 表明，加入离子液体后的气液平衡线偏离了异丙醚 - 异丙醇原有的气液平衡线。离子液体的含量越大，气液平衡线偏离程度越大。

相对挥发度可以用于评估萃取剂对共沸物相平衡行为的影响。相对挥发度越大，共沸物系越容易被分离。图 3-5 表明，离子液体体现出盐效应，使异丙醚对异丙醇的相对挥发度发生改变，打破了它们的共沸。同时离子液体加入的量越大，离子液体的盐效应越明显，异丙醚对异丙醇的相对挥发度越大。在离子液体的作用下，异丙醚表现为轻组分，而异丙醇表现为重组分。这是因为离子液体与异丙醇之间能形成氢键，使得离子液体与异丙醇之间的分子间相互作用（盐溶作用）强于离子液体与异丙醚之间的分子间相互作用（盐析作用），从而增大了异丙醚对异丙醇的相对挥发度。

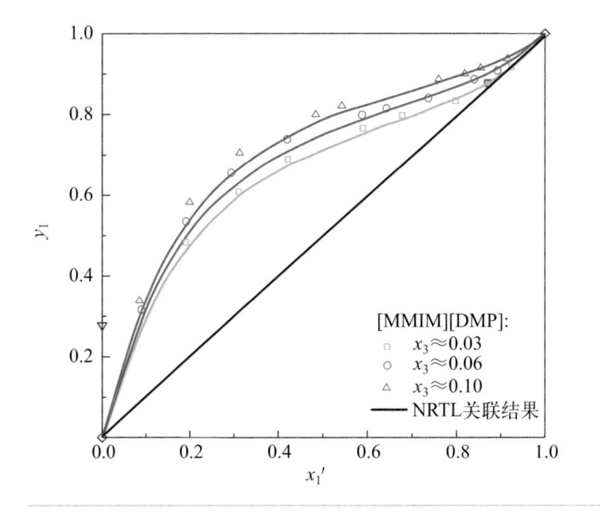

图3-4
异丙醚-异丙醇-[MMIM] [DMP]在101.3kPa下的y-x图
x_1'为异丙醚液相摩尔分数（不含夹带剂）；y_1为异丙醚气相摩尔分数；x_3为夹带剂摩尔分数

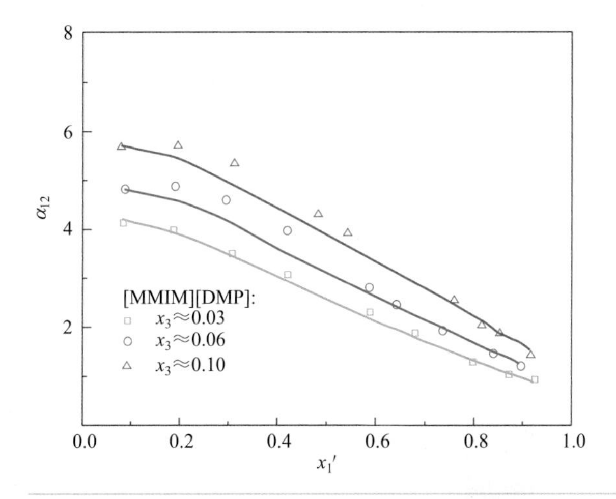

图3-5
异丙醚-异丙醇-[MMIM] [DMP]在101.3kPa下的α_{12}-x图
x_1'为异丙醚液相摩尔分数（不含夹带剂）；α_{12}为异丙醚与异丙醇的相对挥发度；x_3为夹带剂摩尔分数

在选用离子液体作为萃取剂，达到同样分离要求的条件下（异丙醚摩尔分数99.9%，异丙醇摩尔分数99.9%），设计并优化了如下工艺。图3-6是离子液体的萃取精馏二级闪蒸工艺，原料在常温常压下以液体状态进入萃取精馏塔中，塔顶得到高纯度异丙醚，塔釜出料S1为离子液体、异丙醇和少量异丙醚的混合物。离子液体的回收工艺采用二级闪蒸工艺，从萃取精馏塔釜出来的塔釜混合物经过二级闪蒸得到高纯度异丙醇和离子液体，离子液体经过泵和换热器循环回萃取精馏塔回收利用。图3-7是离子液体萃取精馏双塔工艺。该工艺和上述工艺的区别是，离子液体的回收通过一个溶剂回收塔，塔顶出来高纯度异丙醇，塔釜出来离子液体，离子液体再经过泵和换热器循环回萃取精馏塔。两种方案的能耗以及设备方案，经过模拟计算列在表 3-6。

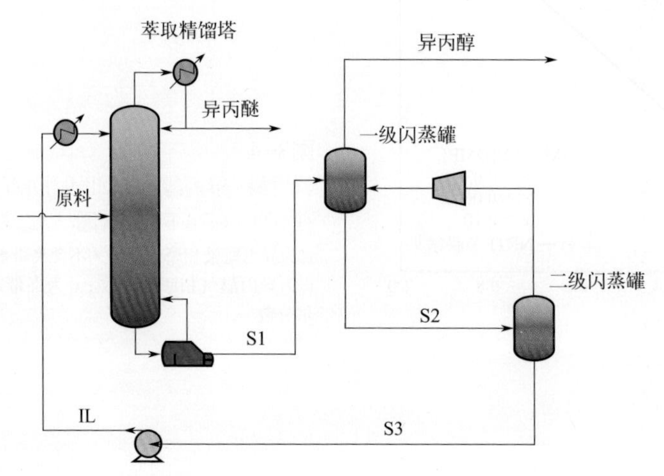

图3-6　萃取精馏二级闪蒸工艺

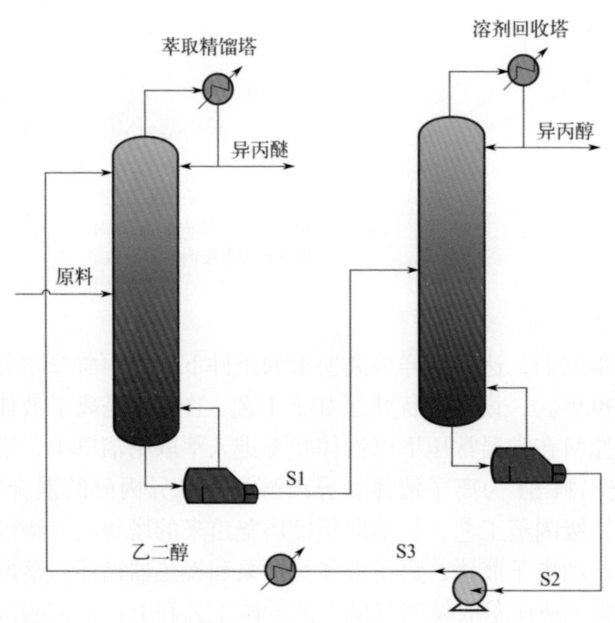

图3-7　萃取精馏双塔工艺

表3-6 设计参数和费用

设计参数和费用	方案一			方案二	
	萃取精馏塔	一级闪蒸罐	二级闪蒸罐	萃取精馏塔	溶剂回收塔
直径/m	0.767	1.437	2.423	0.767	1.103
高度/m	13.176	2.156	3.635	13.176	4.392
壳体费用/k$	105.137	12.308	38.382	105.137	64.165
冷凝器费用/k$	55.994	54.314	—	55.994	57.479
再沸器费用/k$	50.859	27.101	26.338	50.859	129.570
真空设备费用/k$	—	2.100	18.310	—	—
冷凝器负荷/kW	−163.667	−716.620	—	−463.667	−673.080
再沸器负荷/kW	963.109	441.413	223.355	963.109	1404.410
其他设备费用/k$	33.528			28.194	
总设备费用/k$	424.371			491.398	
真空操作费用/k$	15.130			—	
公用工程费用/k$	340.956			495.873	
总操作费用/ k$	356.086			495.873	
全年总费用/k$	497.510			659.672	

对比两种工艺的经济分析发现，使用二级闪蒸回收离子液体的工艺能耗较低，全年总费用也较低。因此，从节能的角度考虑，应当优先选择离子液体的萃取精馏二级闪蒸工艺。

第二节 高纯度化学品的固液相平衡研究

随着高纯度、高质量化学品需求的日益增加，高效率、低能耗的高纯度化学品分离方法成为了研究的热点[37-40]。结晶分离过程以其绿色、高效的特点脱颖而出。其已普遍应用于化肥工业、氯碱工业、精细化工、生物制药以及高分子合成等领域，在整个化学工业中具有重要的意义[41]。

固液相平衡是指不同物质的固相与液相之间的溶解平衡或同一物质的熔融态与固态之间的熔化平衡[37]。它是结晶分离过程的理论基础，相平衡过程的研究可以确定结晶物系的基础理化性质，从基础的溶解度、溶解焓和溶解熵数据等可判断过程的吸放热以及过程的自发性。这些对于判断结晶过程的可行性以及过程的限度有重要作用，对结晶过程，尤其是熔融结晶过程的设计有辅助作用。因此在开展物系的结晶研究时必将从物系的固液相平衡研究开始。

固液相平衡主要的研究内容为固液相行为，包含了固液相分子之间的相互作用和分子热运动的综合作用[38]。因此，固液相平衡研究以固液相分子之间的相互作用和热力学性质为重，以对溶解度、黏度、密度、溶解热等基础性质的研究为先。

一、固液相平衡的理论与模型

研究者对相平衡的研究多集中在气液相平衡和液液相平衡，对其研究已经较为充分，提出了大量成熟的相平衡模型。但就固液相平衡而言，由于固液相分子间相互作用机理较为复杂，难以形成统一的理论，且许多物质固液相平衡的数据缺失，仍需要大量的实验填补空白，致使固液相平衡的数学模型不够成熟，且多数以气液相平衡或者液液相平衡的理论模型为基础改善而形成，适用范围有一定的限制，未能形成完整的体系[42, 43]。人们对固液相平衡的研究逐渐增多，不断丰富和完善固液相平衡的数学模型，已经形成的理论方法主要分为活度系数法及经验模型法，还有一些其他领域的方法也被用于固液相平衡的研究中[44, 45]。

1．活度系数法

依据热力学理论，当体系处于相平衡状态时，体系中任一组分在各相中的逸度都应相等，因此在固液相平衡体系中，当溶液为饱和溶液时有式（3-29）：

$$f_{i\mathrm{S}} = f_{i\mathrm{L}} \tag{3-29}$$

式中，$f_{i\mathrm{S}}$ 和 $f_{i\mathrm{L}}$ 分别为组分 i 在固相和液相中的逸度。对于标准状态下的理想溶液，引入活度系数来关联实际逸度和理想逸度，有式（3-30）：

$$f_i = \gamma_i x_i f_i^{\Theta} \tag{3-30}$$

式中，γ_i 为组分 i 在溶液中的活度系数；f_i^{Θ} 为组分 i 的标准态逸度；x_i 为组分 i 在溶剂中的溶解度（摩尔分数）。变换可得式（3-31）：

$$x_i = \frac{f_i}{\gamma_i f_i^{\Theta}} \tag{3-31}$$

由式（3-31）可知，溶质的摩尔溶解度 x_i 与活度系数 γ_i 有关。可以通过实验测定溶解度，从而计算相关的活度系数。

固体溶质在恒温恒压（T，p）条件下，由固体转变为纯过冷液体（a → d）的过程可以分解为三步[46]：首先固体由操作温度 T 升温至三相点温度 T_t（a → b），再在三相点温度 T_t 下由固态相变为液态（b → c），最后降温至操作温度 T（c → d）。热力学状态如图 3-8 所示。

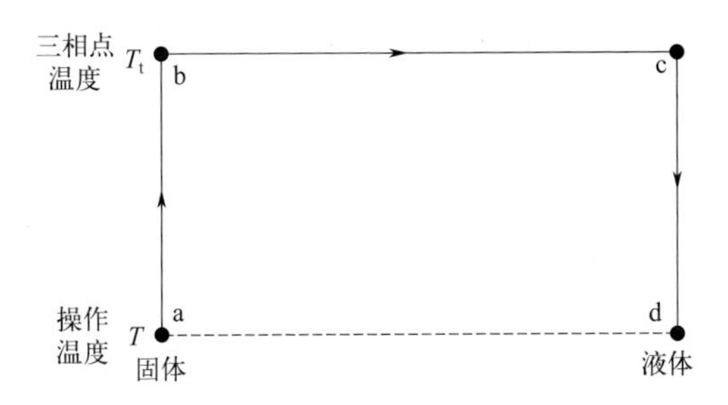

图3-8　热力学状态图

假设该过程中不发生固相转变，且物质的比热容此时可认为是定值，由热力学基本关系可以推导得到方程（3-32）：

$$\ln\frac{1}{\gamma_1 x_1}=\frac{\Delta_{\text{fus}}H_{\text{t}}}{RT_{\text{t}}}\left(\frac{T_{\text{t}}}{T}-1\right)-\frac{\Delta c_p}{R}\left(\frac{T_{\text{t}}}{T}-1\right)+\frac{\Delta c_p}{R}\ln\frac{T_{\text{t}}}{T} \tag{3-32}$$

式中，$\Delta_{\text{fus}}H_{\text{t}}$ 为溶质在三相点温度下的熔融焓；Δc_p 为液态溶质与固态溶质的热容差。

Prausnitz 等对上述方程进行了简化：

① 由于溶质在三相点的物性难以测量，而熔融状态与三相点状态较为接近，故常常选用物质的熔点 T_{m} 作为三相点 T_{t}，用熔融焓 $\Delta_{\text{fus}}H_{\text{m}}$ 作为三相点对应的 $\Delta_{\text{fus}}H_{\text{t}}$。

② 一般认为热容差恒定，则式（3-32）中后两项抵消后可忽略。最终可简化为式（3-33）：

$$\ln x_1\gamma_1=-\frac{\Delta_{\text{fus}}H_{\text{m}}}{R}\left(\frac{1}{T}-\frac{1}{T_{\text{m}}}\right) \tag{3-33}$$

式（3-33）即代表溶质的溶解度与体系温度、活度系数、自身物性之间的关系。在式（3-33）中，溶质的熔点 T_{m}、熔融焓 $\Delta_{\text{fus}}H_{\text{m}}$ 均能通过实验测定，此时再加上液相活度系数，则可以求得溶质的溶解度数据。人们对相平衡过程的研究逐渐深入，目前主要建立了两大类模型：一类以正规溶液理论为基础，这类模型计算简洁、步骤简便，对于理想的、简单的体系能够获得较好的结果，该模型的代表有 van Laar、Margules 和 Scatchard-Hamer 等方程。另一大类是基于局部组成概念提出的活度系数模型。该模型认为在理想溶液中，分子之间的相互作用力处处相等，因此混合物中各组分的分子分布是任意的、均匀的，而在实际溶液中，由于分子间的作用力有强弱差距，使得具体到某一个分子时，其周边的分子分布并不会完全随机，其局部的组成（局部分子分数）和混合物总体的组成（混合物内的分子分数）可能有差异，因此提出局部组成的概念对理想状态进行修正，该类模型的代表是 Wilson、NRTL、UNIQUAC、UNIFAC 等，该类模型的适用范围更广泛，表现出更好的关联性。下文将对常见的局部组成模型进行简要概述。

1）局部组成模型

（1）Wilson 方程

1964 年，Wilson 提出了著名的 Wilson 方程[47-49]，其表达式如式（3-34）所示，该方程常用于二元及多元体系求解溶解度系数：

$$\ln\gamma_i = 1 - \ln\left(\sum_{j=1}^{N} x_j \Lambda_{ij}\right) - \sum_{k=1}^{N} \frac{x_k \Lambda_{ki}}{\sum_{j=1}^{N} x_j \Lambda_{kj}} \tag{3-34}$$

式中，γ_i 为组分 i 在溶液中的活度系数；Λ_{ij} 是方程参数，可以由式（3-35）计算得到：

$$\Lambda_{ij} = \frac{V_j}{V_i}\exp\left(\frac{\lambda_{ii} - \lambda_{ij}}{RT}\right) \tag{3-35}$$

式中，V_i 代表纯组分 i 的摩尔分子体积；λ_{ij} 为组分 i、j 之间的相互作用参数。

Wilson 方程在某些方面具有突出优点，如仅需一组数据就能够计算，且精度较高，而且它还能直接用二元体系的数据预测多元体系的行为，在缺乏实验数据的情况下，是一种可行的预测方法。另外，交互作用参数 λ_{ij} 受温度影响较小，一般来说在一定温度范围内可视其为定值，但由式（3-35）知 Λ_{ij} 会随温度变化，因此 Wilson 方程也可反映温度对活度系数的影响。He 等[50] 通过激光监测的方法测定盐酸萘甲唑啉（NPZ）在 278.15 ～ 323.15K 范围内，在不同纯溶剂中的平衡溶解度。偏差分析表明，Wilson 模型的平均相对偏差（100ARD，0.9144）和均方根偏差（10^4RMSD，1.062）最小，反映了实测数据与计算值的最佳一致性。

（2）NRTL 方程

结合 Scott 的随机双液膜理论和局部组成理论，Renon、Prausnitz[51, 52] 提出了 NRTL 方程，其改进了 Wilson 方程的缺陷，可适用于部分互溶体系，其表达式（3-36）为：

$$\ln\gamma_i = \frac{\sum_{j=1}^{N} x_j \tau_{ji} G_{ji}}{\sum_{k=1}^{N} x_k G_{ki}} + \sum_{j=1}^{N} \frac{x_j G_{ij}}{\sum_{k=1}^{N} x_k G_{kj}}\left(\tau_{ij} - \frac{\sum_{k=1}^{N} x_k \tau_{kj} G_{kj}}{\sum_{k=1}^{N} x_k G_{kj}}\right) \tag{3-36}$$

式中出现的各参数计算见式（3-37）～式（3-39）：

$$G_{ij} = \exp(-\alpha_{ij}\tau_{ij}) \tag{3-37}$$

$$\tau_{ij} = \frac{g_{ij} - g_{jj}}{RT} \tag{3-38}$$

$$\alpha_{ij} = \alpha_{ji} \tag{3-39}$$

式中，参数 G_{ij} 为分子间交互作用参数；α_{ij} 为非随机作用参数，当其值为 0 时，指混合物完全随机。Renon 等通过整理大量二元系统实验数据，确定其取值通常在 0.20 ～ 0.47 之间，当实验数据缺乏时，典型的取值为 0.30。

Huang 等 [53] 在常压下用重量法测定了二水硫氰酸红霉素在四种纯溶剂（甲醇、乙醇、正丙醇和丙二醇）和三种有机溶剂 - 水混合物（乙腈 - 水、丙酮 - 水和乙醇 - 水）中的固液相平衡数据，考察了有机溶剂含量和温度对溶解度的影响，并将实验结果进行关联，发现 NRTL 方程的关联效果优异。Tam 等 [54] 报道了手性 3- 氯扁桃酸与其对映体在乙醇中溶解度存在的差异性，可据此分离提纯二者，NRTL 模型可以很好地描述其相图。

（3）UNIQUAC 方程

Abrams、Prausnitz[55-57] 以局部组成理论为基础，提出了 UNIQUAC 方程，该方程认为 G^E 可由组合部分（combinatorial）和剩余部分（residual）两项构成。组合项表现在具有主导作用的熵的贡献，这仅取决于物质组成和分子形貌，它只依赖于纯组分的数据。剩余项主要归因于决定混合焓的分子间作用力，因此可调的相互作用参数仅在剩余部分体现。其活度系数表达式为式（3-40）～式（3-45）：

$$\ln\gamma_i = \ln\gamma_i^{\mathrm{C}} + \ln\gamma_i^{\mathrm{R}} \tag{3-40}$$

$$\ln\gamma_i^{\mathrm{C}} = \ln\frac{\phi_i}{x_i} + \frac{Z}{2}q_i\ln\frac{\theta_i}{\phi_i} + l_i - \frac{\phi_i}{x_i}\sum_{j=1}^{N}x_j l_j \tag{3-41}$$

$$\ln\gamma_i^{\mathrm{R}} = q_i\left[1 - \ln\left(\sum_{j=1}^{N}\theta_j\tau_{ji}\right) - \sum_{j=1}^{N}\frac{\theta_j\tau_{ij}}{\sum_{k=1}^{N}\theta_k\tau_{kj}}\right] \tag{3-42}$$

$$\theta_i = \frac{q_i x_i}{\sum_{j=1}^{N}q_j x_j};\quad \phi_i = \frac{r_i x_i}{\sum_{j=1}^{N}r_j x_j} \tag{3-43}$$

$$\tau_{ij} = \exp\left(\frac{u_{jj} - u_{ij}}{RT}\right);\quad \tau_{ji} = \exp\left(\frac{u_{ii} - u_{ji}}{RT}\right) \tag{3-44}$$

$$l_i = \frac{Z}{2}(r_i - q_i) - (r_i - 1) \tag{3-45}$$

式中，θ_i 表示组分 i 的平均面积分数；ϕ_i 表示组分 i 的平均体积分数；q_i 代表组分 i 的表面积参数；r_i 代表组分 i 的体积参数，可通过分子的范德华体积和表面积计算得到，常规物质的参数可在物性数据库中查询；Z 为晶格配位数，其取值为 10；u_{ij} 为分子之间的相互作用能，值得注意的是 $u_{ij} \neq u_{ji}$，其值由实验数据回归得到。

UNIQUAC 方程理论性强，计算精度较高，适用范围广，适用于多元体系，包括分子大小差异极大的聚合物体系及部分互溶体系，但其模型比 Wilson 和 NRTL 更为复杂，计算难度大。Yu 等 [58] 利用氯磷酸二苯酯和苯胺合成了一种名为苯胺磷酸二苯酯（DPAP）的磷阻燃剂，采用静态分析方法测定 DPAP 在乙腈、甲醇、氯仿、乙醇、丙酮、甲苯、异丙醇、正丙醇、乙酸甲酯、乙酸乙酯、1,2-二氯乙烷和四氢呋喃中的溶解度，再使用热力学模型来关联实验溶解度数据，结果表明 UNIQUAC 模型表现出了良好的关联性。

（4）UNIFAC 方程

在 UNIQUAC 的基础上，Fredenslund、Prausnitz[59, 60] 引入官能团的概念，由此提出了 UNIFAC 方程 [61]。该方程与 UNIQUAC 方程类似，保留了组合项与剩余项两项，其中组合项的计算与 UNIQUAC 方程一致，不过其剩余项表现为各官能团之间的相互作用力。UNIFAC 模型的关键在于将化合物分解成多个官能团，不同的化合物组成的基础官能团是相同的，对于缺乏实验数据的物质，可以通过官能团分解，从而预测该物质的相关性质。因此 UNIFAC 模型最突出的优势在于具有预测功能，这对数据稀少的固液相平衡研究而言极有意义。

在长期的研究中，人们总结出了许多官能团的基团参数，并将预测值与实验值相比较，发现预测效果良好。Lei 等 [62] 利用 UNIFAC 模型预测了 CO_2 在 22 种离子液体中的溶解度，体现了 UNIFAC 模型在更宽温度范围内的适用性。UNIFAC 模型对于中低温度下的非极性体系有令人满意的适用性，但对于强极性或过于高温的体系预测效果差强人意，而且有限的基团参数和基团划分的准确性限制了 UNIFAC 模型的预测精度，需要进一步的发展。

2）正规溶液模型

Hildebrand 定义的“正规溶液”为：当极其微量的一种物质从理想溶液中转移到有同样组分的实际溶液中后，整个体系没有混合熵和混合总体积的变化 [63]。即意味着非理想溶液与理想溶液的熵为零，但混合热不为零，故其与理想溶液的区别是 H^E 不为零。因此：

$$G^E = H^E \tag{3-46}$$

有研究者利用正规溶液模型来研究物质的热力学性质，提出了 Whol 型方程，具体包括 Whol 方程、Scatchard-Hamer 方程、Margules 方程和 van Laar 方程四种，都是在正规溶液的基础上推导而来。它们是 Whol 型方程在不同条件下的表现形式，故适用范围不同。

（1）Whol 方程

Whol 认为，正规溶液的 H^E 不为零，是由于在多组分体系中，不同物质的分子大小、分子结构、分子间作用力、分子极性等因素不同造成的。故可以用一个超额自由焓表达式表示，将其展开为 Maclaurin 级数，其形式如下：

$$\frac{G^{\mathrm{E}}}{RT\sum_{i} q_i x_i} = \sum_i \sum_j Z_i Z_j a_{ij} + \sum_i \sum_j \sum_k Z_i Z_j Z_k a_{ijk} + \sum_i \sum_j \sum_k \sum_l Z_i Z_j Z_k Z_l a_{ijkl} + \cdots \tag{3-47}$$

$$Z_i = \frac{q_i x_i}{\sum_{i=1}^{N} q_i x_i};\ \sum_{i=1}^{N} Z_i = 1 \tag{3-48}$$

式中，x_i 表示 i 组分的摩尔分数；q_i、Z_i 分别为 i 组分的有效摩尔体积和有效体积分数；a_{ij}，a_{ijk}，a_{ijkl} 分别表示为 i、j 两分子，i、j、k 三分子，i、j、k、l 四分子之间的交互作用参数；二元及多元相同分子间的交互作用参数为零，即 $a_{ii} = a_{iii} = a_{iiii} = \cdots = 0$。

式（3-48）若截断到二阶，即写到两分子间的交互作用参数，就称二阶 Whol 方程；若截断到三阶，写到三分子间的交互作用参数，即三阶 Whol 方程；依次类推，若写到 N 阶，即 N 分子间的交互作用参数，就叫 N 阶 Whol 方程。对于二元体系，式（3-47）则变为：

$$\frac{G^{\mathrm{E}}}{RT(q_1 x_1 + q_2 x_2)} = 2Z_1 Z_2 a_{12} + 3Z_1^2 Z_2 a_{112} + 3Z_2^2 Z_1 a_{122} \tag{3-49}$$

$$\begin{cases} A = q_1(2a_{12} + 3a_{122}) \\ B = q_2(2a_{12} + 3a_{112}) \end{cases} \tag{3-50}$$

$$\begin{cases} \ln\gamma_1 = Z_2^2\left[A + 2Z_1(B\dfrac{q_1}{q_2} - A)\right] \\ \ln\gamma_2 = Z_1^2\left[B + 2Z_2(A\dfrac{q_2}{q_1} - B)\right] \end{cases} \tag{3-51}$$

该方程中，只包含三个参数，即 A、B、q_1/q_2，都可以通过实验回归得到。该方程为经验式，没有理论基础，故使用起来比较灵活，关联效果较好。

（2）Scatchard-Hamer 方程

在 Whol 方程的基础上，对于二元体系，将两组分的有效摩尔体积 q_1、q_2 分别用V_1^{L}、V_2^{L} 替代，则变为：

$$\begin{cases} \ln\gamma_1 = Z_2^2\left[A + 2Z_1\left(B\dfrac{V_1^{\mathrm{L}}}{V_2^{\mathrm{L}}} - A\right)\right] \\ \ln\gamma_2 = Z_1^2\left[B + 2Z_2\left(A\dfrac{V_2^{\mathrm{L}}}{V_1^{\mathrm{L}}} - B\right)\right] \end{cases} \tag{3-52}$$

$$Z_1 = \frac{x_1}{x_1 + x_2 \frac{V_2^{\mathrm{L}}}{V_1^{\mathrm{L}}}} \tag{3-53}$$

$$Z_2 = \frac{x_2 \frac{V_2^{\mathrm{L}}}{V_1^{\mathrm{L}}}}{x_1 + x_2 \frac{V_2^{\mathrm{L}}}{V_1^{\mathrm{L}}}} \tag{3-54}$$

因为 V_1^{L}、V_2^{L} 可以通过文献手册查到，故该方程只含有 A、B 两个参数。方程参数少，使用方便，可作为半定量的活度系数方程。

（3）Margules 方程

在 Scatchard-Hamer 方程的基础上，若 $q_1 = q_2$，则有 $Z_i = x_i$，那么上述方程变为以下形式：

$$\begin{cases} \ln\gamma_1 = x_2^2\left[A + 2x_1(B - A)\right] \\ \ln\gamma_2 = x_1^2\left[B + 2x_2(A - B)\right] \end{cases} \tag{3-55}$$

$$Z_1 = x_1;\ Z_2 = x_2 \tag{3-56}$$

式（3-55）称为三阶 Margules 方程，A、B 称为方程的参数，可通过对实验数据的回归得到。

（4）van Laar 方程

当 $q_1/q_2 = B/A$ 时，对 Whol 方程进行简化整理，可得：

$$\begin{cases} \ln\gamma_1^{\infty} = \dfrac{A}{\left(1 + \dfrac{Ax_1}{Bx_2}\right)^2} \\ \ln\gamma_2^{\infty} = \dfrac{B}{\left(1 + \dfrac{Bx_2}{Ax_1}\right)^2} \end{cases} \tag{3-57}$$

A、B 为该方程的两个参数，可通过气液相平衡的实验数据求得：

$$A = \ln\gamma_1\left(1 + \frac{x_2\ln\gamma_2}{x_1\ln\gamma_1}\right)^2;\ B = \ln\gamma_2\left(1 + \frac{x_1\ln\gamma_1}{x_2\ln\gamma_2}\right)^2 \tag{3-58}$$

经过对上述四种正规理论模型的分析与推导，可以总结如下：四种模型为同一 Whol 型方程在不同条件下做出的不同简单转化，在实际运用时，需结合具体的情况使用。

2．经验模型法

经验模型法主要是研究溶解度与温度之间的关系，利用已有的实验数据进行数学回归，从而描述溶解行为。经验模型方程形式都非常简单，模型参数较少，且适用范围广，关联效果普遍较好。但是此类方法严重依赖已有的实验数据回归模型参数，理论性较差，故只能用于内插而无法外推。经验模型法在固液相平衡中也有许多应用，目前普遍应用的方程包括 Apelblat 方程、van't Hoff 方程、λh 方程等，研究溶解度与温度、溶剂组成之间关系的 Jouyban-Acree 方程也可以归为此类。

（1）Apelblat 方程

Apelblat 等 [64-66] 在常压条件下，仅考虑温度对溶解度的作用，并假定溶液摩尔焓变同温度呈现线性关系，得到著名的 Apelblat 方程，其表达式为式（3-59）：

$$\ln x_1 = A + \frac{B}{T} + C\ln T \tag{3-59}$$

式中，A、B、C 均为通过数学方法回归的模型参数，无实际的物理意义。

本书编著者团队 [67] 研究了邻氯苯乙酸、对氯苯乙酸等多种有机物的固液相平衡现象，并与多种热力学模型进行关联，发现多种物系中 Apelblat 方程的表现都非常好，说明 Apelblat 方程的适用性很好。Wang 等 [68] 采用静态法测定硝苯地平（NIF）在 283.15 ～ 323.15K 温度范围内的 12 种纯溶剂中的平衡溶解度，包括醇类和酯类。在所有研究的溶剂体系中，溶解度随着温度的升高而单调增大。此外，还研究了溶剂性质对 NIF 固液相平衡的影响。结果表明，修正后的 Apelblat 方程实现了最佳的拟合性能。Apelblat 方程所含模型参数少，计算便捷，且拟合效果非常好，能适用于多种体系，但是对于溶解度随温度变化显著的体系，会出现较大偏差。

（2）van't Hoff 方程

van't Hoff 方程 [69] 是将活度系数方程用于理想溶液体系得到的简化方程，当溶质的溶解度较小时可视为理想溶液，此时溶解度与温度的关系为式（3-60）：

$$\ln x_1 = \frac{\Delta S_{sol}}{R} - \frac{\Delta H_{sol}}{RT} \tag{3-60}$$

式中，溶解熵 ΔS_{sol} 和溶解焓 ΔH_{sol} 在一定温度范围内可视为常数，因此可以将式（3-60）继续简化为式（3-61）：

$$\ln x_1 = a + \frac{b}{T} \tag{3-61}$$

van't Hoff 方程的模型参数 a、b 也是由实验数据回归得到，但它具有一定的物理意义，可以借此计算溶解过程的溶解熵 ΔS_{sol} 和溶解焓 ΔH_{sol}，相较于纯经验的 Apelblat 方程，van't Hoff 方程具有一定的理论基础。

与 Apelblat 方程相似，van't Hoff 方程的适用性也较强。Fan 等 [70] 研究了萘甲酸系列物质在甲醇等多种纯溶剂中的溶解度，并将之与多种固液相平衡模型关联，发现 van't Hoff 方程的拟合误差最小且小于 2%，完全能够满足工业需求。

（3）λh 方程

Buchowski 等[61] 分析了苯酚、苯甲酸在非极性溶剂中的相平衡行为，提出了适用于缔合溶液的 λh 方程。对存在缔合现象的体系，溶质的溶解度与活度系数有较强的关联，但溶液中若存在多种缔合体，则其溶解度难以计算。Buchowski 等提出的 λh 方程结合了温度、活度系数与溶解度三者间的关系，其表达式如式（3-62）：

$$\ln\left[1+\frac{\lambda\left(1-x_1\right)}{x_1}\right]=\lambda h\left(\frac{1}{T}-\frac{1}{T_{\mathrm{m}}}\right) \tag{3-62}$$

式中，λ 与溶质分子的平均缔合数有关；h 与溶解焓相关。该方程易于使用，仅需要知道溶质的熔点就可以。

（4）Jouyban-Acree 方程

依据多元组分混合物过量函数的理论基础，Jouyban、Acree[71-73] 共同提出了适用于混合溶剂体系的 Jouyban-Acree 方程，该模型同时关联了温度、溶剂组成与溶解度间的关系，其表达式如式（3-63）：

$$\ln x_1 = w_2 \ln(x_1)_2 + w_3 \ln(x_1)_3 + \frac{w_2 w_3}{T}\sum_{i=0}^{n} J_i (w_2 - w_3)^i \tag{3-63}$$

式中，$(x_1)_2$、$(x_1)_3$ 表示溶质 1 在纯溶剂 2、3 中的摩尔溶解度；w_2、w_3 是混合溶剂中溶剂 2、3 的质量分数；J_i 代表模型参数，与分子间的相互作用力有关；n 代表了模型参数的个数，取值为 0、1、2、3，n 值越大，该方程精确性越高。

虽然 Jouyban-Acree 方程适用于混合溶剂体系，但其方程参数中也需要纯溶剂中的溶解度数据，在纯溶剂数据空白时，无法使用上述方程。针对此缺陷，人们对此方程进行了一些模型修正的工作，研究最多的是将 Jouyban-Acree 方程与形式简单、关联效果良好的 Apelblat 方程、van't Hoff 方程结合，式（3-64）、式（3-65）给出了 $n=3$ 时，JA-Apelblat、JA-van't Hoff 方程简化后的表达式：

$$\ln x_1 = c_0 + c_1 w_2 + \frac{c_2}{T} + c_3\frac{w_2}{T} + c_4\frac{w_2^2}{T} + c_5\frac{w_2^3}{T} + c_6\frac{w_2^4}{T} + c_7\frac{w_2^5}{T} + c_8 \ln T + c_9 w_2 \ln T \tag{3-64}$$

$$\ln x_1 = c_0 + c_1 w_2 + \frac{c_2}{T} + c_3\frac{w_2}{T} + c_4\frac{w_2^2}{T} + c_5\frac{w_2^3}{T} + c_6\frac{w_2^4}{T} \tag{3-65}$$

当 $w_2=0$（即为纯溶剂 3），或当 $w_3=0$（即为纯溶剂 2）时，显然，式（3-64）、式（3-65）与 Apelblat、van't Hoff 方程同形式，具有一致性。修正的 JA-Apelblat 方程已有许多的应用，Chen 等[74]在关联 2- 异丙基咪唑的溶解度时发现，JA-Apelblat 方程平均相对偏差最小，Fan 等[75]利用 JA-Apelblat 方程关联柠檬苦素在甲醇 - 水、丙酮 - 水中的溶解度，平均相对偏差为 0.84%。

3．其他方法

（1）状态方程法

状态方程（EOS）法起源于气体 PVT 方程，在气液相平衡的研究中已经得到广泛的应用，最常见的是立方型状态方程，包括 RK、SRK、LK 等模型。由于固液体系本身与气体的状态有较大差别，因此必须要对状态方程加以修正，才可用于固液相平衡体系。Oliveira 等[76]利用状态方程研究了 C_6 ～ C_{10} 系列脂肪酸在水中的溶解行为，并讨论了其二元交互作用参数与碳链长度的关系。Escandell 等[77]将 PR 方程与 NRTL 方程联立，成功预测了高压下固体多环芳烃在水中溶解的能力。由于固液分子间作用较为复杂，状态方程的适用范围极为受限，因此状态方程在固液相平衡的研究中并不常见。

（2）人工神经网络法

人工神经网络[78-80]依赖于计算机强大的计算功能，仿照人类大脑神经系统对信息的处理途径。当给予它足够的资料信息并加以训练，人工神经网络便具有了模拟和预测的功能，这便大大降低了实验工作量。目前常见的研究相平衡的神经网络有三种，分别是 BP 神经网络、小波神经网络以及径向基函数神经网络。郭林[81]利用已经设计好的激光动态监测技术，采用动态法测定较宽温度范围内邻苯二甲酸在水、甲醇、乙醇、乙酸乙酯、乙二醇、乙酸丁酯、丙酮、乙酸中的溶解度，并用文献报道的邻苯二甲酸 - 水体系的溶解度数据，对装置和方法的可靠性进行了检验。再运用基于分子热力学模型的两参数溶解度方程关联溶解度实验数据，将 8 个体系 144 个数据点的模型计算值与实验值相比较，发现总的平均相对误差为 2.63%。利用 Apelblat 等提出的 Apelblat 方程关联实验数据，共 8 个体系 144 个数据点的方程计算值与实验值相比较，总平均相对误差为 1.38%，明显优于两参数方程。最后以温度为输入矢量、溶解度为目标输出矢量，建立邻苯二甲酸 - 水、邻苯二甲酸 - 乙醇、邻苯二甲酸 - 乙二醇、邻苯二甲酸 - 乙酸乙酯、邻苯二甲酸 - 甲醇、邻苯二甲酸 - 乙酸、邻苯二甲酸 - 丙酮、邻苯二甲酸 - 乙酸丁酯共 8 个体系统一的 BP 神经网络模型。构建具有一层隐层、隐层神经元数为 3 的 BP 网络，传递函数隐层采用 S 型的对数函数、输出层采用纯线性函数。采用 Levenberg-Marquardt BP 算法对网络进行训练，设定目标误差为 1.0×10^{-5}，循环 2000 次后，网络收敛。利用新建好的网络进行预测，结果表明所建网络精度优秀。

二、固液相平衡的研究方法

溶解度（常用符号 S 表示）是指在一定温度下溶液达到溶解平衡时溶质在单位溶剂中所溶解的量。溶质在所选溶剂中的溶解度数据是固液相平衡的主要数据，也是固液相平衡的主要研究内容之一。溶解度数据对于判断结晶过程的可行性、结晶条件的研究以及结晶工艺的优化具有重要意义，其可为混合物分离纯化过程提供基础数据和理论指导。在选择固液相平衡的测定方法时，主要应当考虑的是被测物系的物理化学性质，选择合适的测定方法有利于准确、快速地获取相平衡数据，能够简化测定平衡流程、缩短体系达到平衡的时间、提高测定结果准确性。目前常用的测定方法可以分为静态法、动态法和热分析法。

1. 动态法

动态法即指将已知质量的溶质加入到定量的溶剂中，然后改变外界条件来使固体溶质恰好完全溶解。一般有以下三种方法来控制固体溶质完全溶解。

（1）加溶质法

即保持恒定温度的情况下，向定量的溶剂中少量多次地添加溶质，直到激光读数达到最大值后再加入极微量的溶质，此时默认溶液已经达到固液平衡状态，记录加入的溶质质量。

（2）加溶剂法

指在维持溶液温度恒定的情况下，向混合溶液中缓慢滴加对应溶剂直至固体溶质完全消失的方法。记录加入的溶剂质量，可由此计算出溶质的溶解度。

（3）变温度法

变温度法又可以由变温手段分为升温法和降温法两种。升温法即缓慢升高温度使混合溶液中的固体溶质完全溶解，记录最后一粒晶体消失时的瞬时温度。降温法指先将溶液加热至溶质完全溶解，然后缓慢降温，记录第一粒晶体析出时的瞬时温度。若采用变温法来测定溶解度则对过程终点的判断有一定要求，同时还对温度测量的准确性要求极高。目前常用的一种实验方法为激光动态监测法，其操作方法为将一定的溶剂和溶质置于带夹套的溶解釜中，外加磁力搅拌设备保证溶质溶解完全，循环水流经夹套控制溶解釜的温度，外部水平放置激光发射器，光强度的变化情况反映体系的溶解情况。

2. 静态法

静态法又称平衡法，是指在恒定温度下将过量的固体溶质溶于一定量的溶剂中，先连续振荡，然后静置一段时间待溶液达到固液平衡状态。静置一段时间后可以观察到固液分层现象，取定量的上层清液分析其中的溶质含量，由此可以计算出该溶质的溶解度数据。最常用的分析溶液数据的方法包括重量分析法、色谱分析法、电导率法、折射仪法、紫外可见分光光度法等。

（1）重量分析法

重量分析法因操作流程简单方便，设备投资也较低，已发展成应用最广泛的溶解度分析手段之一。重量分析法，即取一定量的上述静置分层的上层饱和溶液于真空干燥箱中，将其充分干燥，而后称量完全干燥后得到的溶质质量。虽然重量分析法在设备的投资和操作的简便程度上具有突出优势，但其结果受外界因素影响较多，尤其是对于溶解度特别小和易挥发的物系，任何轻微影响都会导致实验结果与理论值偏差较大。

（2）色谱分析法

色谱分析法又可简单分为高效液相色谱（HPLC）和气相色谱（GC）两大类，目前在分析固液相平衡物系时常用的是液相色谱分析法。色谱分析法在分析溶解度较小的物质时精度足够高，但是常需要对待测溶液进行稀释，在稀释过程中可能会引入新的杂质，致使最后的结果产生误差。

（3）紫外可见分光光度法

紫外可见分光光度法即利用溶液对光选择性吸收的特点得到溶解度数据。不同物质对光的吸收光谱曲线都有区别，可依据不同物质特征峰处的吸光度大小来测定该物质的含量。该方法测定精度高，但其设备投资昂贵，因此暂无法大规模运用。

3．热分析法

热分析法的主要原理是借助差示扫描量热法（DSC）、差热分析法（DTA）等来测定溶质发生相变化时吸收或释放的能量，以此来确定溶解度。热分析法的操作方法简捷且所需样品量较少，但量热的准确度难以保证，使得其精度稍差。

三、溶解热力学分析

溶解焓（ΔH_{sol}）的定义为：在一定的温度和压力下，固体溶质 A 溶于溶剂 B 中，形成具有固定组成的溶液，其过程中所发生的焓变称为溶解焓。溶解焓是用于表征体系在溶解过程中所吸收或放出热量的量度，是物质系统能量的一个状态函数。溶解熵（ΔS_{sol}）主要被用于衡量溶解过程中体系的混乱程度变化。溶解吉布斯自由能（ΔG_{sol}）作为一个热力学状态函数，主要用于描述体系所需做非体积功的大小，可用来判断溶解过程进行的方向以及体系的稳定性能。

上述热力学参数可通过修正的 van’t Hoff 模型求出，其计算公式为：

$$\ln x_1 = -\frac{\Delta H_{sol}}{R}\left(\frac{1}{T}-\frac{1}{T_{mean}}\right)-\frac{\Delta G_{sol}}{RT_{mean}} \quad (3\text{-}66)$$

式中，T 为实验温度；T_{mean} 为体系的平均调和温度。

通常情况下，在一定温度范围内可将溶解焓 ΔH_{sol}、溶解熵 ΔS_{sol} 视为常数，再将实验数据用数学方法线性回归，得到 $\ln x_1$ 与 $1/T-1/T_{mean}$ 的关系，即可得到曲线的斜率和截距值，结合式（3-66），可计算溶解焓 ΔH_{sol}、溶解熵 ΔS_{sol}、溶解吉布斯自由能 ΔG_{sol}。由计算结果分析溶解过程中的热力学行为，以此来判断反应过程是否是自发过程、反应过程的吸放热情况，借此判断过程的推动力。热力学理论认为，焓反映分子间力作用的大小，熵反映溶剂与溶质分子构型的差异，利用已知的 ΔH_{sol}、ΔS_{sol} 数据，可以计算焓贡献 ξ_H 和熵贡献 ξ_{TS}，从而得知过程的推动力主导来源。溶解焓和溶解熵的相对大小会对体系的溶解吉布斯自由能产生相应大小的贡献，其所占比例的高低就决定了体系的驱动力大小。我们可以将溶解过程的驱动力分为两类：焓驱动溶解过程和熵驱动溶解过程。二者分别以焓贡献值（ξ_H）和熵贡献值（ξ_{TS}）来表示，具体计算表达式如下：

$$\xi_H = \frac{|\Delta H_{sol}|}{|\Delta H_{sol}|+|T\Delta S_{sol}|}\times 100 \quad (3\text{-}67)$$

$$\xi_{TS} = \frac{|T\Delta S_{sol}|}{|\Delta H_{sol}|+|T\Delta S_{sol}|}\times 100 \quad (3\text{-}68)$$

1. 3,4,5-三甲氧基苯甲酸甲酯的溶解热力学分析

由式（3-66），绘制了 3,4,5-三甲氧基苯甲酸甲酯分别在纯溶剂和水-乙醇溶剂中的 $\ln x_1$ 与 $1/T-1/T_{mean}$ 曲线图，结果见图 3-9、图 3-10。

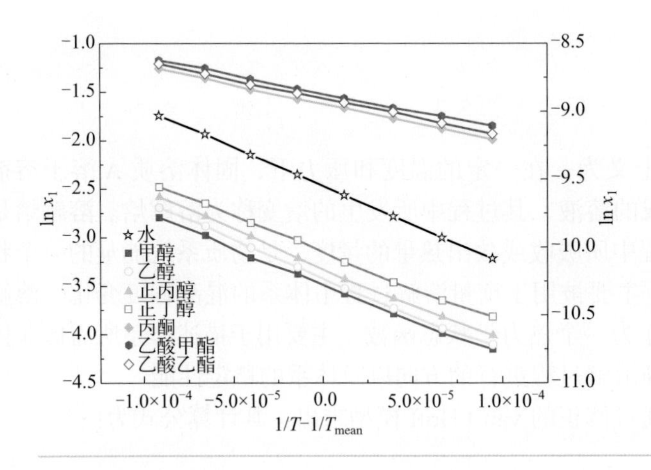

图3-9 3,4,5-三甲氧基苯甲酸甲酯在纯溶剂中 $\ln x_1$ 对 $1/T-1/T_{mean}$ 的曲线图

溶剂为水时对应的坐标为右坐标，其余均为左坐标

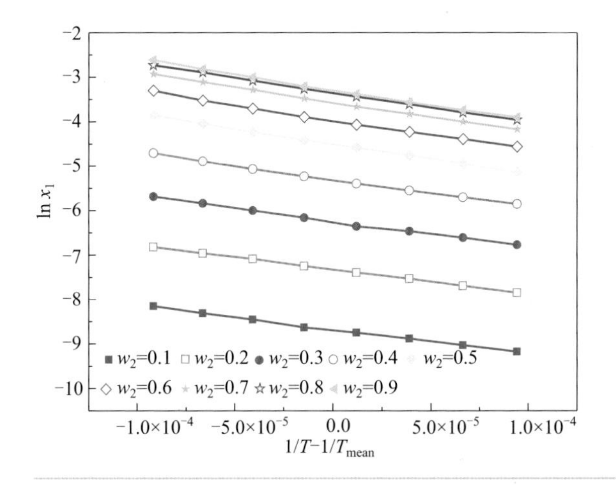

图3-10
3,4,5-三甲氧基苯甲酸甲酯在水-乙醇中ln x_1对$1/T-1/T_{mean}$的曲线图
w_2为混合溶剂中乙醇的质量分数

依据图 3-9 可回归出各直线的斜率、截距，利用公式（3-66），可得到 3,4,5- 三甲氧基苯甲酸甲酯在不同溶解体系中的热力学性质，其结果汇总于表 3-7、表 3-8。

表3-7 纯溶剂中3,4,5-三甲氧基苯甲酸甲酯的热力学性质表

溶剂	ΔH_{sol}/（kJ/mol）	ΔS_{sol}/[J/(mol・K)]	ΔG_{sol}/（kJ/mol）	ξ_H/%	ξ_{TS}/%
水	47.94	76.87	24.35	67.02	32.98
甲醇	61.52	171.60	88.75	53.89	46.11
乙醇	64.52	181.99	86.90	53.61	46.39
正丙醇	64.70	183.44	84.18	53.48	46.52
正丁醇	61.23	173.43	80.23	53.51	46.49
丙酮	32.31	91.90	41.20	53.40	46.60
乙酸甲酯	30.37	86.47	38.43	53.38	46.62
乙酸乙酯	31.80	90.69	39.80	53.34	46.66

表3-8 水-乙醇中3,4,5-三甲氧基苯甲酸甲酯的热力学性质表

溶剂	ΔH_{sol}/（kJ/mol）	ΔS_{sol}/[J/(mol・K)]	ΔG_{sol}/（kJ/mol）	ξ_H/%	ξ_{TS}/%
w_2=0.1	45.27	75.53	22.10	65.72	34.28
w_2=0.2	45.87	88.69	18.66	62.76	37.24
w_2=0.3	48.54	106.45	15.89	59.78	40.22
w_2=0.4	51.16	122.76	13.50	57.60	42.40
w_2=0.5	53.74	140.57	11.46	55.62	44.38
w_2=0.6	55.40	147.73	10.08	55.00	45.00
w_2=0.7	55.66	151.88	9.06	54.43	45.57
w_2=0.8	55.41	152.85	8.51	54.16	45.84
w_2=0.9	57.40	159.91	8.34	53.92	46.08

注：w_2为混合溶剂中乙醇的质量分数。

表 3-7、表 3-8 中，知 $\Delta H_{sol}>0$、$\Delta S_{sol}>0$、$\Delta G_{sol}>0$，这表明 3,4,5- 三甲氧基苯甲酸甲酯溶解在实验所用的八种纯溶剂以及水 - 乙醇中都是吸热过程，熵增且不可自发进行。对吸热体系而言，温度升高会促进溶解，因此 3,4,5- 三甲氧基苯甲酸甲酯的溶解度与温度正相关，这与图 3-9、图 3-10 中表现出的溶解行为是吻合的。对纯溶剂而言，丙酮、乙酸甲酯、乙酸乙酯中的溶解焓明显小于甲醇、乙醇、正丙醇、正丁醇中的溶解焓，即提供相同的热量，溶质在前者比后者中能够溶解更多。不过与纯溶剂恰恰相反，在水 - 乙醇中，随着乙醇组分增多，溶解度在不断增大，其溶解焓也在不断增大。这可能是由于该溶质本身在水中的溶解度很小，因此对整体溶解焓贡献小，随着乙醇组分增多，其溶解焓不断接近在纯乙醇中的溶解焓，因而表现出了不断增大的趋势。

通过比较 3,4,5- 三甲氧基苯甲酸甲酯在溶解过程中的焓贡献 ξ_H 和熵贡献 ξ_{TS}，发现 ξ_H 一直都大于 ξ_{TS}，说明固液平衡中焓驱动力占主导地位，即起主要作用的是分子间作用力。在水 - 乙醇的混合体系中可以明显地观察到分子间作用力的影响，随着 ξ_H 逐渐减小，溶剂间分子间作用力逐渐减弱，促进溶质的溶解。对于纯水及乙醇占比较小（约 0.4）的混合溶剂，发现其 ξ_{TS} 明显低于 ξ_H，经过分析，认为此时溶剂间氢键作用较为显著，因此限制了溶质的溶解。

2. 对苯二甲酸二甲酯的溶解热力学分析

由式（3-66），绘制了对苯二甲酸二甲酯分别在纯溶剂和甲醇 - 乙醇溶剂中的 $\ln x_1$ 与 $1/T-1/T_{mean}$ 曲线图，见图 3-11、图 3-12。

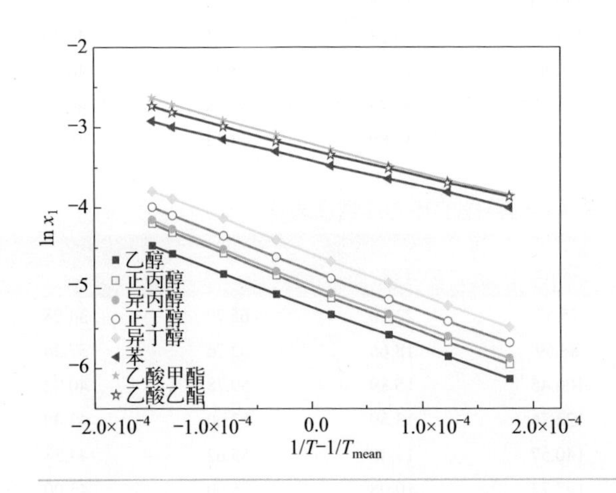

图3-11
对苯二甲酸二甲酯在纯溶剂中 $\ln x_1$ 对 $1/T-1/T_{mean}$ 的曲线图

依据图 3-11 回归出各直线的斜率、截距，利用公式（3-66），可得到对苯二甲酸二甲酯在不同溶解体系中的热力学性质数据，其结果汇总于表 3-9、表 3-10。

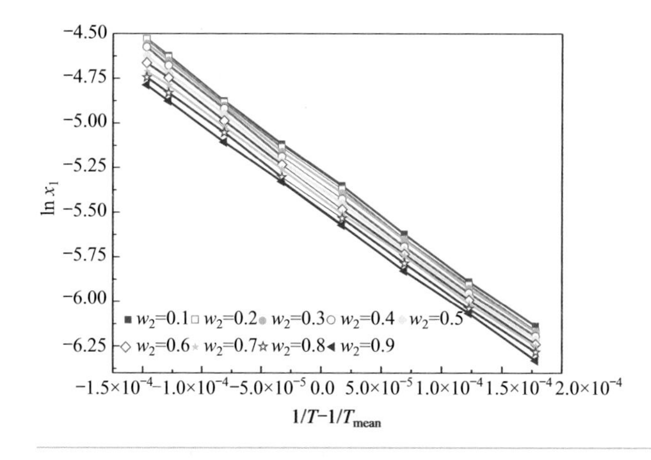

图3-12
对苯二甲酸二甲酯在甲醇-乙醇中$\ln x_1$对$1/T-1/T_{mean}$的曲线图
w_2为混合溶剂中甲醇的质量分数

表3-9 纯溶剂中对苯二甲酸二甲酯溶解的热力学性质表

溶剂	ΔH_{sol}/（kJ/mol）	ΔS_{sol}/[J/(mol·K)]	ΔG_{sol}/（kJ/mol）	ξ_H/%	ξ_{TS}/%
乙醇	42.32	90.91	13.70	59.65	40.35
正丙醇	44.90	100.94	13.11	58.55	41.45
异丙醇	43.32	97.89	12.49	58.43	41.57
正丁醇	44.07	98.85	12.95	58.61	41.39
异丁醇	43.53	100.31	11.95	57.95	42.05
苯	27.33	58.45	8.93	59.76	40.24
乙酸甲酯	30.89	71.58	8.35	57.82	42.18
乙酸乙酯	28.73	64.14	8.54	58.72	41.28

表3-10 甲醇-乙醇中对苯二甲酸二甲酯溶解的热力学性质表

溶剂	ΔH_{sol}/（kJ/mol）	ΔS_{sol}/[J/(mol·K)]	ΔG_{sol}/（kJ/mol）	ξ_H/%	ξ_{TS}/%
$w_2=0.1$	42.31	87.40	13.79	60.02	39.98
$w_2=0.2$	41.87	89.03	13.84	59.90	40.10
$w_2=0.3$	41.51	87.74	13.88	60.04	39.96
$w_2=0.4$	41.71	88.17	13.95	60.04	39.96
$w_2=0.5$	41.02	85.71	14.03	60.31	39.69
$w_2=0.6$	40.68	84.41	14.10	60.48	39.52
$w_2=0.7$	39.80	81.41	14.17	60.83	39.17
$w_2=0.8$	39.63	80.56	14.26	60.97	39.03
$w_2=0.9$	39.48	79.75	14.37	61.12	38.88

注：w_2为混合溶剂中甲醇的质量分数。

表3-9、表3-10表明对苯二甲酸二甲酯溶解在实验所选的八种纯溶剂以及甲醇-乙醇中都是吸热的（$\Delta H_{sol}>0$）、熵增的（$\Delta S_{sol}>0$）且不可自发进行的（$\Delta G_{sol}>0$）。对吸热体系而言，温度升高使溶解度增大，对苯二甲酸二甲酯在溶解过程中溶解

度与温度同增，与其实验得到的溶解现象相吻合。对纯溶剂而言，苯、乙酸甲酯、乙酸乙酯中的溶解焓明显小于乙醇、正丙醇、正丁醇、异丙醇、异丁醇中的溶解焓，即提供相同的热量时，溶质在前者中能够溶解更多，在图 3-11 中对苯二甲酸二甲酯在前者中的溶解度都显著超过后者，与实验结果相符。

另外，对苯二甲酸二甲酯在实验体系中的焓贡献 ξ_H 一直都超过熵贡献 ξ_{TS}，说明固液平衡中焓驱动力占主导地位，即起主要作用的是分子间作用力。对混合溶剂而言，随着甲醇质量分数的增加，其焓贡献 ξ_H 逐渐增大，对苯二甲酸二甲酯在混合溶剂中的溶解度不断减小，可能是由于甲醇质量分数的增加，限制了溶质的溶解。

3．尼泊金乙酯的溶解热力学分析

由式（3-66），绘制了尼泊金乙酯分别在纯溶剂和甲醇 - 正丙醇溶剂中的 $\ln x_1$ 与 $1/T-1/T_{mean}$ 曲线图，见图 3-13、图 3-14。

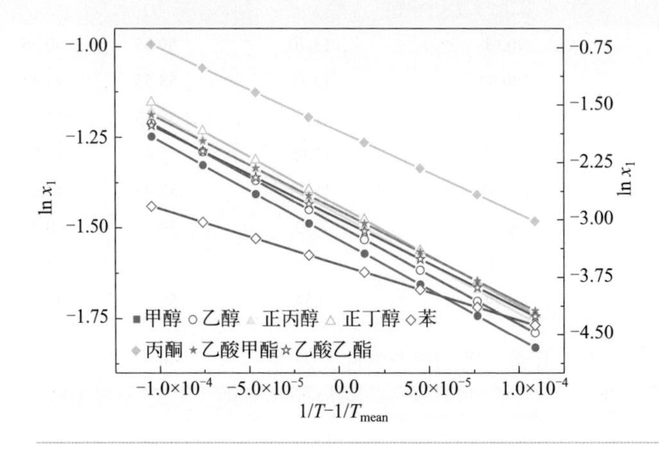

图3-13

尼泊金乙酯在纯溶剂中 $\ln x_1$ 对 $1/T-1/T_{mean}$ 的曲线图

苯的 $\ln x_1$ 所对应坐标为右坐标，其余均对应左坐标

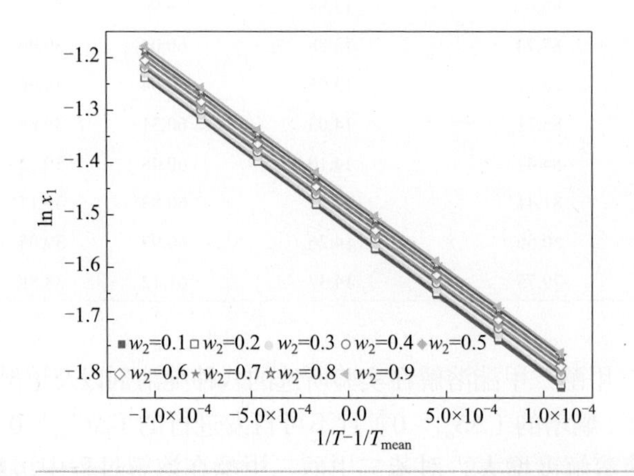

图3-14

尼泊金乙酯在甲醇-正丙醇中 $\ln x_1$ 对 $1/T-1/T_{mean}$ 的曲线图

w_2 为混合溶液中正丙醇的质量分数

依据图 3-13 回归出各直线的斜率、截距，利用公式（3-66），可得到对苯二甲酸二甲酯在不同溶解体系中的热力学性质，其结果汇总于表 3-11、表 3-12。

表3-11　纯溶剂中尼泊金乙酯的热力学性质表

溶剂	ΔH_{sol}/（kJ/mol）	ΔS_{sol}/[J/(mol・K)]	ΔG_{sol}/（kJ/mol）	ξ_H/%	ξ_{TS}/%
甲醇	22.65	59.50	4.00	54.84	45.16
乙醇	22.48	59.27	3.90	54.75	45.25
正丙醇	22.61	59.94	3.81	54.61	45.39
正丁醇	22.73	60.53	3.75	54.50	45.50
苯	60.38	162.80	9.35	54.19	45.81
丙酮	19.01	50.39	3.21	54.62	45.38
乙酸甲酯	21.03	54.99	3.79	54.95	45.05
乙酸乙酯	20.48	53.07	3.85	55.18	44.82

表3-12　甲醇－正丙醇中尼泊金乙酯溶解的热力学性质表

溶剂	ΔH_{sol}/（kJ/mol）	ΔS_{sol}/[J/(mol・K)]	ΔG_{sol}/（kJ/mol）	ξ_H/%	ξ_{TS}/%
$w_2=0.1$	23.08	60.91	3.99	54.72	45.28
$w_2=0.2$	22.82	60.10	3.98	54.77	45.23
$w_2=0.3$	22.88	60.37	3.96	54.73	45.27
$w_2=0.4$	22.80	60.18	3.93	54.72	45.28
$w_2=0.5$	22.74	60.06	3.91	54.71	45.29
$w_2=0.6$	22.75	60.18	3.89	54.67	45.33
$w_2=0.7$	22.77	60.29	3.86	54.64	45.36
$w_2=0.8$	22.72	60.24	3.84	54.61	45.39
$w_2=0.9$	22.81	60.59	3.82	54.57	45.43

注：w_2 为混合溶剂中正丙醇的质量分数。

表 3-11、表 3- 12 中 $\Delta H_{sol}>0$、$\Delta S_{sol}>0$、$\Delta G_{sol}>0$，这表明尼泊金乙酯溶解在实验所用的八种纯溶剂以及甲醇-正丙醇中都是吸热、熵增且不可自发进行的。对吸热体系而言，温度升高能促进溶解，尼泊金乙酯在溶解过程中溶解度与温度为顺变关系，这与图 3-13、图 3-14 中表现出的溶解行为是相符合的。对纯溶剂而言，尼泊金乙酯在丙酮中的 ΔH_{sol} 略小于在甲醇、乙醇、正丙醇、正丁醇、乙酸甲酯、乙酸乙酯中的 ΔH_{sol}，它们又明显小于在苯中的 ΔH_{sol}，即是说在前者中溶解需要吸收更少的热量，更有利于溶解，这与之前实验得到的尼泊金乙酯在不同纯溶剂中的溶解度大小趋势是一致的。

另外，尼泊金乙酯在溶解过程中的焓贡献 ξ_H 均超过熵贡献 ξ_{TS}，可以证明该物质在研究体系中的溶解过程是由焓驱动占主导，即固液平衡过程中分子间作用力起主要作用。对混合溶剂而言，随着混合溶剂中丙醇质量分数不断增多，其溶解度不断增大，可能是溶剂间分子间作用力的减弱利于溶解。其焓贡献 ξ_H 基本呈现逐渐减小的趋势，但减小趋势较弱。实际上，尼泊金乙酯的溶解度随正丙醇组分增加而增大的趋势也较弱，二者是统一的。

参考文献

[1] 郑丹星．流体与过程热力学 [M]. 2 版．北京：化学工业出版社，2010.

[2] Wilson G M. A new expression for the excess free energy of mixing[J]. Journal of the American Chemical Society, 1964, 86(2): 127-130.

[3] Renon H, Prausnitz J M. Local compositions in thermodynamic excess functions for liquid mixtures[J]. AIChE Journal, 1968, 14(1): 135-144.

[4] Abrams D S, Prausnitz J M. Statistical thermodynamics of liquid mixtures: a new expression for the excess Gibbs energy of partly or completely miscible systems[J]. AIChE Journal, 1975, 21(1): 116-128.

[5] Chen C, Britt H I, Boston J F, et al. Local composition model for excess Gibbs energy of electrolyte systems. Part Ⅰ: single solvent, single completely dissociated electrolyte systems[J]. AIChE Journal, 1982, 28(4): 588-596.

[6] Chen C, Evans L B. A local composition model for the excess Gibbs energy of aqueous electrolyte systems[J]. AIChE Journal, 1986, 32(3): 444-454.

[7] Guo J, Hu B, Li Z, et al. Vapor-liquid equilibrium experiment and extractive distillation process design for the azeotrope ethyl propionate *n*-propanol using ionic liquid[J]. Journal of Molecular Liquids, 2022, 350: 118492.

[8] Qiao R, Yue K, Luo C, et al. Effect of bis(trifluoromethylsulfonyl)imide-based ionic liquids on the isobaric vapor-liquid equilibrium behavior of ethanol + dimethyl carbonate at 101.3kPa[J]. Fluid Phase Equilibria, 2018, 472: 212-217.

[9] Ge Y, Zhang L, Yuan X, et al. Selection of ionic liquids as entrainers for separation of (water + ethanol)[J]. The Journal of Chemical Thermodynamics, 2008, 40(8): 1248-1252.

[10]Wang J, Li X, Meng H, et al. Boiling temperature measurement for water, methanol, ethanol, and their binary mixtures in the presence of a hydrochloric or acetic salt of mono-, di- or tri-ethanolamine at 101.3kPa[J]. The Journal of Chemical Thermodynamics, 2009, 41(2): 167-170.

[11] Dohnal V, Baránková E, Blahut A. Separation of methyl acetate plus methanol azeotropic mixture using ionic liquid entrainers[J]. Chemical Engineering Journal, 2014, 237: 199-208.

[12] Orchillés A V, Miguel P J, Llopis F J, et al. Influence of some ionic liquids containing the trifluoromethanesulfonate anion on the vapor-liquid equilibria of the acetone plus methanol system[J]. Journal of Chemical & Engineering Data, 2011, 56(12): 4430-4435.

[13] Li Q, Cao L, Sun X, et al. Isobaric vapor-liquid equilibrium for ethyl acetate + acetonitrile + 1-butyl-3-methylimidazolium hexafluorophosphate at 101.3kPa[J]. Journal of Chemical & Engineering Data, 2013, 58(5): 1112-1116.

[14] Safarov J, Geppert-Rybczynska M, Hassel E, et al. Vapor pressures and activity coefficients of binary mixtures of 1-ethyl-3-methylimidazolium bis(trifluoromethylsulfonyl)imide with acetonitrile and tetrahydrofuran[J]. The Journal of Chemical Thermodynamics, 2012, 47: 56-61.

[15] Zhang Y, Yu D, Guo F, et al. Vapor-liquid equilibria measurement of [methanol + ethanenitrile + bis(trifluoromethylsulfonyl)imide]-based ionic liquids at 101.3kPa[J]. Journal of Chemical & Engineering Data, 2016, 61 (7): 2202-2208.

[16] Levenberg K. A method for the solution of certain non-linear problems in least squares[J]. Quarterly of Applied Mathematics, 1944, 2(2): 164-168.

[17] 乔瑞琪. 乙醇 - 碳酸二甲酯 - 离子液体气液相平衡及其萃取精馏流程模拟的研究 [D]. 北京 : 北京化工大学，2019.

[18] Handy S T. Application of ionic liquids in science and technology[M]. Croatia: Intech, 2011.

[19] 孟凡宝，李东风. 离子液体在萃取精馏领域应用的基础性研究 [J]. 石油化工，2010, 39(12): 1395-1401.

[20] Döker M, Gmehling J. Measurement and prediction of vapor-liquid equilibria of ternary systems containing ionic liquids[J]. Fluid Phase Equilibria, 2005, 227(2): 255-266.

[21] 郑燕升，莫倩. 离子液体工业化应用及关键技术问题 [J]. 化工新型材料，2010, 38(3): 16-18.

[22] Huddleston J G, Willauer H D, Swatloski R P, et al. Room temperature ionic liquids as novel media for 'clean' liquid-liquid extraction[J]. Chemical Communications, 1998 (16): 1765-1766.

[23] 杨巧花，王小庆. 离子液体的研究进展 [J]. 洛阳理工学院学报（自然科学版）, 2011, 2(1): 10-13.

[24] Visser A E, Swatloski R P, Reichert W M. Traditional extractants in nontraditional solvents: groups 1 and 2 extraction by crown ethers in room-temperature ionic liquids[J]. Industrial & Engineering Chemistry Research, 2000, 39(10): 2083-2087.

[25] Visser A E, Swatloski R P, Griffin S T, et al. Liquid/liquid extraction of metal ions in room temperature ionic liquids[J]. Separation Science and Technology, 2001, 36(5/6): 785-804.

[26] Scurto A M, Aki S N, Brennecke J F. CO_2 as a separation switch for ionic liquid/organic mixtures[J]. Journal of the American Chemical Society, 2002, 124(35): 10276-10277.

[27] Lei Z, Dai C, Zhu J, et al. Extractive distillation with ionic liquids: a review[J]. AIChE Journal, 2014, 60(9): 3312-3329.

[28] 吕江平，王九思，来风习，等. 离子液体的特点及在液 - 液萃取中的应用研究 [J]. 甘肃联合大学学报（自然科学版）, 2007, 21(1): 70-71.

[29] Órfão E F , Dohnal V, Blahut A. Infinite dilution activity coefficients of volatile organic compounds in two ionic liquids composed of the tris(pentafluoroethyl)trifluorophosphate ([FAP]) anion and a functionalized cation[J]. The Journal of Chemical Thermodynamics, 2013, 65:53-64.

[30] 朱吉钦，陈健，费维扬. 新型离子液体用于芳烃、烯烃与烷烃分离的初步研究 [J]. 化工学报，2004, 55(12): 2091-2094.

[31] Jiang L, Wang L, Du C, et al. Activity coefficients at infinite dilution of organic solutes in 1-hexyl-3-methylimidazolium trifluoroacetate and influence of interfacial adsorption using gas-liquid chromatography[J]. The Journal of Chemical Thermodynamics, 2014, 70: 138-146.

[32] Królikowski M, Królikowska M. The study of activity coefficients at infinite dilution for organic solutes and water in 1-butyl-4-methylpyridinium dicyanamide, $[B^4MPy][DCA]$ using GLC[J]. The Journal of Chemical Thermodynamics, 2014, 68: 138-144.

[33] Bahadur I, Govender B B, Osman K, et al. Measurement of activity coefficients at infinite dilution of organic solutes in the ionic liquid 1-ethyl-3-methylimidazolium 2-(2-methoxyethoxy) ethylsulfate at T=(308.15, 313.15, 323.15 and 333.15)K using gas plus liquid chromatography[J]. The Journal of Chemical Thermodynamics, 2014, 70: 245-252.

[34] Qi J, Zhu R, Han X, et al. Ionic liquid extractive distillation for the recovery of diisopropyl ether and isopropanol from industrial effluent: experiment and simulation[J]. Journal of Cleaner Production, 2020, 254: 120132.

[35] Yue K, Luo C, Zhu J, et al. Isobaric vapor-liquid equilibrium for chloroform + ethanol + 1,3-dimethylimidazolium dimethylphosphate at 101.3kPa[J]. Fluid Phase Equilibria, 2018, 466: 14-18.

[36] Qi J, Zhang Q, Han X, et al. Vapor-liquid equilibrium experiment and process simulation of extractive distillation for separating diisopropyl ether-isopropyl alcohol using ionic liquid[J]. Journal of Molecular Liquids, 2019, 293: 111406.

[37] 贾冬梅，李长海．结晶与吸附技术分离有机化合物 [M]．北京：科学出版社，2017.

[38] 李压方．三种苯甲酸酯类有机物固液相平衡的研究 [D]．北京：北京化工大学，2020.

[39] 王静康．工业结晶技术前沿 [J]．现代化工，1996 (10): 15-18.

[40] 王静康．工业结晶的现在与未来 [J]．化学工程，1992 (2): 57-63, 12.

[41] 方宝良，王文强，张烨，等．计算机技术在结晶过程中的应用和发展 [J]．山东化工，2022,51(18): 90-92.

[42] 普劳斯尼茨，利希滕特勒，德阿泽维多．流体相平衡的分子热力学 [M]．陆小华，刘洪来，译．3 版．北京：化学工业出版社，2006.

[43] 胡程耀，黄培．固体溶解度测定方法的近期研究进展 [J]．药物分析杂志，2010, 30(4): 761-766.

[44] 李群生，郭凡．化工分离中相平衡研究进展 [J]．北京化工大学学报（自然科学版），2014, 41(6): 1-10.

[45] 曲红梅，周立山，杨志才，等．有机物系固 - 液相平衡理论研究评述 [J]．天然气化工，2004 (6): 57-60, 67.

[46] 普劳斯尼茨．流体相平衡的分子热力学 [M]. 骆赞椿，吕瑞东，刘国杰，等译．2 版．北京：化学工业出版社，1990.

[47] Feng Y, Tang W, Huang Y, et al. (Solid + liquid) phase equilibria of tetraphenyl piperazine-1, 4-diyldiphosphonate in pure solvents [J]. The Journal of Chemical Thermodynamics, 2014, 78: 143-151.

[48] Ramírez-Verduzco L, Rojas-Aguilar A, De L, et al. Solid-liquid equilibria of dibenzothiophene and dibenzothiophene sulfone in organic solvents [J]. Journal of Chemical & Engineering Data, 2007, 52(6): 2212-2219.

[49] Wilson G M. Vapor-liquid equilibrium. Ⅺ. a new expression for the excess free energy of mixing [J]. Jamchemsoc, 2012, 86(2): 127-130.

[50] He H, Sha J, Wan Y, et al. Solid-liquid phase equilibrium of naphazoline hydrochloride in eleven neat solvents: determination, solvent effect, molecular simulation and thermodynamic analysis [J]. Journal of Molecular Liquids, 2021, 325: 114748.

[51] Renon H, Prausnitz J M. Estimation of parameters for the NRTL equation for excess Gibbs energies of strongly nonideal liquid mixtures [J]. Industrial & Engineering Chemistry Process Design and Development, 1969, 8(3): 413-419.

[52] Austgen D M. A model of vapor-liquid equilibria for acid gas-alkanolamine-water systems [D]. Austin: The University of Texas at Austin, 1989.

[53] Huang J, Yin Q, Hao H, et al. Solid-liquid equilibrium of erythromycin thiocyanate dihydrate in four mono-solvents and three binary solvent mixtures [J]. Journal of Molecular Liquids, 2017, 234: 408-416.

[54] Tam L M, Heike L, Andreas S M. Enantioselective crystallization exploiting the shift of eutectic compositions in solid-liquid phase diagrams [J]. Chemical Engineering & Technology, 2012, 35(6): 1003-1008.

[55] Boros L A D, Batista M L S, Coutinho J A P, et al. Binary mixtures of fatty acid ethyl esters: solid-liquid equilibrium [J]. Fluid Phase Equilibria, 2016, 427: 1-8.

[56] Anderson T F, Prausnitz J M. Application of the UNIQUAC equation to calculation of multicomponent phase equilibria. 2. liquid-liquid equilibria [J]. Industrial & Engineering Chemistry Research, 1978, 17(4): 561-567.

[57] Abrams D S, Prausnitz J M. Statistical thermodynamics of liquid mixtures: a new expression for the excess Gibbs energy of partly or completely miscible systems [J]. AIChE Journal, 1975, 21(1): 116-128.

[58] Yu G, Wang L, Jiang L, et al. Solid–liquid equilibrium of diphenyl anilinophosphonate in the different organic solvents [J]. Fluid Phase Equilibria, 2015, 396: 50-57.

[59] Larsen B L, Rasmussen P, Fredenslund A. A modified UNIFAC group-contribution model for prediction of phase equilibria and heats of mixing [J]. Industrial & Engineering Chemistry Research, 1987, 26(11): 2274-2286.

[60] Fredenslund A, Jones R L, Prausnitz J M. Group-contribution estimation of activity coefficients in nonideal liquid mixtures[J]. AIChE Journal, 1975, 21(6): 1086-1099.

[61] Buchowski H, Ksiazczak A, Pietrzyk S. Solvent activity along a saturation line and solubility of hydrogen-bonding solids [J]. Journal of Physical Chemistry, 1980, 84(9): 975-979.

[62] Lei Z, Dai C, Wang W, et al. UNIFAC model for ionic liquid-CO_2 systems[J]. AIChE Journal, 2014, 60(2): 716-729.

[63] 侯彦青，陶东平. 改进的准正规溶液模型 [J]. 昆明理工大学学报（理工版），2010, 35(1): 33-37.

[64] Apelblat A, Manzurola E. Solubility of oxalic, malonic, succinic, adipic, maleic, malic, citric, and tartaric acids in water from 278.15 to 338.15K [J]. The Journal of Chemical Thermodynamics, 1987, 19(3): 317-320.

[65] Apelblat A, Manzurola E. Solubilities of *o*-acetylsalicylic, 4-aminosalicylic, 3,5-dinitrosalicylic, and *p*-toluic acid, and magnesium-DL-aspartate in water from T=(278 to 348)K [J]. The Journal of Chemical Thermodynamics, 1999, 31(1): 85-91.

[66] Apelblat A, Manzurola E. Solubilities of L-aspartic, DL-aspartic, DL-glutamic, *p*-hydroxybenzoic, *o*-anisic, *p*-anisic, and itaconic acids in water from T=278K to T=345K [J]. The Journal of Chemical Thermodynamics, 1997, 29(12): 1527-1533.

[67] 陆慕瑶. 三种苯乙酸类和一种酮类物质的固液相平衡研究 [D]. 北京：北京化工大学，2018.

[68] Wang G L, Wang G, Gong J B, et al. Experimental determination and computational analysis of solid–liquid phase equilibrium of nifedipine in twelve pure solvents [J]. The Journal of Chemical Thermodynamics, 2020, 150: 106223.

[69] Higuchi T, Connors K A. Advances in analytical chemistry and instrumentation[J]. Phase Solubility Studies, 1965, 4(1): 117-212.

[70] Fan B, Li Q, Li Y, et al. Solubility measurement and correlation for 1-naphthoic acid in nine pure and binary mixed solvents from T=(293.15 to 333.15) K[J]. Journal of Molecular Liquids, 2019, 273: 58-67.

[71] Jouyban A, Acree Jr W E. Mathematical derivation of the Jouyban-Acree model to represent solute solubility data in mixed solvents at various temperatures[J]. Journal of Molecular Liquids, 2018, 256: 541-547.

[72] Jouyban A. Review of the cosolvency models for predicting solubility of drugs in water-cosolvent mixtures[J]. Journal of Pharmacy & Pharmaceutical Sciences, 2008, 11(1): 32-58.

[73] Jouyban-Gharamaleki A, Valaee L, Barzegar-Jalali M, et al. Comparison of various cosolvency models for calculating solute solubility in water-cosolvent mixtures[J]. International Journal of Pharmaceutics, 1999, 177(1): 93-101.

[74] Chen J, Chen G, Cong Y, et al. Solubility of 2-isopropylimidazole in nine pure organic solvents and liquid mixture of (methanol + ethyl acetate) from T=(278.15 to 313.15)K: experimental measurement and thermodynamic modelling[J]. The Journal of Chemical Thermodynamics, 2017, 107: 133-140.

[75] Fan J, Zheng B, Liao D, et al. Determination and modeling of the solubility of (limonin in methanol or acetone+ water) binary solvent mixtures at T=283.2K to 318.2K[J]. The Journal of Chemical Thermodynamics, 2016, 98: 353-360.

[76] Oliveira M B, Pratas M J, Marrucho I M, et al. Description of the mutual solubilities of fatty acids and water with the CPA EoS[J]. AIChE Journal, 2009, 55(6): 1604-1613.

[77] Escandell J, Raspo I, Neau E. Prediction of solid polycyclic aromatic hydrocarbons solubility in water with the NRTL-PR model [J]. Fluid Phase Equilibria, 2014, 362: 87-95.

[78] 李天祥，朱静，曾祥钦，等. 人工神经网络模拟超临界萃取米槁精油 [J]. 化学工程，2007, 35(12): 5-7.

[79] 任国宾，王静康，尹秋响，等．人工神经网络在半水盐酸帕罗西汀溶解度预测中的应用 [J]．化工学报，2006, 57(4): 853-860.

[80] 龚俊波，孙杰，王静康．面向智能制造的工业结晶研究进展 [J]．化工学报，2018, 69(11): 4505-4517.

[81] 郭林．邻苯二甲酸的溶解度测定及其神经网络模拟 [D]．郑州：郑州大学，2005.

第四章

高效率精馏塔板与填料的研究

第一节　塔板强化传质机理及方法 / 084

第二节　塔板的 CFD 研究 / 094

第三节　新型高效精馏塔板的开发 / 105

第四节　高效率填料的开发与研究 / 112

第五节　填料的流体力学性能研究 / 121

第六节　填料的传质性能 / 125

第七节　计算流体力学在填料研究中的应用 / 130

精馏是化工过程最常见的气液传质操作之一，其设备类型主要分为板式塔和填料塔。两者分别采用塔板和填料作为塔内气液接触传热传质的主要场所，对于操作要求、设备性能、设备维修、使用场合都有各自的特点。高纯度化学品的分离中，进料组分相对挥发度趋近于1，所需理论板数很高，对塔设备的分离效率提出了更高的要求。塔板、填料是塔内气液接触传热传质的主要场所，先进高效的塔板/填料技术是提高塔器效率的核心手段。利用计算流体力学（CFD）预测塔板和填料的传质效率、模拟调节改进塔板结构，从而改善塔内件上的气液流动分布情况，将使塔内件具有更加合理的结构和更优的传质性能。

本章将从过程强化机理、CFD模拟研究、新型塔板/填料开发等方面介绍高效率精馏塔板与填料的研究进展。

第一节 塔板强化传质机理及方法

一般来说，适合使用板式塔作为精馏设备的情况有：①塔径较大时；②需将热量从塔内移出时；③处理原料为易结焦、自聚或带有悬浮物的物系时；④需要侧线采出时。广义上，板式塔的两相流动方式有错流和逆流两种。逆流的塔板也称穿流塔板，其结构虽然简单，塔横截面积利用率也高，但需要较高的气速才能维持正常操作，分离效率较低，工业应用较少，本书不再赘述。错流塔板由鼓泡区和降液管组成。液体从上方的塔板由降液管落到下方塔板受液区然后进入其鼓泡区，在这里，液体接触穿过塔板的上升气体进行传质。鼓泡区下游侧的出口堰有助于保持塔板上的液位。流过溢流堰的气液混合物向下进入降液管，在这里，气体从液体中分离出来，液体下降到下方的塔板。鼓泡区可以设置多种类型的塔板传质元件，如筛孔、浮阀、固阀等。

尽管板式塔技术通常被认为已经非常成熟可靠，但随着现代高纯度化学品的种类及需求日渐增长，塔板的各项性能，尤其是分离能力亟待提升。因此，明确塔板上气液两相流动和传质机理，提出强化塔板传质的方法，开发和应用新型高性能塔板，是实现高纯度化学品精馏分离的关键。

强化塔板气液传质过程的本质，是通过塔板结构调控气液两相流体流动与分散的问题。这就需要在每块塔板上气液两相必须保持密切而充分的接触，为传质过程提供足够大且不断更新的相际接触表面，减小传质阻力[1]。因此，强化塔板气液传质，可以从以下方面出发：①减小板上液面梯度和滞留返混；②增加气液两相接触面积；③增强气液相界面表面更新[2]。

一、减小板上液面梯度和滞留返混

大量研究表明，由于塔板开孔结构分布、塔板阻力以及塔板上流程的不同，筛板上的流动是完全混合流和活塞流（平推流）的组合，尤其在塔板的弓形区，停留时间过长，甚至出现滞留或者回流现象[3, 4]。而板上气液两相的流动和分布最终决定了塔板的传质效率，滞留、混合流等返混现象不利于塔板传质过程[5]。

为减弱塔板上液体流动的返混现象，一系列导向型塔板被开发出来，如筛孔型的导向筛板、浮阀型的导向浮阀塔板[6]、SFV 全通导向浮阀塔板[7]，以及特殊导向孔构型的 V-Grid 塔板[8]、舌形塔板[9]等。这些塔板上设置的导向孔可以为液体流动提供动力，促进液体水平方向的流动，优化塔板上气液两相的流动分布。依靠塔板上设置的导向结构能够降低液面落差，消除板上的液相返混，减少弓形区的液相回流，提高总体平均传质推动力，以提高传质效率。因此，定量研究和设计导向孔的分布对优化两相流动、提高塔板效率具有重要意义。

对于导向孔的板上分布和结构优化，本书编著者团队结合理论分析和 CFD 模拟，提出了导向孔定量设计的“活塞流”模型。该模型根据塔板结构将塔板上液体流动分成不同的流程，流程具有不同的距离，如图 4-1 所示。在液相入口处，每条流程具有相同的宽度h_{lane}，即设定为导向孔宽度h_{fg}的 4 倍（根据导向孔作用范围）：

$$h_{\text{lane}} = 4h_{\text{fg}} \tag{4-1}$$

根据塔板的结构尺寸，可以计算出塔板上的流程数量n_{lane}：

$$n_{\text{lane}} = 2N + 1 \tag{4-2}$$

$$N = \frac{0.5L_{\text{w}}}{h_{\text{lane}}} = \frac{L_{\text{w}}}{8h_{\text{fg}}} \tag{4-3}$$

式中，L_{w}为溢流堰宽度。如图 4-1 所示，第 i 个流程从位置 P_i 开始（$i = 0,1\cdots N$）。而点 P_i 和中心点 O 之间的距离是：

$$z_i = 4ih_{\text{fg}} \tag{4-4}$$

第 i 个流程的距离（或者长度）S_i 根据塔板结构参数为：

$$S_i = \frac{8ih_{\text{fg}}}{L_{\text{w}}}(L - Z_0) + Z_0 \tag{4-5}$$

式中，L 代表从液体入口到出口的最长流程的距离；Z_0 表示从液体入口到出口的最短流程的距离。

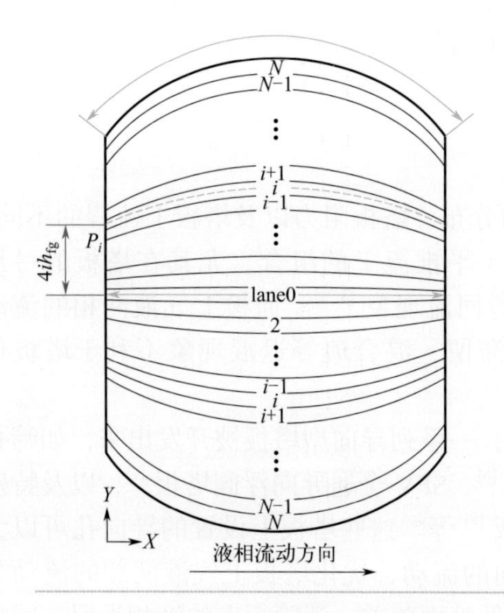

图4-1
相流动路线分布图

假设塔板上液相负荷根据流程数平均分布，每条流程上的液体流量$\overline{Q}_L$为：

$$\overline{Q}_L = \frac{Q_L}{2N+1} \tag{4-6}$$

式中，Q_L为液相总流量。

塔板上液相在入口的速度分布受到液相负荷、塔板结构、物质性质以及操作条件的影响，由 van Baten 等 [10] 的研究成果，液相入口处的速度分布表达式如下：

$$u_{L,in}(z_i) = \begin{cases} \dfrac{Q_L}{A_{CL}} & (Flv < 0.25) \\ \dfrac{1.5Q_L}{A_{CL}}\left[1-\left(\dfrac{2z_i}{L_w}\right)^2\right] & (Flv \geqslant 0.25) \end{cases} \tag{4-7}$$

$$Flv = \frac{Q_L}{Q_G}\left(\frac{\rho_G}{\rho_L}\right)^{0.5} \tag{4-8}$$

式中，A_{CL} 为降液管底隙面积（液相入口）；Flv 为两相流动参数。

在导向孔的定量设计中，为实现塔板上平推流流动，每一条流程的液体应该具有相同的停留时间，所以第 i 个流程上液体的平均速度$\overline{u}_i$为：

$$\overline{u}_i = \frac{S_i}{t} \tag{4-9}$$

根据每条流程液相的流动速度进行动量衡算，定量计算保证该速度条件需要的导向孔个数，如下所示：

$$n_i u_{fg}^2 A_{fg} \delta \rho_G = \frac{1}{2N+1} Q_L \rho_L \left[\bar{u}_i - u_{L,in}(z_i) \right] + \frac{1}{2N+1} Q_L \rho_L \lambda S_i \quad (4\text{-}10)$$

式中，n_i 代表沿第 i 个流程的导向孔总数；u_{fg} 是通过导向孔的气速；A_{fg} 是导向孔开孔面积；δ 是导向孔气体对液体的动量传递系数；$\bar{u}_i$是液体平均流速；λ 为液体在塔板上流动的阻力系数。

导向孔定量设计模型具体运算法则如图 4-2 所示。初始的筛孔速度 u_s 根据筛孔和气相负荷计算，根据周亚夫等 [11] 的研究，导向孔气速 u_{fg} 根据$u_s : u_{fg} = 1 : 0.87$ 进行计算。第一步，根据初始化参数 u_{fg}、u_s 以及结构参数 N 和 i 的值，代入式（4-10）来计算沿第 0 条流程的导向孔数量 n_0，每个计算步骤完成后，根据导向孔和筛孔的总开孔面积确定新的 u_{fg}、u_s。检查原始数值和更新数值的相对偏差，如果不大于 5%，则继续计算下一个流程，否则，将使用新的气速再次实施上述计算。以此方法直到第 N 个流程，模型计算完成。

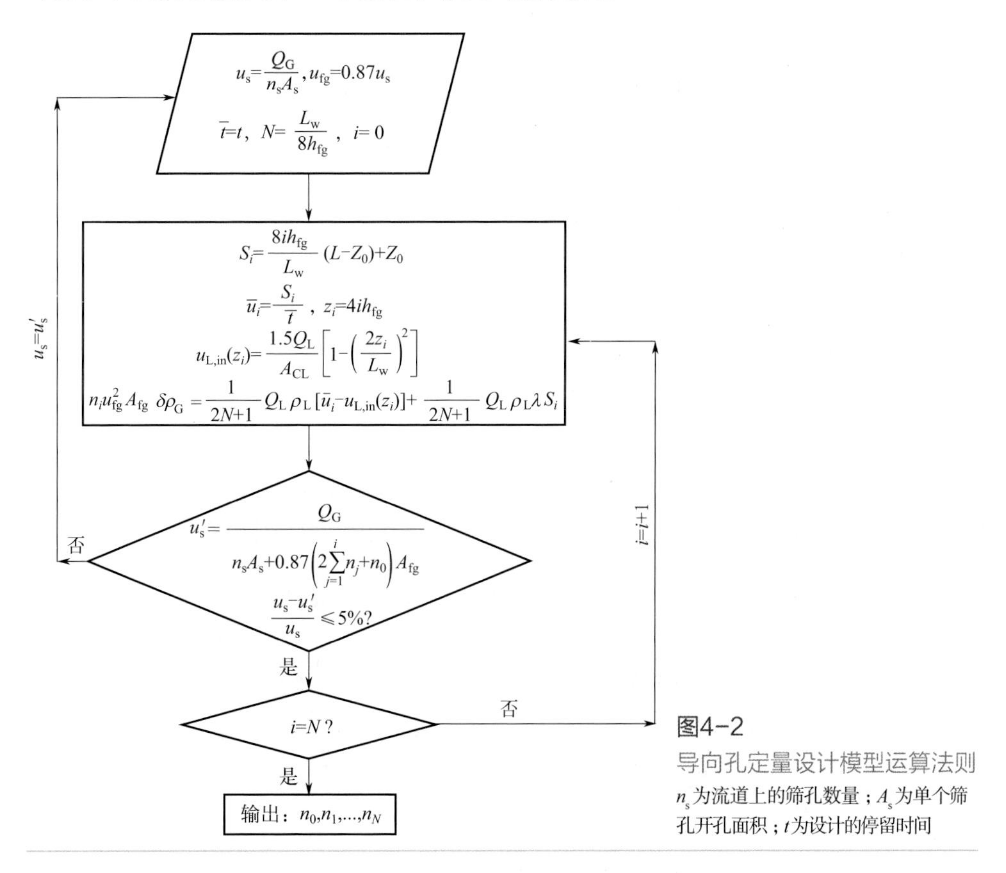

图4-2
导向孔定量设计模型运算法则
n_s为流道上的筛孔数量；A_s为单个筛孔开孔面积；t为设计的停留时间

使用导向孔定量设计模型对实验中的导向筛板（flow-guided sieve tray, FGST）进行结构改进，原始塔板和改进后的塔板分别命名为 FGST-A 和 FGST-B。对塔板 FGST-A 和 FGST-B 进行流体力学及传质实验测定，实验结果对比如图 4-3 所示。在图 4-3(a) 和图 4-3(b) 中，比较了两种塔板的湿板压降和雾沫夹带率，显示两块塔板的湿板压降和雾沫夹带率随着气液两相负荷的增加而增加。但在相同负荷条件下，FGST-B 湿板压降和雾沫夹带率均低于 FGST-A。图 4-3(c) 对比分析了两种塔板的漏液情况，数据表明 FGST-B 的漏液量略小于 FGST-A 的漏液量，尤其是在较小的气相负荷 F_T 条件下。FGST-A 和 FGST-B 的传质性能对比如图 4-3(d) 所示，整体上两种塔板的 Murphree 板效率表现出类似的趋势，板效率与液相负荷呈负相关关系。此外，板效率首先随着气相负荷的增加而增加，然后随着气相负荷的进一步增加而出现下降趋势。在整个气相负荷范围内，FGST-B 的 Murphree 板效率均优于 FGST-A，显示改进后的塔板具有更优异的传质性能。

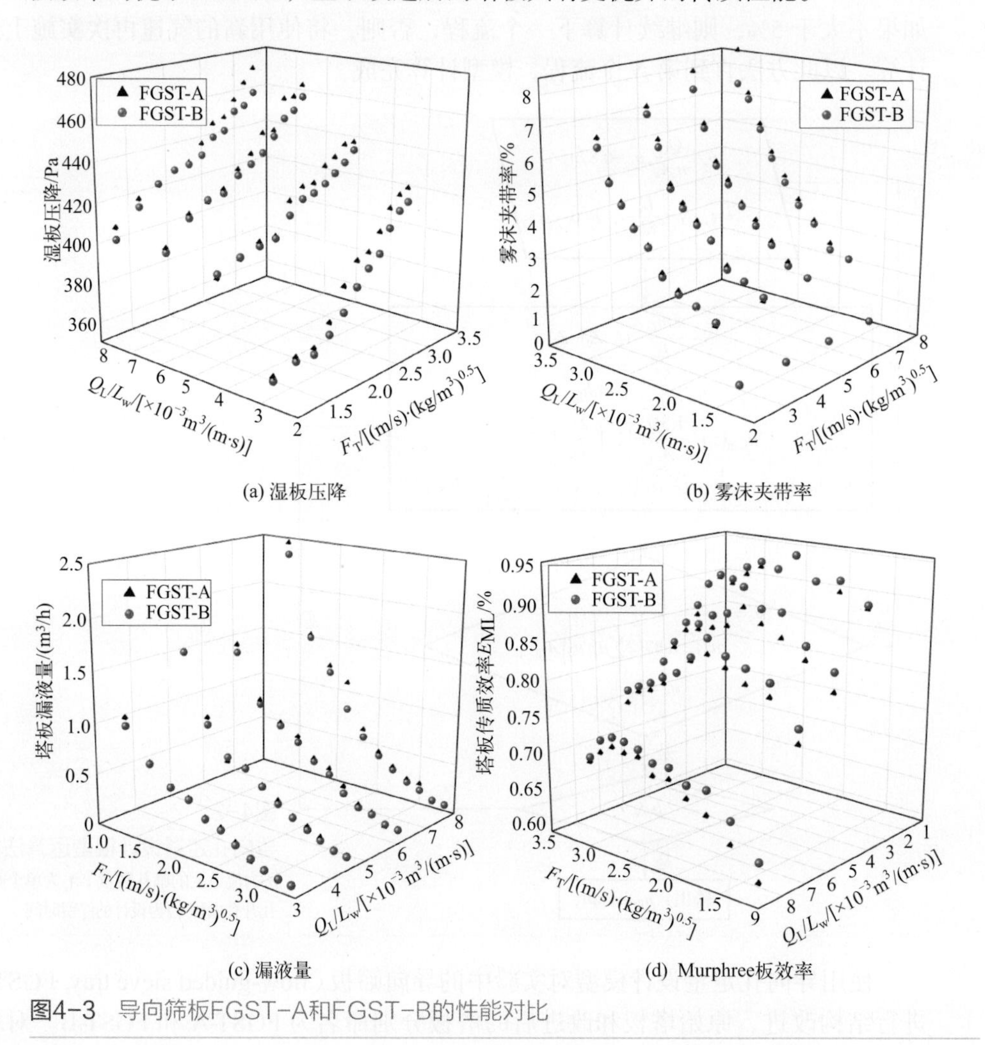

图4-3　导向筛板FGST-A和FGST-B的性能对比

综上所述，FGST-B 塔板的性能优于 FGST-A 塔板，湿板压降下降 1.26%，雾沫夹带率降低 3.03%，塔板效率提高 3.29%。特别在高气相负荷下，FGST-B 塔板的优势变得更为明显。原因是使用导向孔定量模型改进了 FGST-B 塔板的结构，当气体负荷增加，导向孔的推动作用促进液体分布更均匀，优化了塔板上两相的分布和接触，从而提高了塔板的性能。

FGST-A 和 FGST-B 塔板上液体停留时间分布如图 4-4 所示。FGST-B 塔板的导向孔分布设计基于 FGST-A 塔板的导向孔分布进行了改进，具体分布如图 4-4(a) 所示。导向孔分布对塔板上液体流动行为有很大影响[12]。由图 4-4(b) 可以看出，FGST-A 塔板上的停留时间分布不均，塔板边缘存在停滞现象。然而，在 FGST-B 塔板上，经定量计算，在塔板弓形区设置了更多的导向孔，这促使液体快速穿过塔板上距离较长的流程，与中间距离较短的流程具有相似的停留时间，从而实现 FGST-B 塔板上的活塞流式流动，提高了塔板效率。

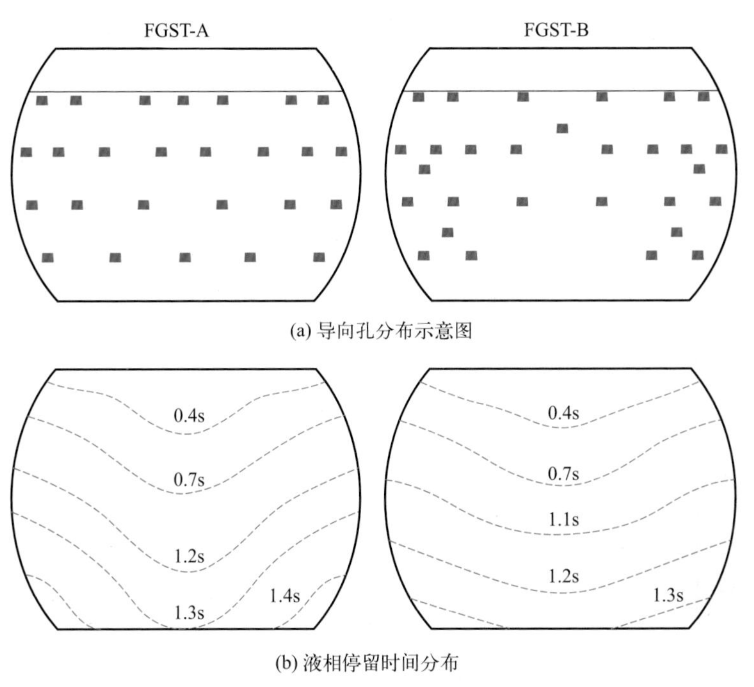

图4-4　导向筛板FGST-A和FGST-B的液相流动对比

操作条件：$F_T = 2.32(\text{m/s})\cdot(\text{kg/m}^3)^{0.5}$ 和 $Q_L/L_w = 8.0\times10^{-3}\text{m}^3/(\text{m}\cdot\text{s})$

导向孔定量设计模型应用于某公司糠醛精制塔的改造项目，在重新设计过程中，导向筛板用于替换原来的传统筛板，但精制塔的塔体结构保持不变。该塔的结构如图 4-5 所示，结构参数如表 4-1 所示，改造的步骤如图 4-6 所示。首先，

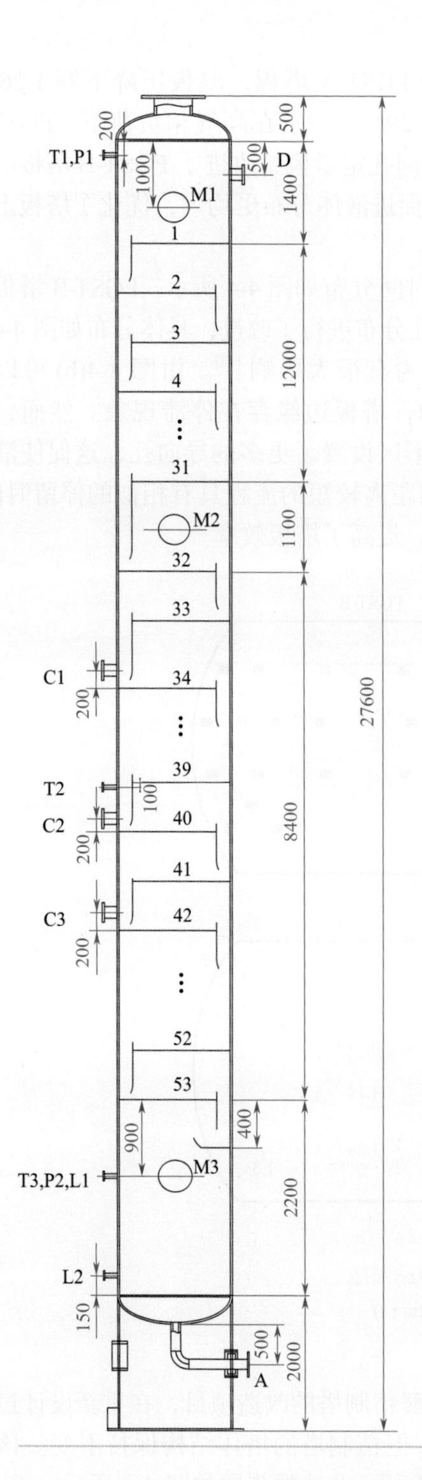

图4-5　糠醛精制塔的结构

M1, M2, M3—人孔；P1, P2—测压孔；T1, T2, T3—测温孔；D—回流口；L1, L2—液位测量孔；A—釜液引出管；C1, C2, C3—进料口

进行物料衡算以获得塔顶和塔釜的总的气液负荷、进料条件和物料组成。之后，使用过程模拟软件获得每块塔板上具体的两相负荷数据。假设导向筛板替换原始筛板后，塔板上的气液两相负荷不会发生显著变化，然后根据模拟的数据定量改进筛板。塔板位置不同，气液相负荷也有差别，因此导向筛板的设计也随着塔板的安装位置而不同，如表 4-2 所示。

表4-1 糠醛精制塔结构尺寸

结构参数	尺寸
塔高/m	27.6
塔径/m	1.2
降液管底隙/mm	35
塔板总数	53
溢流堰长度/mm	840
溢流堰高度/mm	40
板间距/mm	400

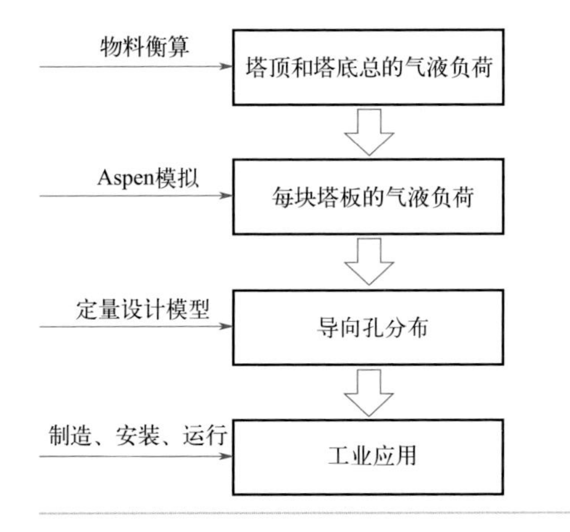

图4-6
工业设备改造流程

表4-2 糠醛精制塔改造中导向筛板的规格参数

塔板编号	导向孔个数	筛孔个数	筛孔分布尺寸/（mm×mm）	开孔率/%
1～15	160	4420	8×14	24.39
16～33	188	4442	7×14	19.00
34①	284	4368	8×14	24.55
35～41	194	4250	7×15	18.23
42～47	210	4222	7×15	18.17
48～53	232	4196	7×15	18.14

① 进料位置。

表 4-3 给出了改造前后塔性能的比较。导向筛板塔将糠醛的纯度从 99.500%

提高到99.940%。同时，导向筛板也优化了塔板的流体力学性能，例如，导向筛板塔的压降降低了13.67%，回流比降低了14.00%。由于回流比降低，塔的冷热负荷降低，冷凝水和再沸器蒸汽分别节省6.59%和7.23%。此外，改造后的精馏塔自2016年12月以来一直稳定运行。

表4-3　糠醛精制塔改造前后性能对比

项目		筛孔塔板	导向筛板
塔顶产品组成（质量分数）/%	糠醛	99.500	99.940
	水	0.165	0.021
	甲醇	0.043	0.005
	丙酮	0.012	0.002
	乙酸	0.250	0.022
	其他	0.030	0.010
操作参数	全塔总压降/kPa	24.50	21.15
	回流比	1.00	0.86
	塔顶冷凝/(kg/h) ①	4.10×10^4	3.83×10^4
	塔釜再沸/(kg/h) ②	512	475

① 0.4MPa(表压),305.15K, 水。
② 0.3MPa(表压), 413.15K, 水蒸气。

二、增加气液两相接触面积

增加气液两相传质速率的方法之一是增大相界面积，其方式有：①增大塔板鼓泡区面积；②减小分散相尺寸；③充分利用塔板至罩顶的空间传质；等。

1．增大塔板鼓泡区面积

精馏塔板上的面积一般可分为受液区、鼓泡区和降液区。其中，鼓泡区上方气液混合区域是发生气液传质的主要区域，其面积往往只占整个板面积的60%～80%。受液区用来承接从上方降液管落下的液体，该区域通常不设开孔，气体无法穿过。提高鼓泡区占比是增加板上相界面积最直接的方式。增大鼓泡区面积的方法主要有缩小受液区面积或改进其结构，代表性的研究分别有倾斜式降液管、截断式降液管等。

倾斜式降液管（图4-7）提高了塔板的面积利用率，其为降液管顶部的气液分离提供了足够的面积和体积。随着气液的分离，其横截面积向下逐渐变窄，很大限度地缩小了受液区的面积。倾斜式降液管顶部与底部面积的典型比例为1.5～2。当需要大型降液管时，例如在高液体负荷、高压和发泡系统中，倾斜式降液管能够节约出可观的鼓泡区面积[13]。此外，类似的还有一种环形降液管[14]，其隔板形状设计与塔体的圆柱形状更加贴合，进一步增大了鼓泡区的面积。

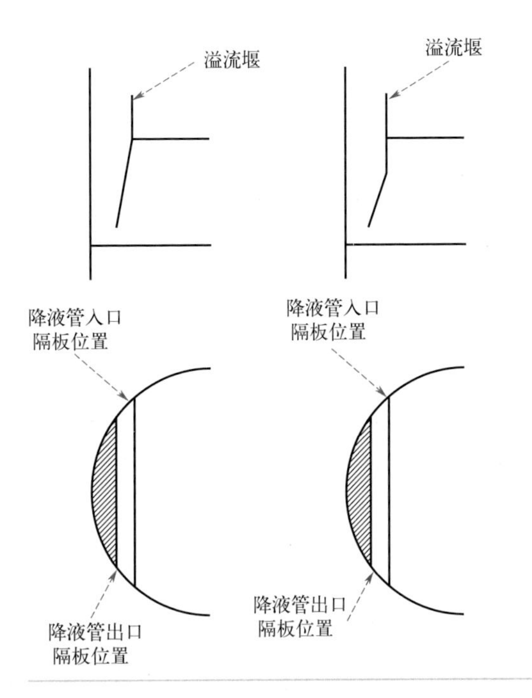

图4-7
倾斜式降液管结构示意图[13]

截断式降液管相关的塔板包括了 Nye 塔板、Maxfrac 塔板等。这种类型的降液管在塔板上方 100 ～ 150mm 处被开设孔缝的挡板截断，来自降液管的液体通过孔缝流到塔板上。降液管下方的塔板原受液区扩展为鼓泡区。在该区域释放的气体，通常占穿过塔板气体总量的 10% ～ 20%[13]。

此外，传统塔板在鼓泡区入口区域都有一个非活化区。形成非活化区主要有两个原因：①液面落差的存在；②液体经过降液管已将气体分离出去，且受液区长度明显小于塔板直径，使鼓泡区入口的液层厚而密实，气体难以通过。实验观察可知，在正常操作情况下，传统塔板入口区的液层基本没有鼓泡。通过实验测定，非活化区的面积是影响塔板效率的重要因素[15]。降低塔板鼓泡区上游部分的液层高度，是减小非活化区的手段之一。

鼓泡促进器长期应用于导向筛板，它是具有一定坡度的筛孔板结构，设置在鼓泡区上游，可降低塔板上游的液层高度，使液体一进入塔板就能鼓泡，有效减小了塔板上游的非活化区[16]。在后续的新型塔板研究开发中也有部分塔板使用了这一结构[17, 18]。

2．减小分散相尺寸（SiC 塔板）

减小初始鼓出气泡的尺寸，可以增加气液两相的接触面积。例如，天津大学与中国科学院金属研究所研制的新型 SiC 泡沫塔板[19]，通过在塔板开孔上镶嵌孔隙率 70%、孔隙尺寸 4mm、直径 48mm 的片状 SiC 泡沫（图 4-8），可以分散形成体积较小的气泡[2]。实验结果表明，其比 V1 浮阀塔板具有更低的压降、漏液率、雾沫夹带率，更高的清液层高度和更高的传质效率[19]。

图4-8
SiC泡沫原件[19]

3．充分利用塔板至罩顶的空间传质

在填料塔内，装有填料的部分是气液高效逆流传质的场所，而板式塔上气液传质区域大部分限于塔板上的泡沫层内且一般为错流传质。相对于填料塔，通常板式塔的传质性能较低。尽管塔板上泡沫层区域传质效率较高[20]，但泡沫层上方的气相空间对传质过程贡献较少。若能将塔内相邻两塔板之间的空间充分地利用，使气液接触传质区域从泡沫层的一片空间扩大到板间的立体空间，则可极大地增加气液两相的接触面积，改善塔器的传质性能。具有此特点的塔板有 New VST 塔板与河北工业大学研究应用的立体传质塔板（CTST）等。

第二节
塔板的CFD研究

作为传统研究手段，实验成本高、周期长，而且受到实验条件和设备的局限。其得到的相关经验，也难以在工业设计应用中直接放大[21]。随着高纯度化学品生产等现代化工过程对塔板效率的要求不断提升，塔板上气液两相流场的特征和规律等信息变得更加重要，被逐渐用于塔板结构优化甚至是定量设计。与实验方法相比，CFD 模拟获取的流场信息更加完备，获取方式对原有流场没有破坏性，因此被越来越多的研究者接受为塔板流体流动的研究工具。CFD 模拟中，精确、实用的多相流模型以及气液相相间作用关系是后续求解获取流场的关键。以下将梳理塔板上的气液两相流场分布模型和塔板 CFD 模拟的研究现状。

一、塔板上的气液两相流场分布模型

将 CFD 数值计算引入塔板上流体流动状况的模拟始于 20 世纪 80 年代，但是直到 2000 年左右才有采用 CFD 技术对塔板上流动状况及传质过程的研究的报道。国外 Krishna 教授和国内天津大学余国琮教授等课题组在该领域较早地展开研究，并取得了丰富的研究成果。按照发展过程中模拟流体的发展，塔板上气液两相流场分布模型的发展大致可分为三个阶段，即单相流模型、混合模型以及双流体模型 [21]。

1．单相流模型

该模型将板上气液两相流动简单地看作一相即单相流动，模型求解时只求解液相的 N-S 方程，而气相的作用体现在方程中的动量源项中。因为模型方程简单，计算比较方便，适用于估算复杂流体的流动状况 [22]。该模型主要用于二维稳态计算，虽然考虑了气相在两相流动中的阻力作用，但在模型推导过程中做了诸多假设，导致模型与实际有差异。该模型假设两个核心方程中的重要参数涡流传质系数 *De* 等价于涡流黏性系数，与实际情况出入较大，使得模型计算结果偏离实际情况较大。

Yoshida[23] 运用上风差分格式求解了以涡量表示的 N-S 方程，得到了筛板上的液相速度场分布，其控制方程如下：

$$\frac{\partial}{\partial \overline{x}}\left(\overline{\omega}\frac{\partial \overline{\varphi}}{\partial \overline{y}}\right)-\frac{\partial}{\partial \overline{y}}\left(\overline{\omega}\frac{\partial \overline{\varphi}}{\partial \overline{x}}\right)=\frac{1}{Re}\left(\frac{\partial^2 \overline{\omega}}{\partial \overline{x}^2}+\frac{\partial^2 \overline{\omega}}{\partial \overline{y}^2}\right) \tag{4-11}$$

式中，$\overline{x}$和$\overline{y}$为无量纲坐标；$\overline{\omega}$为无量纲涡量；$\overline{\varphi}$为流函数。

模拟结果显示，在塔壁附近的区域存在液相滞流区，并且滞流区的范围随液相雷诺数的增大而减小。同时计算还发现在塔板上设置挡板可显著减小滞流区范围。由于模型没有考虑气相对液相流速分布的影响，且只计算雷诺数较小的（Re=20 ～ 1000）层流情况，这明显与实际操作时精馏塔板上的液相湍流不符，因此模型的实际应用价值不大。此外该模型没有发现实验中常见的液相回流现象 [24]。

Zhang 等 [25] 提出了包含气相对液相垂直阻力作用的 k-ε 湍流模型，并用此模型模拟了筛板上液相速度分布的情况。模型的计算结果虽然能显示出较大塔径的塔板弓形区的返混现象，但其应用范围比较窄，无法计算某些情况下的返混现象，与塔板上实际情况吻合得也不是很好。

天津大学刘春江等[26]提出的改进 k-ε 模型是一种相对比较成功的单相流模型。模型考虑了气相增强在液相湍动过程中产生的阻力作用，并利用塔板流体力学实验的实验数据确定了板上气液两相间的鼓泡生成系数，使单相流模型在模拟板上二维流动时更加准确，但在返流区的模拟上与实验的实际情况仍存在差距。

2．混合模型

该模型将气液两相看作分布均匀的整体，采用两相密度、速度等的加权平均来构建 N-S 方程。以密度为例：

$$\rho_m = \alpha_g \rho_g + \alpha_l \rho_l \tag{4-12}$$

式中，ρ_m 为加权平均后的混合密度；α_g、α_l 代表气体、液体的体积分数；ρ_g、ρ_l 代表气体、液体的密度。同时，该模型在 N-S 方程中增加了对应气液间相互作用的动量源项，增加了气相的扩散方程，同时考虑了两相间其他相互作用力和表面张力对模拟的影响。相较于双流体模型，混合模型较为简单，计算量较小[22]。但由于将两相看作整体，密度、速度等差异性变量仍共享，使得平均过程中不能显著表现出两相间的差异[27, 28]。

3．双流体模型

基于上述两类模型的不足，Ishii[29] 提出了塔板上气液相流动的欧拉 - 欧拉双流体模型。该模型做出的基本假设条件如下：

① 气液两相在时间与空间上共存，在空间任意单元内气相和液相各占据一定比例体积，各自的体积分数表现为气相分率及液相分率。

② 气液两相都被看成连续且相互贯穿的流动介质，各自的流动情况符合其独立的微分控制方程组描述的运动规律。尤其是将气相看作连续相，气相的流动特性不仅受液体湍动影响，还受到气相本身输运过程的制约。

③ 气液两相间存在动量、能量及质量的相互传递，也称相间耦合[22]。

相比于单相流模型和混合模型，双流体模型预测板上气液流动状况及其流场分布的能力更优，因此获得了广泛认可。但是在双流体模型建模过程中，准确描述复杂的气液两相间相互作用有很大困难。

袁希钢等[30]在研究筛板上的气液两相流动时，考虑到气体对液流的阻力作用，假设气液两相均为宏观的连续相，液相微观连续且气相以均匀球形气泡存在，认为气相在塔板上流体中分布均匀，气相分率各处相等。基于以上假设建立的湍流双流体模型的模拟结果较单流体模型更加准确。

Krishna 等[31]采用了非定值的相间动量传递系数，模拟了矩形塔板及圆形塔板的气液流体力学性能，由于相间曳力系数建立在鼓泡塔研究基础上，且所研究的塔较小而溢流堰较高，导致结果与实际存在一定差别。

本书编著者团队[32]以高效导向筛板冷模实验的实验数据为基础，推导拟合出该塔板上气液两相间曳力系数表达式，模拟了该塔板上的气液两相流动，确定塔板上导向结构对板上液层的推动作用可消除弓形区返混，并得到了与实验结果较为一致的模拟结果。

二、塔板CFD模拟研究现状

随着计算机计算能力及速度的不断提升，CFD 模拟已经成为了航空、汽车、工程设计等领域的重要研究手段。将 CFD 技术引入塔板两相流数值模拟研究的主要目的是：①发现并掌握气液两相在塔板上的复杂流动，更好地理解塔板的两相流动；②模拟计算液相在塔板上的速度及浓度分布情况，预测塔板上两相浓度分布和塔板效率，并对塔板的优化提出建议。CFD 技术正逐渐成为获取塔板微观细节信息的重要方式。最早的塔板 CFD 模拟始于筛孔塔板的流体力学模拟，随后逐渐发展到浮阀塔板及复合塔板等几何更加复杂的塔板。

1．筛孔塔板的 CFD 模拟

Mehta 等[33]最早推导建立了筛孔塔板的模拟数学模型，并对此领域提出了具有前瞻性的意见。天津大学[34-37]是国内较早进入此领域的高校，建立了筛孔塔板上气液相流动模型，但忽略了塔板上气液两相在垂直方向的相互作用。

Fischer 等[38]模拟了筛孔塔板的三维两相流，假定了气液两相间曳力系数（C_D）在斯托克斯区为 $24/Re_G$，在湍流区为 0.44，但该系数只适合均匀气泡流，不适合塔板上的气液湍动情况。

Krishna 等[10, 31]在 Bennett 的筛板塔清液层高度模型基础上提出了新的曳力系数模型，并用于 CFD 模拟。模拟结果中清液层高度大于实验值，但在塔板上的气液两相分布等值线图中发现了液相在弓形区的回流现象（见图 4-9），揭示了筛板上气液分布不均匀的现象，为筛孔塔板提高效率、优化流动方式指明了方向。

Gesit 等[39]将 Colwell[40]的关联式首次用于了 1.44 米工业级的筛孔塔板模拟，采用 Krishna 等提出的曳力模型，模拟了塔板上方和降液管内的气液流动，获得的流体力学模拟结果与 Solari 和 Bell[41]的实验数据吻合较好。

Jiang 等[35]采用 Krishna 等提出的曳力模型，结合膜渗透理论建立了三维多相流模型，模拟了波纹穿流筛板的流体力学和传质性能。流体力学数据的模拟值与实验值吻合较好，塔板传质效率的模拟结果与实验结果拟合不是很理想。

Zarei 等[42]建立了一个全塔尺寸的 1.22 米直径筛板塔的 CFD 模型（见图 4-10 及图 4-11），在塔板上方计算域采用 Krishna 等提出的曳力模型，塔板下方计算域采用 Grace 提出的液滴与气相间的曳力模型，计算模拟了干板压降、清液层高度和漏液量等流体力学参数。其 CFD 模拟数据和实验数据吻合得较好，误差在

10% 左右，并且发现漏液主要集中在塔板中心区域。

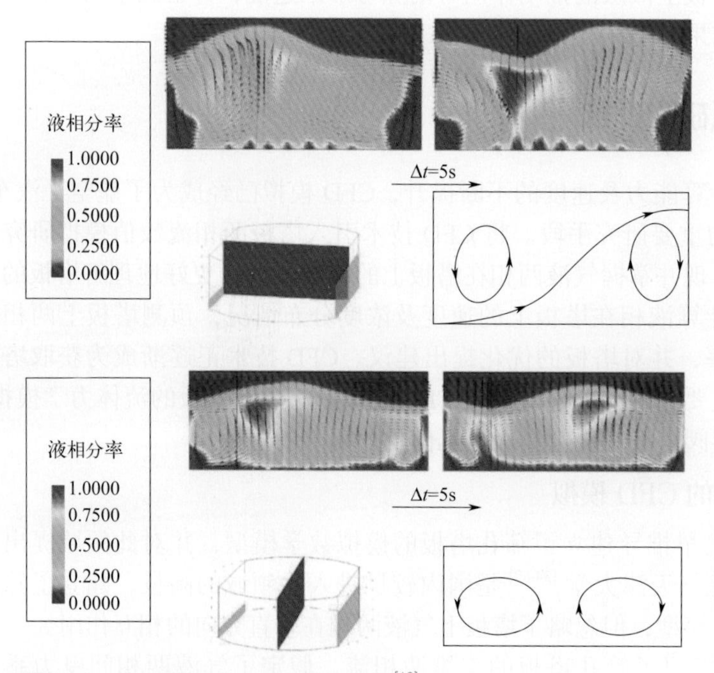

图4-9　筛板模拟液相速度分布云图[10]

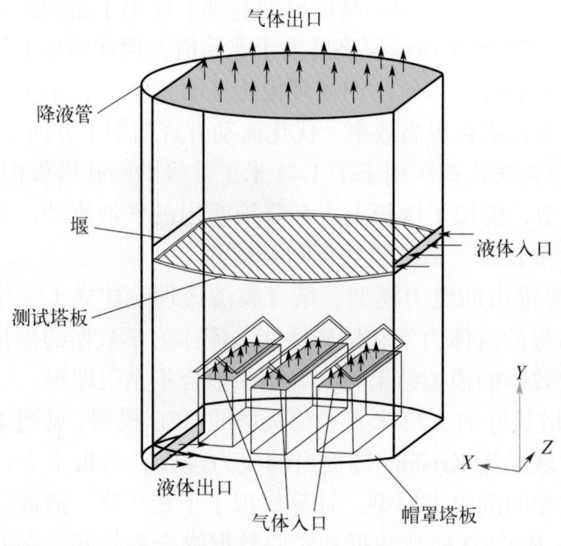

图4-10　模拟结构及边界条件示意图

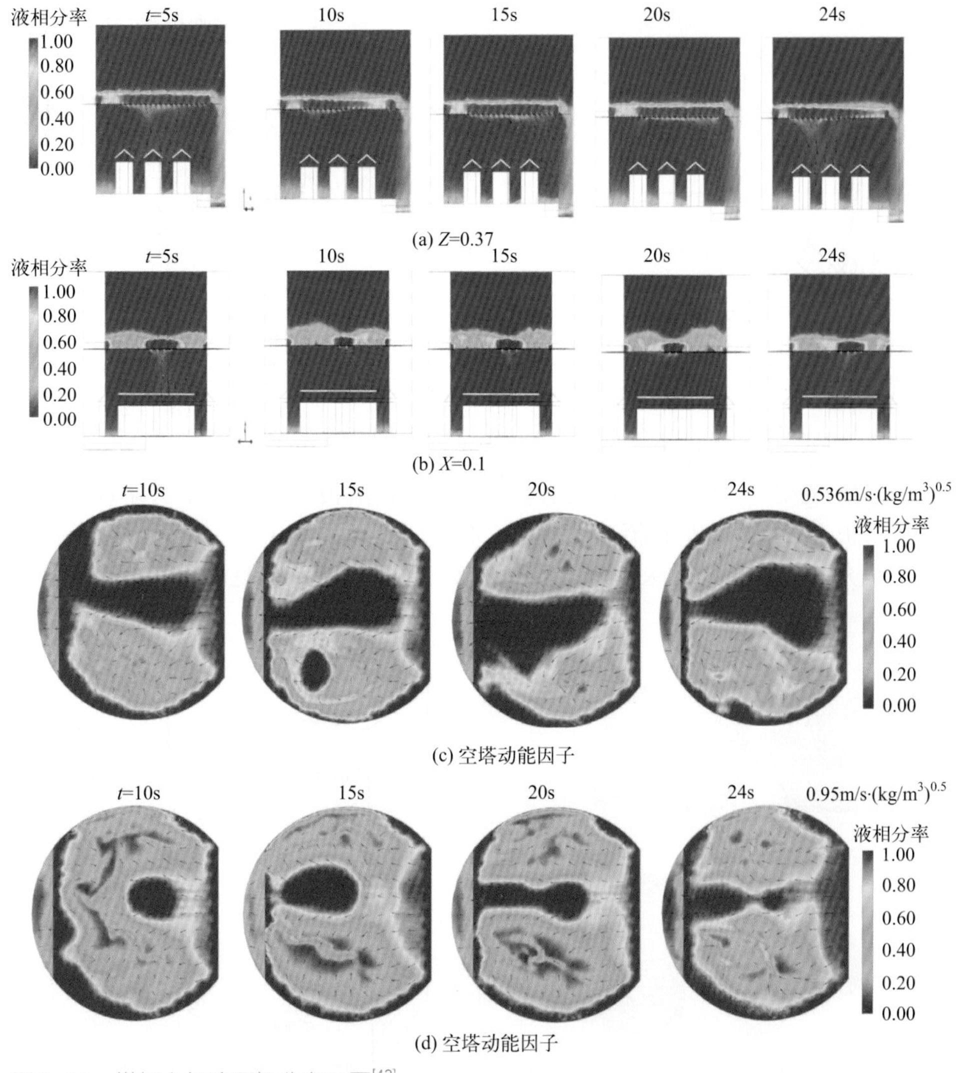

图4-11 塔板上气液两相分布云图[42]

2．浮阀、固阀塔板的 CFD 模拟

2010 年前后，浮阀及固阀塔板的研究逐渐开始使用 CFD 模拟。

天津大学李鑫钢等[43]认为气体穿过浮阀的动量传递只与浮阀重量和阀上液层有关，并用实验清液层高度关联获得塔板的气液体积分率，推导得到浮阀塔板上气液两相间的新曳力模型，模拟了矩形塔板上处于全开状态的 V1 浮阀。清液层高度的 CFD 模拟值与实验值吻合得很好，其塔板结构见图 4-12。

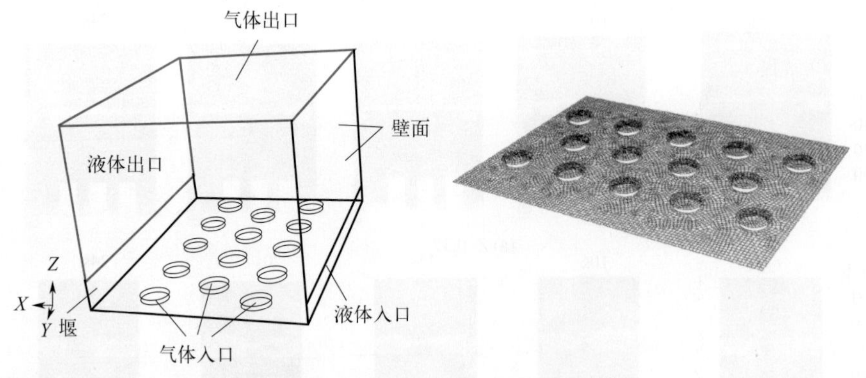

图4-12 V1浮阀塔板模拟结构边界条件及板上网格构成[43]

Jiang 等[36]用清液层高度实验值关联获得塔板上的气液体积分率，推导出浮阀塔板上气液两相间的新曳力模型，模拟了三角固阀塔板，并对弓形区返混进行了研究。CFD 模拟结果与实验值吻合较好，其塔板结构见图 4-13。

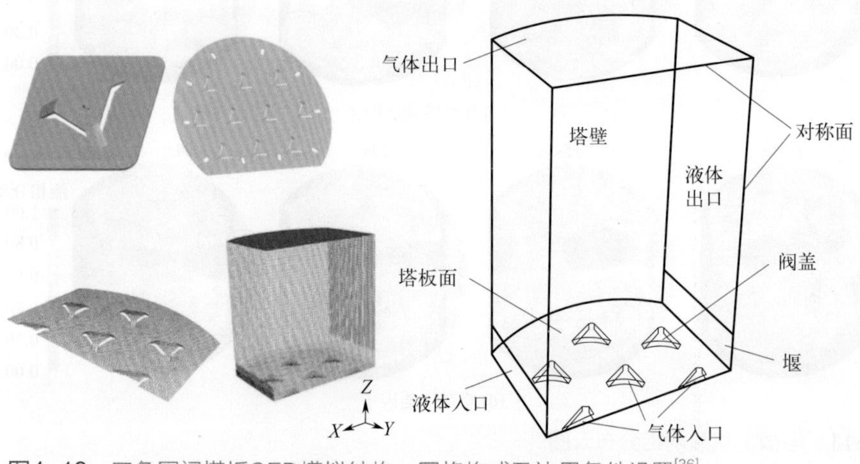

图4-13 三角固阀塔板CFD模拟结构、网格构成及边界条件设置[36]

Alizadehdakhel 等[44, 45]使用 VOF（流体体积）模型对 V1 浮阀进行了模拟，探究了阀重对气液相接触面的影响，并对由 V1 浮阀改进得到的新型浮阀进行了流体力学实验与 CFD 模拟，验证了新型浮阀的优秀特性。Zarei 等[46]使用标准 k-ε 湍流模型模拟了 MVG（小型 V-Grid）固阀塔板上的流场分布。Rahimi 等[47]利用标准 k-ε 湍流模型 CFD 模拟估计了导流固阀塔板的流场分布，结果与实验值吻合得很好。Sun 等[48]使用标准 k-ε 湍流模型模拟了十字正交固阀塔板上的气液流场分布，清液层高度的模拟结果与实验结果几乎完全吻合，并比较了和三角固阀塔板的流场异同。标准 k-ε 湍流模型被大部分的塔板气液两相流模拟所采用，并取得了较好的结果。此外，Wang 等 [49] 利用 CFD 技术模拟了齿边导向浮阀塔板上的流场分布，并比较了标准 k-ε 湍流模型和 RNG k-ε 湍流模型对模拟的影响，发现 RNG k-ε 湍流模型更适合该塔板的模拟，其中干板压降的模拟值与实验值十分一致。

3．CFD 辅助塔板结构的定量设计

塔板结构与气液相负荷决定了塔板上的气液相分布、分散情况，从而对塔板效率有着重大影响。本书编著者团队在 CFD 辅助塔板上开孔结构的定量设计方面进行了深入研究。在大量实验的基础上，对高效导向筛板（见图 4-14、图 4-15）进行了大量细致的 CFD 研究 [32, 50]。建模采用 Euler-Euler 双流体模型、标准 k-ε 湍流模型，根据导向孔与筛孔对气流的阻力作用不同推导出气速在两种结构中的分布比例。采用实验清液层高度回归出塔板上气液两相体积分率并推导出新的曳力模型，模拟了板上的气液流动，证实了导向筛板较普通筛板可以消除塔板弓形区液体回流及降低板上清液层高度，为导向型塔板的发展和设计提供了新的方向。

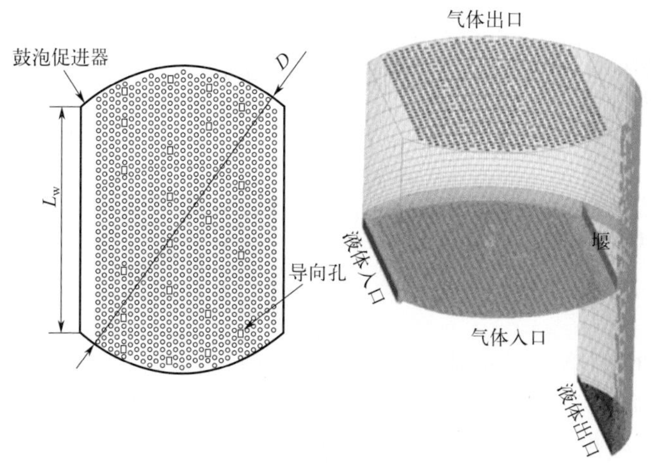

图4-14 高效导向筛板CFD模拟结构及边界条件

如图 4-16 所示，在导向筛板上方的空间内，设置两个 YZ 平面，分别位于液相入口处和液相出口处。这两个平面与导向筛板、上层塔板（雾沫捕集板）以及塔器的侧壁构成一个封闭的空间。两个平面分别命名为截面 1 和截面 2。

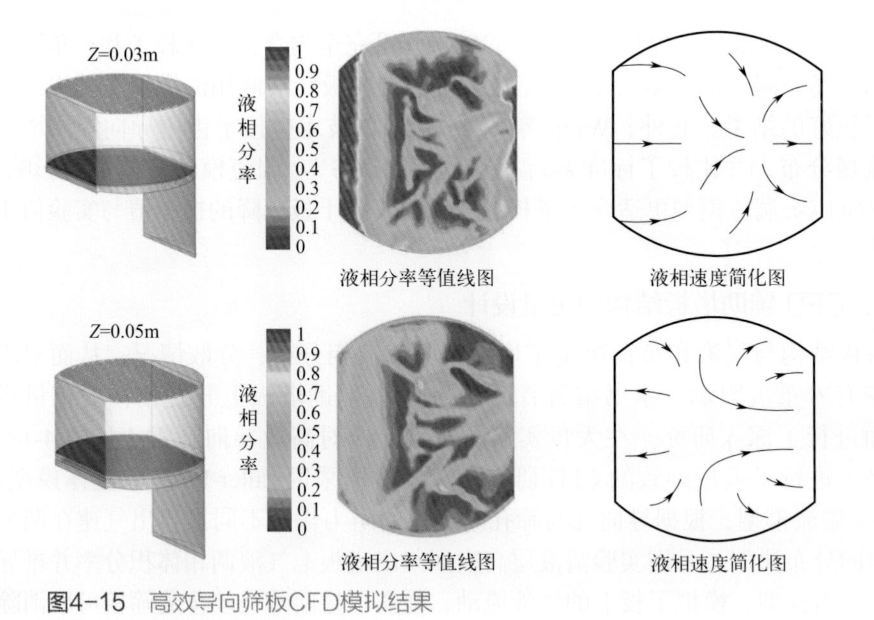

图4-15 高效导向筛板CFD模拟结果

上述的截面 1 和截面 2、塔板以及塔器四周塔壁构成了一个封闭空间，对流经该封闭空间的液相在 X 方向的动量进行衡算，可得动量守恒方程式：

$$
\underset{(\mathrm{I})}{\int_{t_1}^{t_2}\left[\frac{Q_{\mathrm{L1}}^2(t)\rho_{\mathrm{L}}}{h_{\mathrm{c1}}(t)l_1}+\frac{1}{2}h_{\mathrm{c1}}^2(t)l_1\rho_{\mathrm{L}}g\right]\mathrm{d}t}+\underset{(\mathrm{II})}{\int_{t_1}^{t_2}[\delta Q_{\mathrm{fg}}(t)\rho_{\mathrm{G}}u_{\mathrm{G}}]\mathrm{d}t}
=\underset{(\mathrm{III})}{\int_{t_1}^{t_2}\left[\frac{Q_{\mathrm{L2}}^2(t)\rho_{\mathrm{L}}}{h_{\mathrm{c2}}(t)l_2}+\frac{1}{2}h_{\mathrm{c2}}^2(t)l_2\rho_{\mathrm{L}}g\right]\mathrm{d}t}+\underset{(\mathrm{IV})}{Q_{\mathrm{L}}\rho_{\mathrm{L}}\lambda Z_{\mathrm{e}}(t_2-t_1)} \tag{4-13}
$$

式中，(Ⅰ) 和 (Ⅲ) 中的第一项分别表示进入和离开封闭空间的液相的动量；(Ⅰ) 和 (Ⅲ) 中的第二项表示液体静压作用对封闭空间内部液体动量的影响；(Ⅱ) 项是导向孔中水平喷出的气体传递给液体的动量；(Ⅳ) 项是塔板的阻力作用造成的液相动量的损失量；Q_{L}、h_{c}、l 分别代表液相体积流量、塔板上清液层高度、两平面位置处 Y 轴长度；Q_{fg} 是经过导向孔的气体体积流量；δ 为气液相间的动量传递系数；λ 为液体与板面之间的阻力系数；Z_{e} 为流动方向上两平面之间的距离。

为求解式（4-13），在模拟过程中保持气液两相负荷不变，将导向孔关闭，从而去除了导向孔对液相的作用，并重建动量守恒方程，获得：

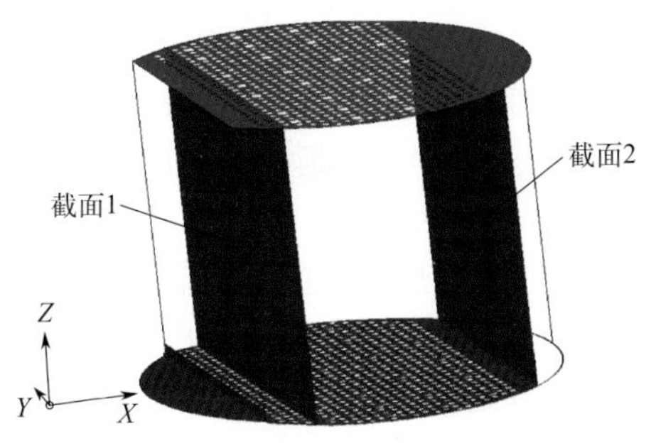

图4-16 计算区域的平面设置[50]

$$\int_{t_1}^{t_2}\left[\frac{Q_{L1}'^2(t)\rho_L}{h_{c1}'(t)l_1}+\frac{1}{2}h_{c1}'^2(t)l_1\rho_L g\right]dt=\int_{t_1}^{t_2}\left[\frac{Q_{L2}'^2(t)\rho_L}{h_{c2}'(t)l_2}+\frac{1}{2}h_{c2}'^2(t)l_2\rho_L g\right]dt+Q_L\rho_L\lambda Z_e(t_2-t_1)$$

（4-14）

结合式（4-13）和式（4-14），得到如下所示方程式，用来求解导向孔的动量传递系数：

$$\int_{t_1}^{t_2}[\delta Q_{fg}(t)\rho_G u_G]dt=\int_{t_1}^{t_2}\left[\frac{Q_{L2}^2(t)\rho_L}{h_{c2}(t)l_2}+\frac{1}{2}h_{c2}^2(t)l_2\rho_L g\right]dt-\int_{t_1}^{t_2}\left[\frac{Q_{L2}'^2(t)\rho_L}{h_{c2}'(t)l_2}+\frac{1}{2}h_{c2}'^2(t)l_2\rho_L g\right]dt$$
$$+\int_{t_1}^{t_2}\left[\frac{Q_{L1}'^2(t)\rho_L}{h_{c1}'(t)l_1}+\frac{1}{2}h_{c1}'^2(t)l_1\rho_L g\right]dt-\int_{t_1}^{t_2}\left[\frac{Q_{L1}^2(t)\rho_L}{h_{c1}(t)l_1}+\frac{1}{2}h_{c1}^2(t)l_1\rho_L g\right]dt$$

（4-15）

由于式（4-13）到式（4-14），只是在模拟过程中取消了导向孔，而气液两相负荷没变，流经截面 1 的液相及动量没有变化，因此式（4-15）可进一步简化，如下所示：

$$\delta\int_{t_1}^{t_2}\left[Q_{fg}(t)\rho_G u_G\right]dt=\int_{t_1}^{t_2}\left[\frac{Q_{L2}^2(t)\rho_L}{h_{c2}(t)l_2}+\frac{1}{2}h_{c2}^2(t)l_2\rho_L g\right]dt-\int_{t_1}^{t_2}\left[\frac{Q_{L2}'^2(t)\rho_L}{h_{c2}'(t)l_2}+\frac{1}{2}h_{c2}'^2(t)l_2\rho_L g\right]dt$$

（4-16）

$$\delta\int_{t_1}^{t_2}[Q_{fg}(t)\rho_G u_G]dt=\int_{t_1}^{t_2}\left[\frac{Q_{L2}^2(t)\rho_L}{h_{c2}(t)l_2}\right]dt-\int_{t_1}^{t_2}\left[\frac{Q_{L2}'^2(t)\rho_L}{h_{c2}'(t)l_2}\right]dt \quad (4\text{-}17)$$

$$\delta=\frac{\int_{t_1}^{t_2}\left[\frac{Q_{L2}^2(t)\rho_L}{h_{c2}(t)l_2}\right]dt-\int_{t_1}^{t_2}\left[\frac{Q_{L2}'^2(t)\rho_L}{h_{c2}'(t)l_2}\right]dt}{\int_{t_1}^{t_2}\left[Q_{fg}(t)\rho_G u_G\right]dt} \quad (4\text{-}18)$$

对于式（4-18），由于方程过于复杂，因此并未直接对该方程进行数学意义上的积分求解，而是通过 CFD 模拟结果获得积分量，从而求解方程。在不同气液两相负荷下进行模拟计算来求解方程，从而获得导向筛板导向孔的动量传递系数与气液两相负荷的关系，如图 4-17(a) 所示。从图中可以看出导向孔的动量传递系数首先随气相负荷的增大而增大，然后减小。动量传递系数随着液相负荷的增加而增大。这与 Huang 等 [51] 的实验测定结果是一致的，Lockett[52] 也认为气速越大，传递效率越小，因为气体渗透液层会带走更多的能量。当气体流速较小时，导向孔促进液体流动更为有效。

将获得的导向孔动量传递系数代入式（4-13），求解塔板阻力系数，如下所示：

$$\lambda=\frac{\int_{t_1}^{t_2}\left[\frac{Q_{L1}^2(t)\rho_L}{h_{c1}(t)l_1}+\frac{1}{2}h_{c1}^2(t)l_1\rho_L g\right]dt+\int_{t_1}^{t_2}\left[\delta Q_{fg}(t)\rho_G u_G\right]dt-\int_{t_1}^{t_2}\left[\frac{Q_{L2}^2(t)\rho_L}{h_{c2}(t)l_2}+\frac{1}{2}h_{c2}^2(t)l_2\rho_L g\right]dt}{Z_e(t_2-t_1)Q_L} \tag{4-19}$$

图 4-17(b) 显示了在三种不同液相负荷下塔板阻力系数随气速的变化趋势。当液相负荷增加，塔板阻力系数没有明显变化。此外，塔板阻力系数随着气体流速的增加而减小。当气体流速增加时，气液两相的湍流就会更加剧烈，液体和塔板的接触界面减小，因而塔板对流体产生的阻力作用减弱。在气体流速增加的过程中，气体逐渐变为连续相，液相逐渐变成分散相，塔板与气相之间的阻力小于塔板与液相间的阻力，所以塔板对整个流体的阻力系数随气体流速增加而急剧下降。

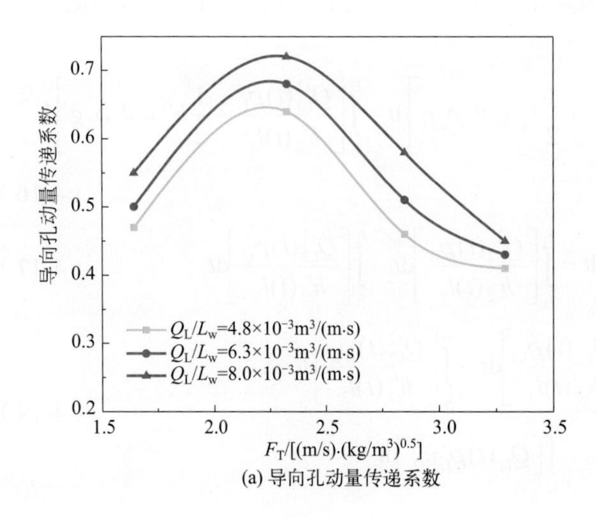

(a) 导向孔动量传递系数

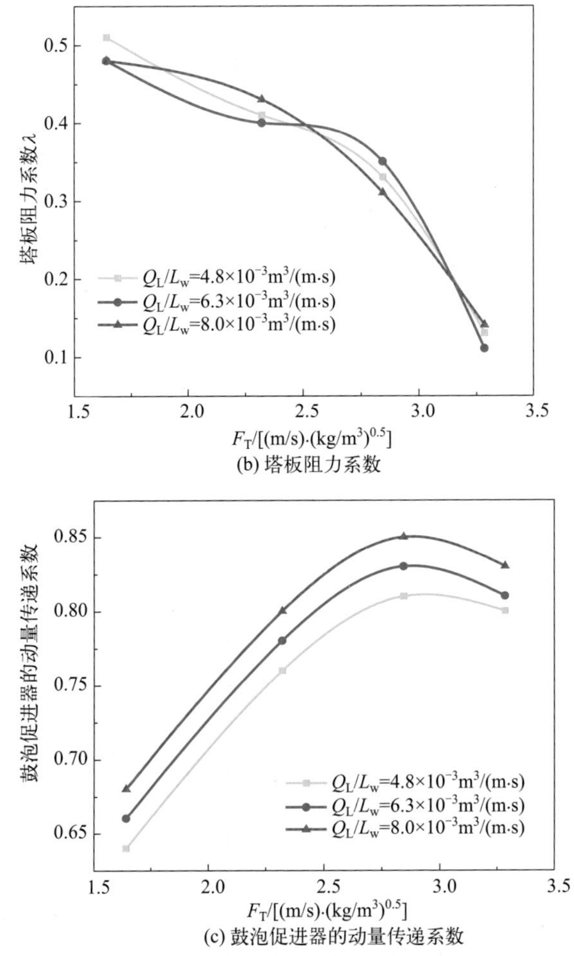

(b) 塔板阻力系数

(c) 鼓泡促进器的动量传递系数

图4-17 导向筛板的流体力学性能参数随气液两相负荷的变化关系

第三节
新型高效精馏塔板的开发

一、导向筛板/导向浮阀复合塔板的开发与研究

部分高纯度化学品如氯乙烯、乙酸乙烯及其下游产物的实际生产中涉及高黏

度、流动性低、易自聚物系，长期运行容易堵塔。大量的实验数据以及实践经验已经证明，本书编著者团队开发的高效导向筛板，在处理高黏度、易自聚物系时具有独特的优势。此塔板的特点是：①在筛孔塔板的设计上增设部分导向孔；②在液相入口处设置了向上凸起的引导液相向前流动的鼓泡促进器。这样的设置减小了液面梯度，避免了液体在入口处的积累，促使气体在进口附近的液层中鼓泡，减少了漏液，增加了气液的接触面积，改善了气液接触与传质状况，从而增加了塔板的效率。高效导向筛板塔具有众多优点，如板效率高、压降低、生产能力大、抗堵能力强、结构简单及造价低廉等。但作为筛板的一种优化塔板，其操作弹性仍有待提高。

本书编著者团队结合了高效导向筛板与浮阀塔板两种塔板的特点，研究开发了导向筛板 / 导向浮阀复合塔板（FGS-VT），其结构简图如图 4-18 所示。该塔板的结构特点如下：

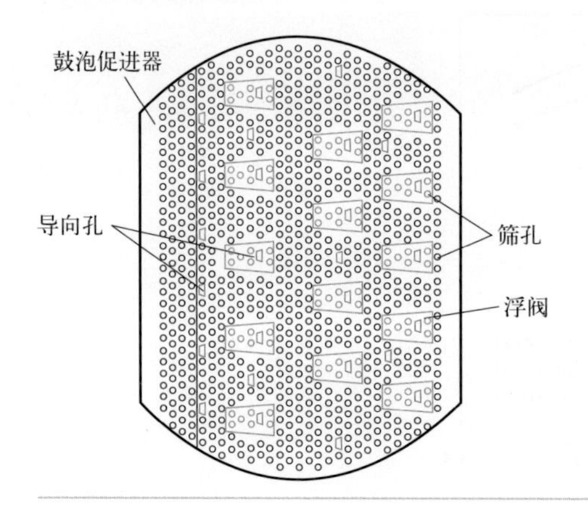

图4-18
导向筛板/导向浮阀复合塔板结构简图[53]

① FGS-VT 主要由筛孔、导向孔以及浮阀组成，且每个浮阀上面设有 7 个筛孔和 1 个导向孔，使得浮阀对液流具有向前推动作用，同时浮阀鼓出的气泡更细小，分散更均匀。

② 根据分离物系的性能和操作弹性的要求，塔板上可以设置不同数量、形状和排列方式的浮阀和导向孔。

③ 在浮阀开启之前，FGS-VT 与高效导向筛板（FGST）有着相似的结构。这样的结构使得 FGS-VT 能适应不同的气液负荷，即在低气速下，浮阀处于关闭状态，FGS-VT 几乎等同于高效导向筛板 FGST。随着操作负荷的不断提高，FGS-VT 上的浮阀逐渐开启，气相通道面积不断增加，塔板的开孔率随之增加，适应新的操作条件，从而大大增强了塔板的操作弹性。

④ 塔板的液相入口处设置带有一定角度的鼓泡促进器，目的是降低液层从入口到溢流堰之间的液面梯度，确保塔板上气液之间均匀地接触进行传热传质。

本书编著者团队[53]在内径600mm的冷模塔内，采用空气-氧气-水测定了三种结构不同的导向筛板/导向浮阀复合塔板（浮阀总数为8，筛孔孔径为8mm的FGS-VT-8-8塔板；浮阀总数为14，筛孔孔径为8mm的FGS-VT-14-8塔板；浮阀总数为14，筛孔孔径为7mm的FGS-VT-14-7塔板）的流体力学性能及传质性能，并与结构相当的高效导向筛板和普通的Glitsch V1浮阀塔板比较。结果表明，具有14个浮阀的FGS-VT-14-8塔板具有较好的综合性能：与Glitsch V1浮阀塔板对比，其干板压降降低了68%，湿板压降降低了47%，漏液率增大了83%，夹带率减小了57%，塔板效率提高了9%，塔板的操作弹性降低了8%；与高效导向筛板对比，干板压降提高了35%，湿板压降（浮阀开启后）降低了8%，漏液率减小了34%，塔板效率提高了7%，操作弹性提高10%～20%。

除实验研究外，FGS-VT的研究采用了CFD模拟。对塔板FGS-VT-14-8的干板压降实验进行了单相流模拟，计算了气相穿过导向筛板/导向浮阀复合塔板上的筛孔、浮阀以及导向孔时的流量分布。通过对单独的筛孔塔板、导向孔塔板和单独的浮阀塔板的单相流模拟，得到气相穿过各气相通道的阻力系数，进而得到气相穿过塔板时在各通道内的流量分布。对FGS-VT-14-8塔板进行气液两相CFD模拟时，边界条件设置如图4-19所示，分析了塔板上两相的分布，包括体积分率、速度、速度矢量等，同时预测了塔板上的清液层高度和泡沫层高度。

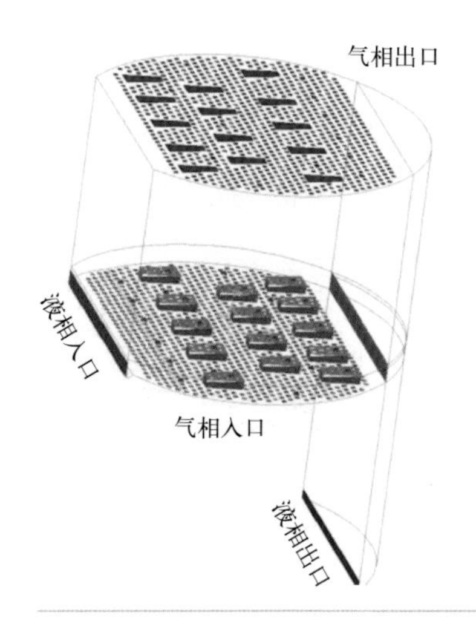

图4-19
塔板的边界条件示意图

本书编著者团队[54]对FGS-VT塔板进行了分解，拆分为导向筛板和梯形筛阀塔板，采用通用计算流体力学软件，进行了CFD模拟，其模拟思路如图4-20所示。CFD模拟得到的清液层高度与实验数据具有相同的趋势，验证了模拟过程的正确性。此外还得到了塔板的相分率分布图，可以直观地观察板上的开孔对

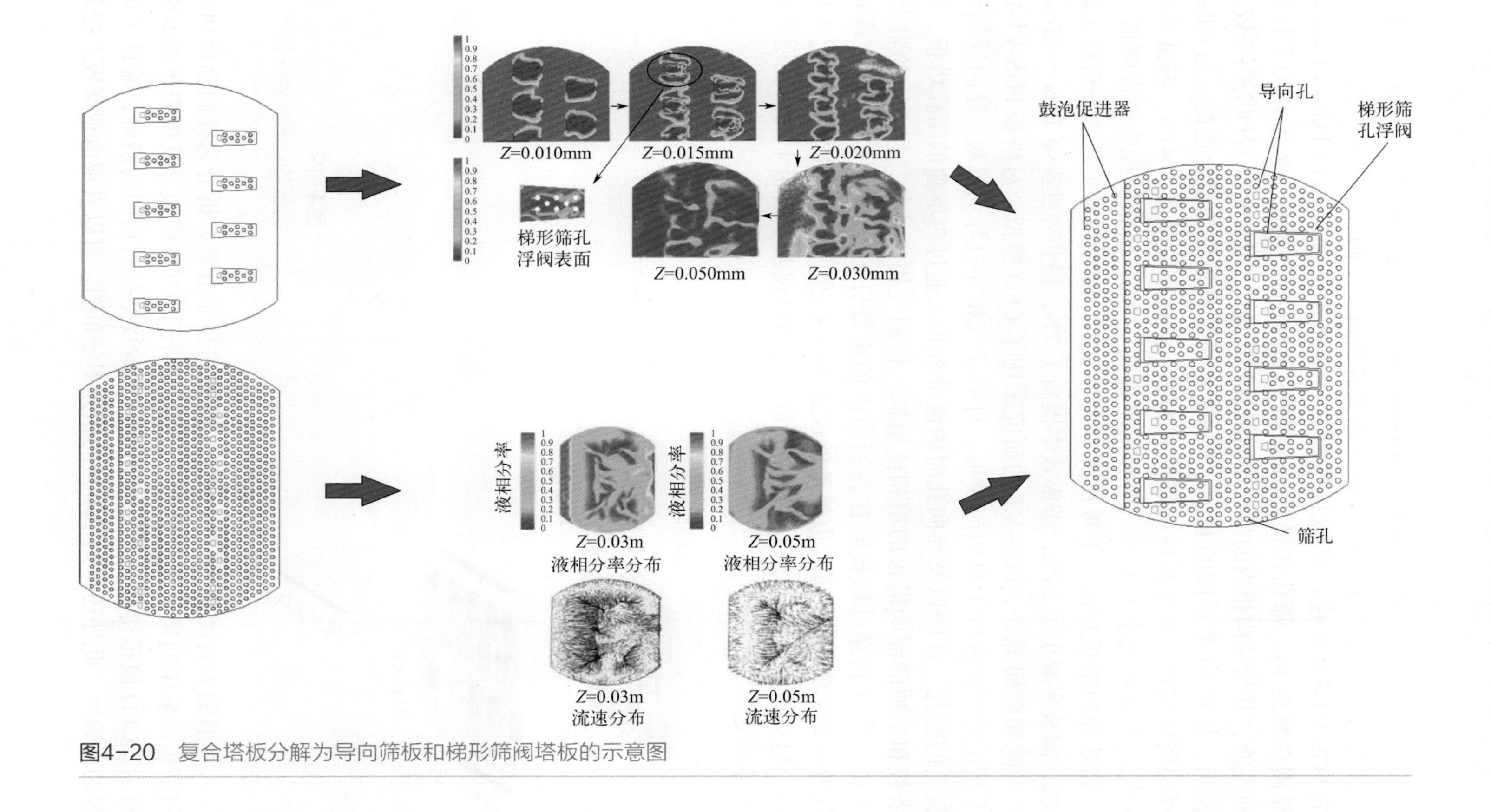

图4-20 复合塔板分解为导向筛板和梯形筛阀塔板的示意图

流体的影响。同时，根据清液层高度分布和液相速度分布，验证了梯形筛阀塔板具有推动流体流动的作用。此外，相分率分布图说明，浮阀上开设的筛孔和导向孔能够平均气流分布、降低雾沫夹带率。

二、新型导向立体喷射填料塔板的开发与研究

新型导向立体喷射填料塔板（FJPT 塔板），是本书编著者团队研制的，将立体喷射塔板、导向孔和填料结合的复合塔板。其结构如图 4-21 和图 4-22 所示，在帽罩内填充的规整填料为金属板波纹（Mellapak）填料。它充分利用塔板至罩顶的空间进行传质，同时利用在塔板上开设的大量导向孔，减小了液体在塔板上的液面梯度和滞留返混，实现塔板传质效率的提升。

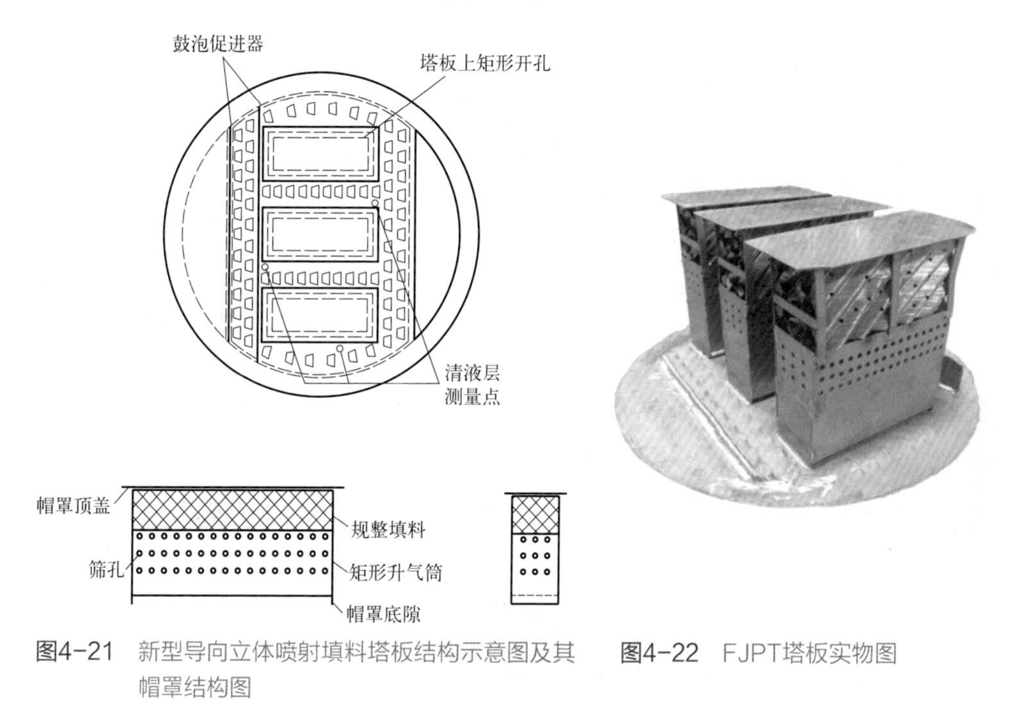

图4-21 新型导向立体喷射填料塔板结构示意图及其帽罩结构图

图4-22 FJPT塔板实物图

FJPT 塔板的结构特点为[55]：

① 塔板表面排布有若干个导向孔，其开孔方向与液流方向相同，弓形区的导向孔开孔方向为沿圆弧切线方向。

② 一部分导向孔在液体进口区的梯形斜台状凸起上整齐排列，成为鼓泡促进器。

③ 塔板中间有三个大小相同的矩形孔，矩形孔上方设有矩形帽罩。帽罩分

为上下两部分，下部为底座和四面均匀开有筛孔的升气筒，底座两侧和塔板之间有底隙；上部装有规整填料，四周无挡板遮盖，顶部有略大的矩形顶盖，遮挡一部分向上喷溅的液滴，防止雾沫夹带率过高。液体从帽罩底隙进入帽罩后，被气体提升，一部分从喷射孔喷出，破碎为小液滴，另一部分被高速气体带入帽罩上部的填料中，气体充分接触传质，再随气体变成雾沫飞溅落入塔板上。

如图 4-23 所示，FJPT 塔板清液层高度随气相负荷增大而先增大后减小，随液流强度的增大而增大。不同大小的矩形升气孔的清液层高度差异不大。稳定状态下，帽罩底隙高度较小的 FJPT 塔板清液层高度较大。低气速下，帽罩内填料比表面积越小的塔板的清液层高度越大，高气速下则相反。

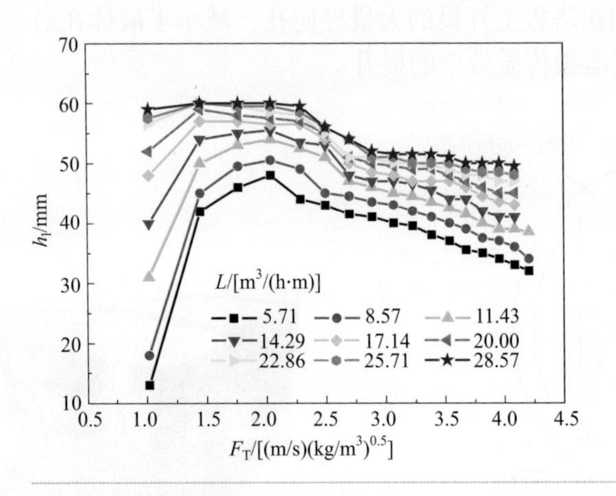

图4-23
FJPT塔板的清液层高度随气液负荷变化趋势图

如图 4-24 所示，FJPT 塔板的湿板压降随气相负荷增大而增大，随液流强度增大而增大。塔板的矩形升气孔越大、帽罩底隙高度越大，湿板压降整体要稍微略小一些；低气速下，帽罩内填料比表面积较大的塔板的湿板压降更小，高气速下相反。

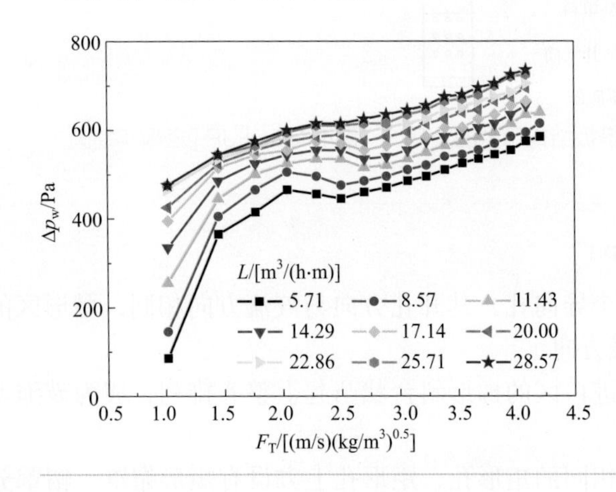

图4-24
FJPT塔板湿板压降随气液负荷变化趋势图

如图 4-25 所示，FJPT 塔板的漏液率随气相负荷的增大而减小，在气相负荷较小时随液流强度增大而减小，气相负荷较大时漏液率均在 10% 以下，与液流强度无关。矩形升气孔较小、帽罩底隙高度较大、帽罩内填料比表面积较大的 FJPT 塔板漏液率更小。

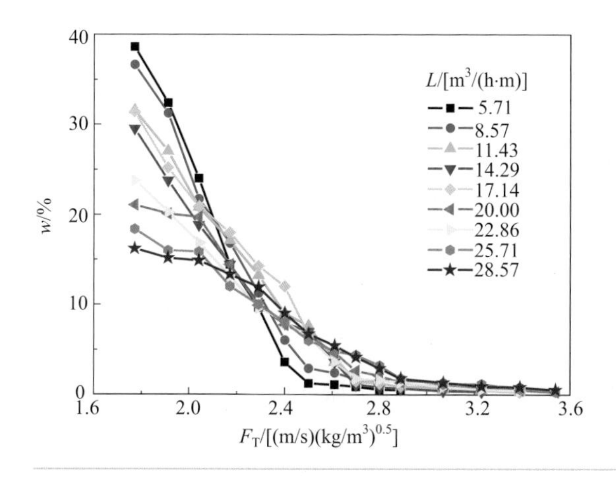

图4-25
FJPT塔板的漏液率随气液负荷变化趋势图

如图 4-26 所示，FJPT 塔板的雾沫夹带率随气相负荷的上升而上升，随液流强度的上升而上升。矩形升气孔较小、帽罩底隙高度较小、帽罩内填料比表面积较大的 FJPT 塔板的雾沫夹带率更小。

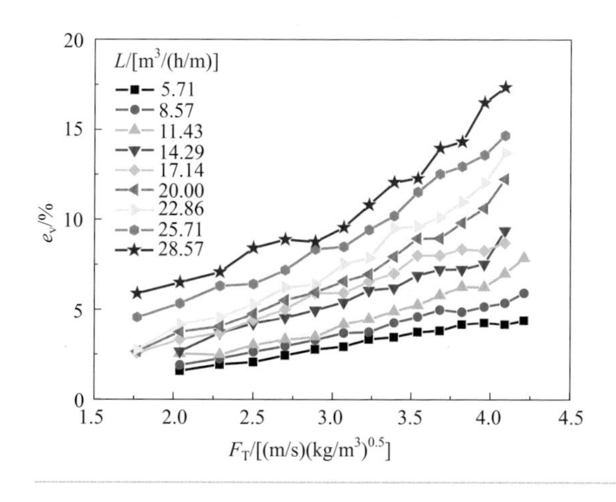

图4-26
FJPT塔板的雾沫夹带率随气液负荷变化趋势图

如图 4-27 所示，FJPT 塔板的塔板效率与气相负荷变化无关，随液流强度的上升而下降。帽罩底隙高度较小、帽罩内填料比表面积较大的 FJPT 塔板具有较高的塔板效率，而矩形升气孔的大小有一个中间值，对应的塔板效率最高。

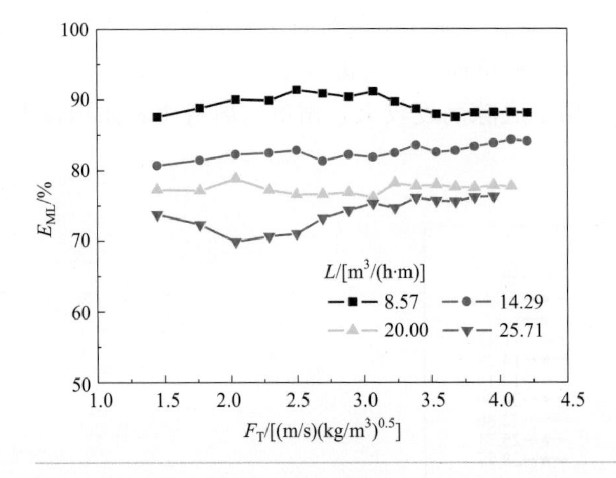

图4-27
FJPT塔板的塔板效率随气液负荷变化趋势图

与 New VST 相比，FJPT 的干板压降平均降低约 60%，湿板压降降低 60% 以上，气体操作下限（漏液线）更低，气体操作上限（雾沫夹带线）更高，塔板效率平均升高约 5%[55]。

第四节 高效率填料的开发与研究

一、填料发展概述

按照结构类型和流体流动方式，塔器可以分为板式塔与填料塔。不同于板式塔逐级错流式两相接触，填料塔以逆流微分形式进行气液两相接触。气相经填料孔隙从塔釜自下向上流动，液相从塔顶流下，经液体分布器的初始分布作用，在填料上呈膜状流动。填料则起到了分布气液相以及提供气液两相接触空间的作用。较弱的气液相相互作用以及较高的传质面积，使填料塔比板式塔具有更大的通量、更低的压降以及更高的传质效率[56, 57]。近几十年来，填料逐渐应用到多种高纯度化学品分离过程，包括醇、酸以及重水分离等。随着新型高效填料和新型塔内件不断问世以及对填料塔基础研究的逐渐深入，填料塔的工业应用范围越来越大，逐渐改变了板式塔占主导地位的局面，并隐隐有取代板式塔的趋势。

随着社会对能源利用效率与产品纯度要求的不断提高，工业对填料的性能有了更高的要求，开发流体力学性能与传质性能更加优良的填料，并探究填料塔内流体流动与传质机理，对于减少分离过程能源消耗、提高产品纯度具有现实意义。

填料塔的工业应用已长达一个世纪之久，逐渐形成了较为成熟的结构，如图 4-28 所示，主要由塔筒体、填料支撑板、填料、液体分布器、除雾器、气液相进出口组成。对于直径小于 800mm 的填料塔，塔体一般采用分段式结构，段间采用法兰连接，以方便装配填料和塔内件。对于直径大于 800mm 的填料塔，塔体一般采用整体式结构，塔内件及填料从人孔装入塔内。

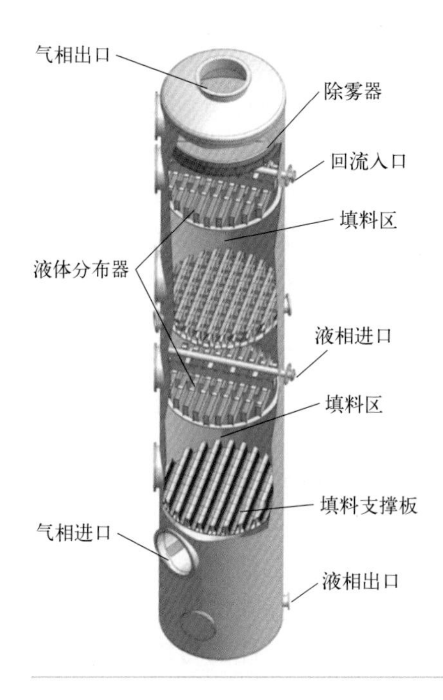

图4-28
填料塔结构图

填料是塔内众多部件的核心，对填料塔的分离性能起着决定性作用。按照结构类型，填料可以分为散堆填料和规整填料。液体分布器的重要性仅次于填料，为填料塔提供了初始的液体分布 [58]。没有性能优良的液体分布器，填料塔甚至不能正常工作，无法完成分离任务。一个性能优良的填料塔，填料和各塔内件均需进行详细科学的设计，众多塔内件与填料互相配合，以达到强化气液两相接触、提高传质效果的作用。

二、散堆填料

散堆填料是大量具有相同结构的颗粒状单元体，以乱堆形式装填入塔，各单元体之间接触无规律可言。在填料塔发展之初，填料塔以焦炭、瓦片、碎瓷片等不定形物充当填料，存在严重的放大效应以及壁流、沟流效应，传质效率低，极大影响了其发展速度。直到 1914 年拉西环填料问世，填料的科学研究才步入正轨。散堆填料逐渐发展出多种形式，包括环形、鞍形、环鞍形、球形、螺旋形等，填料材质也发展出不同形式，如可塑性更强的金属材质、质地更轻的塑料材质、抗腐蚀的碳纤维材质、润湿性更强的泡沫碳化硅等材质[59]。

1．环形填料

拉西环填料是第一代环形填料的代表，其结构呈高径比约为 1 的空心管，结构简单，方便制造，结构如图 4-29(a) 所示。相比于瓦片等无定形填料，拉西环可以拥有更大的气液接触面积，更高的传质效率。但拉西环填料也存在一些结构上的缺陷，如当填料纵向放置时，气体流通路径变短，气液无法有效接触，当填料横向放置时，填料上侧内壁无法润湿。同时，拉西环填料塔存在严重的壁流现象，塔内液体分布不均，塔径无法工业放大，工业应用受到限制。随着各种新型高效填料不断问世，拉西环已经逐渐被淘汰。但由于拉西环填料而引发的对填料的研究，使填料进入了科学化发展的轨道。

鲍尔环填料是具有代表性的第二代环形填料，由德国巴斯夫公司于 1948 年成功开发，结构如图 4-29(b) 所示。鲍尔环填料在拉西环填料基础上改制而成，在环形壁面上进行了开窗处理，开窗一般为两排，位置交错，面积约占填料外壁面积的 35%。因开窗而多出来的舌片向内弯曲。由于结构问题，鲍尔环填料基本不再采用陶瓷材质材料制作，而改为强度更高的金属材质或者塑料材质。由于塑料材质的可塑性更强，质量更轻，内弯舌片也可变成十字筋或者米字筋，增强了填料的结构强度。由于增加了开窗与内弯舌片，极大提高了气液相在填料内的分布性能。相比于拉西环填料，鲍尔环填料的流体力学性能与传质性能提高了近 50%。

按照工程经验，拉西环填料的高径比越小，在填料装填时散落堆放位置就越合理，可有效提高填料的流体力学性能，进而提高传质性能。这一现象，促进了阶梯环填料［图 4-29(c)］的发展。阶梯环填料在鲍尔环填料的两侧进行了翻边处理，增加了填料两侧的宽度，同时高径比仅为鲍尔环的二分之一。翻边处理使填料外壁面和填料边存在高度差，使得填料与外壁面仅为点接触，增加了气液相流通通道，提高了填料性能。清华大学开发了一种扁环填料，非常适用于萃取工艺，其在拉西环填料的基础上同样进行了开窗处理，但与短鲍尔环填料的区别在于叶片直接向内挤压，没有中断。填料结构具有连续性，消除了填料翻边和舌片所形成的液相汇聚点，减少了液滴形成，特别适用于液液萃取过程。

(a) 拉西环

(b) 鲍尔环

(c) 阶梯环

图4-29 3种环形填料代表

2．鞍形填料

鞍形填料，是一种形状类似于马鞍形的散堆填料。弧鞍形结构如图 4-30(a) 所示，呈半敞开式，没有内外表面之分，因此拥有较大的有效润湿面积，而且其半弧形结构致使液体的再分布效果较之于拉西环填料有明显改善。但正由于其半弧形结构，弧鞍形填料在堆放时容易重叠，致使填料的孔隙率减小，有效润湿面积减小，传质效果下降，而且弧鞍形填料的空隙率本身就比较小，通量相对于鲍尔环填料反而有些逊色。

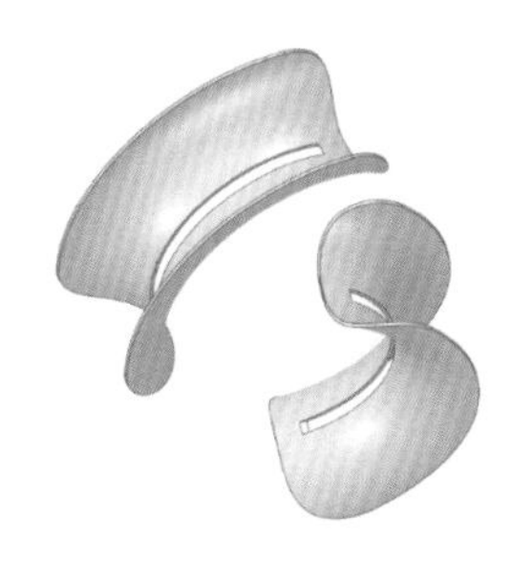
(a) 弧鞍形
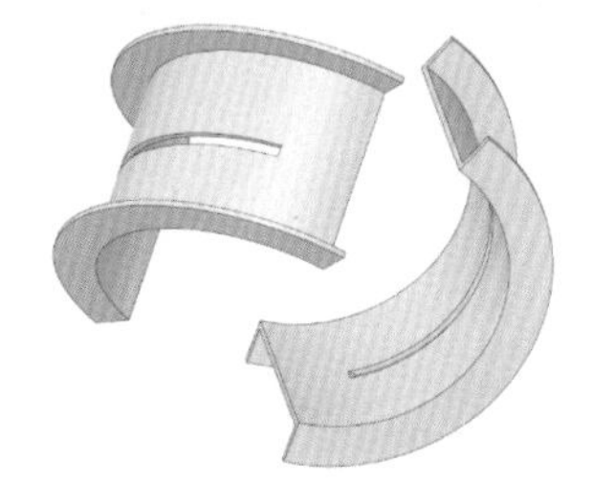
(b) 矩鞍形

图4-30 鞍形填料

鞍形填料的改进型是矩鞍形填料，如图 4-30(b) 所示。矩鞍形填料长方向上前后两侧的宽度不对等，并且左右两侧作了垂直翻边处理，使填料堆放时的重叠效应显著降低。在矩鞍环的改进型中，对翻边作了锯齿开口处理，并且在长弧面上作了开孔处理，增加了填料的分布性能。

3．环矩鞍填料

第三代散堆填料的代表是美国于 20 世纪 80 年代开发的环矩鞍填料（IMTP），

IMTP 填料可以认为是第二代散堆填料中环形填料和鞍形填料的有机结合，多为金属制品，其形状如图 4-31 所示。其外形具有矩鞍环的弧形翻边结构，拥有同鞍形填料相同的液体再分布能力，同时将长弧面进行了长条切割内翻，并作了内伸舌片，形成了类似于鲍尔环的环状结构，保证了高空隙率的特征，拥有较高的通量。

4．第四代散堆填料

随着填料技术的发展，人们逐渐意识到填料结构与塔内流体流动二者之间的关系。在设计新型散堆填料时，只要尽量避免出现较大的架桥、空穴、填料间重叠的现象，最终的填料性能就不会差。但受制于加工技术以及加工费用，更高性能的散堆填料开发进展缓慢。之后随着注塑技术的发展，新型填料材质逐步转为廉价的塑料，生产费用大大降低，涌现出大批高性能的新型填料，如球形填料（结构如图 4-32 所示）、花环填料、晶格填料等。虽然规整填料分离性能更高、价格更低，并且塑料材质的散堆填料难以在较高温度下使用，使散堆填料的应用范围逐渐变窄，但由于塑料材质的散堆填料在高气速下工作时会发生颤动翻滚，促进了液膜更新，即使气液两相间存在些污垢杂质也能尽量避免堵塔现象的发生，因此，散堆填料在空气净化、气体吸收、水处理等方面仍然有可用之处。

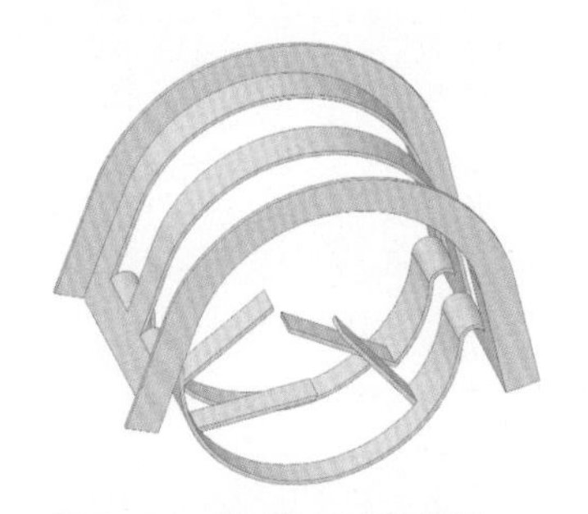

图4-31 金属环矩鞍填料

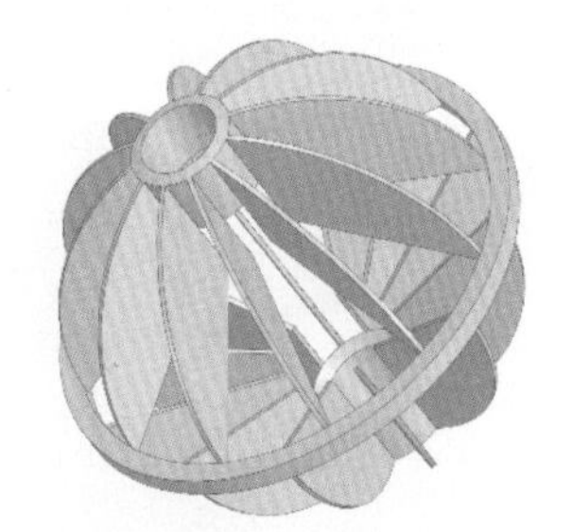

图4-32 球形填料

5．高效散堆填料

高纯度化学品的精馏过程，通常需要大量的分离级，换言之，需要分离设备在有限的空间内提供更高的气液接触面积。高效散堆填料恰恰具备此特性，高效填料一般由金属丝缠绕、编织或者多孔的金属薄片压制而成，填料单体直径仅为几毫米。填料整体虽然具有较高的堆密度，但同时具有超高的比表面积，理论板数可以高达数十块，但由于填料颗粒小、造价较为昂贵、液体再分布能力差，一般只用于实验室研究或者各种小处理量、沸点相近的高纯度化学品精馏过程。

用于高纯度化学品精馏的θ环高效填料，国外称狄克松（Dixon）填料，一般由金属丝网卷制而成，丝网孔目数为60～100目，填料直径一般为3～5mm。由于填料具有较高的孔隙与堆密度，因此填料的毛细效果非常明显，使得液体在填料中呈现渗透流动，没有明显的液膜液滴，很好地消除了壁流、沟流现象。

本书编著者团队开发了一种高效散堆填料。填料单元体由多层结构紧密的丝网构成。液体在丝网或者薄板上会产生渗透作用并缓慢流动，填料表面的液体相当于在丝网与液体的结合体上流动，接触角接近于0°，液体变成以液膜的形式流动，由于丝网孔隙的渗透作用，填料内外两侧都有液膜，填料有效润湿面积等于甚至超过其比表面积。这是单层丝网填料或者薄板填料所不具备的。同时，填料的通透性使得液体在重力作用下更倾向于缓慢纵向运动，横向扩散作用大大减弱，缓解了绝大部分散堆填料难以解决的壁流和沟流问题。

散堆填料本体的环壁面具有波纹角组。对于环形填料和鞍形填料来说，在装填时相邻两个填料的壁面极易产生重叠现象，这会使填料的堆密度和压降增加，而传质效率急剧下降。为了避免填料壁面的重叠，本填料表面增设了环绕形的波纹角组，两个填料在装填入塔时会被波纹角组隔开一定距离，供气液两相通过。同时，由于波纹角的阻隔作用，气液两相会产生扰动作用，促进传质。

填料环内部延伸弯折出两个隔片，将填料内部截面分成面积相等的三个通道。对于传统的拉西环填料，最大的空气通道不是出现在填料体之间，而是存在于填料环之内，导致出现液相大部分从填料外表面流动，而气相则从填料内表面流动的结果。气液相接触减少，降低了传质效率。该填料将内部三等分，增加了气液接触面积，同时，两个隔片在填料内呈三角分布，增加了填料的结构稳定性。

填料底部采用喇叭口形状。该设计增强了散堆填料的结构稳定性和装填入塔时自然堆积的规律性，使得填料无论以何种姿势在塔内摆放，均能保证与气液两相有足够的接触面积。

该填料相比于一般高效散堆填料，具有压降低、比表面积大、持液量少、孔隙率大的特点。以该填料技术为核心的项目于2015年在山东某公司进行二氯二氢硅制备技术的开发与实施。生产的二氯二氢硅杂质质量分数降低到硼$\leqslant 5.0\times10^{-12}$、磷$\leqslant 2.0\times10^{-11}$、砷$\leqslant 1.5\times10^{-11}$，质量高于国外且成本比其低，具有极大的竞争优势，该项目投入约150万元，带来了每年300多万元的经济效益。

三、规整填料

第二次世界大战极大地刺激了化学工业的发展，到20世纪50年代，精细化工、煤化工、石油化工等行业急需要更高分离效率、低压降、大通量的填料，散堆填料和板式塔在有些方面已经难以满足需求，各相关行业急需一种性能更加优良的分离提纯设备[60]。

1．波纹填料

（1）金属丝网波纹填料

19 世纪 60 年代，瑞士 Sulzer 公司将金属丝网薄片以模具压制的方式成功制成了金属丝网波纹填料。这一跨时代的发明对后来的填料产生了深远影响，几乎之后的所有填料构型均以此填料为模板。金属丝网波纹填料，是一种将金属丝网压制成波纹状的填料，其波纹通道呈斜直线形，与竖直方向上的夹角有两种，分别为 45° 和 30°，结构如图 4-33 所示。金属丝网波纹填料的斜直线流道规定了气液两相流路，液体分布效果较散堆填料有了很大提升；其超高的空隙率和流畅的通道使压降也非常低；并且其丝网有独特的毛细结构，液体润湿效果好，润湿面积大，传质效果更好。由于优良的性能，该填料一经问世，便得到了大规模工业化应用，产生了巨大的经济效益。

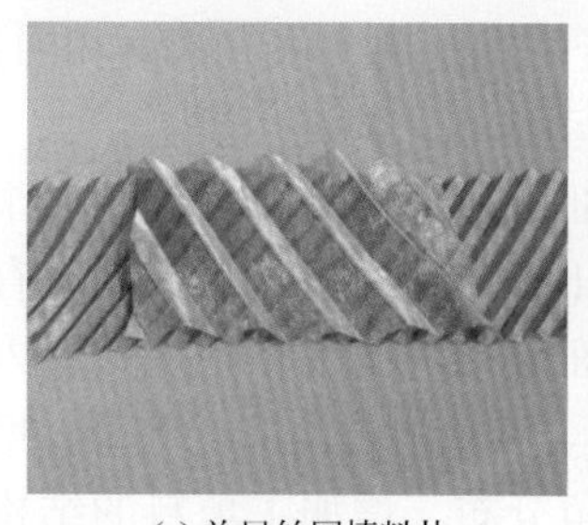
(a) 单层丝网填料片

(b) 成盘填料

图4-33
金属丝网波纹填料

金属丝网波纹填料在工业应用中存在一些问题：由于其丝网的多孔性，气液两相稍有杂质或者有高黏度、容易结胶的物质，很容易形成累积、挂壁，最后堵塔，影响了生产；金属丝网波纹填料的造价较高，清洗十分困难；同时为了保证金属丝网波纹填料的毛细作用，丝径和孔径均不能太大，这导致其强度受到了一定程度的影响；当填料的比表面积较小或者塔径较大时，填料的强度又略显不足，容易发生坍塌、偏斜和错位，造成偏流、沟流、壁流等，这在一定程度上影响了其应用范围。因此，流行于市场的金属丝网波纹填料多以 BX-500 和 CY-700 两种为主，BX-500 的比表面积为 $500m^2/m^3$，与竖直方向的夹角为 30°，CY-700 的比表面积为 $700m^2/m^3$，与竖直方向夹角为 45°。为提高填料塔的使用周期，大部分工况的金属丝网波纹填料已经被其他新型填料所代替，只有在一些对传质效率要求特别高且气液两相不含杂质的场合才会考虑使用。但是金属丝网波纹填料的结构却被传承了下来，成为了最经典的规整填料几何构型。金属丝网波纹填料特征参数如表 4-4 所示。

表4-4 金属丝网波纹填料特征参数

填料型号	F因子/[(m/s)·(kg/m³)$^{0.5}$]	液体喷淋密度/[m³/(m²·h)]	HETP/mm	每理论级压降/Pa	持液量/%	操作压力/Pa
250型(AX)	2.5～3.5	0.2～12	400～335	10～40	2.0	10^2～10^5
500型(BX)	2.0～2.4	0.2～12	200	40	4.2	10^2～10^5
700型(CY)	1.5～2.0	0.2～12	100	67	6.0	5×10^2～10^5

（2）金属板波纹填料

20世纪70年代，Sulzer公司又开发出一种金属板波纹规整填料——著名的Mellapak填料（如图4-34所示）。Mellapak填料与之前的丝网波纹填料结构相似，仅是以厚度约为0.2mm的金属板代替了丝网。如此一来，虽然传质效率略有下降，填料的结构强度却得到了大幅提升，不同比表面积的填料均可以进行工业应用，容易堵塞的缺点也得以改善。为了改善填料的传质效果，之后的改进包括两方面：一方面在填料薄片上进行了开孔处理，孔径约为4mm，开孔率约为12.5%，液体可以通过小孔流到填料的背面，而气体也可以通过小孔，对液体进行吹散，提升了液体分布效果，并降低了压降；另一方面，填料作了压纹处理，凹凸不平的纹路促使液体发生横向流动，可有效提高有效润湿面积。

1991年，Sulzer公司开发出另一种新型填料——Optiflow填料，并在ACHEMA94展会上展出，如图4-35所示。Optiflow填料又称为优流填料，单元体由四个菱形薄片拼接而成，每两个菱形之间仅为点接触。为了增强液体横向分散效果，薄片上刻有横向纹理。该填料突破了传统波纹规整填料构型，填料内气流的对冲大大降低。Optiflow填料与相同比表面积的Mellapak填料相比，传质效率提高了近一倍，通量提高了15%～30%。Optiflow填料由于结构复杂并且稳定性较低，在塔内需要特殊的紧固装置，加工困难且造价较高，在工业上的应用并不多见。

1999年，Sulzer公司成功开发出Mellapak Plus填料，如图4-36所示。该新型填料是在Mellapak填料的基础上，通过CFD模拟软件优化，在填料片上下两侧作了大圆弧过渡处理，有效降低了填料层与层之间的摩擦阻力，通量提高了50%，但通量的提高却是以牺牲传质效率为代价的。Sulzer公司开发出Mellapak填料之后，填料研究者陆续开发出新型的板波纹填料，但后来高性能填料基本未见有大的构型上的变化，大部分填料为Mellapak的改进型，或仅有材质上的区别。如Montz规整填料，采用了新型材质，且并未做表面开孔处理。本书编著者团队根据多年工程经验开发的BH型填料，填料倾角采用30°-45°-30°组合，气体通过流道时方向发生变化，带动液体发生横向扩散，有效促进了液膜更新[61, 62]。

图4-34　Mellapak填料

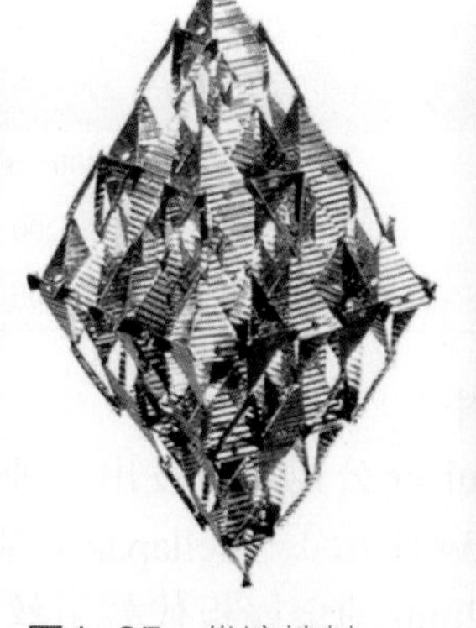
图4-35　优流填料

图4-36　Mellapak Plus 填料

到目前为止，以 Mellapak 填料为代表的板波纹填料发展得已经相当成熟，有逐步替代板式塔和散堆填料的趋势。但科技进步永无止境，资源的紧缺以及人们对环保的重视使得填料研究者继续探寻着新型高效的填料。

2．格栅填料

在一些气液相流量较大，而且含有粉尘等杂质的工况，无论是孔板波纹填料还是丝网波纹填料都不太适用，容易发生液泛、堵塔等情况。而格栅填料正是针对此等情况开发的一种高通量抗堵填料。格栅填料最早是以长条形木料搭建而成，此后美国于 20 世纪 60 年代成功开发出格里奇填料，其结构由众多金属条带状栅板平行相隔组成，平行栅板通过钢筋焊接等形式连接以确保其稳定性，上下两层填料呈 90° 放置。格里奇填料平行栅板的厚度较木料已大大减薄，并且间距较大，拥有极高的空隙率，因此具有极高的流通通量，而且不易堵塞。如今格栅填料的种类多种多样，包括条带状、弧带状、网格状、蜂窝状等，适用于换热、除尘等大通量的操作环境。

3．脉冲填料

1976 年，德国率先开发出了具有缩颈形式的脉冲填料，其整体结构呈现为带缩颈的空心三棱柱。脉冲填料需配合特殊的气体脉冲装置，塔釜的气体以脉冲形式进入塔内，通过填料的缩颈向上喷涌而出。由于缩颈处孔径较小，因此可以达到极高的气速，带动填料内缩颈上方的液体向上翻涌喷射。液体呈现滴状或膜状，在两层填料之间扩大段的空腔内与气体进行充分混合传质，然后溅射到填料壁上再向下流动汇集，最后通过缩颈小孔流到下一填料腔内。如此循环往复，具有极高的传质效率。由于拥有较低的压降，脉冲填料非常适用于低压精馏，在普通孔板波纹规整填料难以触及的高压精馏领域也尤为适用。之前的脉冲填料多为陶瓷材质，后经过不断改良，已有塑料、金属等多种材质，已广泛适用于各种工况。

第五节
填料的流体力学性能研究

填料层的载点、液泛点、压降、持液量和润湿面积等，均属于填料的流体力学性能研究范畴。不同填料的尺寸和结构、装填方式等所形成的不同气液通道会对填料的流体力学性能产生较大的影响。所以，对不同类型填料的流体力学进行实验测试，找到填料结构、物性等对流体力学的影响规律，对以后填料改进有很重要的现实意义。经过了 50 多年的研究，许多经验和半经验的理论模型在大量实验数据的基础上经推导得出，对填料的研发起到了重要作用。

一、液泛气速

填料塔内出现液泛以后，不能稳定工作，塔压降随着气速的些微增大而剧增，能耗大、传质效率低。在工业生产中，要严格避免液泛现象的发生。工业生产中一般把液泛作为填料塔的操作极限，准确地预测液泛气速是填料塔研究的重要任务。在进行填料塔设计时，一般是根据填料类型先计算出相应的液泛气速，之后再确定塔压降等其他参数。根据长期对液泛现象的研究，人们提出了多种计算液泛气速的方法。

获得散堆填料的液泛气速，最初是通过 Sherwood 等[63] 提出的液泛关联图。根据空气 - 水体系得到的实验数据，以两相流动参数$\frac{L}{G}\left(\frac{\rho_G}{\rho_L}\right)^{0.5}$为横坐标，以$\frac{u_{Gf}^2}{g}\frac{a}{\varepsilon^3}\frac{\rho_G}{\rho_L}\mu_L^{0.2}$为纵坐标，在双对数坐标图上做出相应的曲线。其中，$G$、$L$ 为气体和液体质量流量，kg/h；ρ_G、ρ_L 为气体和液体密度，kg/m^3；u_{Gf} 为泛点空塔气速，m/s；g 为重力加速度，m/s^2；a 为填料比表面积，m^2/m^3；ε 为填料孔隙率，m^3/m^3；μ_L 为液体黏度，mPa·s。

此关联图只适合于水的体系，应用范围受限。后来 Leva 在上述液泛关联图的基础上进行了改进，以$\frac{u_{Gf}^2\varphi^2}{g}\frac{a}{\varepsilon^3}\frac{\rho_G}{\rho_L}\mu_L^{0.2}$为纵坐标，其中$\varphi=\frac{\rho_{H_2O}}{\rho_L}$，从而扩大了关联图的使用范围。随后 Eckert 对 Leva 改进的液泛气速图进行了进一步的改进，引入了在液泛条件下测定的湿填料因子 φ_f，代替了原来的干填料因子$\frac{a}{\varepsilon^3}$，关联结果的准确性有了较大的提高。Eckert 液泛压降关联图在工程设计中运用比较广泛，平均误差可控制在 20% 以内。

Bain、Haugen 根据 Sherwood[63] 液泛关联图，以拉西环填料实际测量数据为基础进行拟合，得到 Bain-Haugen 关联式：

$$\lg\left(\frac{u_{\mathrm{Gf}}^2}{g}\times\frac{a}{\varepsilon^3}\times\frac{\rho_{\mathrm{G}}}{\rho_{\mathrm{L}}}\mu_{\mathrm{L}}^{0.2}\right)=0.022-1.75\left(\frac{L}{G}\right)^{0.25}\left(\frac{\rho_{\mathrm{G}}}{\rho_{\mathrm{L}}}\right)^{0.125} \tag{4-20}$$

其中 0.022、1.75 为实验拟合值，不同填料中的数值不同。因此可以把 Bain-Haugen 关联式写作式（4-21）的形式，根据实验数据拟合得到常数后，预测填料的液泛气速。

$$\lg\left(\frac{u_{\mathrm{Gf}}^2}{g}\times\frac{a}{\varepsilon^3}\times\frac{\rho_{\mathrm{G}}}{\rho_{\mathrm{L}}}\mu_{\mathrm{L}}^{0.2}\right)=A_0+B_0\left(\frac{L}{G}\right)^{0.25}\left(\frac{\rho_{\mathrm{G}}}{\rho_{\mathrm{L}}}\right)^{0.125} \tag{4-21}$$

由于液泛现象本身的复杂性，加之实验的误差等多方面因素，迄今为止，并没有一个通用的、准确计算液泛气速的关联式，大多数填料的液泛气速仍然需要通过实验来测定。

二、压降

在工业应用中，填料层的压降大小意味着能耗和操作费用的高低。因此准确预测压降，对于填料的设计和经济性有着至关重要的作用。研究者对于压降模型的推导，一般基于某种特定类型的填料或者某种特定物系进行实验，进行适当的假设建立简化的模型，从大量的实验数据中拟合得到参数。一般认为压降模型可以分为两种，一种是半经验半理论的模型，如 Leva 模型、SRP 模型、Billet 模型、BP 模型、Spigel 模型 [64] 等；一种是基于基本现象构建的机理模型，代表有 Delft 模型、Hanley 模型和 Iliata 模型 [65, 66]。

1．Leva 模型

1977 年，Leva 根据拉西环填料的实测数据，关联得到了在湍流条件下填料层的压降模型公式：

$$\Delta p=\alpha\times10^{\beta L}\times\frac{G^2}{\rho_{\mathrm{G}}} \tag{4-22}$$

式中，Δp为填料塔压降，Pa；α、β 为关联得到的常数。计算得到的压降与实验测量值偏差一般在 20% 之内，有些研究者也会应用此关联式对规整填料的压降进行关联。该关联式结构简单，常用在工程设计之中。

2．SRP 模型

SRP(Ⅰ) 模型是由 Rocha 等 [67] 对填料干塔压降进行修正，在 Buchanan 公式的基础上得到的压降关联式，是最早针对板波纹规整填料提出的压降模型。其假设条件是填料表面处于完全润湿的状态，但是实际上气液负荷较低时，填料一般处于部分润湿的状态。基于这一考虑，Rocha 等[68] 对 SRP(Ⅰ) 模型进行了修正，引入了有效重力加速度和有效相界面积，利用持液量将压降与有效相界面积结合起来，得到了 SRP(Ⅱ) 模型：

$$\Delta p = \Delta p_{\mathrm{d}}\left[1/\left(1-K_2 h_{\mathrm{L}}\right)\right]^5 \tag{4-23}$$

其中：$K_2 = 0.614 + 71.35 d_{\mathrm{e}}$；$h_{\mathrm{L}} = \left(\dfrac{4F}{d_{\mathrm{e}}}\right)^{\frac{2}{3}}\left(\dfrac{3u_{\mathrm{L}}\mu_{\mathrm{L}}}{\rho_{\mathrm{L}}\sin\theta\varepsilon g}\right)^{\frac{1}{3}}$。

式中，Δp_{d} 为填料干压降，Pa；d_{e} 为塔直径，m；F 为气相动能因子 (m/s)•(kg/m^3)$^{0.5}$；h_{L} 为持液量，m^3/m^3；u_{L} 为液体流速，m/s，θ 为填料波纹倾角，°。

高压操作时，此模型误差较大，Gualito 等[69] 对其进行了修正，使其适用于高压条件。总的来说，SRP(Ⅱ) 模型在行业内的认可度较高。

3．Billet 模型

Billet 等[70] 将填料层假设为由横竖交叉的通道单元组成，模型中将空隙率、比表面积作为主要参数，假设液相成膜均匀向下流动，忽略惯性力的影响。

$$\frac{\Delta p_{\mathrm{d}}}{H} = \xi_0 \frac{a}{\varepsilon^3}\frac{u_{\mathrm{G}}^2}{2}\frac{\rho_{\mathrm{G}}}{f_{\mathrm{s}}} \tag{4-24}$$

$$\frac{\Delta p}{\Delta p_{\mathrm{d}}} = \frac{\xi_{\mathrm{L}}}{\xi_0}\left(\frac{\varepsilon}{\varepsilon - h_{\mathrm{L}}}\right)^3 \tag{4-25}$$

其中：$\xi_0 = C_{\mathrm{P}}\left(\dfrac{64}{Re_{\mathrm{G}}} + \dfrac{1.8}{Re_{\mathrm{G}}^{0.08}}\right)$；$Re_{\mathrm{G}} = \dfrac{u_{\mathrm{G}} d_{\mathrm{p}} \rho_{\mathrm{G}}}{(1-\varepsilon)\mu_{\mathrm{G}}} f_{\mathrm{s}}$；$\xi_{\mathrm{L}} = C_{\mathrm{P}} \exp\left(\dfrac{Re_{\mathrm{L}}}{200}\right)\left(\dfrac{64}{Re_{\mathrm{G}}} + \dfrac{1.8}{Re_{\mathrm{G}}^{0.08}}\right)\left(\dfrac{\varepsilon}{\varepsilon - h_{\mathrm{L}}}\right)^{3-x}$。

式中，d_{p} 为填料水力学直径；H 为填料高度，m；f_{s} 为范宁摩擦因数，无量纲；h_{L} 为持液量，m^3/m^3；μ_{G} 为气相黏度，Pa•s；C_{P} 为特定于给定类型填料的常数。

Billet 等还对持液量、有效相界面积进行了关联，给出了相应的关联式，与压降关联式共同组成了 Billet 模型。模型中的参数较多，涉及的常数是在大量实验与多种填料（含规整填料）的实验测量数据拟合的基础上得到的，计算精度较高，应用范围较为广泛。

4．Delft 模型

Delft 模型[71, 72] 假设气液通道呈现“Z”字形，考虑了通道方向的突变对于压降的影响。该模型假设液体在填料表面的液膜厚度不发生变化，并且填料表面完全润湿。Delft 模型的关联式如下：

$$\frac{\Delta p}{\Delta H}=\left(\frac{\Delta p}{\Delta H}\right)_{\text{preload}} F_{\text{load}} \tag{4-26}$$

$$\left(\frac{\Delta p}{\Delta H}\right)_{\text{preload}}=(\zeta_{\text{GL}}+\zeta_{\text{GG}}+\zeta_{\text{DC}})\frac{\rho_{\text{G}}u_{\text{G}}^2}{2d_{\text{p}}} \tag{4-27}$$

式中，F_{load} 为载点时的气相动能因子，$(\text{m/s})\cdot(\text{kg/m}^3)^{0.5}$；$\zeta_{\text{GG}}$、$\zeta_{\text{GL}}$、$\zeta_{\text{DC}}$ 分别为气体间作用、气液间作用和气流方向变化的摩擦损失系数，无量纲。

Delft 模型中填料层压降是气体间作用、气液间作用和气流方向变化三部分产生压降的总和，并以载点为界限，分别计算载点前与载点后的压降，计算精度高。

三、持液量

持液量是指单位体积的填料层内所存积的液体量（m^3/m^3）。持液量会影响填料塔压降、传质效率和最大处理能力等。而且在填料塔支撑装置设计过程中，不仅要计算填料本身的重量，也需要考虑持液量的影响。

填料塔的总持液量是由静持液量和动持液量两部分组成。静持液量为停止喷淋并经过一定时间的排液后，填料层中的含液量。动持液量是由总持液量和静持液量两者之差确定，一般认为是操作时在填料表面流动的那一部分液体量。填料结构、尺寸、材质、两相流的物理特性和流动特性，以及塔内件的结构特性等，均会对持液量造成一定的影响。

对于大直径塔持液量的测量，在实际操作中实现难度较大，一般采用关联式来预测填料塔持液量的大小。

1. Billet 关联式

该模型是由 Billet[73] 在湿壁塔模型的基础上提出的，将持液量根据操作区域不同分成载点以下、泛点以上以及载点和泛点之间三个计算公式。

载点以下：

$$h_{\text{L,s}}=\left(12\times\frac{\mu_{\text{L}}a^2u_{\text{L}}}{\rho_{\text{L}}g}\right)^{\frac{1}{3}}S^{\frac{2}{3}} \tag{4-28}$$

其中，$S=C_{\text{h}}Re_{\text{L}}^{0.15}Fr_{\text{L}}^{0.1}$（$Re_{\text{L}}<5$）；$S=0.85C_{\text{h}}Re_{\text{L}}^{0.25}Fr_{\text{L}}^{0.1}$（$Re_{\text{L}}\geqslant 5$）。

载点和泛点之间：

$$h_{\text{L}}=h_{\text{L,s}}+(h_{\text{L,f}}-h_{\text{L,s}})\left(\frac{u_{\text{G}}}{u_{\text{Gf}}}\right)^{13} \tag{4-29}$$

泛点以上：

$$h_{L,f} \cong 2.2h_{L,s} \tag{4-30}$$

式中，$h_{L,s}$ 为载点以下的持液量，m^3/m^3；$h_{L,f}$ 为泛点以上的持液量，m^3/m^3；C_h 为常数；Re_L 为雷诺数，无量纲；Fr_L 为弗劳德数，无量纲。

2．Delft 关联式

Delft 模型[72]里持液量的计算方法，与上文该模型压降计算相对应，载点前与载点后计算公式不同。

$$h_{L,s} = a\delta_L = a\sqrt[3]{\frac{3u_L\mu_L}{a\rho_L g\sin\gamma}} \tag{4-31}$$

$$h_{L,f} = h_{L,s} + 0.2 \times \left[1 + 150\left(\frac{\Delta p/\Delta H}{\rho_L g}\right)^2\right] \times \left(\frac{u_G^2 a}{g\sin\gamma}\right)^{0.25} \tag{4-32}$$

式中，δ_L 为液膜滞留层厚度，m。

第六节 填料的传质性能

物质在填料层里通过扩散进行相间的传质，从而达到均相混合物分离的目的。填料传质性能的高低，反映了其分离效率的高低。确定填料的传质性能，对于填料塔设计当中塔高的确定起着重要作用。鉴于两相或多相体系传质现象的复杂性，加之传质设备的类型及流态的区别，至今没有形成能概括并反映所有传质过程和设备的通用的传质机理模型。一般用有效相界面积、传质系数及等板高度来表征填料的传质性能，下面对部分相关模型进行简单的介绍。

一、有效相界面积

填料的有效相界面积定义为在填料层内参与相间质量传递的面积。填料的有效相界面积与填料的比表面积之间关系较为复杂，如液体在填料层某些“死区”处于停滞状态，这些区域对于传质没有任何推动力，有效相界面积小于填料的比表面积；而在流动通道中的液滴、雾沫或液膜的波动等会增大传质面积，这时认为有效相界面积大于填料的比表面积。因此，有效相界面积与填料的比表面积在很多时候并不相等，并且根据气液负荷的改变而发生变化。目前的实验手段，对有效相界面积的测定有一定难度，而且准确性较低。因此，很多研究者根据流体的传递机理，进行了有效相界面积的推导，得到了一些理论计算公式。表 4-5 列出了一些文献中的有效相界面积模型。

表4-5　文献中有效相界面积模型

作者	关联式	特点
Onda等[74]	$\frac{a_e}{a}=1-\exp\left[-1.45\left(\frac{\sigma_c}{\sigma}\right)^{0.75}\left(\frac{L'}{a\mu_L}\right)^{0.1}\left(\frac{\rho_L^2 g}{L'a}\right)^{0.05}\left(\frac{L'}{\rho_L\sigma a}\right)^{0.2}\right]$	针对散堆填料，预测值一般偏高
麦本熙[75]	$\frac{a_e}{a}=1-\exp\left[-1.45\left(\frac{\sigma_c}{\sigma}\right)^{0.75}\left(\frac{L_s}{a\mu_L}\right)^{0.1}\left(\frac{\rho_L^2 g}{L_s a}\right)^{0.05}\left(\frac{L_s}{\rho_L\sigma a}\right)^{0.2}\right]$ $L_s=\frac{L'}{0.96-\left(\frac{h'-h_L}{h_{L,f}}\right)^{0.25}}$	载点以下润湿面积的值用Onda公式计算，从载点以上润湿面积的计算使用此公式
Billet等[76, 77]	载点以下： $\frac{a_e}{a}=3\varepsilon^{0.5}\left(\frac{L'}{a\mu_L}\right)^{-0.2}\left(\frac{L'}{\rho_L\sigma a}\right)^{0.75}\left(\frac{L'a}{\rho_L^2 g}\right)^{-0.45}$ 载点到泛点之间：$\frac{a_e}{a}=\frac{a_S}{a}+\left(\frac{a_F}{a}-\frac{a_S}{a}\right)\left(\frac{u_G}{u_{Gf}}\right)^{13}$ 泛点以上：$\frac{a_e}{a}=7\left(\frac{\sigma}{\sigma_c}\right)^{0.56}\frac{a_S}{a}$	与Billet模型中持液量关联式相对应，把有效面积分为三个部分，计算较为准确
Olujic等[78]	$\frac{a_e}{a}=\frac{a_{e,Onda}}{a}(1-\Omega)\left(\frac{\sin 45°}{\sin\gamma}\right)^n$ $n=\left(1-\frac{a}{250}\right)\left(1-\frac{\gamma}{45°}\right)+\ln\left(\frac{a_{e,Onda}}{250}\right)+\left(0.49-\sqrt{\frac{1.013}{p}}\right)\left(1.2-\frac{\gamma}{45°}\right)$ $\gamma=\arctan\left\{\frac{\cos(90°-\theta)}{\sin(90°-\theta)\cos[\arctan(b/2h)]}\right\}$	在Onda等的基础上做了改进
Rocha和Fair[68,79]	$\frac{a_e}{a}=0.5+0.0058F/F_{flood}, F/F_{flood}<0.85$ $\frac{a_e}{a}=1, F/F_{flood}<0.85$	以85%的泛点百分比为界限，分为两个区域进行计算
Shi与Mersmann[80]	$\frac{a_e}{a}=\frac{0.76md_p^{1.1}u_L^{0.4}\nu_L^{0.2}}{1-0.93\cos\theta_{contact}}\left(\frac{\rho_L}{\sigma_L g}\right)^{0.15}\frac{a^{0.2}}{\varepsilon^{0.6}}$	以液体在倾斜板上的流体力学数据为基础，进行详细理论推导而得到
Rocha等[68]	$\frac{a_e}{a}=F_{se}\frac{29.12u_L^{0.4}\nu_L^{0.2}(\rho_L/\sigma_L)^{0.15}s^{0.159}}{(\sin\gamma)^{0.3}\varepsilon^{0.6}(1-0.93\cos\theta_{contact})}$	在Shi-Mersmann模型基础上，针对规整填料引入修正因子
Tsai等[81]	$\frac{a_e}{a}=1.362(We_L Fr_L^{-1/3})^{0.122}$	有效相界面积是We与Fr的函数

注：L_s 为液体质量流速，kg/（m²·s）；a_e 为填料有效润湿面积，m²/m³；$a_{e,Onda}$ 为用 Onda 关联式测得的填料有效润湿面积，m²/m³；a_S、a_F 为载点、泛点时的润湿面积，m²/m³；b 为填料波纹波距宽度的一半，m；h 为填料波峰高度，m；s 为填料波纹斜边长，m；h' 为液相单相流持液量，m³/m³；F_{flood} 为液泛时气相动能因子，(m/s)·(kg/m³)^0.5；L' 为液体体积喷淋密度，m³/(m²·h)；γ 为有效液流角，(°)；σ_c 为填料的临界表面张力，N/m；ν_L 为液体运动黏度，m²/s；F_{se} 为填料表面强化系数，无量纲；σ 为液体表面张力，N/m；$h_{L,f}$ 为载点以上的持液量，m³/m³；Ω 为填料表面开孔率，无量纲；n 为指数，无量纲；m 为填料形状相关的系数，无量纲；$\theta_{contact}$ 为液体在填料表面的接触角，(°)；We_L 为液体韦伯数，无量纲，Fr_L 为液体弗劳德数，无量纲。

二、填料传质动力学参数

1．传质系数的关联

（1）Sherwood-Holloway 关联式

Sherwood 与 Holloway 根据早期的环形散堆填料在内径 500mm 塔内的传质实验数据，提出了计算传质系数的关联式。由于实验用空气来脱吸 O_2、H_2、CO_2 的水溶液，属于液膜控制过程，因此只有液膜传质系数的关联式，该关联式是填料理论研究中最早的关于传质系数的关联式。

$$k_L a/D_L = \alpha\left(L/\mu_L\right)^{1-n}\left[\mu_L/(\rho_L D_L)\right]^{0.5} \tag{4-33}$$

式中，k_L 为液膜传质系数，m/h；D_L 为溶质在液体中的扩散系数，m^2/h；α、n 为与填料形状及尺寸相关的常数。

Sherwood-Holloway 关联式仅适用于环形或鞍形填料，预测低黏度水溶液体系时精度较高。

（2）Onda 关联式

1967 年，Onda 等[82]回归了大量的水和有机溶液吸收实验数据，采用以传质膜系数与气液接触表面积分别进行计算的方法，并以填料的润湿面积作为传质发生的实际有效面积，提出了 Onda 气液传质系数关联式。

$$k_L\left(\frac{\rho_L}{g\mu_L}\right)^{\frac{1}{3}} = 0.0051\left(\frac{L}{a_e\mu_L}\right)^{\frac{2}{3}}\left(\frac{\mu_L}{\rho_L D_L}\right)^{-\frac{1}{2}}(ad_p)^{0.4} \tag{4-34}$$

$$k_G\frac{RT}{aD_G} = C\left(\frac{G}{a\mu_G}\right)^{0.7}\left(\frac{\mu_L}{\rho_G D_G}\right)^{\frac{1}{3}}(ad_p)^{-2} \tag{4-35}$$

式中，k_G 为气膜传质系数，m/h; C 为关联系数，小于 1/2 英寸（in,1in=25.4mm）的环形或者鞍形填料取 0.2，其余尺寸取 5.23。

（3）Billet 关联式

Billet 等[76]假设填料塔为湿壁塔，并考虑了几何特性及持液量的影响，提出了气液传质系数关联式。该关联式可靠性较高，已被很多实验验证；适用范围较广，规整填料与散堆填料均适用。

气膜传质系数：

$$k_G = C_G\frac{a^{0.5}D_G}{d_p(\varepsilon - h_L)}\left(\frac{\rho_G u_G}{a\mu_G}\right)^{3/4} Sc_G^{\ 1/3} \tag{4-36}$$

液膜传质系数：

$$k_{\mathrm{L}}=C_{\mathrm{L}}\left(\frac{\rho_{\mathrm{L}}g}{\mu_{\mathrm{L}}}\right)^{1/6}\left(\frac{D_{\mathrm{L}}}{d_{\mathrm{p}}}\right)^{0.5}\left(\frac{u_{\mathrm{L}}}{a}\right)^{1/3} \tag{4-37}$$

式中，C_{G}、C_{L} 为常数，受填料结构和形状影响；Sc_{G} 为气相施密特数。针对不同类型、不同尺寸的填料，Billet 给出了相对应的 C_{L}、C_{G} 的值。

（4）Mangers 和 Ponter 关联式

Mangers 和 Ponter[83, 84] 研究了液相黏度 μ_{L} 对液相传质系数 k_{L} 的影响。发现 k_{L} 的值根据 μ_{L} 的改变变化显著，他们根据拉西环的实验数据，分别给出了填料在部分润湿与完全润湿时的传质系数 k_{L} 关联式。此关联式适用的黏度范围 $\mu_{\mathrm{L}}=0.9\sim10\mathrm{mPa\cdot s}$。

填料部分润湿时：

$$\frac{k_{\mathrm{L}}a}{D_{\mathrm{L}}}=0.00322\left(\frac{L}{\mu_{\mathrm{L}}}\right)^{\alpha_1}\left(\frac{\mu_{\mathrm{L}}}{\rho_{\mathrm{L}}D_{\mathrm{L}}}\right)^{0.5}\left(\frac{\rho_{\mathrm{L}}^2gd_{\mathrm{p}}^3}{\mu_{\mathrm{L}}^2}\right)^{0.27}\frac{1}{1-\cos\theta_{\mathrm{contact}}} \tag{4-38}$$

其中：

$$\alpha_1=0.49\left[\left(1-\cos\theta_{\mathrm{contact}}\right)^{0.6}\left(\frac{\rho_{\mathrm{L}}\sigma^3}{\mu_{\mathrm{L}}^4g}\right)^{0.2}\right]^{0.108} \tag{4-39}$$

式中，σ 为液体表面张力，N/m；$\theta_{\mathrm{contact}}$为液相接触角，（°）。

填料完全润湿时：

$$\frac{k_{\mathrm{L}}a}{D_{\mathrm{L}}}=2.03\left(\frac{L}{\mu_{\mathrm{L}}}\right)^{1.44}\left(\frac{\mu_{\mathrm{L}}}{\rho_{\mathrm{L}}D_{\mathrm{L}}}\right)^{0.5}\left(\frac{\rho_{\mathrm{L}}^2gd_{\mathrm{p}}^3}{\mu_{\mathrm{L}}}\right)^{-0.183} \tag{4-40}$$

以上所述传质系数关联式除了 Billet 关联式能计算规整填料以外，其他关联式均适用于散堆填料，后期 Bravo 等 [85] 对前人的研究结果进行修正，提出了适用于丝网波纹填料的传质模型，模型计算值与实验值误差基本在 25% 以内。Fair 等 [68] 根据液体在金属板波纹填料与塑料板波纹填料上的流动特点，对 Bravo 模型进行了修正。

2．传质单元高度和等板高度的关联

（1）Murch 关联式

Murch 关联式 [86] 是根据不同的散堆填料在全回流条件下的实验数据推导出的经验关联式：

$$\mathrm{HETP}=CG^a d_{\mathrm{p}}^b \delta_{\mathrm{L}}{}^{1/3}\frac{\alpha\mu_{\mathrm{L}}}{\rho_{\mathrm{L}}} \tag{4-41}$$

式中，a、b、C 为常数，其数值取决于散堆填料的尺寸与类型；HETP 表示等板高度。

Murch 关联式虽然考虑了物系的物性影响，但并没有涉及液相负荷，使得该关联式对于塔高、塔径的适用范围有一定限制。

（2）Monsanto 传质模型

1960 年，美国 Monsanto 公司 Comell 等综合考虑传质系数的各方面因素，包括填料层高度、直径对气液分布的影响，以直径 0.305m、高 3.05m 的填料塔为对象，提出了 Monsanto 模型。

气相传质单元高度：

$$H_{\mathrm{G}}=\varphi\frac{\left(d_{\mathrm{p}}\right)^{m}\left(\Delta H/10\right)^{1/3}}{\left(3600Lf_{\mu}f_{\rho}f_{\sigma}\right)^{n}}\left(\frac{\mu_{\mathrm{G}}}{\rho_{\mathrm{G}}D_{\mathrm{G}}}\right)^{0.5} \tag{4-42}$$

液相传质单元高度：

$$H_{\mathrm{L}}=\phi C\left(\Delta H/10\right)^{0.15}\left(\frac{\mu_{\mathrm{L}}}{\rho_{\mathrm{L}}D_{\mathrm{L}}}\right)^{0.5} \tag{4-43}$$

式中，$f_{\mu}=\left(\frac{\mu_{\mathrm{L}}}{\mu_{\mathrm{W}}}\right)^{0.16}$，$f_{\rho}=\left(\frac{\rho_{\mathrm{L}}}{\rho_{\mathrm{W}}}\right)^{-1.25}$，$f_{\sigma}=\left(\frac{\sigma_{\mathrm{L}}}{\sigma_{\mathrm{W}}}\right)^{-0.8}$，分别为液体的黏度、密度、表面张力的修正系数；$\varphi$、$\phi$ 为填料结构参数；m 为特定于给定类型填料的常数。

1979 年，Bolles 和 Fair[87] 以大量不同来源的实验数据，分析修正了 Monsanto 模型中的参数 φ 和 ϕ 值，并引入液泛因子 C_{f} 来反映操作状态接近于液泛的程度对液相传质单元高度的影响，从而提出了改进的 Monsanto 模型，提高了模型的精度，其使用范围为泛点的 20% ～ 80%。改进后的关联式如下。

对环形填料：

$$H_{\mathrm{G}}=\frac{0.017\varphi d_{\mathrm{p}}^{1.24}\Delta H^{0.33}}{\left(Lf_{\mu}f_{\rho}f_{\sigma}\right)^{0.6}}\left(\frac{\mu_{\mathrm{G}}}{\rho_{\mathrm{G}}D_{\mathrm{G}}}\right)^{0.5} \tag{4-44}$$

对鞍形填料：

$$H_{\mathrm{G}}=\frac{0.029\varphi d_{\mathrm{p}}^{1.11}\Delta H^{0.33}}{\left(Lf_{\mu}f_{\rho}f_{\sigma}\right)^{0.5}}\left(\frac{\mu_{\mathrm{G}}}{\rho_{\mathrm{G}}D_{\mathrm{G}}}\right)^{0.5} \tag{4-45}$$

液相传质单元高度：

$$H_{\mathrm{L}}=0.258\phi C_{\mathrm{f}}\Delta H^{0.15}\left(\frac{\mu_{\mathrm{L}}}{\rho_{\mathrm{L}}D_{\mathrm{L}}}\right)^{0.5} \tag{4-46}$$

式中，D_{G} 为溶质在气相中的扩散系数，$\mathrm{m^2/h}$。

目前，工业应用上使用最广泛的填料层传质特性模型是 Monsanto 模型、

Onda 模型，两者都是以双膜理论为基础，在大量实验数据的基础上总结得到的关联式，使用起来非常方便。在确定传质系数或是传质单元高度时，应该多选几个模型进行计算，将所得结果和类似的工况的经验值或是经验公式进行比较后，再加以确定。新型填料的不断涌现，使得已有传质模型的适用性降低，因此通过实验得到的实测数据尤其宝贵，利用此类数据，可以有效提高填料设计的精度和可信度。

第七节 计算流体力学在填料研究中的应用

一、整体平均CFD模型

填料错综复杂的几何结构，给计算机建模与模拟计算带来极大的困难。由于计算能力的限制，至今难以建立实际尺寸的全塔物理模型，加上对于如何体现填料结构细节在建模过程中难以准确把握，整体平均 CFD 模型成为填料研究人员的一种选择。所谓整体平均 CFD 模型，即把填料层看作一个多孔的、具有阻力的整体，其中不包含填料的结构细节，把填料层中的流体性质进行整体宏观平均，在 N-S 方程中加入阻力源项来实现流体经过这个整体时的阻力。因此，此模型一般用于得到全塔压降、流场分布等宏观信息。

余国琮等 [88] 以 N-S 方程为基础，用简化的边界条件对 Mellapak 250Y 填料内带有传质的气液流动进行了模拟。Spiegel 等 [89] 和 Edwards 等 [90] 根据气体单相流模拟研究了填料塔内的流体分布及传质效率情况。由于整体平均 CFD 模型没有考虑填料结构对流体的影响，此模型不适宜应用于填料结构优化设计方面。

二、单元综合CFD模型

与整体平均 CFD 模型不同的是，单元综合 CFD 模型充分考虑了填料几何结构对流体流动的影响，因此需要建立填料实际尺寸的物理模型。简单来说，单元综合 CFD 模型把整个填料层看成由无数个周期性结构单元组成，通过模拟某些单元的流动来代表局部填料层的流动情况。为了比较真实地体现填料结构的影响，通常对近壁网格进行加密处理，整体的网格数量较多，需要的计算量较大。

早期的 CFD 模拟，一般只涉及单相流。Hodson 等 [91] 在二维模型中，采用 Phoenics 软件模拟了气相在 Mellapak 350Y 型填料内部的流动情况。Larachi 和 Petre

等[92, 93]在对 B1-Montz M 型填料进行研究时，把填料层的不同位置分解成 4 种代表性基本单元，通过模拟 4 种代表性基本单元内的气相流动，分别得到每个单元的压力损失系数，进而计算整个填料层的压降，这种方法可有效地降低计算量。

三、多尺度模型

由上文可以看出，整体平均模型易得到填料塔内压降等宏观信息，而对于气液两相的微观流动、填料几何结构对流动的影响等细节却没有涉及；单元综合模型对填料局部流动细节把握比较准确，但是很难得到填料全塔准确的宏观物理量。实际填料塔尺寸的多相流动模拟，对于计算能力的要求非常高。虽然随着计算机技术的进步，大型计算机开始运用到填料的模拟研究当中，并取得了很好的效果，但是高昂的设备投资及计算成本，让很多科研单位无法承担。多尺度模型计算方法把模拟由微观到宏观进行了联系，既可得到微观细节也可得到宏观信息。由于对模拟计算进行了分解，所需计算量降低到一般计算机接受范围之内。

本书编著者团队[94]在 Raynal 模型[95]的基础上，改进并提出了新的多尺度模拟方法，见图 4-37。该模型把气液两相流转化为“虚拟的”单相流进行湿塔压

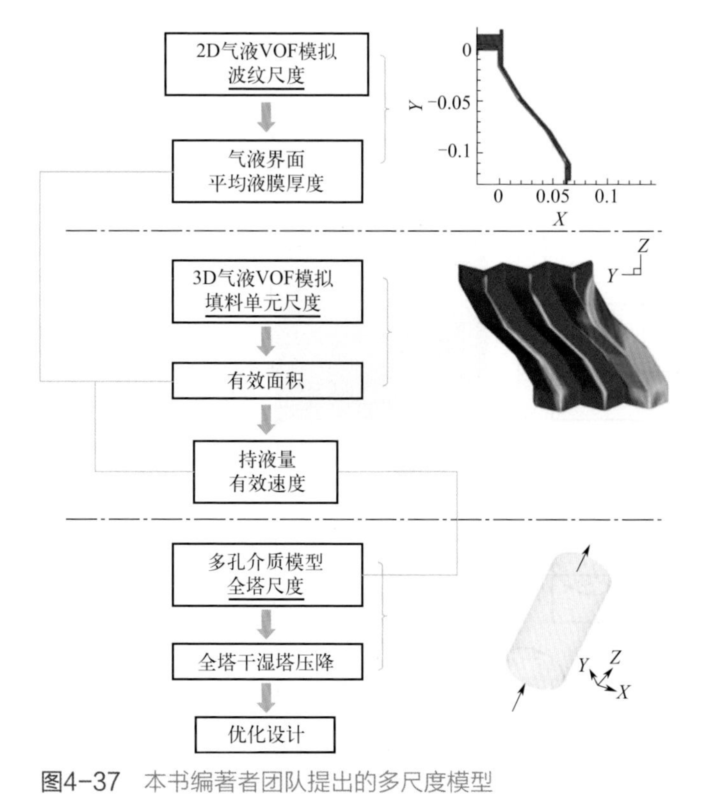

图4-37 本书编著者团队提出的多尺度模型

降的模拟计算，具体步骤如下：首先，建立填料二维通道物理模型，利用流体体积模型得到气液相界面，进而计算出填料表面的平均液膜厚度；其次，建立填料相邻三个通道三维物理模型，通过模拟计算得到气液有效相界面积；最后，根据持液量计算出“虚拟的”单相流有效速度，并采用多孔介质模型对全塔压降进行模拟计算，其中持液量的值是由平均液膜厚度与有效相界面积计算得出。

四、高效丝网规整填料的多尺度CFD模拟研究

在以往波纹填料的研究中，大部分将丝网填料当成板波纹填料或者是仅对丝网填料的干压降做了研究，对丝网填料内气液两相流的研究寥寥无几，对丝网的研究也仅见于 Fernandes 和 Huang 等的研究工作[96, 97]。丝网结构的复杂性和有限的计算机性能，成为限制丝网填料研究的关键因素。

本书编著者团队提出一套能极大简化丝网填料模拟计算量的多尺度模型[98]，见图 4-38。通过对丝网填料的多尺度模拟，得到丝网填料内部气液流动状况，进而得到全塔的湿塔压降。在小尺度内，通过对丝网结构进行精确建模，得到了丝

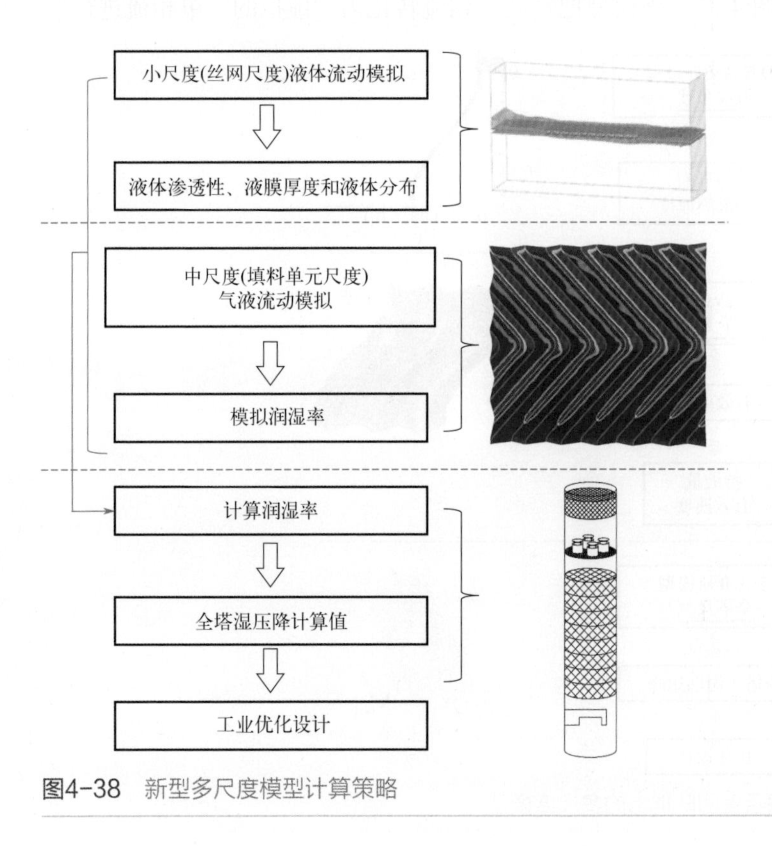

图4-38 新型多尺度模型计算策略

网两侧的液膜流动细节，包括液体渗透性、液膜厚度和液体分布。然后，在中尺度模拟中，根据小尺度模拟结果，通过改变润湿角和液体喷淋密度，将板波纹等效为丝网波纹，计算出丝网填料的有效润湿面积。最后通过对压降产生项进行分别计算，得到全塔的湿压降模型。

1．丝网尺度模拟

通过建立丝网波纹填料的周期性基本单元的精确模型进行气液两相流模拟是不现实的，这主要取决于几点：①丝网由许多金属细丝编织而成，通过压制弯曲变形成为丝网填料，对其进行精确建模非常困难；②为了清晰表现液膜流动，液膜层需要至少 5 层网格，这样计算量会非常庞大；③丝网金属丝间交织结构形成非常尖锐的夹角，对于生成网格质量产生很大影响，且影响计算准确性，而对丝网几何结构进行过度简化又会对模拟的真实性产生影响。因此，对丝网进行精确建模并模拟的研究很少有人触及。

对丝网进行了小面积三维建模，模型几何结构如图 4-39 所示，研究区域丝网尺寸为 8.4mm×4.2mm。在前人的研究中，填料上液膜厚度一般小于 0.3mm，本模型选取的尺寸远远大于液膜厚度，因此可以排除丝网选取尺寸引起的模拟与实际的偏差。丝网型号与实验所用丝网完全相同，为 60 目，丝径为 0.12mm。为了排除进出口对模拟的影响，对丝网前后两侧进行了 5mm 延伸。

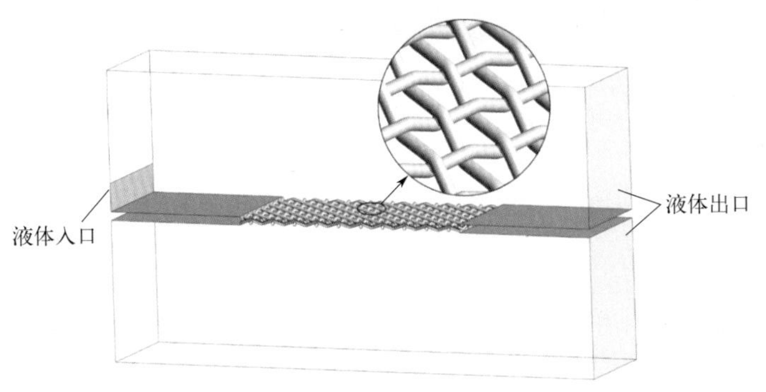

图4-39　小尺度模型计算域及丝网结构细节

接触角对液体在填料上的流动具有重要影响，将丝网模型的倾角设置为与实际填料相同（44.9°），模拟研究了液体在丝网上的流动情况，流动形态如图 4-40 所示。由于丝网的多孔性，液体在丝网上产生渗透，但并不会滴落，而是在丝网上呈现双面流动现象，这与在平板上流动是不同的。并且受表面张力及黏滞力的影响，液膜前端明显较厚，在液膜将丝网完全包裹后，液膜厚度变得平稳。

在较宽泛的液相负荷范围内，研究了丝网上下两侧液膜厚度与液体流量的关系。在测量液膜厚度时，将丝网视为0.24mm厚的平面，对丝网上下两侧液膜厚度与外延平板上下两侧液膜厚度作了对比。结果表明，随着液相负荷的增大，丝网两侧液膜厚度也随之增大，上侧液膜厚度与下侧液膜厚度之比约为3∶5。由于丝网的弯曲编织结构，液体流动湍流度高，阻力大，液膜流速较慢，丝网上的液膜厚度明显大于外延平板上的液膜厚度。

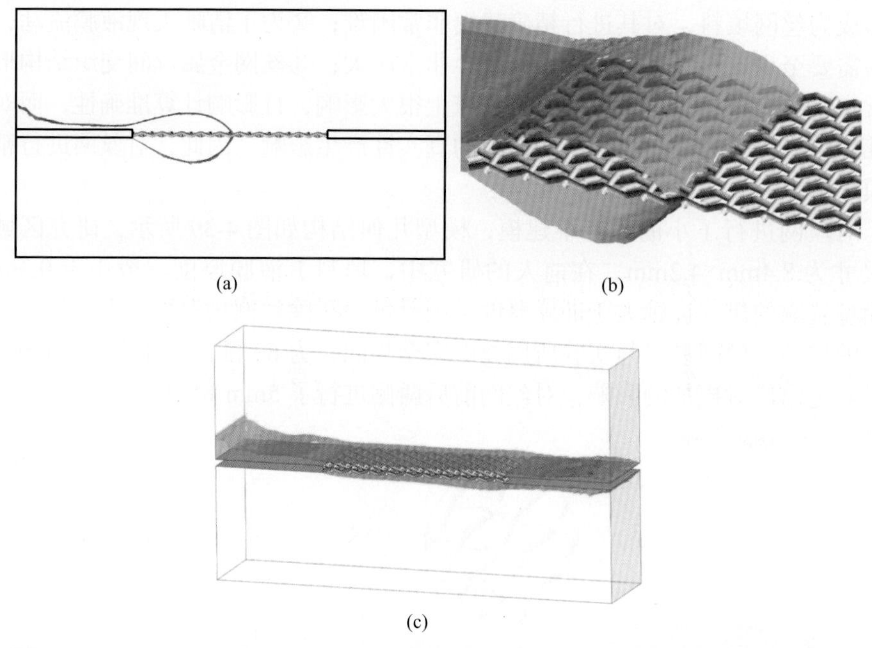

图4-40　丝网上液膜流动形态

2. 填料单元尺度模拟

在填料单元尺度，再对丝网进行精确建模已不现实。为了降低模拟的复杂程度，减小计算成本，需通过修改液体流量和接触角，将平板等效成丝网。为了用平板代替丝网，需要进行两处修改，这两处修改都是基于丝网尺度结果得到的。

首先是接触角的修改。在小尺度的研究中，发现丝网润湿前后接触角变化很大。水在丝网干燥和润湿时的固液接触角分别为44.9°和2.7°，而且为了得到更高的传质效率，填料塔在开车前均做预液泛处理。因此，在中尺度以平板代替丝网的过程中，需将接触角修改为2.7°。

其次是液体流量的修改。由于金属丝网的多孔结构，液体沿着金属丝网的两侧流动，而在金属板上液体只能沿一侧进行流动。如图 4-41(a) 所示，在表面张力和重力的影响下，液体倾向于沿填料槽流动。沟槽两侧流量比约为 1∶1，如图 4-41(b) 所示。因此，可以认为一半液体在填料的阳面上，一半液体在填料的阴面上。根据小尺度计算结果，区域 1 的液膜厚度为填料板背面区域 3 液膜厚度的 60%，区域 2 的液膜厚度为区域 4 液膜厚度的 167%。综合考虑，若要得到与丝网单侧相同的液膜流动状态，模拟的液体流量需修改为实验值的 47%。因此，当模拟得到的润湿面积不超过 50% 时，实际润湿面积是模拟润湿面积的两倍。当模拟润湿率超过 50% 时，实际润湿率为 100%。

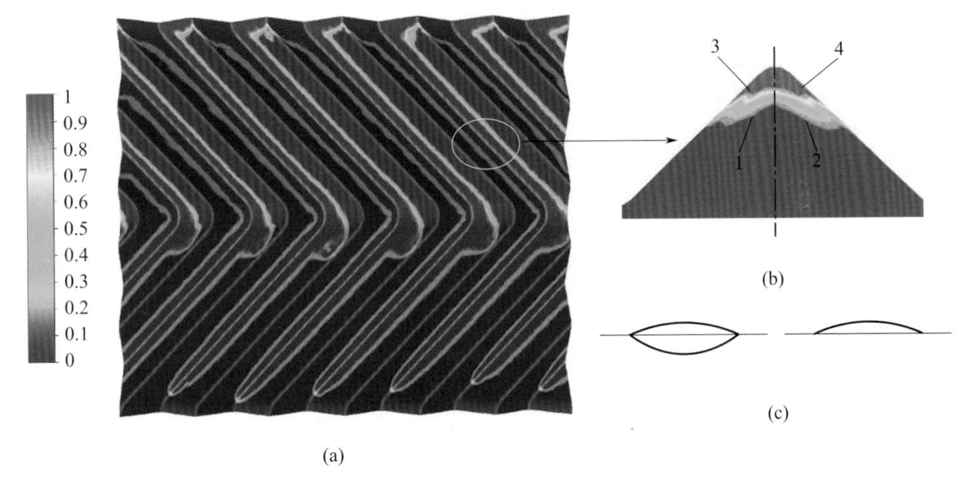

图4-41 板波纹填料内液体流动示意图

参考文献

[1] 李群生. 传质分离理论与现代塔器技术 [M]. 北京：化学工业出版社，2016.

[2] 李鑫钢，高鑫，漆志文. 蒸馏过程强化技术 [M]. 北京：化学工业出版社，2020.

[3] 余国琮，黄洁. 大型塔板的模拟与板效率的研究 (Ⅰ)：不均匀速度场的涡流扩散模型 [J]. 化工学报，1981 (1):11-19.

[4] 李群生，郭凡，张武龙，等. 高效导向筛板的研究开发及其工业应用 [J]. 化学工业与工程，2015,32(5):1-7.

[5] Michele V, Hempel D C. Liquid flow and phase holdup：measurement and CFD modeling for two- and three-phase bubble columns [J]. Chemical Engineering Science, 2002, 57(11):1899-1908.

[6] 赵培，李玉安，张杰旭，等. 导向浮阀塔板的研究 [J]. 石油炼制与化工，1998 (6):43-47.

[7] 李军，孙兰义，胡有元，等 . SFV 全通导向浮阀塔板的开发及工业应用 [J]. 化工进展，2010, 29(8):1576-1579.

[8] 吴剑华，黄洁 . V-GRID 塔板的漏液量分析 [J]. 沈阳化工学院学报，1993 (4):268-276.

[9] 韩树铠，陈丙珍，沈复. 舌形塔板研究Ⅰ [J]. 化工学报，1965 (2):117-128.

[10] van Baten J M, Krishna R. Modelling sieve tray hydraulics using computational fluid dynamics [J]. Chemical Engineering Journal, 2000, 77(3):143-151.

[11] 周亚夫，史季芬，汪星明，等. 导向筛板的流体力学性能 [J]. 化学工程，1979, 1:1-16, 35.

[12] Bell R L. Residence time and fluid mixing on commercial scale sieve trays [J]. AIChE Journal, 1972, 18(3):498-505.

[13] Green D W, Marylee Z S. Perry's chemical engineers' handbook[M]. 9th ed. New York: McGraw-Hill Education, 2019.

[14] Tuomisto H, Mustonen P. Thermal mixing tests in a semiannular downcomer with interacting flows from cold legs: International Agreement Report[R]. Helsinki：Imatran Voima Oy, Nuclear Regulatory Commission, Office of Nuclear Regulatory Research, Washington DC, 1986.

[15] 毛明华. 新型高效导向筛板的流体力学性能研究 [D]. 北京：北京化工大学，2004.

[16] 李群生. 精馏过程的节能降耗及新型高效分离技术的应用 [J]. 化肥工业，2003 (1):3-5, 8, 57.

[17] Zhang M, Zhang B, Zhao H, et al. Hydrodynamics and mass transfer performance of flow-guided jet packing tray [J]. Chemical Engineering and Processing：Process Intensification, 2017, 120:330-336.

[18] Yang S, Zhang J, Xue J, et al. Hydrodynamics and mass transfer performance analysis of flow-guided trapezoid spray packing tray [J]. Chinese Journal of Chemical Engineering, 2021, 39: 59-67.

[19] Zhang L, Liu X, Li H, et al. Hydrodynamic and mass transfer performances of a new SiC foam column tray[J]. Chemical Engineering & Technology, 2012, 35(12):2075-2083.

[20] 计建炳，谭天恩. 板式塔的进展 [J]. 化工时刊，2000, 14(1):19-27.

[21] 刘德新. 精馏塔板气液两相流体力学和传质 CFD 模拟与新塔板的开发 [D]. 天津：天津大学，2008.

[22] 王立成，王晓玲，刘雪艳，等 . CFD 在精馏分离中的应用 [J]. 化工进展，2009, 28(S2):351-354.

[23] Yoshida H. Liquid flow over distillation column plates [J]. Chemical Engineering Communications, 1987, 51(1-6):261-275.

[24] 陈芳，翟建华. 精馏塔板上计算流体力学数学模型研究进展 [J]. 河北工业科技，2006, 23(1):51-53.

[25] Zhang M, Yu G. Simulation of two dimensional liquid phase flow on a distillation tray [J]. Chinese Journal of Chemical Engineering, 1994, 2(2):63-71.

[26] 刘春江，成弘，袁希钢，等. 筛孔塔板上气液流动及传质过程的数值模拟 [J]. 天津大学学报：自然科学与工程技术版，2001, 34(6):741-744.

[27] Quarini G L. The use of computational fluid dynamics to model hydrodynamic characteristics in distillation tray columns[C]//AIChE Annual Meeting. New York: American Institute of Chemical Engineers, 1999.

[28] 王晓玲，刘春江，余国琮. 计算流体力学在精馏塔板上的应用 [J]. 化学工业与工程，2001, 18(6):390-394.

[29] Ishii M. Two-fluid model for two-phase flow [J]. Multiphase Science and Technology, 1990, 5(1-4):1-63.

[30] 袁希钢，尤学一，余国琮. 筛孔塔板气液两相流动的速度场模拟 [J]. 化工学报，1995, 46(4):511-515.

[31] Krishna R, van Baten J M, Ellenberger J, et al. CFD simulations of sieve tray hydrodynamics [J]. Chemical Engineering Research and Design, 1999, 77(7):639-646.

[32] Li Q, Li L, Zhang M, et al. Modeling flow-guided sieve tray hydraulics using computational fluid dynamics [J]. Industrial & Engineering Chemistry Research, 2014, 53(11):4480-4488.

[33] Mehta B, Chuang K, Nandakumar K. Model for liquid phase flow on sieve trays [J]. Chemical Engineering

Research and Design, 1998, 76(7):843-848.

[34] Li X, Yang N, Sun Y, et al. Computational fluid dynamics modeling of hydrodynamics of a new type of fixed valve tray [J]. Industrial & Engineering Chemistry Research, 2014, 53(1):379-389.

[35] Jiang B, Liu P, Zhang L, et al. Hydrodynamics and mass-transfer analysis of a distillation ripple tray by computational fluid dynamics simulation [J]. Industrial & Engineering Chemistry Research, 2013, 52(49):17618-17626.

[36] Jiang S, Gao H, Sun J, et al. Modeling fixed triangular valve tray hydraulics using computational fluid dynamics [J]. Chemical Engineering and Processing: Process Intensification, 2012, 52:74-84.

[37] Yu K, Yuan X, You X, et al. Computational fluid-dynamics and experimental verification of two-phase two-dimensional flow on a sieve column tray [J]. Chemical Engineering Research and Design, 1999, 77(6):554-560.

[38] Fischer C H, Quarini G L. Three-dimensional heterogeneous modeling of distillation tray hydraulics[C]//AIChE Annual Meeting. New York: American Institute of Chemical Engineers, 1998: 15-20.

[39] Gesit G, Nandakumar K, Chuang K T. CFD modeling of flow patterns and hydraulics of commercial-scale sieve trays [J]. AIChE Journal, 2003, 49(4): 910-924.

[40] Colwell C J. Clear liquid height and froth density on sieve trays [J]. Industrial & Engineering Chemistry Process Design and Development, 1981, 20(2):298-307.

[41] Solari R, Bell R. Fluid flow patterns and velocity distribution on commercial-scale sieve trays [J]. AIChE Journal, 1986, 32(4): 640-649.

[42] Zarei A, Hosseini S H, Rahimi R. CFD and experimental studies of liquid weeping in the circular sieve tray columns [J]. Chemical Engineering Research and Design, 2013, 91(12):2333-2345.

[43] Li X, Liu D, Xu S, et al. CFD simulation of hydrodynamics of valve tray [J]. Chemical Engineering and Processing: Process Intensification, 2009, 48(1):145-151.

[44] Alizadehdakhel A, Rahimi M, Alsairafi A A. Numerical and experimental investigation on a new modified valve in a valve tray column [J]. Korean Journal of Chemical Engineering, 2009, 26(2):475-484.

[45] Alizadehdakhel A, Rahimi M, Alsairafi A A. CFD and experimental studies on the effect of valve weight on performance of a valve tray column [J]. Computers & Chemical Engineering, 2010, 34(1):1-8.

[46] Zarei T, Rahimi R, Zivdar M. Computational fluid dynamic simulation of MVG tray hydraulics [J]. Korean Journal of Chemical Engineering, 2009, 26(5):1213-1219.

[47] Rahimi R, Zarei A, Zarei T, et al. A computational fluid dynamics and an experimental approach to the effects of push valves on sieve trays[C]//50th Distillation & Absorption Conference. Eindhoven：Technischer Universiteit Eindhoven，2010: 407.

[48] Sun J, Luo X, Jiang S, et al. Computational fluid dynamics hydrodynamic analysis of a cross-orthogonal fixed-valve tray [J]. Chemical Engineering & Technology, 2014, 37(3):383-391.

[49] Wang L, Cui J, Yao K. Numerical simulation and analysis of gas flow field in serrated valve column [J]. Chinese Journal of Chemical Engineering, 2008, 16(4):541-546.

[50] Zhao H, Li Q, Yu G, et al. Performance analysis and quantitative design of a flow-guiding sieve tray by computational fluid dynamics[J]. AIChE Journal, 2019, 65(5): e16563.

[51] Wu J, Bonner B, Chen H, et al. The performance of the TOFr tray in STAR [J]. Nuclear Instruments and Methods in Physics Research Section A: Accelerators, Spectrometers, Detectors and Associated Equipment, 2005, 538(1-3):243-248.

[52] Lockett M. Distillation tray fundamentals [M]. Cambridge: Cambridge University Press, 1986.

[53] 张满霞．导向筛板 / 导向浮阀复合塔板流体力学及传质性能研究 [D]．北京：北京化工大学，2013.

[54] 李仑．导向筛板 / 梯形浮阀复合塔板的流体力学研究与 CFD 模拟 [D]．北京：北京化工大学，2014.

[55] 张苗．新型立体复合塔板的流体力学与传质性能研究 [D]．北京：北京化工大学，2017.

[56] 李群生，田原铭，常秋连．新型高效规整填料性能研究 [J]．北京化工大学学报（自然科学版），2008 (1):1-4.

[57] 袁孝竞，余国琮．填料塔技术的现状与展望 [J]．化学工程，1995 (3):5-14, 11.

[58] Xue J, Wu Q, Zhao H, et al. A computational fluid dynamics-based method to investigate and optimize novel liquid distributor [J]. AIChE Journal, 2022, 68(10): e17806.

[59] 李群生，马文涛，张泽廷．塔填料的研究现状及发展趋势 [J]．化工进展，2005 (6): 619-624, 650.

[60] Olujić Ž, Behrens M, Spiegel L. Experimental characterization and modeling of the performance of a large-specific-area high-capacity structured packing [J]. Industrial & Engineering Chemistry Research, 2007, 46(3): 883-893.

[61] 李群生，田原铭，常秋连，等 . BH 型高效填料塔技术的研究及其在化工生产中的应用 [J]．化工进展，2007 (z1): 201-203.

[62] 崔侨，郭凡，李群生，等 . BH 型高效填料的研究及其在煤制烯烃预急冷塔中的应用 [J]．现代化工，2015, 35(12):125-127, 129.

[63] Sherwood T, Shipley G H, Holloway F. Flooding velocities in packed columns [J]. Industrial & Engineering Chemistry, 1938, 30(7):765-769.

[64] 于丹．新型 WPA 填料的流体力学和传质性能研究及 CFD 模拟 [D]．北京：北京化工大学，2018.

[65] Olujić Ž, Kamerbeek A, De G J. A corrugation geometry based model for efficiency of structured distillation packing [J]. Chemical Engineering and Processing: Process Intensification, 1999, 38(4-6):683-695.

[66] Ludwig E E. Applied process design for chemical and petrochemical plants: volume 2 [M]. Houston: Gulf Professional Publishing, 1997.

[67] Rocha J A, Bravo J L, Fair J R. Distillation columns containing structured packings: a comprehensive model for their performance. 1. hydraulic models [J]. Industrial & Engineering Chemistry Research, 1993, 32(4):641-651.

[68] Rocha J A, Bravo J L, Fair J R. Distillation columns containing structured packings: a comprehensive model for their performance. 2. mass-transfer model [J]. Industrial & Engineering Chemistry Research, 1996, 35(5):1660-1667.

[69] Gualito J, Cerino F, Cardenas J, et al. Design method for distillation columns filled with metallic, ceramic, or plastic structured packings [J]. Industrial & Engineering Chemistry Research, 1997, 36(5):1747-1757.

[70] Billet R, Schultes M. Modelling of pressure drop in packed columns [J]. Chemical Engineering & Technology: Industrial Chemistry-Plant Equipment-Process Engineering-Biotechnology, 1991, 14(2):89-95.

[71] Olujic Z. Development of a complete simulation model for predicting the hydraulic and separation performance of distillation columns equipped with structured packings [J]. Chemical and Biochemical Engineering Quarterly, 1997, 11(1):31-46.

[72] Verschoof H J, Olujic Z, Fair J R. A general correlation for predicting the loading point of corrugated sheet structured packings [J]. Industrial & Engineering Chemistry Research, 1999, 38(10):3663-3669.

[73] Billet R. Varioflex valve tray, a high performance mass transfer device[C]//Institution of Chemical Engineers Symposium Series. London: IChemE, 1992, 128: A361-A361.

[74] Onda K, Takeuchi H, Okumoto Y. Mass transfer coefficients between gas and liquid phases in packed columns [J]. Journal of Chemical Engineering of Japan, 1968, 1(1):56-62.

[75] 麦本熙．几种开孔填料的性能研究（四）：传质系数关联式 [J]．化学工程，1986 (4):1-6.

[76] Billet R, Schultes M. Predicting mass transfer in packed columns [J]. Chemical Engineering & Technology: Industrial Chemistry-Plant Equipment-Process Engineering-Biotechnology, 1993, 16(1):1-9.

[77] Billet R, Schultes M. Prediction of mass transfer columns with dumped and arranged packings: updated summary of the calculation method of Billet and Schultes [J]. Chemical Engineering Research and Design, 1999, 77(6):498-504.

[78] Olujic Z, Behrens M, Colli L, et al. Predicting the efficiency of corrugated sheet structured packings with large specific surface area [J]. Chemical and Biochemical Engineering Quarterly, 2004, 18(2):89-96.

[79] Fair J R. Prediction of mass transfer efficiencies and pressure drop for structured tower packings in vapor/liquid service[C]//Institution of Chemical Engineers Symposium Series. London：IChemE，1987, 104: A183-A201.

[80] Shi M G, Mersmann A. Effective interfacial area in packed columns[J]. German Chemical Engineering, 1985, 8(2): 87-96.

[81] Tsai R E, Seibert A F, Eldridge R B, et al. Influence of viscosity and surface tension on the effective mass transfer area of structured packing [J]. Energy Procedia, 2009, 1(1):1197-1204.

[82] Onda K, Takeuchi H, Maeda Y, et al. Liquid distribution in a packed column [J]. Chemical Engineering Science, 1973, 28(9):1677-1683.

[83] Mangers R, Ponter A. Liquid-phase resistance to mass transfer in a laboratory absorption column packed with glass and polytetrafluoroethylene rings: part Ⅰ. the effects of flowrate sequence, repacking, packing depth and initial liquid distribution [J]. The Chemical Engineering Journal, 1980, 19(2):139-146.

[84] Mangers R, Ponter A. Liquid-phase resistance to mass transfer in a laboratory absorption column packed with glass and polytetrafluoroethylene rings: part Ⅱ. the effects of column wall and ring wet abilities [J]. The Chemical Engineering Journal, 1980, 19(2):147-151.

[85] Bravo J L, Rocha J A, Fair J. Mass transfer in gauze packings [J]. Hydrocarbon Processing (International ed), 1985, 64(1):91-95.

[86] 王树楹. 现代填料塔技术指南 [M]. 北京：中国石化出版社，1998.

[87] Bolles W L, Fair J R. Performance and design of packed distillation columns[C]//Institution of Chemical Engineers Symposium Series. London：IChemE，1979, 56(3.3): 35.

[88] Chen J B，Liu C J，Yuan X G, et al. CFD simulation of flow and mass transfer in structured packing distillation columns [J]. Chinese Journal of Chemical Engineering, 2009, 17(3):381-388.

[89] Spiegel L, Knoche M. Influence of hydraulic conditions on separation efficiency of optiflow [J]. Chemical Engineering Research and Design, 1999, 77(7):609-612.

[90] Edwards D P, Krishnamurthy K R, Potthoff R W. Development of an improved method to quantify maldistribution and its effect on structured packing column performance [J]. Chemical Engineering Research and Design, 1999, 77(7):656-662.

[91] Hodson J S, Fletcher J P, Porter K E. Fluid mechanical studies of structured distillation packings[C]//Institution of Chemical Engineers Symposium Series. London：IChemE, 1997, 142: 999-1008.

[92] Petre C F, Larachi F, Iliuta I, et al. Pressure drop through structured packings: breakdown into the contributing mechanisms by CFD modeling [J]. Chemical Engineering Science, 2003, 58(1):163-177.

[93] Larachi F, Petre C F, Iliuta I, et al. Tailoring the pressure drop of structured packings through CFD simulations [J]. Chemical Engineering and Processing: Process Intensification, 2003, 42(7):535-541.

[94] Li Q, Wang T, Dai C, et al. Hydrodynamics of novel structured packings: an experimental and multi-scale CFD study [J]. Chemical Engineering Science, 2016, 143:23-35.

[95] Raynal L, Royon-Lebeaud A. A multi-scale approach for CFD calculations of gas-liquid flow within large size column equipped with structured packing [J]. Chemical Engineering Science, 2007, 62(24):7196-7204.

[96] Fernandes J, Lisboa P F, Simoes P C, et al. Application of CFD in the study of supercritical fluid extraction with

structured packing: wet pressure drop calculations [J]. The Journal of Supercritical Fluids, 2009, 50(1):61-68.

[97] Huang J, Li M, Sun Z, et al. Hydrodynamics of layered wire gauze packing [J]. Industrial & Engineering Chemistry Research, 2015, 54(17):4871-4878.

[98] Xue J, Li Q, Qi J, et al. Multi-scale study of wet pressure drop model for a novel structured wire gauze packing [J]. Chemical Engineering Science, 2021, 230:116179.

第五章

微量杂质的分离和脱除

第一节　高纯度化学品中微量杂质的分离技术发展现状 / 142

第二节　吸附的原理与微量杂质脱除应用研究 / 143

第三节　膜分离和除雾技术原理与微量杂质脱除应用研究 / 149

第四节　微量杂质分离与脱除实例 / 154

高纯度化学品种类繁多，且在工艺技术水平和质量控制要求上存在较大差异。即使同一种高纯度化学品，也因产品质量标准不同，所采用的精制提纯方法、工艺路线存在较大的差别。其中，电子级化学品（electronic grade chemicals）的质量标准不仅严格限制了杂质离子的含量，对产品的清洁度、尘埃颗粒含量也做了严格规定。本章将主要以电子级化学品为例介绍高纯度化学品中杂质的分离与脱除。

电子级化学品，是为微电子工业配套的精细化工产品[1]，对原料、分离纯化方法、盛放容器、产品所处环境和分析测试产品纯度及其杂质都有很严格的要求。此类化学品广泛应用于超大规模集成电路、屏幕、液晶显示器等微电子工业。按照超净高纯度化学品用途分类，可分为光致抗腐蚀剂、芯片清洗剂、芯片刻蚀剂和塑封料等[2-7]。譬如，电子级硫酸、硝酸、磷酸等用于芯片的清洗或刻蚀，还可作为芯片清洗剂，用于清除晶圆片表面残留的有机污染物并降低金属杂质的残留量。这些超净高纯度化学品伴随着集成电路生产工艺，支撑并推动微电子半导体技术的快速发展，是微电子工业的关键性化工材料。集成电路的制备对超净高纯度化学品的要求高且使用量大，但该类化学品储存有效期较短，其纯度和清洁度对集成电路的成品率、电性能及可靠性有很大影响[8]。随着集成电路（IC）向大规模、超大规模、极大规模发展（IC → LSIC → VLSIC → ULSIC），芯片集成度快速增长。晶圆表面的光刻线条越来越细，且 IC 技术的更新换代速度加快，ULSIC 对超净高纯度化学品的纯度及其微量杂质也提出了极其严苛的质量要求和分析检测要求。

第一节 高纯度化学品中微量杂质的分离技术发展现状

大规模集成电路工艺有几十道工序，在所有工序中，基片加工处理过程都要使用一定数量的化学品，此工序常被称为湿化学法。在 ULSIC 的制造工序中，湿法工艺仍是普遍采用的处理方法。湿法工艺流程包括光刻工艺后的去胶，生产过程中的清洗、刻蚀、掺杂、增感、交联、稳定、显影、晶片表面处理、去膜等工序，这些都离不开超净高纯度化学品。在湿法工艺中，化学品中的微量杂质会严重影响电子元器件的电性能，不同类型的微量杂质对器件和电路的危害不同，尤其是金属杂质微量就会严重影响产品质量。另外，湿化学法所使用的化学品中的固体颗粒也对集成电路有很大的危害。表 5-1 归纳了 8 类严重影响集成电路性能的微量杂质[1]。

表5-1 危害集成电路的8类微量杂质[1]

8类微量杂质	微量杂质的危害
Au、Pt、Fe、Ni、Cu	这类杂质属于硅片中的快扩散物质，也是俘获中心，影响元器件的可靠性和阈值电压，可能导致击穿和缺陷
碱金属，尤其是Na、K	可造成元器件漏电，造成低击穿
非金属离子 F^-、Cl^-	影响化学气相沉积（CVD）工艺和钝化工艺，导致外延片层错增加
P、As、Sb、B、Al等ⅢA～ⅤA族元素	属于硅片的浅能级杂质，有扩散效应，可影响电子和空穴的数量。P、As、Sb是N型杂质，过量时会使P型硅片反型；B、Al是P型杂质，若过量也会反型
固体颗粒：包括尘埃、金属氧化物晶体、离子交换树脂碎片、各种过滤网的纤维、细菌尸体和微生物尸体等	造成光刻缺陷、氧化层不平整，影响制版质量，影响等离子刻蚀工艺
细菌	水和化学试剂中的细菌能造成颗粒型缺陷和污染，细菌分解的有机酸会使水的电阻率降低
硅酸根	水和化学试剂中的硅酸根会使磷硅玻璃起雾，阈值电压变化。在等离子刻蚀工艺中SiO_2会造成颗粒污染形成缺陷
总有机碳（TOC）	水和试剂中的TOC影响栅氧化的击穿电压，造成水雾，使氧化层厚度不均

微量杂质对芯片生产过程的影响很大，微量杂质含量不达标会影响芯片的质量，而电子级化学品中微量杂质的分离和脱除过程能耗高且不可避免地损失纯物质。随着电子级化学品纯度的提高（5N-6N-7N-8N），分离过程的精馏能耗会显著提高。若为间歇分离过程，其工艺操作时间也会随电子级化学品纯度的增加而延长。为克服上述缺点，可引入吸附单元，针对工艺中的微量杂质，研发具有吸附选择性高、价格合理、寿命长等优点的吸附剂，以达到降低能耗、使电子级化学品中的微量杂质含量达标的目的；可引入膜分离单元脱除精馏塔产品流股的微量杂质，之后将富集微量杂质的流股返回精馏单元，这样既降低了能耗，减少了纯物质的损耗，也缩短了工艺操作时间；可优化耗能多的精馏工段，也可将除雾技术应用于精馏塔中，减少精馏塔雾沫夹带，从而提高精馏塔效率；或可针对特殊物系采用一些特殊的方法，例如电子级硫酸生产过程中可采用气体吸收法脱除其中的微量杂质，制备电子级四氟化碳过程中通过催化反应法或低温精馏法除去四氯化碳粗品中的微量杂质。

第二节
吸附的原理与微量杂质脱除应用研究

分离是指将一种混合物转化为成分不同的两种或多种产物的过程[9]。实现分离过程的难点在于它是与服从热力学第二定律的混合过程相反的过程，因此，在化工、石化和制药工业上分离步骤常常占据主要的生产成本。对于很多分离过程来说，分离是通过加入质量分离剂完成的。对于吸附来说，吸附剂就是吸附过程的质量分离剂，其性能直接决定每一个吸附分离或净化过程的效果。

随着吸附剂和吸附过程的发展，吸附工艺已经成为工业上普遍运用的重要分离手段。一般吸附过程是在装有吸附剂颗粒的填充柱（即固定床吸附器）上进行的。与其他的传统分离过程相比，吸附分离的独特优点是其能够在一个吸附柱里达到高效的分离能力。这种高效的分离能力是由流动相和吸附相间持续不断地接触并达到吸附 - 脱附平衡所致。在不考虑扩散限制的条件下，每一次流动相与吸附相接触都能达到平衡状态时，即为一块理论塔板。通常情况下，一个短短的吸附柱中可以达成几百或几千个理论塔板。因此，对于物质纯化和一些难以分离的物系，吸附是一种理想的分离方案。由于吸附技术高效分离的优势，吸附在超高纯度化学品的微量杂质去除工艺中扮演着极其重要的角色。

商业中广泛应用的只有少数的常规吸附剂。理想吸附剂应该具有特有的性质，能够满足各种特殊应用的要求。开发更好的吸附剂也能够促进现代吸附应用过程的发展。例如，通过变压吸附可以达到空气分离的目的，在变压吸附工艺中，之前使用的是常规吸附剂 13X（即 NaX）和 5A 沸石（即 CaA），但通过将 NaX 改成 LiX(Si/Al=1)，在不同的操作参数下，产氧能力可以增加 1.4 ～ 2.7 倍，并且能源的消耗降低了 21% ～ 27%。

吸附分离有三种作用机理：位阻效应、动力学效应和平衡效应。位阻效应主要适用于阐释沸石和分子筛的筛分效应。在位阻效应下仅有较小的且形状适宜的分子能够扩散到吸附剂中，其他分子都被阻挡在外。动力学效应是借助不同分子在吸附剂中的扩散速率不同来实现的。大多数的吸附分离过程是基于混合物的吸附平衡来完成的，被称为平衡分离过程。

由于晶体结构中的特殊孔径尺寸，位阻效应是沸石和分子筛的特有机理。位阻效应的两大代表工业应用，一是用 3A 沸石进行干燥，二是用 5A 沸石吸附分离多种正烷烃。沸石和分子筛的分离一般被看作平衡分离。

尽管动力学分离应用范围小，但是它仍具有很大的潜在应用领域。当平衡分离不可行时，可以尝试选择动力学分离。空气分离就是一个很好的例子，动力学分离能弥补空气分离过程中平衡分离的不足。由于在动力学上用沸石变压吸附氮气的速率要高于氧气，因此沸石可以用于从空气中分离氧气。但氮气在空气中占 78%，如果选用一种优先吸附氧气的吸附剂，相同体积空气的吸附只需要现有沸石的 1/4。这是一种特殊的从空气中分离氧气和氮气的方法。氧气在碳分子筛中的扩散速率是氮气的 30 倍，虽然碳分子筛的吸附能力只是沸石的几分之一，但是用碳分子筛从空气中分离氧气和氮气是经济可行的。将甲烷与二氧化碳分离同样可以通过碳分子筛的动力学分离实现，使用 $AlPO_4$-14 吸附剂分离丙烷 / 丙烯的可行性已经被证明。对于天然气的浓缩过程，从甲烷中除去氮气是动力学效应最大的潜在应用。

对于平衡分离，吸附剂设计与选择是从检测被吸附的目标分子的基本特性开始的（与混合物中其他分子相比较），需考虑极化性、磁性、磁化系数、永久偶极矩和四极矩等关键参数。若目标分子具有极高的极化性和磁化系数却没有极性，那么具有较大表面积的低极性的碳基吸附剂是一种很好的选择。具有很高表面极性的吸附剂，比如活性氧化铝、硅胶和沸石，能够成为具有高偶极矩目标分子的理想载体。若目标分子具有极高的四极矩，则吸附剂的表面需要有很高的电场梯度才能有较好的吸附效果。沸石表面就有很高的电场梯度，这是由于阳离子分离到带负电荷氧化物表面。以上讨论的内容局限于目标分子和吸附位之间的结合作用。原因是目标分子同时也受到微孔表面上其他原子的影响，该影响虽然弱于目标分子与吸附位之间的作用，但仍然不可忽略。蒙特卡洛（Monte Carlo）模拟考虑了所有吸附位水平和竖直方向上的分子之间相互作用的总和。吸附剂的设计与选择并不是个简单的单变量问题，因此在设计与选择吸附剂时应同时考虑该吸附剂是应用于哪种吸附过程。例如，若用于净化，尤其是超纯净化则需要吸附剂有强吸附键。这是因为强吸附键有较高的亨利常数，经吸附工序后能够生产出超纯的产品。

当计算吸附质分子和吸附剂表面所有原子的相互作用的势能时，通常假设其作用是两两相互对应的，因此可以将与所有表面原子相互作用的各分子（原子）-表面原子对的相互作用相加，求得吸附质分子和吸附剂表面所有原子相互作用时的势能。

与吸附质 - 吸附剂相互作用势能有关的低覆盖率时的等温吸附热（ΔH）可以表示为：

$$\Delta H = \phi - RT + F(T) \tag{5-1}$$

式中，$F(T)$来源于吸附质分子振动和平动能，对于单原子经典振子，$F(T)=3RT/2$；ϕ 为吸附质 - 吸附剂相互作用势能。在环境温度时，$\Delta H \approx \phi$。

对于动力学分离过程，吸附剂孔径需要恰好在两种被分离分子的动力学直径之间，从而将两种分子分离。

吸附剂设计与选用时要考虑极化率（ϕ）、电荷（q）、范德华半径（r）、孔隙大小和吸附剂几何形状。其中，极化率（ϕ）、电荷（q）、范德华半径（r）与两分子间或原子间的势能有关。范德华（色散）相互作用、吸附质分子和吸附剂表面原子的极化率同样都很重要。在静电相互作用中，对于一个特定的吸附质分子，表面原子的电荷和范德华半径也很重要。该吸附质分子与表面原子间的色散力势能随表面原子极化率增加而减小。在同族元素中，极化率随着原子量的增加而增加；因为外壳轨道填充电子增加，所以同周期元素中，极化率是随着原子量的增加而减小的。表面原子（或离子）的电荷（q）和范德华半径对静电相互作用有很大的影响。当距离比较近时，表面分布有点电荷的离子固体，正负电场部分相互抵消。但是通常情况下阴离子比阳离子大，所以表面有负电场。所有静电相互作用势与 q 是正比关系，而与 r^n 成反比，其中 r 是相互作用对象的中心距离，为两个相互作用原子的范德华半径之和。

吸附剂在超高纯度化学品的制备过程中应用广泛，主要用于除去微量杂质以达到超高纯度化学品对微量杂质的要求。浙江大学任其龙院士团队[10]采用慢扩散法合成了 γ-CDMOF-1 和 γ-CDMOF-2 材料，并对材料进行了粉末 X 射线衍射（PXRD）、热重分析（TGA）、Brunauer-Emmett-Teller 比表面积测试（BET）等表征，表征结果表明合成的材料具有良好的相纯度和热稳定性。他们还对比研究两种环糊精 MOFs（金属有机骨架材料）对 CH_4、C_2H_6 和 C_3H_8 的吸附分离性能，并结合固定床实验测试材料的实际分离效果。实验结果表明，γ-CDMOF-2 对 C_3H_8/CH_4（50/50）和 C_2H_6/CH_4（50/50）的理想吸附溶液理论（IAST）选择性分别为 190.1 和 22.5，次于 γ-CDMOF-1 对应的 IAST 选择性（分别是 988 和 29.7）。固定床穿透实验表明 γ-CDMOF-1 和 γ-CDMOF-2 对 C_2H_6/CH_4（50/50）、C_3H_8/CH_4（50/50）和 $C_3H_8/C_2H_6/CH_4$（5/10/85）混合气体均具有良好的实际分离性能。其中 γ-CDMOF-1 在 C_3H_8/CH_4 分离中丙烷动态饱和吸附量可达 2.66mmol/g。与此同时 γ-CDMOF-1 和 γ-CDMOF-2 对混合气 $C_3H_8/C_2H_6/CH_4$（5/10/85）都展现出良好的可循环再生性能。以聚偏氯乙烯树脂（PVDC 树脂）为前驱体，采用一步自还原法高温活化的方法制备了 C-PVDC-T（T=700K、800K、900K 和 1000K）系列微孔碳材料。PXRD 和 SEM 测试结果表明，PVDC 树脂在高温热解条件下转化成无定形碳材料，保留了前驱体完整的形态，且表面有明显的微孔。77K 下 N_2 吸附 - 脱附等温线显示 C-PVDC-800 具有发达的孔容和高 BET 比表面积，分别达 0.37cm^3/g 和 1211cm^2/g。单组分静态吸附实验结果表明在 298K、0.04bar（1bar=100kPa）下，C-PVDC-800 对 C_3H_8 的吸附量高达 3.74mmol/g，静态饱和吸附量为 5.19mmol/g，在零负载时对 C_3H_8 的等量吸附热高达 78.1kJ/mol，这表明 C-PVDC-800 骨架对 C_3H_8 有极强的作用力。此外，C-PVDC-800 对于 C_3H_8/CH_4（50/50）和 C_2H_6/CH_4（50/50）的 IAST 选择性分别为 3387 和 74.9。$C_3H_8/C_2H_6/CH_4$（5/10/85）三元混合气穿透实验中，C-PVDC-800 对 C_3H_8 的动态饱和吸附量为 3.02mmol/g，且循环实验表明 C-PVDC-800 具有优异的可再生性能。之后进一步考察了 C-PVDC-T 系列微孔碳材料对 CO_2/CH_4 和 CO_2/N_2 的吸附分离潜力。静态吸附测试中 C-PVDC-T 对 CO_2 的吸附量大于对 CH_4 和 N_2 的吸附量，且在低压区 CO_2 的吸附曲线相对更为陡峭，同时对 CO_2 具有最高的 Q_{st} 值（>23.8kJ/mol），测试结果均表明材料对 CO_2 的作用力均大于 CH_4（>19.5kJ/mol）、N_2（>14.6kJ/

mol）。在 298K、1.0bar 时 C-PVDC-700 对 CO_2 的吸附量最高为 4.23mmol/g，对于 CO_2/CH_4（50/50）和 CO_2/N_2（15/85）的 IAST 选择性分别为 5.3 和 29.6，表现出良好的分离选择性。此外，固定床穿透实验表明，C-PVDC-*T* 系列微孔碳材料能从 CO_2/N_2 和 CO_2/CH_4 混合气中选择性地捕获 CO_2，获得高纯度 N_2 或 CH_4，具有优异的吸附分离性能。王佳伟[11]进一步验证了没食子酸盐类 MOFs 的工业价值，考察了其对乙烯 / 乙烷二组分、乙炔 / 乙烯二组分以及乙炔、乙烯和乙烷三组分混合气的固定床动态吸附分离性能。M-gallate（没食子酸盐类金属 - 有机框架材料，M＝Ni、Mg、Co、Mn）对上述三种混合气都表现出良好的分离效果。王佳伟等进一步设计了以单根 Co-gallate 吸附柱为基础的模拟乙烯 / 乙烷工业分离过程的工艺流程图，并通过实验得到了质量分数高于 99.95% 的聚合级乙烯，验证了设计工艺的可行性。他们还采用 Ni-gallate-Co-gallate 吸附柱串联的方式高效分离纯化乙炔 / 乙烯 / 乙烷混合气，同时得到聚合级乙烯、100% 纯度乙烷和高纯度乙炔的工艺模型。通过 PXRD 和单组分静态吸附实验验证了吸附剂在潮湿环境下的稳定性，并且通过常压合成实验制备的样品的晶型结构和吸附性能基本保持不变，证实了其大规模制备的可行性。

在生物化工领域，董新艳、任其龙等[12]用乙醇（分析纯）作为溶剂溶解天然生育酚（其中液固比＝5∶1），在 20℃的环境下，加入 10% 的 HC-2 型活性炭，然后搅拌 45min，生育酚中的多环芳烃（PAHs）脱除效果良好。该工艺对轻多环芳烃的脱除率在 48% 以上，轻多环芳烃的残留浓度为 86.22ng/g；对于重多环芳烃的脱除率达到 98% 以上，重多环芳烃的残留浓度为 5.22ng/g。

工业应用中的气体吸附分离通过装填有吸附剂的设备（如吸附塔 / 吸附器 / 吸附床）来实现。常见的吸附设备有固定床吸附器、移动床吸附器、流化床吸附器等。对于固定床吸附器，其吸附剂在床层固定不动。固定床吸附剂具有结构简单、加工容易、操作灵活等优点。在实际工业过程中，固定床吸附器的应用最为广泛[13]。

当含有吸附质的气体持续稳定地流过吸附床时，在出口段最初只有弱吸附组分（如低沸点气体）流出，而大多数强吸附组分（如有机蒸气）被吸附在床层的入口端。由于存在吸附剂颗粒内外表面的扩散阻力，吸附质不可能在床层的同一截面消失，而是逐渐吸附下来，在气相中的浓度朝床层出口方向逐渐从大到小，形成 S 形曲线，这种床层中吸附质浓度随时间和位置变化的曲线为负荷曲线，形象地称为吸附波，传质过程主要发生在这段床层内，这段床层被称为传质区（mass transfer zone, MTZ）。当最接近进口段的吸附质达到吸附饱和后，吸附质的传质区向前移动，在吸附波后面的为吸附饱和区，吸附饱和区内的吸附剂与吸附质已达到吸附平衡。在吸附波前面是未吸附区，此区内吸附剂尚未吸附吸附质。从形成稳定的吸附波起，随时间延长传质区逐渐地向出口方向移动。当吸附波前端达到床层出口端，即达到吸附过程的转效点（"break-through" point）之后，在流出床层气体中，吸附质的浓度开始逐渐上升，这时应该停止吸附操作[13]。

如果此时继续进行吸附，气体的吸附质就会从吸附床中穿透出来，此时的气体产品已丧失工业应用价值，最终流出气体的浓度与气体入口浓度完全一样，此时整个床层的吸附剂完全和入口浓度相平衡[13]。

当流出吸附床的产品气体中的吸附质达到规定的转效浓度时，每单位质量吸附剂的吸附量称为转效吸附容量（动态吸附容量）。动态吸附容量总小于静态吸附容量。这是由于相当于一部分吸附传质区的吸附剂不能达到饱和。动态吸附容量 q（g/g）与吸附等温线上的入口浓度 c_0（g/L）、传质区长度 z_a（cm）以及吸附层高 z（cm）的关系如式（5-2）所示：

$$q = q_0[S\rho_b(z - z_a) + S\rho_b(1 - f_m)z_a] / (S\rho_b z) = q_0(1 - f_m z_a / z) \tag{5-2}$$

式中，S 为吸附塔的截面积，cm^2；ρ_b 为吸附剂的堆密度，g/cm^3；f_m 为传质区内未吸附部分的分数[13]。

被利用的吸附剂所占传质区的比例 f_m 的值取决于负荷曲线的形状，其数值为 0 ～ 1，多在 0.35 ～ 0.65 的范围内变化，通常接近于 0.5。当 f_m 为 0.5 时，式（5-2）可表示为：

$$q = q_0(1 - z_a / 2z) \tag{5-3}$$

此外，根据物料平衡：

$$uSc_0\Delta t = \rho_b S z_a q_0 \tag{5-4}$$

式中，u 为标准状况下的空塔速度，cm/s；Δt 为 $t_E - t_B$，s；t_E 为床层饱和点出现的时间，s；t_B 为转效点出现的时间，s；以 $c = c_0 \times 0.05$ 为准，c_0、c 分别为原料浓度和出口浓度，g/L。以 $c = c_0 \times 0.95$ 为准，则：

$$u\Delta t = \rho_b z_a q_0 / c_0 = \beta\rho_b z_a \tag{5-5}$$

式中，β 为吸附系数，令 $\beta = q_0 / c_0$，故：

$$z_a = u / (\beta\rho_b) \times \Delta t = U\Delta t \tag{5-6}$$

式中，U 为吸附波的移动速度，cm/s，令 $U = u/(\beta\rho_b)$，$\beta\rho_b$ 则相当于单位体积吸附剂能够处理的流体体积的理论值，其单位为 L（流体）/L（吸附剂）。

因而，传质区长度 z_a 可以通过饱和时间和测定转效时间，用上述的简便方法估算。

$$t_B = (z - z_a) / U + z_a f_m / U = [z - (1 - f_m)z_a] / U \tag{5-7}$$

$c / c_0 = 0.5$ 时，处于转效曲线的中心对称浓度的位置，此时 $f_m = 0.5$，则：

$$t_B = (z - 0.5z_a) / U \tag{5-8}$$

因此：

$$z = Ut_B + 0.5z_a$$
$$z_a = 2\times(z - Ut_B) \tag{5-9}$$

第三节 膜分离和除雾技术原理与微量杂质脱除应用研究

对于部分高纯度化学品，要求其中的颗粒和金属离子的质量分数达到 10^{-6} 级，甚至达到 10^{-9} 级。为制备符合微电子工业电子级化学品标准的高纯度化学品，需要用膜分离、除雾、吸附等关键技术来辅助。膜分离技术和除雾技术的使用可以有效地除去颗粒物、金属粒子、非金属粒子，使得产品达到电子级化学品的标准。

一、膜分离技术

膜分离是指借助膜的选择透过性，在外界能量或化学位差的推动下对混合物中的溶质和溶剂进行分离、分级、提纯和富集。膜分离技术是一种新型的分离提纯浓缩技术。与其他传统分离方法相比，膜分离技术具有高效、节能、工艺简单、投资小、污染少等优点，适合常温下连续工作、直接放大[14]。对于膜的研究可以追溯到 18 世纪，然而，膜分离技术的工业应用是在 20 世纪 60 年代之后，从 60 年代的反渗透到 90 年代的渗透蒸发，膜分离技术发展迅速，应用领域不断扩大。常见的膜分离技术有超滤、微滤、反渗透、纳滤、电渗析等，现已涉及人们生产生活的方方面面，在水处理工业、化工生产、医药、食品生产和生物工程的发展中发挥了巨大的作用。

微滤（microfiltration）膜分离技术起始于 19 世纪中期，是以静压差为动力，利用筛网状过滤介质膜的“筛分”作用进行分离的膜过程。张庆勇等[15]简单阐述了固态粒子烧结法制备微滤膜的技术和方法，并应用于水处理和油水分离等领域。微滤膜的特点有：①孔隙大，流速快，由于膜很薄，阻力小，其过滤速度较常规过滤介质快几十倍；②孔径均匀，过滤精度高，能够将液体中所有大于孔径的微粒全部截留；③无吸附或少吸附，膜厚度一般在 90 ～ 150μm 之间，因而吸附量很少，可忽略不计；④无介质脱落，微滤膜为均一的高分子材料，过滤时没有纤维或碎屑脱落，因此能得到高纯度的滤液[16]。

超滤（ultrafiltration）是一种以机械筛分原理为基础，以膜两侧压差

（100 ～ 1000kPa）为驱动力的膜分离技术，可以分离液相中直径在 0.05 ～ 0.2μm 的分子和分子量 1 万～ 10 万的大分子，超滤膜的筛分孔径小，可截留病毒、油脂、蛋白质、有机大分子、悬浮液等 [17,18]。

纳滤（nanofiltration）的基本原理如图 5-1 所示，在过滤过程中通过泵的加压，料液以一定的流速沿着滤膜的表面流过，大于膜截留分子量（MWCO）的物质分子不透过膜流回储罐，小于膜截留分子量的物质或分子透过膜，形成透析液。因此膜系统都有两个出口，一个是回流液（浓缩液）出口，另一个是透析液出口。影响膜通量的因素有温度、压力、固含量、离子浓度、黏度等。纳滤的特点是：①离子选择性，纳滤膜对单价盐的截留率仅为 10% ～ 80%，具有相当大的渗透性，而对二价及多价盐截留率均在 90% 以上；②截留分子量在 200 ～ 1000 之间，适宜于分离分子量在 200 以上、大小约为 1nm 的溶解组分 [14]；③操作压力低，纳滤膜组件的操作压力一般为 0.7MPa，最低为 0.3MPa[19]。

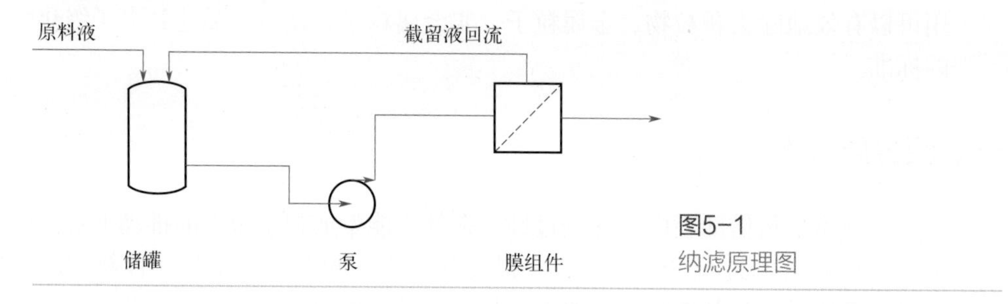

图5-1
纳滤原理图

反渗透（reverse osmosis）是利用膜的选择性和反渗透膜两侧的静压，让溶剂通过并捕获离子物质的过程，是分离液体混合物的过程。反渗透有两个必要条件：①施加的压力必须大于溶剂的渗透压（操作压力一般为 1.5 ～ 10.5MPa）；②反渗透膜必须是高压半透膜、具有高选择性的透水性膜。反渗透膜的孔径一般小于 1nm，对大多数无机盐、溶解性有机质和胶体都有很高的去除率。

电渗析 (electrodialysis) 是一种电化学分离过程，其中带电离子在外部直流电场的作用下，由于选择性离子交换膜的作用，通过离子迁移从水溶液和其他不带电组分中部分分离出来 [20]。以电位差为驱动力，原水中的阳离子向阴极迁移，海水淡化室内的阳离子通过阳离子膜进入浓缩室，但浓缩室内的阴离子膜被保留。同时，原水中的阴离子向阳极迁移，脱盐室内的阴离子通过阴离子膜进入浓缩室，但浓缩室内的阴离子被阳离子膜阻挡而残留。电渗析技术具有能耗低、环境影响小、操作简单、使用寿命长、无污染等特点，广泛地应用于海水、苦咸水脱盐 [21]。

膜分离技术作为一种新型分离技术，不仅能有效净化废水，高效去除有害物质，还能回收部分有用物质，同时具有节能、无相变、安全性高、良好的生物稳定性、设备简单和操作方便等特点，使其在生产生活中得到广泛应用，并具有广阔的发展前景。20 世纪 90 年代，Du Pont 公司通过反渗透的方法纯化 35% 的过氧化氢水溶液，其使用的是聚酰胺反渗透膜，该法对过氧化氢水溶液的微量金属杂质和非金属杂质的去除率达到 97% ～ 99%，且去除了 80% 以上的有机物杂质。英国 Interox 公司首先用过氧化氢水溶液与 SnO_2 分散液充分接触，使 SnO_2 分散液吸附过氧化氢水溶液中的金属杂质，然后为除去过氧化氢水溶液中的碱性或碱土金属离子，使物料通过具有微孔的离子交换树脂膜。相较于传统的 SnO_2 分散液吸附与树脂净化法耦合制备超高纯度过氧化氢，国内南京工业大学时钧、徐南平院士团队通过陶瓷滤膜代替有机膜作为固液两相的分离介质的新方法来制备超高纯度过氧化氢[22, 23]。

二、除雾技术

在精馏、吸收、解吸等气液传质传热单元操作中，无论是填料塔还是板式塔，两相紧密接触分离，形成净化液体或气体以促进中间相的形成，增加（减少）水分等。在离开填料层或托盘的气相中，这些过程会产生一定数量的不同尺寸的液滴或液体泡沫，会有夹带，并且在随后的冷却和冷凝过程中还会产生微小的颗粒漂浮在气相中。当体系更复杂时，组分之间的气相化学反应也会产生更小的颗粒。通常气流中夹带的液滴需要进行分离（简称除雾），有以下几种情况：

① 限制排放　限制污染物排放到大气中，改善环境质量，例如硫酸生产控制塔后尾气中酸雾含量的控制；

② 溶剂回收　如果吸收剂（溶剂）价格昂贵，应尽量减少回收过程中的损失，或者需要对有价值的产品进行回收，以降低生产成本；

③ 精制产品　无论是精馏还是吸收过程，液滴夹带量的增加都会降低分离效率和产品纯度，这在精密分离中尤为重要，因此往往严格限制夹带量；

④ 防护设备　当液滴被气流夹带到塔后的静态和旋转设备以及它们之间的连接管道、阀门和仪表时，会发生腐蚀、堵塞、催化剂中毒和破坏运转设备的动平衡等，故视工艺的不同特点对所允许的夹带量有一控制指标[24]。

除雾的方法很多，例如撞击分离、重力沉降、离心分离（旋风分离旋流板除雾）、文丘里除雾、电力沉降等，对于塔内不同粒度范围的液滴的分离，最常采用的是撞击分离的挡板、丝网或纤维除雾器。不同除雾器的工作原理不尽相同，但有一个共同点是研究粒子在重力、浮力和阻力作用下的平衡运动规律。

由于化工工艺的不同，液滴的粒径分布很广，很多研究人员对此进行了研究，但对其分类和命名没有统一的标准。*Perry's Chemical Engineers' Handbook*[25]

中以 10μm 为界线分成 2 类——雾沫（小于 10μm）及喷雾（大于 10μm）。Holmes 和 Chen[26] 根据该分类方法，提出更为细致的分类方法，粒径从 10μm 到 1000μm 或更大的液滴统称为喷雾，在 10μm 到 1μm 或更小则被称为雾沫。

液滴直径的大小与分布决定于它们的形成机理和物系的性质[27]。Fabian 等[28] 按照气流中雾沫的形成机理划分为 2 类——机械作用和蒸气冷凝。表 5-2 列出了几种典型工艺形成的液滴直径分布范围。从表 5-2 中可以看出机械作用形成的液滴直径远大于 5μm；化学反应是指两种蒸气反应并随后冷凝形成液相产物，例如在硫酸的制造中，三氧化硫和水蒸气的作用是使产生的硫酸雾粒径皆小于 1μm, 甚至在 0.2μm 以下。Monat 和 Mcnulty 等[29] 将文献上报道的在某些加工设备中所形成的液滴分布范围进行了归纳（如表 5-2 所示），这些信息将成为不同除雾器的选择、测评、设计和基础理论研究不可或缺的重要依据。

表5−2　不同机理形成的液滴直径分布范围

机械作用		蒸气冷凝	
机理	大小/μm	机理	大小/μm
换热器表面气体冲刷	6～900	化学反应	0.1～8
板式塔和填料中夹带	8～700	饱和蒸气冷凝	0.1～30
喷射	30～1000	换热器表面形成	20～700

冲击式除雾器有挡板式、丝网式和纤维式三种，它们适用于不同粒度分布的区域。现在以通过纤维柱的空气在纤维柱周围横向流动的情况来说明这一点。如果忽略围绕目标流动的气体的涡旋运动，则认为速度越大，流线越靠近柱体表面[30]。在冲击式除雾器中，液滴通过三种机制被目标捕获——惯性碰撞、直接拦截和扩散碰撞，如图 5-2 所示。可以使用无量纲特征数 N_s 评估在特定情况下哪种机制占主导地位。

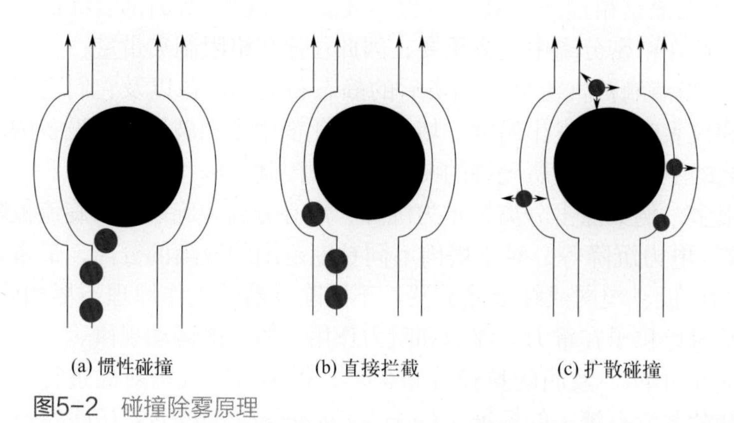

图5−2　碰撞除雾原理

惯性碰撞是由于气体所夹带的液滴拥有足够的动量，足以使其脱离开气体流线，径直地撞击到目标表面并捕捉。表征这一机理的无量纲特征数为：

$$N_{si} = \frac{K_M \rho_L d_p^2 u}{18 \mu d_b} \tag{5-10}$$

式中，d_p 为液滴直径，m；K_M 为 Stokes-Cunningham 关联数，当 d_p 值远小于 15μm 时取 1.0；ρ_L 为液滴密度，kg/m^3；u 为气体流速，m/s；μ 为气体黏度，Pa • s；d_b 为目标直径。

由式（5-10）可见，N_{si} 随液滴直径、密度和气流速度的增大而增大，其中 d_p 为二次方关系；随着气体黏度及目标直径的增大而减小。N_{si} 越大，除雾效果越好。

如果液滴的直径很小，由于它没有足够的动量，它会随着气流在目标周围流动，只有当液滴中心线与目标之间的距离小于液滴半径时，液滴才会被捕捉。表征直接拦截这一过程的特征数为：

$$N_{sd} = \frac{d_p}{d_b} \tag{5-11}$$

从式中易于看出特征数的规律，规划出高效的捕捉对策。

对于粒径非常小（通常指小于 1μm）的液滴，由于液滴与气体分子之间的碰撞，呈现出随机布朗运动特性，即使气流处于静止状态，液滴的随机脉动也不会停止。依靠这种脉动产生的液滴和目标碰撞，进而被捕捉［图 5-2(c)］，该机理的无量纲特征数为：

$$N_{sb} = \frac{D_V}{u d_b} \tag{5-12}$$

式中，D_V 为液滴在气体中的扩散系数，m^2/s。

由式（5-12）可以看出提高气流速度将增大这类液滴的捕捉难度，即会降低设备除雾效率，这一规律和惯性碰撞相反。上述三种碰撞除雾原理均适用于液滴和单个碰撞目标，但该原理也适用于各种碰撞除雾装置，碰撞目标可以是平面的，例如丝网床、纤维床等。

丝网除雾器是用来将气体中夹带的液滴除去，回收昂贵的液滴（贵重物料），或净化气体、减少气体中的杂质。本书编著者团队研制开发的新型高效丝网除雾器是新一代除雾器，它是用细小的金属扁丝以特殊的经纬方式编织而成，也可根据物料易腐蚀情况选用聚四氟乙烯等工程塑料材质。

丝网除雾器除雾的设计：一般丝网除雾器选用的高效除雾丝网，如图 5-3、图 5-4 所示。其允许气流通过速率 $u_{允许}$需要根据试验测定，在此基础上合理选用除雾器丝网型式、规格，依试验得到的许用速率设计除雾器直径：

$$D=\sqrt{\frac{4V}{3.14u_{允许}}} \tag{5-13}$$

式中，V 为气相体积流量。

丝网除雾器的高度需要根据所除液滴粒径、液滴性质和允许压降确定，一般选用高度为几百毫米。

图5-3　除雾丝网结构

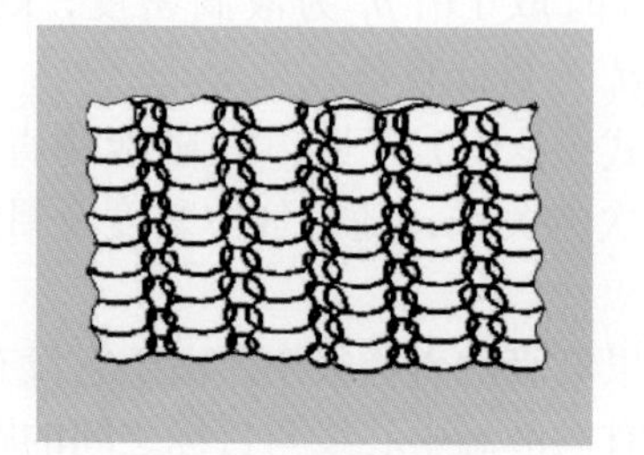

图5-4　丝网除雾器结构

试验及工业应用表明，这种丝网除雾器具有压降低、通量大、除雾效率高的特点。对于 1μm 以上的液滴，其脱除效率可达到 99% 以上。目前在工业中已经用于数百座塔，包括发酵过程中低浓度乙醇回收、乙炔气体进反应器前的脱水（减少副反应）、酸性液滴的脱除（避免后续设备腐蚀）、产品气相侧采脱杂（脱除液滴所含杂质）、塔器设备顶部脱除雾沫以及气液分离器的除雾等，为企业带来巨大的经济效益，已有数百项成功的工业应用。

第四节 微量杂质分离与脱除实例

一、电子级硫酸微量杂质脱除

电子级硫酸是半导体技术发展中不可或缺的关键高纯度化学试剂，广泛应用于半导体和超大型大规模集成电路的制备，也可用于硅片清洁和刻蚀，以有效去除晶片上的污染颗粒、无机残留物和碳沉积物。电子级硫酸的纯度和清洁度对电子元件的合格率和可靠性有很大影响。在加工过程中，硅片经常被各种杂质污染，这样会导致 IC 合格率下降至 50% 左右。硅片上的不溶性固体颗粒或金属离子可以在微小集成电路之间导电，并使其短路。几个金属离子或灰尘足以使线宽较小的 IC 报废。Na、Ca 等金属杂质会融进氧化膜中，导致耐绝缘电压下降。当硅片表面附着有 Cu、Fe、Cr、Ag 等重金属杂质时，会使 P-N 结耐电压性能降低，影响 IC 电性能。B、P、As 等杂质离子会损害扩散剂的扩散效果，粉尘颗粒会导致光刻缺陷和氧化层不均匀，影响制版质量和等离子刻蚀工艺。为了获得高质量、高产的集成电路芯片，必须设法除去各种微量杂质。这就需要使用非常纯净的化学试剂来清洗硅片，硫酸和过氧化氢结合形成高氧化性的硫酸过氧化物混合物（SPM）清洗液在 120 ～ 150℃下对硅片进行清洗时，可将金属氧化后溶于溶液中，并能把有机物氧化成 CO_2 和 H_2O。SPM 清洗液还可用于光刻过程中的湿法刻蚀及最终的去胶，借助于化学反应从硅片的表面除去固体物质，导致固体表面全部或局部溶解 [31]。

世界上能够规模化生产电子级硫酸的企业屈指可数。具体生产厂家例如德国 Merck 公司，美国的 Ashland 公司、Arch 公司及 Mallinckradt Baker 公司，日本的 Wako、Sumitomo 及 Mitsubishi 等，韩国主要有 Dongwoo、Dongjin Semichem 及 Samyoung 等公司。在技术层面，美国、德国、日本和韩国等目前正在量产符合 0.09 ～ 0.2μm 及以上技术要求的超净高纯试剂，电子级硫酸生产规模为 5000 ～ 10000t/a，65nm 及以下化学品的加工技术也已完成技术攻关并具备相应生产能力。

电子级硫酸的检测主要包括颗粒、金属杂质和非金属杂质的分析检测。颗粒分析采用激光散射法，激光散射颗粒分析仪用于测量单个颗粒通过窄光束时发出的散射光强度，较好地解决了气泡干扰的问题。金属离子检测主要采用石墨炉原子吸收光谱法（GFAAs）、等离子体发射光谱法（ICP）、电感耦合等离子体质谱法（ICP-MS）。其中，ICP-MS 法检测限最低可至 10^{-15}，动态线性范围最宽，分析精度高，速度快。随着亚微米和深亚微米 IC 技术的发展，对电子级硫酸的纯度要求越来越高，因此 ICP-MS 法将取代传统的无机分析技术，成为金属分析检测的主要手段。非金属杂质的分析检测主要是指阴离子试验，最常用的方法是离子色谱法。离子色谱是使用电导检测器对阳离子和阴离子的混合物进行痕量分析。在分析中，在分离柱之后串联了一个抑制柱，以减小移动相中电解质的背景电导率。电子级硫酸中的杂质离子 Cl^-、NO_3^-、PO_4^{3-} 使用电导检测器检测 [31]。

电子级硫酸主要的制备方法为精馏法、气体吸收法。

1．精馏法

工业硫酸一般是微黄色黏稠液体，其内含大量金属杂质离子和二氧化硫（SO_2）、亚硫酸根（SO_3^{2-}）、有机物等杂质。工业硫酸在精馏提纯前需要进行化学预处理，即在预处理槽中加入适量的强氧化剂（例如高锰酸钾、重铬酸钾等），使硫酸中的还原性杂质氧化成硫酸和二氧化碳，之后，再将处理后的硫酸加入石英精馏塔内进行精馏。由于金属杂质离子主要以硫酸盐的形式存在，硫酸盐的沸点很高，在精馏的过程中会和精馏残液一起留在塔釜，因此可以很容易地被除去。待精馏速度稳定后，收集成品于储罐内，再用微孔滤膜过滤，除去微细固体颗粒杂质，最后在超净工作台内分装成品，包装瓶需在超净条件下清洁，检测合格后方可使用[32]。

目前，中国电子级硫酸的生产一般采用精馏法，在常压下精馏的温度高达330℃，因此对设备材料要求较高；而减压精馏的温度为175～190℃，压力为1.33～2.67kPa。精馏法成本高，能耗较大，且有些杂质难以除去，产生的废气、酸雾对人体有害，不利于环境的保护，广泛应用于小规模生产[31]。

2. 气体吸收法

气体吸收法是将提纯后的三氧化硫直接用超纯水或超纯硫酸吸收。三氧化硫的提纯是产品达标的关键。气体吸收法工艺：首先，向发烟硫酸中添加适量的过氧化氢溶液，使其中的二氧化硫（含量应低于10mg/kg）氧化为三氧化硫。随后，将发烟硫酸加入到降膜蒸发器中，在90～130℃下蒸发，蒸发出来的三氧化硫气体经过除雾器，除去其中雾沫夹带的微量硫酸、亚硝酰硫酸，通入高度纯化的惰性气体。混合后进入吸收塔，用电子级超纯水或超纯硫酸直接吸收，冷却后即得到超纯硫酸产品。若最终产品达不到所要求的颗粒含量标准，可在进入吸收塔前进行1～3阶段过滤（滤膜孔径为0.1～1μm）。成品的超纯硫酸由特殊设计的管道送入氟聚合物衬里的储槽中。吸收过程产生的热量由特制管束式换热器收集[33,34]。

上海华谊微电子材料有限公司的詹家荣等[35]采用二次汽化来提升三氧化硫原料的纯度。用不同浓度的超纯硫酸循环精制纯化的三氧化硫，制备出超纯硫酸。其具体工艺流程为：首先，将5～20℃工业三氧化硫料液在0.1～0.15MPa压力下，通入圆形汽化器中；以2～5m^3/h空塔速度在40.55℃条件下进行汽化。控制冷却塔温度为0～10℃的条件下进行冷凝，冷凝液通入二级圆形汽化器中，温度控制在小于55℃的情况下进行二次汽化，得到纯化的三氧化硫气体。将纯化的三氧化硫气体通入循环吸收器中，通过质量分数为10%～50%、温度为0～10℃的稀硫酸吸收得到高浓度超纯硫酸。最终产品金属离子杂质质量分数低于1×10^{-10}，非金属杂质质量分数低于1×10^{-7}，大于0.5μm的颗粒数量低于5个/mL。

上海哈勃化工有限公司的毛俭勤等[36]发明了一种超纯化学品的生产方法，包括吸收、解吸、吸收反应、废气处理等4个过程。此法适合生产超纯硫酸、超纯盐酸、超纯氢氟酸等多种超纯化学品。其中，超纯硫酸的生产过程为：将原料SO_3输入到装有超纯水的吸收塔中，控制吸收塔的设备参数在0.05MPa、150℃，以形成含有大量游离SO_3的发烟硫酸。之后，输入到解吸塔，控制解吸塔的设备参数在 0.02MPa、250℃，使 SO_3 从发烟硫酸中以气相解吸，得到纯度极高的 SO_3 气体。最后进入产品吸收塔用超纯水吸收得到超纯硫酸。如果原料 SO_3 中含有对终端产品质量有影响的杂质，可在吸收塔前设置原料预处理器。如果产品达不到所要求的颗粒含量标准，可在产品吸收塔后加入相应的过滤器。最终产品超高纯度硫酸质量分数达到 99.9% 以上，阳离子杂质质量分数均低于 1×10^{-10}，阴离子杂质质量分数均低于 5×10^{-8}。

本书编著者团队通过导向筛板塔对工业硫酸进行提纯精制，导向筛板塔的塔顶有除雾器除去酸雾，侧线采出电子级硫酸，塔釜的物料很少。

国外主要采用气体吸收法来生产电子级硫酸，该法适合大规模工业化生产，杂质去除率高、产品质量稳定、能耗低，能充分满足半导体工业的需求。

二、电子级氢氟酸微量杂质脱除

电子级氢氟酸，属于半导体用湿电子化学品一类，应用于半导体、液晶显示器（LCD）面板和太阳能光伏三大领域[37]。国内企业攻克了多项关键技术难题，产品质量提升不少，特别是杂质离子的质量分数从 10×10^{-6} 以上降至 5×10^{-6} 以下，基本优于半导体设备安全准则 SEMI 标准 C8 要求。影响质量和成本的关键技术主要包括原料除杂、分离纯化、检测、调配工艺、副产物梯级利用、设备材料选择和生产环境洁净度控制等多个方面。目前国内外制备电子级氢氟酸的常用提纯技术有普通精馏、亚沸精馏、减压蒸馏、气体吸收技术。这些提纯技术各有优缺点，如亚沸精馏技术只能用于制备量少的产品，而普通精馏技术可以用于大规模的生产。接下来将对电子级氢氟酸生产中的关键技术进行详细的阐述。

电子级氢氟酸制备的主要原料是无水氟化氢（HF）和超纯水。无水氟化氢目前有两种制备工艺：一是萤石硫酸法；二是低品位氟硅酸与浓硫酸直接法或氟化物中间媒介法。无水氟化氢因制备工艺不同，产品所含杂质也不相同。对半导体芯片加工影响最大的杂质是金属离子和部分非金属离子（如砷、磷、硅、硼等）。其中金属离子属于快扩散物质，也是俘获中心，会严重影响元器件的可靠性和阈值电压，导致低击穿和缺陷；非金属杂质属于硅片中的浅能级杂质，有扩散作用，非金属杂质过量时会使硅片反型，影响电子和空穴数量。硅杂质主要以硅酸根的形式存在，易在等离子刻蚀工艺中生成二氧化硅，造成颗粒污染，并形成缺陷。

砷、磷、硅、硼等杂质离子的去除，应从避免引入二次污染以及去除效率最佳、成本最低考虑。磷杂质的存在形式主要为五氟化磷（沸点为 −84.6℃）和三氟化磷（沸点为 −101.8℃），在分离纯化时极易去除，可以通过提高无水氟化氢精馏制备过程的效率来降低系统除杂成本。硅杂质的存在形式主要是氟硅酸盐，最佳的去除方法是在去除微量砷杂质的过程中加入钡化合物，生成难溶的氟硅酸钡沉淀。硼杂质一般由超纯水引入，无水氟化氢引入的硼几乎为零，超纯水中的硼的去除通常采用特殊的除硼树脂。

电子级氢氟酸中脱除砷的方法[38]有硫化物法、电解法、离子交换法、氧化法等。其中硫化物法是利用含硫化物处理含有三价砷杂质的无水氟化氢，使砷离子以硫化砷的形式沉淀出来，再通过蒸馏或者过滤的方法将沉淀物分离出来，可得到高纯度的无水氟化氢[39]，其沉淀原理为：

$$2As^{3+} + 3S^{2-} \longrightarrow As_2S_3 \downarrow \tag{5-14}$$

Gumprecht[39]为使三价砷反应完全，使含有杂质的无水氟化氢与过量的可提供硫离子的含硫化物在 5 ～ 80℃下进行反应，而后通过过滤和精馏相结合的方式除去沉淀，使氟化氢中三氟化砷的质量分数从 1.164×10^{-3} 降至 3.700×10^{-5}，得到含砷量较低的无水氟化氢。硫化物法的缺点在于可能会引入新杂质硫离子。弗莱雷等[40]在电解池或者类似的装置中，对浸没于液相无水氟化氢的电极施加一定的直流电压，使挥发的三价砷杂质氧化为不挥发的五价砷化物，然后通过精馏或者过滤等过程除去氟化氢中的砷杂质，使氟化氢中的三氟化砷的质量分数从 4.40×10^{-4} 降至 7.70×10^{-6}，砷杂质减少 98%，得到纯度较高的无水氟化氢。其电解法的电化学原理为：

$$\begin{aligned} &As^{3+} - 2e^- \longrightarrow As^{5+}(\text{阳极}) \\ &2H^+ + 2e^- \longrightarrow H_2(\text{阴极}) \end{aligned} \tag{5-15}$$

其实验过程包括将工业无水氟化氢通入一种软钢制的电解槽中，以镍板为电极，以聚四氟乙烯板进行极间绝缘，控制电流密度为 $10mA/cm^2$，在 0 ～ 50℃下进行电解除杂。电解结束后，用精馏的方法将氟化氢从电解槽中提出来，收集高纯度无水氟化氢，再利用高纯水进行吸收得到电子级氢氟酸。电解法除砷的优点在于不引入外来杂质，而缺点是电解槽设备较复杂，精馏成本高，工艺比较难控制，最终使得电子级氢氟酸的收率较低。

Fernández-Olmo 等[41]通过离子交换法，降低工业级氢氟酸中的砷离子及其他微量杂质离子含量，得到电子级氢氟酸。为防止其他杂质的引入，其实验在洁净室中进行，所用的储罐材质是高密度聚乙烯，管道材质为聚四氟乙烯。实验的具体步骤为先把工业级氢氟酸用超纯水进行稀释，再使稀释后的氢氟酸依次经过装有强酸性树脂和弱碱性树脂的柱子进行离子交换，除去里面的阴、阳离子（主要包括 Al^{3+}、As^{3+}、B^{3+} 及PO_4^{3-}等）。ICP-MS（电感耦合等离子体质谱）分析结果表明，处理后的氢氟酸中的砷离子质量分数达到 5×10^{-9}。离子交换法处理工艺简单，操作方便，但由于离子交换树脂的局限性，不适用于高纯度电子级氢氟酸的制备，很难满足半导体行业的需求标准。

氧化法大致可分为高锰酸钾法和其他氧化法[42, 43]，一些研究通过向工业无水氟化氢中加入高锰酸钾、过硫酸铵中的一种或者组合，将工业原料中的三价砷离子转化为挥发度较小的五价砷离子，再经过精馏的方法除去杂质砷，以满足电子级氢氟酸的要求[42]。而其他氧化方法有 Boghean 等[43]报道的一种无水氟化氢的除砷方法，即在工业无水氟化氢中加入一定比例的钼和钼化合物及一种磷酸盐，作为氧化过程的催化剂，再用过氧化氢高效地将三价砷杂质氧化为难挥发的五价砷化合物（砷酸或砷酸盐），然后采用精馏的方法使混合物中的氟化氢汽化，冷却得到纯净的无水氟化氢，从而达到除去或降低无水氟化氢中砷含量的目的。此法相较于单纯用过氧化氢氧化，除砷效果更好，但在实验过程中引入了新的杂质。

何浩明等[44]报道了采用氟气氧化法，对无水氟化氢进行除砷。此法将汽化后的工业级无水氟化氢原料和氟气连续通入氟气氧化反应器，反应器上装有调节反应物料温度的冷却换热器及内装填料的吸收塔，通过循环泵将氟化氢不断送入吸收塔的顶部，使氟气和液态氟化氢逆流接触。整个反应过程在常压下进行，反应器温度控制在 0 ～ 20℃，使三价砷离子被氧化成五氧化砷、砷酸或砷酸盐。1kg 氟化氢需要 2g 氟气。五氟化砷通过脱氢组分过程被除去，砷酸和砷酸盐经过高沸精馏和水洗精馏进行去除，高沸精馏和水洗精馏都有塔顶冷凝器及物料循环泵。高沸精馏塔塔顶温度控制在 20℃，回流比为 1 ～ 3；水洗精馏分为洗涤段和精馏段，回流比控制在 2 ～ 4，塔的操作压力控制在 110kPa。最后除去砷离子，砷离子质量分数从提纯前的 3.0×10^{-6} 降至 1.0×10^{-9}。此法可用于连续生产，但氟气的来源及危险性制约了该方法在工业上的应用。

原料的高效除杂后续还需要在除杂剂的选择、工艺参数的完善以及除杂体系的优化等方面加大投入，这是制备电子级氢氟酸的前提。

1．分离纯化关键技术

电子级氢氟酸分离纯化的技术主要有普通精馏、亚沸精馏、减压蒸馏、离子交换、膜分离等，其中亚沸精馏一般适用于实验室制备，规模化生产一般采用减压蒸馏和普通精馏。其关键技术在于塔的数量以及塔的精准控制，塔的数量一般根据塔的直径、高度以及产能设计等确认，塔的控制应精准地控制温度、压力、物料量、气体流速等工艺参数。离子交换树脂的选择一般与生产地区的原水关系密切，原水中杂质离子的去除以及目标产物的质量决定离子交换树脂的型号和类别。膜处理技术比较成熟，高质量生产采用 0.2μm 和 0.1μm 两种膜，基本可以除去产品中的微米级颗粒，满足标准要求。若需进一步降低产品的颗粒数，可以在膜分离过程中再增加一级 0.05μm 的膜。

2．检测关键技术

电子级氢氟酸分析一般主要检测主含量、金属杂质离子、非金属杂质离子、颗粒数。主含量检测采用酸碱中和滴定法。痕量金属离子检测采用发射光谱法、原子吸收分光光度法、火焰发射光谱法、石墨炉原子吸收光谱法、电感耦合等离子体发射光谱法（ICP）、电感耦合等离子体质谱法（ICP-MS）等一种或多种组合，其中 ICP-MS 法是电子级氢氟酸中金属杂质分析测试的主要手段 [45]。非金属离子的检测最常用的方法是离子色谱法，颗粒数检测主要采用颗粒计数仪。

3．调配工艺关键技术

电子级氢氟酸制备中的调配主要是将经检测合格的产品与超纯水进行调配的过程，是满足下游用户对产品性能要求的关键工艺技术之一。其核心在于调配后产品的浓度和杂质含量以及调配过程造成的纯化品无水氟化氢质量的损失。采用高效、高混合、高纯度材质的调配装置是前提，采用智能化、信息化的仪表控制系统是保障，工艺过程的温度、压力、流量、配比以及排气量等都是关键控制指标，每一个指标都关乎调配的结果。

三、电子级四氟化碳微量杂质脱除

四氟化碳（carbon tetrafluoride），又称四氟甲烷（CF_4）。四氟化碳主要应用于电子器件表面清洗、刻蚀、高压电器气相绝缘、低温制冷、金属冶炼和塑料行业等领域。尤其是在半导体领域，电子级四氟化碳与氧气、六氟化硫和氮气的混合气体经过高压电离生成高能态的氟的工艺，广泛应用于氮化硅、硅、二氧化硅、磷硅玻璃及钨薄膜材料的刻蚀。对于硅和二氧化硅体系，采用 CF_4-H_2 反应进行离子刻蚀时，通过调节两种气体的比例，最终可以获得 45 : 1 的选择性，此比例在刻蚀多晶硅栅极上的二氧化硅薄膜时效果良好。烷烃直接氟化法、氟氯甲烷氟化法、氢氟甲烷氟化法、氟碳直接合成法是工业上制备四氟化碳的主要方法 [46]。

通过合成反应制得的四氟化碳粗气中含有一定的杂质，为了将纯度提高至 99.999%（5N 级）以上，达到电子工业的四氟化碳指标要求，还需对四氟化碳粗气进行纯化精制。工业上常用的精制纯化方法有以下几种 [47]。

1．吸附法

昭和电工株式会社专利 [48]，通过吸附法提纯四氟化碳。其工艺是在 −50 ～ 50℃下，采用沸石或含碳吸附剂纯化四氟化碳，吸附剂平均孔径在（0.35 ～ 1.1）× 10^{-9}m，n(Si/Al)≤1.5，该工艺能将四氟化碳（CF_4）中的一氧化碳（CO）、二氧化碳（CO_2）、有机烃、氟代烃等杂质的质量分数降至 2×10^{-6} 以下，这样制得的四氟化碳的纯度可达 99.9997% 以上。通过吸附法对混合物进行分离纯化，工艺比较成熟，但对于复杂混合物的分离，工艺复杂，吸附剂不好选择，且需要进行多重吸附，产物回收率比较低。

2．膜分离法

法国液化空气公司专利[49]，采用膜分离去除四氟化碳中的杂质，该法通过膜分离与吸附耦合，最终制得一定纯度的四氟化碳产品。含三氟化氮、三氟甲烷、氮气和六氟化硫等微量杂质的四氟化碳在特定条件下与特制的气体分离膜接触，得到富含六氟化硫的四氟化碳保留组分，然后，利用吸附剂去除六氟化硫，制得高纯度四氟化碳产品。气体分离膜还可用其他杂质渗透膜代替，如玻璃态聚合膜、复合气体分离膜等。膜分离后，保留组分的体积分数分别为四氟化碳60% ～ 99%、六氟化硫 0.5% ～ 4% 及少量其他杂质。采用膜分离方法，只能除去部分杂质，如果要分离得到电子级的气体，还需要结合其他方法进一步提纯且价格昂贵。

3．催化反应法

催化反应法主要针对四氟化碳气体中存在的一些不易分离去除但具有反应活性的杂质进行深度去除。张金彪等[50]采用催化反应法在催化剂作用下去除四氟化碳中的三氟化氮，四氟化碳中的三氟化氮与活性金属发生氟化反应，反应生成金属氟化物和氮气，从而实现将四氟化碳中微量三氟化氮去除。通过此工艺，能将四氟化碳中三氟化氮的体积分数降低到 1.0×10^{-6} 以内，最低可达到 0.1×10^{-6}。

4．低温精馏法

目前低温精馏技术是一种较为常用的分离、纯化手段，低温精馏技术具有工艺成熟、产品纯度高、适应面广等特点。

陈光华等[51]通过氟气与活性炭反应制得四氟化碳粗气。首先，通过水洗去除氟气、氟化氢等水溶性杂质，再经碱洗，深度去除微量的 CO_2、HF 等酸性杂质，再经干燥吸附去除水分、微量 HF、CO、CO_2、C_2F_6 和其他氟碳类微量杂质，然后通过低温精馏分离去除剩余的 O_2、N_2 和其他微量杂质，最终制得产品的纯度可达到 99.995%。

桂思祥等[52]将含有微量 H_2、N_2、C_2F_6、CO_2、CO、SF_6、C_3F_8、H_2O 杂质的四氟化碳气体充入闪蒸塔中。首先，降温抽真空去除四氟化碳气体中的一部分杂质，再在 0.1 ～ 1.0MPa 下将闪蒸塔内温度升高，蒸出四氟化碳粗品中残留的总质量分数低于 5×10^{-6} 的杂质，最后，在 1.0 ～ 5.0MPa 压力下将气体通过吸附器，最终产品四氟化碳纯度可达 99.9995%。

李中元[53]采用共沸精馏去除四氟化碳中的三氟化氮。首先，粗四氟化碳气体进入第一级精馏塔，经纯化后，去除三氟化氮的四氟化碳进入膜分离器，膜分离器将液体分为 2 份，其中富含 HCl 的流股最后循环回到第一级精馏塔，富含四氟化碳的流股被送入第二级精馏塔进行精制，从第二级精馏塔塔釜制备高纯度四氟化碳产品。此工艺通过加入共沸物，从而改变四氟化碳和三氟化氮的相对挥发度，产品四氟化碳的最终纯度可达 99.999%。

除了上述三种方法外，吸附 - 低温精馏法用于生产高纯度四氟化碳也是可能的[54]，这是因为四氟化碳与微量杂质间沸点相差较大，又不形成共沸，因此吸附法能将原料气中的极性杂质除去，且低温精馏完全可将空气除去。

参考文献

[1] 杨昀．微电子工业对超净高纯化学品的质量要求 [J]．云南化工，2009, 36(5): 35-42.

[2] 穆启道．我国超净高纯试剂市场需求及产业化前景 [J]．精细与专用化学品，2008, 16(23): 18-22.

[3] 欧阳贻德，唐正姣，王存文，等．电子级磷酸的制备与研究进展 [J]．现代化工，2009, 29(3): 22-26.

[4] 穆启道．超净高纯试剂的现状、应用、制备及配套技术 [J]．化学试剂，2002 (3): 142-145.

[5] 贾楷．微电子化学试剂 [J]．上海化工，2002, 27(21): 22-24, 28.

[6] 沈哲瑜．超大规模集成电路的重要支撑材料：超净高纯试剂 [J]．中国集成电路，2008, 17(3): 70-73.

[7] 韩金永．微电子化学品的应用和发展趋势 [J]．精细与专用化学品，2004, 12(7): 1-2,6.

[8] 葛继三，何禄宽，董素娟．当前我国微电子工业对超净高纯试剂的质量要求 [J]．半导体技术，1998, 23(4): 8-9.

[9] Yang R T. 吸附剂原理与应用 [M]．马丽萍，宁平，田森林，译．北京：高等教育出版社，2010.

[10] 郭凯晴．环糊精 MOFs 及多孔碳材料吸附分离纯化天然气研究 [D]．杭州：浙江大学，2021.

[11] 王佳伟．超微孔金属——有机框架材料在轻烃吸附分离中的应用基础研究 [D]．杭州：浙江大学，2018.

[12] 董新艳，任其龙，杨亦文，等．天然生育酚中痕量多环芳烃脱除工艺的研究 [J]．中国油脂，2008, 33(1): 43-46.

[13] 王子宗．石油化工设计手册：第三卷　化工单元过程（下）[M]．北京：化学工业出版社，2015.

[14] 徐兴雨．膜分离技术及其应用的研究进展 [J]．赤峰学院学报（自然科学版）, 2013, 29(19): 41-43.

[15] 张庆勇，白占良．陶瓷微滤膜的制备技术与应用 [J]．现代技术陶瓷，2003, 24(2): 22-25.

[16] 何明，尹国强，王品．微滤膜分离技术的应用进展 [J]．广州化工，2009, 37(6): 35-37.

[17] 邹为和，刘海涛．超滤（UF）在补给水处理系统中的应用 [J]．山东电力技术，2002 (5): 52-53, 61.

[18] 段学华，何立红．超滤技术在废水处理中的应用 [J]．环境科技，2010, 23(A01): 36-39.

[19] 王薇，杜启云．纳滤技术用于垃圾渗滤液深度处理 [J]．水处理技术，2009，35(11):72-74.

[20] 周军，叶长明，徐驷蛟，等．电渗析技术在工业废水处理中应用的研究 [J]．通用机械，2007(7): 33-37.

[21] 华河林，吴光夏，刘锴，等．电渗析技术的新进展 [J]．环境污染治理技术与设备，2001(3):44-47.

[22] 范益群，漆虹，徐南平．多孔陶瓷制备技术研究进展 [J]．化工学报，2003,64（1）: 107-115.

[23] 景文珩，汪朝晖，徐南平，等．吸附 - 陶瓷膜集成技术在高纯过氧化氢生产中的应用研究 [J]．南京化工大学学报（自然科学版）, 2000, 22(2): 28-33.

[24] 孙凤珍，董谊仁．塔设备除雾技术 [J]．化工生产与技术，2000, 7(2): 6-11.

[25] Perry R H，Green D W. Perry's chemical engineers' handbook[M]. 9th ed. New York: McGraw-Hill，2018.

[26] Holmes T L, Chen G K. Design and selection of spray/mist elimination equipment[J]. Chemical Engineering, 1984, 91(21): 82-89.

[27] Capps R W, Matelli G N, Bradford M L. Reduce oil and grease content in wastewater[J]. Hydrocarbon

Processing, 1993, 72(6): 102-110.

[28] Fabian P, Cusack R, Hennessey P, et al. Demystifying the selection of mist eliminators[J]. Chemical Engineering, 1993, 100(11): 148-156.

[29] Monat J P, Mcnulty K J, Michelson I S, et al. Accurate evaluation of chevron mist eliminators[J]. Chemical Engineering Progress, 1986, 82(12): 32-39.

[30] Fabian P, Boles G, Cusack R. 新一代硫酸装置干吸塔除雾器的选择 [J]. 硫酸工业，2008,214(2):32-40.

[31] 曹攀，李天祥，朱静. 电子级硫酸制备工艺及发展现状 [J]. 无机盐工业，2012, 44(3): 8-11.

[32] 王大全. 精细化工生产流程图解：二部 [M]. 北京：化学工业出版社，1997.

[33] Ziegenbalg S, Haake G, Geiler G. Process for the production of pure aluminum oxide[P]. US 4244928. 1981-01-13.

[34] Akira M. Process for producing high-purity sulfuric acid[P]. US 5711928A. 1998-01-27.

[35] 詹家荣，杨光，汤剑波. 超纯硫酸的制备方法 [P]. CN 101891161A. 2010-11-24.

[36] 毛俭勤，毛清龙，孙宏华，等. 一种超纯化学品的生成方法 [P]. CN 1151861C. 2004-06-02.

[37] 张小霞. 电子级氢氟酸制备关键技术分析 [J]. 磷肥与复肥，2021, 36(5): 27-29.

[38] 刘少祯，杨亚琴，魏磊，等. 电子级氢氟酸制备过程中杂质砷的去除 [J]. 化学推进剂与高分子材料，2014, 12(5): 56-58.

[39] Gumprecht W H. Process for purifying hydrogen fluoride[P]. US 4990320A. 1991-02-05.

[40] 弗朗西斯科 • J. 弗莱雷，约恩 • L. 豪厄尔，凯 • L. 莫茨，等. 氟化氢的提纯方法 [P]. CN 1054574. 1991-09-18.

[41] Fernández-Olmo I, Fernández J, Irabien A. Purification of dilute hydrofluoric acid by commercial ion exchange resins [J]. Separation and Purification Technology, 2007, 56(1): 118-125.

[42] 肖定军，陈旭波，谭泽，等. 电子级高纯氢氟酸的制备方法 [P]. CN 101597032. 2009-12-09.

[43] Boghean B J, Subbanna S N, Redmon C L, et al. Manufacture of high purity low arsenic anhydrous hydrogen fluoride[P]. US 4929435A. 1990-05-29.

[44] 何浩明，杨长生，解田，等. 一种制备电子级氢氟酸的方法 [P]. CN 102320573B. 2013-04-03.

[45] 赵学军，张鹏，王玉成. 电子级氢氟酸技术发展分析 [J]. 氯碱工业，2018, 54(6): 26-27, 39.

[46] 陈鸿昌. 四氟化碳生产技术与市场 [J]. 化工生产与技术，2010, 17(5): 21-25, 69-70.

[47] 黄晓磊. 高纯度四氟化碳制备和纯化工艺研究 [D]. 郑州：郑州大学，2016.

[48] 大野博基，大井敏夫. 提纯四氟甲烷的方法及其应用 [P]. CN 1268592C. 2006-08-09.

[49] Li Y. Separation of CF_4 and C_2F_6 from a perfluorocompound mixture[P]. US 06187077B1. 2001-02-13.

[50] 张金彪，吴旭飞，袁胜芳，等. 一种四氟化碳中微量三氟化氮的去除工艺 [P]. CN 104548927A. 2015-04-29.

[51] 陈光华，倪志强. 制备高纯四氟化碳气体的方法及设备 [P]. CN 101298318. 2008-11-05.

[52] 桂思祥，李忠灿，唐忠福，等. 一种四氟化碳的纯化方法 [P]. CN 101863734B. 2012-01-04.

[53] 李中元. 一种制备高纯四氟化碳的方法 [P]. CN 102516018A. 2012-06-27.

[54] 孙福楠，冯庆祥. 吸附 - 低温精馏法生产高纯四氟化碳的探讨 [J]. 低温与特气，1996 (4): 39-41.

第六章

特殊精馏及精馏耦合技术

第一节　萃取精馏　/ 166

第二节　共沸精馏　/ 171

第三节　反应精馏　/ 177

第四节　精馏 – 结晶耦合技术　/ 184

第五节　精馏 – 膜分离耦合技术　/ 194

精馏技术有着产品分离纯度高、产量大、处理操作弹性大等优点，可以完成不同沸点物系的分离，在现代化学、石化工业中有较广泛的应用。然而，在实际的生产当中，存在许多非理想的物系，例如分子与分子间存在共沸、相对挥发度较小等，从而导致精馏产品纯度不高、精馏操作耗能较大等问题。对于这类物质分离困难的问题，可以采取萃取精馏、共沸精馏、变压精馏，以及精馏技术与其他分离技术耦合的方法，开发新的分离技术，使各种分离提纯技术发挥其特点，特长与优点综合运用，以实现节能降耗、提质增效。

第一节 萃取精馏

化工生产中常常有分离组分间的相对挥发度接近于 1 或形成共沸物的体系，普通精馏无法完全分离，在经济上也不合理。若在这类物系中新添加一种组分来改变它们的相对挥发度，使得体系易于分离，这种加入分离剂的精馏过程称为特殊精馏。若加入的新组分不会与原来系统中任何一种组分形成共沸物，并且其沸点又比原组分高，从塔釜离开精馏塔，这类特殊精馏称为萃取精馏。

萃取精馏是在 19 世纪 30 年代提出的，根据操作方式不同可分为三种：连续型、间歇型和半连续型。连续型萃取精馏一般由两个精馏塔构成，萃取剂在第一精馏塔（萃取精馏塔）的精馏段上部加入，与混合物料逆流接触实现共沸物的分离，在第一精馏塔的顶部得到合格的产品。第二精馏塔（溶剂回收塔）的作用是完成萃取剂回收，回收后的萃取剂经冷却后循环回第一精馏塔。

与连续萃取精馏相比，间歇萃取精馏用于将组成含量经常变化的混合物分离为几种产品。将待分离物系与溶剂同时送入塔釜，不同的回流时间从塔顶得到不同的产品。间歇萃取精馏和半连续萃取精馏的区别在于萃取剂的进料位置，前者为再沸器进料，后者从塔顶或塔中部进料。

一、萃取精馏原理

萃取精馏是通过引入第三种沸点较高的夹带剂，在与共沸物逆流接触的过程中，打破原体系中的共沸现象并改变待分离共沸物系的相对挥发度，实现共沸物分离目标的过程。

当进行连续萃取精馏操作时，添加和回收轻组分（A）、重组分（B）和萃取剂

（S）的过程都是不间断进行的，如图 6-1 所示。可共沸的混合物料（A+B）在萃取精馏塔中部连续加入，而沸点较高的萃取剂（S）通常从萃取精馏塔的精馏段上部进入，并以固定的溶剂比连续加入。分离提纯后的轻组分（A）从萃取精馏塔塔顶采出，塔釜混合物料随后进入溶剂回收塔内。在溶剂回收塔中，重组分（B）由其顶部馏出，底部为纯度较高、可以回收再循环使用的萃取剂（S）。塔釜的萃取剂与补充的新鲜萃取剂混合后，返回萃取精馏塔中上部，从而达到循环再使用的目的。

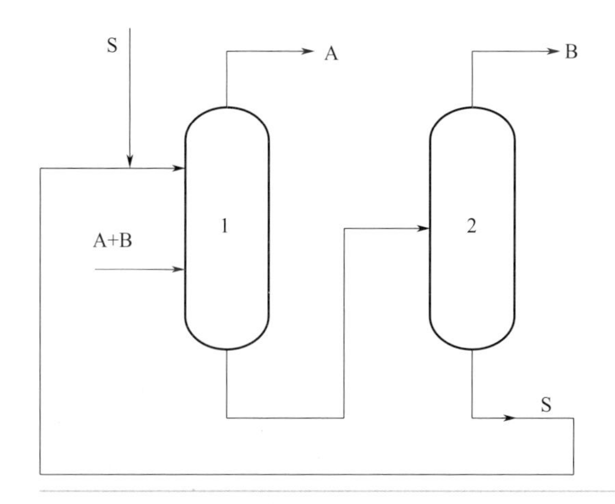

图6-1
连续萃取精馏流程图

连续萃取精馏过程的特点在于其生产过程不容易变动，分离后产物的组成相对稳定。但是连续萃取精馏过程有其相应的缺点，即萃取剂消耗量大，并且还必备溶剂回收塔，二者导致连续萃取精馏过程的操作费用和设备费用有所增加。

二、萃取剂的选择

萃取剂的选择也是关乎萃取精馏能否顺利进行的重要因素。萃取精馏会消耗大量能量，因此选择具有高选择性的萃取剂对于确保经济运行并降低年度总费用至关重要，选取的萃取剂一般应基本符合下述几个条件：

① 良好的选择性，即投入的萃取剂可很好地改变待分离混合物的相对挥发度，使其能够分离开来；

② 良好的稳定性，即在萃取精馏操作中，确保本身的化学及物理特性不变，且不与待分离混合物产生反应与转变；

③ 较低的黏度，即保证正常的物料输送，同时能够达到良好的传热与传质效果；

④ 较高的沸点，即易于从溶剂回收塔中回收利用，一般情况下，若萃取剂沸点高于原组分沸点 50℃，将不存在共沸的可能；

⑤ 尽量无毒、无腐蚀性、廉价易得。

实际上，一种溶剂很难满足以上全部的条件，这就需要从多方面考虑，权衡需要和利弊做出选择。

萃取精馏萃取剂的类型包括两类：单一溶剂和混合溶剂。单一溶剂是采用单一化合物作为萃取剂，混合溶剂是采用两种及以上的化合物作为萃取剂。采用单一溶剂作为萃取剂的研究比较深入和广泛，但是单一溶剂的溶解性和选择性之间存在矛盾，因此，混合溶剂的研究开始受到了人们的重视。研究证明混合溶剂具有可行性，并且效果良好。混合溶剂在萃取剂的基础上加入了一种或多种化合物，新加入的化合物称为辅助萃取剂，进而在保证原萃取剂选择性的前提下改善其溶解性。

经研究发现，混合溶剂的选择性不仅与主萃取剂和辅助萃取剂类型有关，还与二者配比有关系。目前还没有比较系统的理论和方法来指导辅助萃取剂的选择，现今研究仍要根据实验数据和经验进行选择。

另外，往萃取剂中加入某些盐类亦可增大萃取剂的选择性，即采用加盐精馏的方法。盐效应的原理是在原平衡体系中加入非挥发性的盐，改变混合物沸点和组分间的互溶度，从而使各组分分子的相互作用力发生改变，进而改变相对挥发度。

乙腈 - 水体系在常压下存在共沸点，需要加入乙二醇作为萃取剂才能完成高纯度分离。在该体系中加入氯化钙，结果表明加氯化钙萃取精馏效果要明显好于不加氯化钙的情况。总体来说，加盐精馏效果更好一些，但是，加盐萃取精馏也存在盐腐蚀设备等不利情况，所以，是否采用加盐精馏的方法也要根据具体情况而定。

三、萃取剂的筛选方法

萃取精馏中，萃取剂的选择十分重要，国内外学者对这一课题进行了大量的研究，但因萃取精馏过程的复杂性，至今仍没有一套十分完善的萃取剂筛选理论和方法。学者们经过多年研究，提出了实验法、经验筛选法、活度系数法，随着计算机的飞速发展，兴起了一类计算机优化设计法。

1. 实验法

实验法是萃取剂筛选中最传统的方法，主要是通过实验测定在萃取剂作用下物系组分的气液相平衡，根据相平衡数据来筛选萃取剂，是比较准确可靠的方法，且可根据气液相平衡数据直观地看到萃取剂的效果。但是测定气液相平衡对仪器要求高，且操作费时，尤其是筛选多个萃取剂时需要大量时间，工作量大。测定气液相平衡的方法如下：实验法的主要设备为气液相平衡釜，将共沸物系和萃取剂加入气液相平衡釜，待系统稳定后分别测定气相和液相组成，此时测得一组气液相平衡数据，改变液相组成，等到系统稳定后再次测定一组数据，如此测得若干数据。测定多个萃取剂下的气液相平衡数据即可得到最佳萃取剂。此方法虽然比较费时，但是筛选结果最为准确，因此实验法在科学研究中应用广泛。

2．经验筛选法

经验筛选法一般可以粗略筛选出一定范围的化学试剂作为萃取剂。萃取剂之所以能够改变待分离物系的相对挥发度，就是因为其与各个分子间的作用力不同，具体就表现在对拉乌尔定律的偏差上。因此，经验筛选法利用萃取剂与待分离物系形成的混合溶液对拉乌尔定律产生偏差的原理，完成对萃取剂的筛选。

现在应用较多的经验筛选法有 Ewell-Harris-Berg（EHB）法和 Robbins 表法。EHB 法研究了液体分子间作用力，认为分子间作用力主要为氢键，并将有机物按分子间氢键的电势强弱分为五类，从而研究有机物混合时对拉乌尔定律的偏差。Robbins 将有机物分为氢给出体、氢接受体和无氢键能力三类，并将它们之间互相混合后对拉乌尔定律的偏差用表格列了出来。这两种方法表示的结果是相同的，即如果萃取剂与待分离组分形成的二元混合物对拉乌尔定律的偏差相差较大，就可以使用这种化合物作为该物系萃取精馏过程的萃取剂。

3．活度系数法

活度系数法是通过计算待分离物系中各组分在萃取剂中的活度系数，进而推算出萃取剂对各组分的选择性的一种方法，其包括无限稀释活度系数法和有限活度系数法。

无限稀释活度系数法是指利用简单的经验公式预测待分离组分在萃取剂中无限稀释情况下的活度系数，再计算得到无限稀释的相对挥发度，从而选择合适的萃取剂。

常见的有限活度系数法有溶解度参数法、ASOG (analytical solutions of groups) 基团解析法、UNIFAC 基团解析法等，其中 UNIFAC 法应用最为广泛。然而，由于它的基本假定中认为同一基团在不同溶液中所做贡献完全相同是不存在的，因此它并不是一种准确计算而是一种估算。

萃取剂选择性可分为局部组合选择性和局部剩余选择性两个部分，其中局部剩余选择性大，所以溶剂选择性主要取决于局部剩余选择性。在进行萃取剂的选择时，可以使用 UNIFAC 法的相互作用参数表作为指导，选择合适的萃取剂。

4．计算机优化设计法

目前比较有代表性的计算机优化设计法有计算机辅助分子设计法（CAMD 法）和人工神经网络法（ANN 法）。

CAMD 法是一种借助计算机预测化合物性质的方法，它将不同的结构基团组合形成一个化合物数据库，然后按照某种算法从中筛选出符合要求的目标化合物，选定萃取剂。值得注意的是这些目标化合物中，有一些是符合算法计算要求但可能不存在的物质。

ANN 法是一种新型信息处理和计算系统，它依据现代神经科学技术，运用计算机对生物神经的结构和功能进行数学抽象模拟计算。ANN 法作为人工智能的一个分支，具有一定的自学能力，在解决化学和化工问题方面展现出了一定能力和优势。因为现今使用的数据库不够完善，ANN 法目前还处于初级理论研究阶段。

四、萃取精馏的工业应用

1．萃取精馏在聚乙烯醇生产中的应用

聚乙烯醇（PVA）生产过程中的聚合工段精馏二塔，简称聚合二塔（T2）。其目的是将原料（来源于聚合工段精馏一塔馏出液）中乙酸乙烯酯与甲醇分离。乙酸乙烯酯与甲醇在常压下形成共沸体系，普通精馏难以将其分离。采用萃取精馏对某 PVA 工厂 T2 进行工业改造，以水作为萃取剂在塔顶加入，改变乙酸乙烯酯对甲醇的相对挥发度，破坏其共沸组成，以达到分离乙酸乙烯酯 - 甲醇共沸体系的目的。T2 经过改造，在实际工业应用中达到了更好的效果，塔釜液中甲醇含量的提高使得萃取剂的加入量大大减少。萃取剂水加入 T2 后，塔釜由水蒸气为再沸器供热，各物料在塔内达到气液相平衡。2019 年共计节省蒸汽 6.48 万吨，节省循环水 194.4 万吨，节省电力 1380 万千瓦时。

2．萃取精馏在异戊二烯生产中的应用 [1]

兰州石化公司异戊二烯抽提及双环戊二烯（DCPD）分离中试装置于 2006 年建成，为了节省试验装置一次投资费用，试验装置采用部分连续、部分间歇的方案。采用乙腈作为萃取剂，从塔顶加入，改变异戊二烯对其他组分的相对挥发度，破坏其共沸组成，以实现异戊二烯高纯度分离的目的。流程共设置 4 台相同规格的 *DN*400mm 的填料塔，其中 T1、T4 两台塔为独立塔，在试验中作为 DCPD 与 C_5 分离塔、乙腈解吸塔使用。T2、T3 两台塔串联使用，在试验中作为第一萃取精馏塔、第二萃取精馏塔使用。

在预分离后得到的碳五馏分中加入萃取剂乙腈，在第一萃取精馏塔中使异戊二烯与碳五烷烃、单烯烃进行分离，塔釜得到饱和异戊二烯与乙腈的混合物，随后进入解吸塔进行萃取剂与异戊二烯的分离，解吸塔塔顶得到粗异戊二烯，塔釜得到的乙腈循环利用。

在第一萃取精馏塔精馏、解吸后得到的粗异戊二烯中加入萃取剂乙腈进行萃取精馏，在第二萃取精馏塔中使异戊二烯与炔烃、环戊二烯（双环戊二烯）进行分离，精馏塔塔顶得到含少量萃取剂的合格异戊二烯产品，塔釜得到饱和炔烃与乙腈的混合物，进入解吸塔进行溶剂、溶质的分离，分离所得的乙腈循环利用。

第二节
共沸精馏

共沸精馏是指在待分离体系混合物中加入一种或多种可以改变体系中某组分的相对挥发度、与待分离体系中某一种或多种组分形成共沸物的共沸剂（夹带剂）的精馏方法。

一、共沸精馏的分类

按照形成共沸物的状态可将共沸精馏分成均相共沸精馏与非均相共沸精馏两种。均相共沸精馏指的是共沸剂与体系内某组分或多组分形成均相共沸物，而非均相共沸精馏则是共沸剂与体系内某组分或多组分形成非均相共沸物。

均相共沸精馏要求共沸剂能和体系中的某一组分形成均相最低沸点或最高沸点共沸物，在塔顶或塔釜能够得到共沸组分，然后应用其他分离手段完成后续的分离。由于后续分离对共沸剂要求很高，因此实现工业应用较为困难。

非均相共沸精馏要求共沸剂至少与待分离体系中的某一组分形成非均相最低共沸混合物，使共沸组成能够以塔顶蒸气形式得到，塔顶共沸气相冷凝成液态后进入分相器进行液液分相分离。在分相器得到不互溶的两相后，富含共沸剂的液相由泵送回共沸精馏塔中，另一相则进入后续分离塔。在后续分离塔塔釜得到另一产品的纯物质，塔顶得到的含有共沸剂的产品则视其组成而决定回流到分相器或者共沸精馏塔中。由于分相器内的两层液相分别属于不同的精馏区域，因此体系原来的精馏界限便被跨过从而实现体系的分离。图 6-2 是一个非均相共沸精馏的常规流程图。

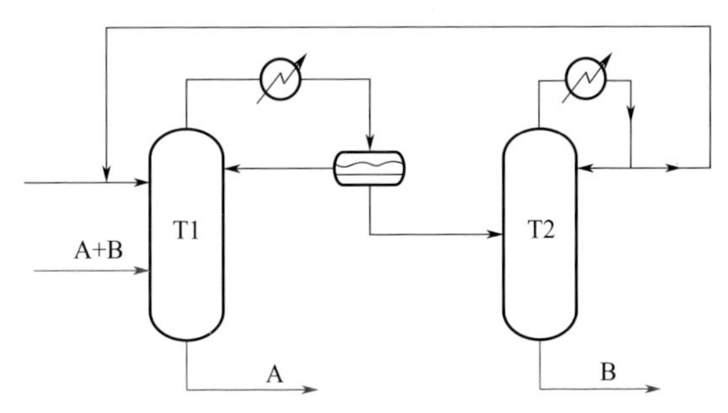

图6-2　非均相共沸精馏的常规流程

虽然非均相共沸精馏在工业上应用广泛，但由于加入的是沸点较低的共沸剂，造成共沸剂以气态形式从塔顶蒸出，消耗的汽化热较多，能耗较大。另外在设计非均相共沸精馏流程时会存在多重稳态现象，造成模拟计算收敛困难，给非均相共沸精馏塔的设计、模拟与控制系统的设计带来挑战。

二、共沸精馏的原理

共沸产生的原因在于溶液中各组分分子间的相互作用力，主要是氢键作用的差异，这种作用力导致待分离溶液体系与理想溶液之间出现一定的偏差，从而形成了共沸物。若混合物产生最大负偏差，则混合物会形成最高沸点共沸物，而产生最大正偏差则形成最低沸点共沸物。当溶液中两组分沸点相近，而化学结构又不相似相溶时，则易形成共沸物。根据拉乌尔定律（若不考虑气相逸度校正）：

$$py_i = \gamma_i x_i p_i^{\mathrm{sat}} \tag{6-1}$$

相对挥发度定义式：

$$\alpha_{12} = \frac{\dfrac{y_1}{x_1}}{\dfrac{y_2}{x_2}} \tag{6-2}$$

两组分能否形成共沸物最基本的判别方法是组分间的相对挥发度等于 1。

任意二元体系形成共沸物的判别式为：

$$\alpha_{12} = \frac{\gamma_1 p_1^{\mathrm{sat}}}{\gamma_2 p_2^{\mathrm{sat}}} = 1 \tag{6-3}$$

即

$$\frac{\gamma_1}{\gamma_2} = \frac{p_2^{\mathrm{sat}}}{p_1^{\mathrm{sat}}} \tag{6-4}$$

式中，p_i^{sat}为组分在系统操作条件下纯组分的饱和蒸气压；γ 为组分在液相中的活度系数。

由式（6-4）可知，共沸物产生的条件为饱和蒸气压之比与活度系数之比为倒数关系。若已知溶液各组分的活度系数与组成的函数关系式以及饱和蒸气压与温度的函数关系式，就可确定在操作条件下能否形成共沸物以及该共沸条件下的共沸组成。

当精馏分离存在共沸物的体系时，其结果主要受物系的性质、物料各组分的相对含量以及操作条件等影响。研究物系的气液相平衡关系，能有效分析出该系统共沸精馏的过程。

通过普通精馏难以实现的共沸体系分离，必须通过改变体系的气液相平衡，破除共沸或移动共沸点才能实现。一种方法是通过改变压力使组分相对挥发度改变，从而改变共沸组成，甚至破除共沸；另一种方法是加入第三组分，破坏原有的气液相平衡，如在乙醇-水共沸体系中加入共沸剂环己烷，体系中得到环己烷-乙醇-水三元共沸物，共沸物从塔顶离开，该三元共沸剂在常温常压下可以自动分为液液两相，在塔釜得到无水乙醇。图6-3为三元体系三角形相图，三角形相图内曲线为三元混合物存在时的溶解度曲线，曲线以下为两相共存区，曲线以上为均相区。

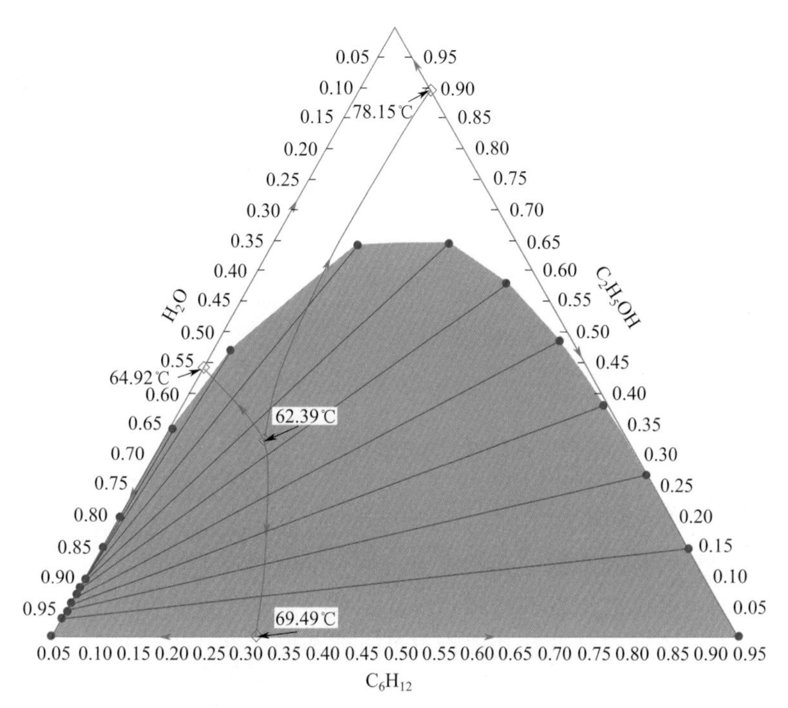

图6-3　101.325kPa下环己烷-乙醇-水三元体系相图

三、残余曲线图

残余曲线图首先是由Schreinemakes在21世纪初提出和使用的，现已成为共沸精馏和常规蒸馏过程中重要的辅助设计工具。共沸精馏过程的设计主要包括三个步骤：选择合适的共沸剂；寻找可能的共沸精馏塔序列；设计和优化精馏塔序列。用残余曲线图可以快捷地完成前两个步骤的工作，从而简化设计[2]。

1．残余曲线的基本概述

残余曲线原先指的是在无回流简单蒸馏过程中塔釜浓度随时间的变化轨迹，也对应于无限高塔的情况下全回流操作时沿塔高方向的液相浓度分布。

如图6-4所示，在一简单蒸馏釜中加入某组成的液体，然后进行无回流加热，随时分析塔釜液的组成，直至釜液蒸干为止，则残留液相组成变化的轨迹即为残余曲线。以异丙醇 - 甲醇 - 水体系为例，相应的残余曲线图如图 6-5 所示。

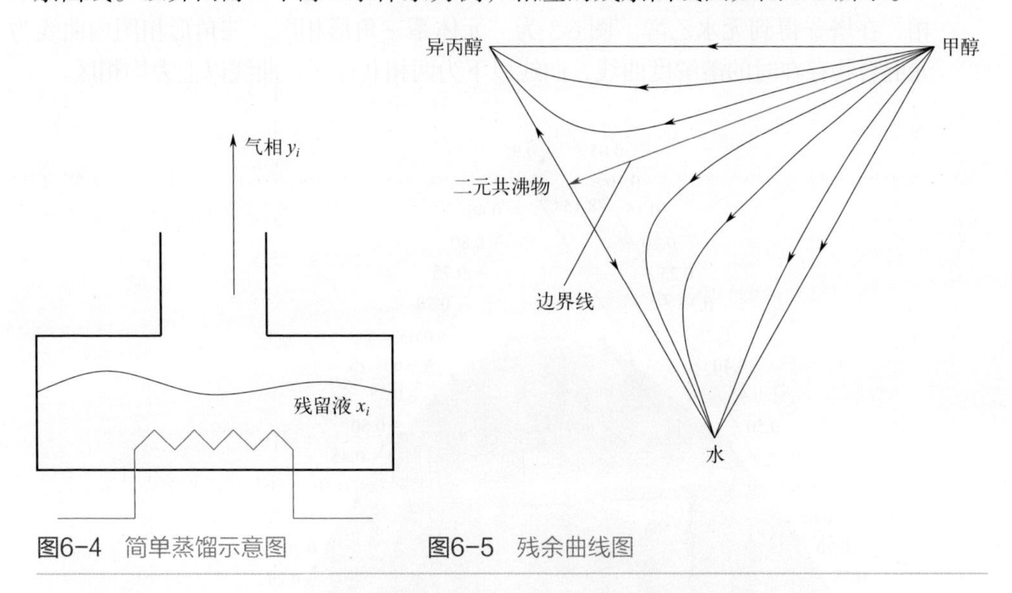

图6-4 简单蒸馏示意图　　图6-5 残余曲线图

由图 6-5 可以看出，如果从不同的初始原料组成开始蒸馏，釜内液相组成沿各自残余曲线趋向异丙醇和水的二元共沸点。残余曲线具有方向性，箭头指向温度升高的方向，即由低沸点出发到高沸点终止。残余曲线的起点和终点只能是纯组分点或共沸物点，除纯组分点和共沸物点外，残余曲线彼此不能相交。

残余曲线方程：

$$\mathrm{d}x_i / \mathrm{d}\tau = x_i - y_i \tag{6-5}$$

式中，τ 为相对时间；x_i 和 y_i 是组分 i 的平衡气液相组成。

在不同的原料组成初始值下，微分方程可以得到一组残余曲线。由方程（6-5）可以看出，当 $x_i = y_i$ 时，方程有奇异解，也就是残余曲线图上的顶点或交点，它们分别代表着纯组分、二元共沸物或三元共沸物。

残余曲线具有如下性质：

① 独立变量 τ 是相对时间量，它随时间非线性单调增加，区间为 $[0, +\infty)$；

② 独立变量 τ 也可以看成是填料塔的相对高度，x_i 看成全回流下塔内的液相组成；

③ 残余曲线的奇异点只发生在纯组分、二元共沸物和三元共沸物上；

④ 残余曲线的结点和鞍点是奇异点；

⑤ 液相组成 x_i 只沿着温度升高的方向运动；

⑥ 残余曲线上的液相组成和相应气相组成的连线与残余曲线相切。

2．残余曲线的蒸馏区域和边界线

由图 6-5 可以看出，残余曲线中有两个不同的蒸馏区域，分别是由甲醇 - 异丙醇二元共沸物和甲醇 - 水二元共沸物所围成的区域，不同蒸馏区域中的残余曲线的终点不同。残余曲线可以作无数条，其中把三角组成相图分成不同蒸馏区域的特殊残余曲线称为残余曲线边界线。在三角组成相图中，被残余曲线边界线分隔成的不同区域称为蒸馏区域，而在不同蒸馏区域可以得到不同的产品。每个蒸馏区域中的所有残余曲线都具有相同的起点和终点，不同蒸馏区域的残余曲线终点不同。由于残余曲线指向温度升高的方向，即由低沸点出发到高沸点终止，故残余曲线的起点都是所在蒸馏区域中的沸点最低点，终点是所在蒸馏区域中的沸点最高点。

3．残余曲线的结点和鞍点

蒸馏区域内残余曲线的起点和终点称为结点，蒸馏区域内没有残余曲线经过的点称为鞍点。鞍点附近的残余曲线皆为双曲线，所有残余曲线都不能经过鞍点，鞍点是蒸馏区域内的中间沸点。结点又分为稳定结点和不稳定结点。在任意一个蒸馏区域中，低沸点是不稳定结点，即残余曲线的起点；高沸点是稳定结点，即残余曲线的终点。因此，残余曲线的箭头都是背离不稳定结点而指向稳定结点的。

残余曲线边界线图有以下 5 个性质：

① 二元鞍点的共沸物不能彼此连接，而只可能连接一元结点、二元结点、三元结点或三元鞍点。

② 二元最低沸点共沸物鞍点只可能连接不稳定结点（二元、三元或对角一元），或者连接沸点比它还低的三元鞍点；相反，二元最高沸点共沸物鞍点只可能连接稳定结点（二元、三元或对角一元），或者连接沸点比它高的三元鞍点。

③ 纯组分结点和相邻的二元结点具有相反的稳定性。

④ 三元结点只与二元鞍点连接，且至少连接一个。

⑤ 不存在三元鞍点时，二元鞍点的数目等于残余曲线边界线的数目。

鉴别所定边界是否正确的简便准则是：蒸馏边界不相互交叉；图中各特殊点只能是不稳定结点、稳定结点或鞍点。

四、共沸剂的选择

Rodríguez-Donis 等 [3] 在假设全回流操作和无限理论塔板数的前提下，分析了均相和非均相共沸体系有关的全部残余曲线，得到了可以指导共沸精馏及沸点相近物系精馏共沸剂选择的原则，具体分为以下 5 点：

① 不引入其他共沸物；

② 可以找到某一共沸剂与原体系中某一物质组成二元最高沸点或最低沸点共沸物；

③ 共沸物与初始组成的溶液形成均相或非均相共沸物；

④ 共沸物与原物系之一不互溶；

⑤ 共沸物与原物系之一会形成二元非均相最低沸点共沸物。

对于某个二元体系，要使对这个体系的分离过程可行，考虑的共沸剂只需要符合上述条件之中的任意一个即可。

对于一个通过共沸精馏的方法来分离的流程来说，共沸剂的优劣对于流程影响很大，因此需要一套完善的方法以选择合适的共沸剂。一般来说，共沸剂的优劣可以通过以下条件来确定。

① 共沸剂需要至少与待分离体系中的一个组分形成二元最低沸点共沸物或与其中两个组分形成三元最低沸点共沸物，同时共沸点最好比纯组分沸点低 10℃以上。

② 共沸点组成在低沸点共沸剂含量的区域为佳，这样可以降低共沸剂用量以及共沸剂循环量，从而降低能耗，节省冷却剂用量。

③ 所选的共沸剂应便于回收，如非均相共沸，共沸剂与原物系共沸后可以通过分相器分离，这样可以降低共沸剂重复利用的难度。在共沸剂回收塔中，共沸剂与其他组分之间的相对挥发度越大，共沸剂回收的难度就越小，这样也可以有效地降低共沸剂回收塔能耗。

④ 在共沸剂回收塔塔顶回收的共沸剂的汽化热越小越好，这样可以有效降低能耗，此外共沸剂应廉价、无毒、有较高的热稳定性。

五、共沸精馏的工业应用

工业上，聚乙烯醇和精对苯二甲酸的生产过程中，采用的乙酸 - 水的分离方法不尽相同，有普通精馏法、萃取精馏法和共沸精馏法等。与普通精馏法相比，共沸精馏法能耗更低，现有的共沸精馏一般是使用乙酸丙酯、乙酸正丁酯、乙酸异丙酯和乙酸异丁酯作为共沸剂，它们都具有良好的脱水效果。这里以采用乙酸异丙酯作为共沸剂分离乙酸 - 水的工业应用为例，对共沸精馏流程作简单讲解。

在聚乙烯醇生产中，回收工段的主要目的是对有机物料进行回收精制。图 6-6 为某企业聚乙烯醇生产过程中采用乙酸异丙酯对乙酸 - 水物系进行分离的工艺流程，回收工段的第六精馏塔（以下简称 T6）即为共沸精馏塔。由回收一塔（乙酸甲酯精馏塔）馏出的乙酸甲酯经水解反应精馏塔水解成乙酸和甲醇，给回收五塔加料，回收五塔馏出气相进入回收一塔（主要为甲醇），回收五塔塔釜液（主要是乙酸和水）与精馏六塔塔釜液一起给 T6 加料。T6 的顶部采用乙酸异丙酯作为共沸剂，与水形成共沸物从塔顶馏出，冷凝后在分层器分层，乙酸异丙酯全回流，分离水加入回收工段第七精馏塔（以下简称 T7），目的是回收共沸剂乙酸异丙酯。T6 气相侧线采出精乙酸送往乙酸储罐，塔釜乙酸残液排至精馏残渣蒸发器。将共沸精馏技术应用到聚乙烯醇生产的回收工段中，有效提高了乙酸 - 水回收效率。

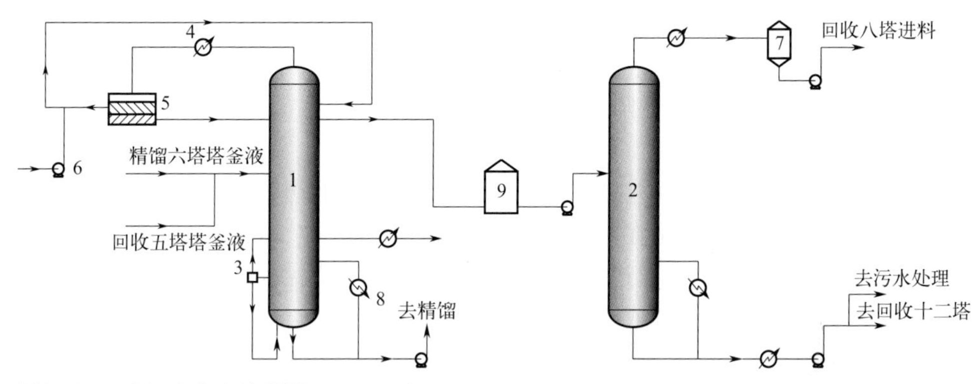

图6-6 乙酸-水分离流程图

1—T6；2—T7；3—T6 侧采分离器；4—T6 馏出冷却器；5—分层器；6—乙酸异丙酯补充泵；7—T7 馏出槽；8—再沸器；9—加料槽

第三节 反应精馏

一、反应精馏概述

反应精馏过程是将反应和精馏两种单元操作耦合在一个设备中进行，是过程强化技术在化工领域成功应用的典型。1921 年，Backhaus[4] 首先提出了有关反应精馏的概念，在随后的 30 年时间里，很多学者针对反应精馏技术的某些特定体系做了很多研究，主要针对的是板式精馏塔内发生的均相化学反应。20 世纪 80 年代，针对反应精馏过程的研究逐渐扩展到非均相体系，出现了催化精馏，同时关于反应精馏过程的工艺计算逐渐受到人们的关注。大量针对反应精馏的基础理论研究出现，先后提出了反应精馏过程的可行性分析概念设计方法、数学模型及求解策略以及反应精馏的优化方法。21 世纪以来，针对反应精馏过程的研究工作仍在持续向前发展。反应精馏技术能够成为过程强化技术的研究热点，主要是因为相较于传统的反应 - 精馏过程，反应精馏拥有一定的优势：

① 选择性高　反应产物一生成就移出反应区域，可以抑制连串反应等复杂反应体系副反应的发生。

② 转化率高　精馏分离可以将产物不断移出反应区域，使反应的化学平衡向产物方向移动，从而提高转化率。

③ 生产能力大　利用反应精馏技术可以提高化学反应速率，缩短接触时间，增大装置的生产能力。

④ 能耗低　对于放热反应，可以将反应生成的热量直接用于精馏分离过程；对于吸热反应，由于是在同一个设备中进行集中供热，可以减少热量的损失。

⑤ 设备投资小　通过将反应器和精馏塔两个设备合二为一，简化了工艺流程，可以减少设备投资成本。

⑥ 产品纯度高　采用反应精馏技术可以促进反应的发生，同时得到纯度较高的产品。

反应精馏技术虽然拥有众多优点，但其应用也具有一定的局限性。反应精馏技术仅适用于化学反应的温度和精馏分离过程的温度相近的工艺流程，反应催化剂的活性在该温度范围内，且反应产物的沸点需符合通过精馏过程进行分离的条件。在反应体系中，只有反应物的相对挥发度大小介于产物相对挥发度之间、全部大于或小于产物相对挥发度两种情况，能采用反应精馏技术。反应精馏塔内的反应不能是强吸热反应，否则会破坏精馏塔内气液两相的传质和传热过程，降低精馏塔板效率甚至无法完成分离过程。对于催化精馏，要求催化剂使用寿命足够长，装填结构要同时保证反应和精馏过程能够顺利进行，同时物质在催化剂上的化学反应停留时间不宜过长。

反应和精馏两种单元操作的耦合使体系的复杂度增加，从而给反应精馏技术的开发带来更多的困难。在反应精馏过程开发前需要进行流程的可行性分析，目前主要方法有：剩余曲线法、夹点设计法、推动力法等。进行可行性分析后，需要对反应精馏过程进行概念设计，初步确定反应精馏塔的设计参数，为后续的模拟计算提供合理的参数条件。概念设计方法主要有图解法、启发法和基于优化的方法。经过概念设计后，就需要对工艺流程建立模型并进行模拟计算，对反应精馏工艺的流程进行优化设计，这对反应精馏技术的工程放大和实际生产均有较大的指导意义。

与传统的化工生产过程相比，反应精馏过程将反应和精馏耦合成一个单元操作，简化了工艺流程，提高了生产效率。一般可以将反应精馏塔分为三段[5]：

精馏段、反应段和提馏段。反应精馏塔的进料位置取决于系统的反应和气液相平衡性质，系统的反应和气液相平衡性质也决定了塔内精馏段、反应段和提馏段之间的相互关系。进料位置的确定要确保催化剂和反应物充分接触传质，反应物在反应段有合适的停留时间，保证达到要求的反应产率。对于催化精馏塔，固体催化剂应该填充在塔内反应物浓度最高的位置，以提高反应的效率及产物收率。以常温常压下的液相反应 A+B ⟶ C+D 为例对反应精馏技术进行介绍，并与传统的工艺流程进行对比。假设 4 种组分的挥发度大小顺序为 C>A>B>D，目标产物是 D。传统的工艺流程和反应精馏工艺流程如图 6-7 所示。

如图 6-7(a) 所示，传统的反应 - 精馏工艺流程是反应物 A 和 B 在反应器内进行化学反应后，再进入精馏塔对反应产物进行分离提纯的过程。由于在反应器内受到化学反应平衡的限制，进入精馏塔的混合物中会含有一部分未完成反应的反应物，这样通过精馏塔分离可能得不到纯度较高的产物，且一般还需要设置额外的精馏塔对未反应的 A 和 B 进行回收利用。

图 6-7(b) 为反应精馏工艺技术，由于反应物 A 的相对挥发度大于 B，反应物 A 从反应精馏塔下部进入塔内，反应物 B 从塔上部进入塔内，在反应精馏塔的反应段内反应物进行充分的化学反应。由于反应产物被及时移出反应区，反应平衡向产物方向移动，从而提高了转化率，同时能够保持反应段内的反应物浓度始终处于较高水平，进而提高反应速率，缩短接触时间，增大了设备整体的生产能力。在反应精馏塔内，精馏和反应是相互促进的，能够得到较高纯度的产品。采用反应精馏工艺，反应精馏塔代替了原有的反应器和精馏塔，减少了设备投资成本和相应的操作费用；精馏和分离在同一个设备中进行，相当于采用了集中供热的方式，对于放热反应，还能充分利用反应热，节省能耗。

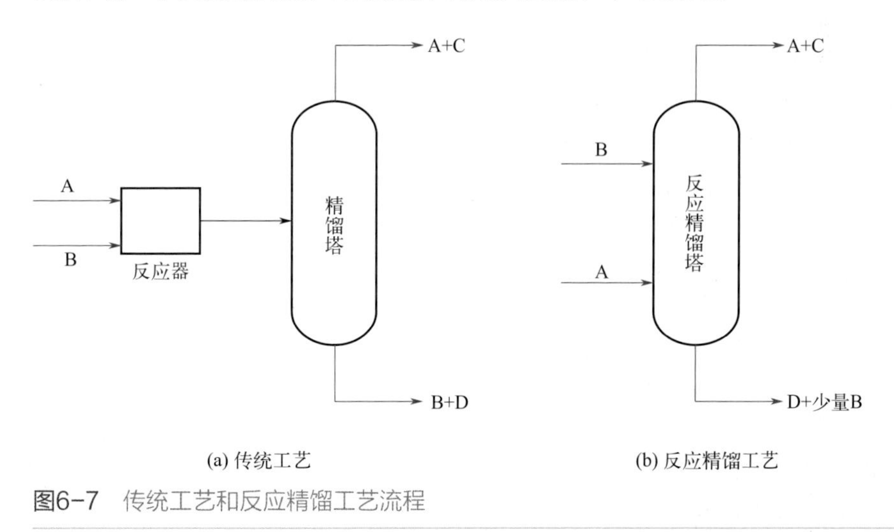

图6-7　传统工艺和反应精馏工艺流程

工业中应用的反应精馏技术可以分为两类[6]。

（1）反应型反应精馏

利用精馏分离过程来强化化学反应，适用于传统工艺技术反应转化率低且产品纯度不高的生产流程，由于精馏分离作用通过气液传质将产物移出反应区，可以提高产物收率，最典型的工业化案例就是酯化和醚化生产过程。乙酸和乙醇合成乙酸乙酯的反应体系中，存在多种共沸物，如乙酸乙酯、乙醇和水形成的三元共沸物，传统合成工艺技术的转化率不高，而采用催化精馏技术反应转化率可达到 99.8%。

（2）精馏型反应精馏

利用反应过程来提高精馏分离效率，适用于不易分离的共沸物和沸点相近的混合物体系。利用反应精馏技术，在原分离体系中加入反应夹带剂，利用其和体系中不同组分反应能力大小的差异，增大目标产物的相对挥发度，进而达到高纯度分离的目的。如对二甲苯和间二甲苯的分离，利用反应夹带剂二甲苯钠优先和间二甲苯反应的特点，通过反应精馏技术只需 6 块理论塔板就能得到较好的分离效果，而传统工艺技术则需要超过 200 块塔板。

反应精馏经过几十年发展，由于其具有的优势在化学工业越来越受到重视，其工业化应用越来越多，已在不同领域实现产业化，对一些新领域的开发取得了突破性进展。随着节能、环保要求的日益提高，反应精馏技术将发挥更大的作用，成为解决目前能源危机以及缓解三废污染的重要途径。目前该技术已与先进计算机模拟软件工具结合，相信其在未来的几十年将得到更好的发展和应用。

二、反应精馏塔的设计与优化

反应精馏塔在硬件结构上的参数主要包括塔板数、塔高、塔径、冷凝器和再沸器的选用等，操作条件参数主要包括反应精馏塔内部反应段和精馏段及提馏段的分布、进料的位置和进料热状态、催化剂的选择和分布、回流比等。这些参数的选择都影响反应精馏塔的热力学效率，如果选择合适的参数来进行反应精馏操作，反应精馏塔将达到较好的节能效果及分离效果，这也是众多学者研究的问题之一[7,8]。针对这个问题，早期主要的优化方法有几何法和优化法。

几何法主要是利用相图对反应精馏塔的各参数进行分析优化设计，又叫作图解法，近年来最常用的图解法是用图 M-T 和图 P-S 进行分析。图解法对二元物系的反应精馏塔的处理较为有效，可以用此选择合适的反应段位置等，但是对于一些多组分的反应系统来说，由于反应数目的增加，图解法的适用性大幅度降低。

优化法以年度总投资为目标函数，考虑塔板数、进料位置、回流比等变量，运用计算机搜索最优的参数值，使反应精馏塔达到最低的年度总费用（TAC）或者最高的热力学效率。其中最有名的就是基于混合整数非线性规划（MINLP）公式化的反应精馏塔的设计方法，这是一种比较有效的方法，它可以通过计算机优化计算找到反应精馏塔年度总费用最小时的各种参数。但是这种方法有一个缺点，在优化计算时需要同时考虑较多的变量，变量之间又有相互作用，从而导致计算量较大，因此在应用上给人们带来了很多不便，需要经过简化才能方便地应用。

由于以上的设计方法都有其应用方面的局限性，近年来又有学者提出了进化启发设计方法，这种方法在图解法的基础上考虑和分析反应精馏塔的结构，不需要针对每个变量进行穷举计算。这种方法的思想主要是创造出一种单变量搜索的合理过程，针对需要选择的参数，考察它们对反应精馏塔的影响。根据不同的影响力度，先考虑影响最大的参数，在这个参数条件最佳的情况下，再对其他参数进行优化，由此一步步进行，达到最优的设计点。基于这一设计方法，根据热量耦合和质量衡算的原理，对不同类型的反应精馏塔进行静态性能和动态性能的分析，进一步挖掘反应精馏塔的热力学潜力。

除了反应精馏塔结构参数上的选择以外，还有很多学者提出了一些通过改变精馏塔结构来提高反应精馏塔的热力学效率的方法，如带有热泵的精馏塔、含有热交换器的精馏塔等。这是因为精馏操作有一个共同的热力学准则，精馏段是放热的，它是一个潜在的热能来源，提馏段是吸热的，它是一个潜在的热能吸收端。

最常见且最有效的就是内部热耦合反应精馏塔[9]。反应为放热反应时，反应段的热能可以作为有效的热能来源；反应为吸热反应时，可以作为热能吸收端来推动精馏段或提馏段的反应。然而，这项设计仅应用于有大量热效应的反应精馏塔，通过寻求反应段和分离段的深度内部热耦合来提高它的热力学效率是很有效的。但是对于反应热量可以忽略的无热反应，用这种思路来设计精馏塔就行不通。

三、反应精馏的工业应用[10]

1．甲硅烷的合成

甲硅烷被广泛地用于高纯度多晶硅、单晶硅等产品制造领域，得益于本身的高纯度和能实现精细控制的优势，已经成为其他硅源无法取代的重要特种气体。歧化法是较为主流的甲硅烷制备工艺，江苏中能即采用此工艺制备甲硅烷，并用于生产颗粒硅。但是此工艺中需要采取 3 步歧化反应，其反应转化率均不高，这导致中间物料大量循环，并需采用多个精馏设备和反应器，设备投资和运行费用较高。

传统歧化法生产甲硅烷工艺采用两个独立反应器和三个精馏塔工艺，由于反应转化率较低，反应釜中未反应的三氯氢硅需要不断地通过精馏塔进行分离，流程见图 6-8。

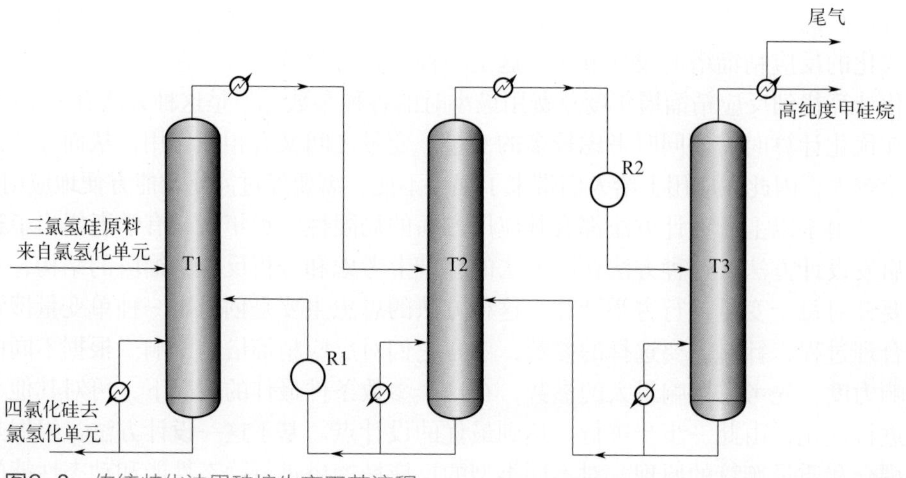

图6-8　传统歧化法甲硅烷生产工艺流程

T1—三氯氢硅塔；T2—二氯二氢硅塔；T3—甲硅烷塔；R1—第一反应器；R2—第二反应器

三氯氢硅经过T1精馏除去四氯化硅后进入T2，T2塔釜三氯氢硅通过R1歧化反应生成二氯二氢硅与四氯化硅后进入T1进行分离，T2塔顶分离出二氯二氢硅进入R2，通过歧化反应生成一氯三氢硅与三氯氢硅。一氯三氢硅稳定性较差，直接歧化转化为二氯二氢硅和甲硅烷。R2出口物流进入甲硅烷塔T3进行分离提纯，塔釜三氯氢硅和未反应的二氯二氢硅进入T2循环，塔顶得到高纯度甲硅烷。

结合生产实际数据和流程计算数据发现以下问题：

① 第一反应器转化率（21%）和第二反应器转化率（45%）均不高，这种反应和分离过程需要非常大的循环比，投资成本较高；

② 整个物料循环需要多次加热和冷凝，蒸汽和循环水消耗均较大；

③ 反应产物没有及时分离，导致下一步分离要求增加；

④ 各物料之间能量没能有效利用，损失较大；

⑤ 为了保证生产连续运行，每一个反应器均是一开一备，装置投资较大。

为解决上述问题，结合热交换、热集成的原理，开发出三氯氢硅反应精馏生产甲硅烷工艺，该技术解决了受化学平衡限制的问题，通过及时移除反应产物的方式来消除转化和相平衡的限制，理论上转化率可以达到100%，具体流程见图6-9。原料三氯氢硅直接加入到反应精馏塔T1填料层下部，随着塔釜加热蒸气进入到反应段，进行分段反应。塔顶气体经过分级冷凝回流进入甲硅烷精馏塔T2，T2上部得到高纯度甲硅烷，下部二氯二氢硅等未反应物料返回T1再次进行反应。

该技术特点为：

① 在精馏塔内装填固定床催化剂填料，物料在精馏塔内发生歧化反应，适合工业化生产。

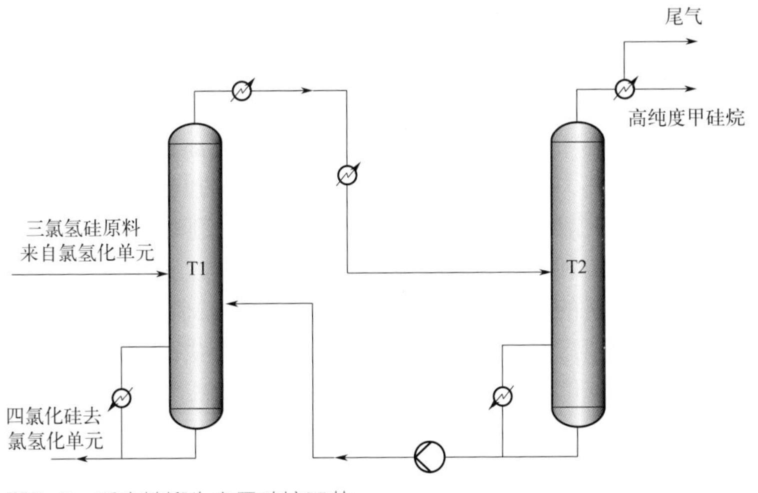

图6-9 反应精馏生产甲硅烷工艺

T1—反应精馏塔；T2—甲硅烷精馏塔

② 将反应器和精馏塔进行耦合，优化反应和分离系统。通过不断地把反应产物甲硅烷和四氯化硅从反应段移走，补充原料三氯氢硅，持续地破坏化学反应平衡，使化学平衡不断朝着正方向进行，理论上可以达到完全反应。

③ 整个系统闭路循环，减少了反应物的精馏和冷凝步骤，降低了蒸汽和循环水的消耗，从而降低生产成本。

④ 各种反应中间产物沸点相差很大，有利于中间产物与甲硅烷和四氯化硅的分离，可获得高纯度甲硅烷。

⑤ 固体催化剂可以得到有效的利用。在塔内不仅可以作为催化剂，也可以充当填料的角色。采用合适的催化剂载体，增大比表面积，可以提高塔内通量和持液量。

⑥ 采用侧采方案并调节塔操作，可以根据需求生产甲硅烷、一氯三氢硅、二氯二氢硅等多种硅源气体，适合电子特气行业。此方法甲硅烷纯度最高，热解可得到纯度高达电子级的多晶硅。

两种工艺技术进行对比，可以做出如下说明和分析：

① 从投资方面考虑，反应精馏采用两塔工艺，与传统技术相比减少反应器和一个精馏塔，设备直接投资降低 37%；

② 采用精馏塔和反应器结合，集成热耦合技术，避免了中间产物的不断精馏和冷凝，从而减少蒸汽和冷溶剂的消耗，公用工程消耗降低 70%。

2. 碳酸二甲酯的合成 [11]

碳酸二甲酯（DMC）是一种可生物降解的无毒绿色化学品，有着非常广泛的应用前景。DMC 可生物降解，可以作为汽油添加剂来提高辛烷值，从而替代对环境有害的甲基叔丁基醚（MTBE），不会对地下水造成污染。另外，DMC可以取代有毒的光气作为甲基化试剂，还可以作为锂离子电池电解质生产过程的溶剂，同时也可以作为聚碳酸酯生产的原料。目前，较为环保的DMC合成工艺主要有甲醇与二氧化碳直接合成法、甲醇氧化羰基化法、尿素醇解法以及酯交换法。其中直接合成法由于热力学的限制，需要研制高活性的催化剂，工业化受到很大限制。甲醇氧化羰基化法与尿素醇解法只有在较为苛刻的条件下才能进行，而酯交换法所需条件较为温和，并且联产应用价值很高的丙二醇产品。酯交换反应是一个可逆反应，在传统的化学工艺中，反应平衡常数很小，因此需要大量的反应循环物流和复杂的分离序列，生产费用较高。反应精馏塔作为一种集反应与分离为一体的高效装置，能够将反应产物迅速从反应区移除，从而促进可逆反应的进行，提高反应转化率。

3. 烷基化反应的应用

传统的烷基化工艺中使用的催化剂普遍存在难分离、对设备造成侵蚀、污染环境、产品收率低等劣势，新兴烷基化催化剂一般采用分子筛催化剂，选择性好且更加绿色环保。在乙二醇生产中，以二叔丁基过氧化物为自由基引发剂，以甲醇和甲醛为原料进行反应精馏合成乙二醇的模拟工艺研究，确定较优的工艺流程和精馏塔的操作参数。而在石油化工领域，反应精馏技术还经常被应用于异丁烷与正丁烯合成三甲基戊烷。

第四节
精馏－结晶耦合技术

一、结晶技术概述

近年来，化学工业市场的竞争日益激烈，要求化工产品的质量不断地提高和成本不断地降低。随着世界能源逐渐紧张及对环保型生产技术的要求更高，高效低耗的结晶分离技术日益受到国内外科学界与工业界的广泛关注。结晶技术的应用领域迅速扩展，工业结晶技术及相关理论研究亦逐渐走向了新的阶段，新型结晶技术及新型结晶器的开发设计工作取得较大进展，相关结晶机理分析、结晶过程模型化工作及晶体形态研究等也取得较大的突破。

结晶分离技术在近年来发展很快，除了传统的冷却结晶、蒸发结晶、真空结晶等技术得到进一步发展与完善外，新型结晶技术如等电点结晶、加压结晶、萃取结晶等也都在迅速发展，且在工业上得以应用或正在推广。

结晶分离方法可分为连续结晶法和间歇结晶法。连续结晶自动化程度高，适用于生产规模较大的装置，产品纯度高。连续结晶是在塔内由纯度较低的晶体不断与母液进行熔融和再结晶的传质过程，每完成一次熔融和再结晶，相当于完成了结晶的一个理论级，提高了晶体的纯度，晶体在塔内自上而下可以完成十个理论级以上的传质过程，所以连续结晶能生产纯度很高的产品。但是因为结晶过程属于固体与液体的传质过程，固体和液体的密度相差较小，且交互方式为逆流，在连续结晶过程中容易发生晶泛现象。为了不发生晶泛，液体的流速取值较小，从而导致结晶塔的直径很大。连续结晶的这个弱点导致工艺开车周期长，容易破坏生产平衡，使生产能力达不到预期规模，而且投资大，为间歇结晶的数倍。所以如果原料的纯度不能严格稳定，操作工况有时有波动，则不宜选择连续结晶。

间歇结晶的方法也有很多种。我国最早引进的是一种管式结晶器，原料熔融后填满结晶器，在管外通循环水冷却，管内结晶到某一温度后放出母液，然后升温“发汗”，放出纯度较高的母液，最后将附着于管壁上的结晶物熔融后得到产品。降膜结晶是另一种常用的间歇结晶方法。用泵将原料不断地通过循环分配器成膜状淋于管壁，熔融的液膜可连续流过被冷却的结晶管，并在结晶管外部结晶，结晶不断地附于管壁，待原料在循环槽内降至某一液位时停止结晶，随后“发汗”放出附于晶体表面的母液，最后熔融得到成品。该技术具有设备简单、不易堵塞、易控制等特点。降膜结晶过程中，由于熔体的流动，母液界面会产生一定的扰动，同时由于产生强制对流而加强了杂质的传递，提高了晶体纯度。近年来有改为管外结晶的箱式结晶器，冷却管为翅片管，增加了传热面积。

二、结晶的特点和分类

结晶是固体物质以晶体状态从蒸气、溶液、熔融物中析出的过程。在化学工业中常遇到的是从溶液、熔融物结晶的过程。结晶过程可分为溶液结晶、熔融结晶、升华结晶和沉淀结晶四类，其中溶液结晶和熔融结晶是工业中常采用的结晶技术。

相对于其他的化工分离操作，结晶过程有以下特点：

① 能从杂质含量相当多的溶液或多组分熔融混合物中分离出高纯度或超高纯度的晶体产品。结晶产品在包装、运输、储存和使用上都比其他产品更方便。

② 对于许多难分离的混合物系，例如同分异构体、沸点相近的物系、共沸物、热敏性物系等，使用其他分离方法难以有效分离，而适宜用结晶分离。

③ 结晶与精馏、吸收等分离方法相比能耗低得多，因为结晶热一般仅为蒸发潜热的 1/3 ～ 1/10。又由于结晶可在温度相对不高的条件下进行，对设备材质要求较低，操作相对安全。一般没有有毒废气挥发，有利于操作人员的健康和环境的保护。

④ 结晶是一个复杂的分离操作，它是多相、多组分的传热传质过程，也涉及表面更新、表面反应过程，结晶时还涉及晶体粒度及粒度分布问题。

当今节能、环保等日益被广泛关注，结晶技术尤其是有机物的熔融结晶精制技术越来越受到重视，因为结晶在能耗上通常比蒸馏或其他精制方法低得多，是一种能耗相对较低的单元操作。

与连续结晶不同的是，间歇结晶必须进行结晶与“发汗”两个阶段，结晶阶段是生成晶体的阶段，“发汗”阶段是将结晶表面和被包裹于结晶簇内的母液除去得到纯度较高的结晶的阶段，完成这两个阶段意味着完成一个结晶理论级的操作。要使间歇结晶获得合格的产品和实现较高的收率，必须掌握结晶过程的原理，选择合适的操作条件并制定正确的操作方案。

三、熔融结晶技术及新装置

1. 原理与特点

熔融结晶是根据待分离物质之间的凝固点不同而实现物质结晶分离的过程，推动力是过冷度。熔融结晶主要应用于有机物的分离。

熔融结晶技术的特点[12]：

① 节能　一般物系的汽化热是熔融热的 2 ～ 3 倍，再计入精馏的高回流比与热损失，结晶技术能耗仅为精馏分离技术的 10% ～ 30%。

② 低温操作　结晶过程一般是常压、低温操作，没有物料挥发产生的污染问题，操作简易安全。此外，低温操作使得腐蚀性较低，对设备材质没有过高要求，可以降低操作成本及设备投资费用。

③ 适用于特种物系　对于同分异构体物系及热敏性物系，因沸点相近和热敏性问题，若使用常规精馏，常需几十或上百块理论塔板及高回流比或减压操作才能实现，操作条件苛刻，同时对设备材质和加工精度要求高。使用结晶技术可以有效地避免这些问题，因为这些物系中的各个组分熔点差常可达数十摄氏度，均可用新型结晶技术有效地实现分离。

④ 分离产品纯度较高　对于沸点差较小的物系及用常规精馏法难以分离出

高纯度产品的体系，如同分异构体，可使用新型结晶技术，纯度可达 99.9% 以上，甚至 99.99%，现已成功地应用于二甲苯同分异构体、二氯代苯同分异构体的分离 [13,14]。

表 6-1 对熔融结晶与溶液结晶进行了比较。

表6-1　熔融结晶与溶液结晶的比较

项目	溶液结晶	熔融结晶
原理	降温冷却或去除部分溶剂，使溶质从溶液中结晶出来	待分离组分凝固点不同
操作温度	取决于物系的溶解度特性	结晶组分的熔点不同
推动力	过饱和度	过冷度
过程的主要控制因素	传质与结晶速率	传热、传质及结晶速率
目的	分离，纯化，使产品晶粒化	分离，纯化
产品形态	呈一定粒度分布的晶体颗粒	液体或固体
结晶器形式	大多釜式	釜式或塔式

目前熔融结晶主要被用于分离提纯有机化合物，另在熔炼高分子材料、冶金材料领域也有应用。依据熔融结晶的析出方式及结晶装置的类型，主要可分为以下三种类型。

① 在冷却表面上从静止的熔融体滞留膜中逐渐沉析出结晶层，即正常冷冻法、逐步冷冻法或定向结晶法。

② 在具有搅拌的容器中或塔式设备中从熔融体中快速结晶析出晶体颗粒，该粒子悬浮在熔融体系中，随后经纯化、融化再作为产品排出，这称为悬浮结晶法或填充床结晶法。

③ 使待纯化的固体材料或锭材按顺序局部加热，使熔融区从一端逐渐移动到另一端，以完成材料的纯化或提高结晶度，从而改善材料的物理性质，这称为区域熔炼法。

前两种结晶操作模式主要用于有机物的分离和提纯，第三种用于冶金材料精制或高分子材料的加工。

2. 设备类型

传统熔融结晶技术采用的是重结晶的方法。分离后的母液需经多次结晶和多次过滤分离，是单级结晶过程简单的多次重复。由于重结晶方法存在步骤较多、操作烦琐、收率低等缺点，一直没有被工业广泛地运用。现代的分步结晶技术与重结晶的原理相同，但操作方法与装置却有较大不同，后者不再采用多次重复的结晶、过滤分离的操作步骤，也没有固液混合物过滤的输送装置，而是设计了各种塔式的结晶装置，将待分离的母液以液体形式泵入塔内。高纯度产品亦以液态由塔中流出，固液交换的传热传质过程均在塔内进行。一般是在塔内完成结晶、重结晶、逆流洗涤或“发汗”提纯的全部过程。这种塔式或塔式变形装置的分离过程与精馏塔相似，内部也相似，分为结晶段、提纯段，但塔式结晶设备中还设置了一个熔融段。对于批量处理操作的塔式结晶过程，每一操作周期都包括了结晶段、提纯段和熔融段 3 个操作阶段。鉴于这一过程是一个多相传热与传质的复杂过程，它的机理研究至今仍然处于半经验半理论的状态。

在国际上工业化的熔融结晶技术，目前分为复合式悬浮结晶和逐步冷凝型两大类。对比这两类结晶装置，前者较适合大规模万吨级生产，但它具有设备结构复杂、放大难度高、分离物系的应用有局限性的缺点，但可连续生产；而后者适用于中小规模生产，只能间歇或半间歇操作，且降膜结晶设备结构无运转件，易于放大，具有随时开车停车的灵活性。目前在工业上经受了大规模工业化生产考验的装置不多，仅有 Brodie、Kureha Crystallization Purifier（KCP）、4C、MWB 这 4 种塔式结晶装置。

（1）Brodie 提纯器 [15]

这是一套连续操作的逆流洗涤型分步结晶装置。结晶装置除结晶段外，还配备有再结晶段，以使从精制段上升的回流液完成部分结晶。为了保持结晶段和再结晶段的物料处于规定的低饱和度条件，共晶体系的混合物中生成目的组分的结晶，应将结晶段和再结晶段设计成圆锥形，在装置制造时可以做出相应的简化，分成不同大小的两部分。该装置的优点是操作弹性较大，母液组成变化为 15% 以内仍可保持结晶产品纯度；缺点是设备结构复杂，装置内的运转件维修要求较高，要求开车周期长，操作难度大及产率较低。

（2）KCP 型分步结晶装置 [16]

该装置是一套直立式连续结晶精制塔，由结晶器、过滤器、螺旋输送器及提纯塔四个子设备组成。KCP 型分步结晶装置的关键设备是提纯塔，塔内装有两根旋转方向相反的螺旋搅拌桨，其作用是防止晶体结块后向上输送晶体，同时使晶体与回流液进行有效的接触，完成逆流洗涤过程。在 KCP 塔内，可以对晶体同时进行洗涤、“发汗”、奥斯特瓦尔德熟化、再结晶等精制操作。与 Brodie 提纯器的区别是该装置使用了常规形式结晶器，与提纯器分开安装，亦可根据不同物系的特点更换结晶器。KCP 装置缺点是子设备多，除结晶器外还有连续结晶离心机、螺旋输送器等，且提纯器结构复杂并带有运转件，维修与控制要求较高。

（3）4C 结晶装置 [17]

该装置也是连续逆流洗涤的塔式结晶器，是保持了 Brodie 型结晶装置的基本思路，为实现更稳定操作而开发的装置。它由 3 个搅拌型结晶器和塔型精制器组成，第一、二塔结构相似，第三塔为提纯塔。与 Brodie 和 KCP 结晶装置相比，4C 结晶装置虽然仍有运转件，但结构相对简单，同时生产能力较大，但仍然存在操作控制难度大等缺点，同时其高效液固分离器的制造要求也很高。

（4）MWB 分步结晶装置[18]

传统的 MWB 分步结晶装置的操作类型为多级间歇操作，其强度大、能耗高、设备生产能力小，且不受用户欢迎。经过改造后，结晶塔仍然与列管式换热器的结构相同，但在原有的基础上增加了计算机辅助控制，强化了传热传质能力，大幅度增大了生产能力。其精制机理是由固液间的分配系数决定产品的纯度，鳞片晶体在熔融时存在“发汗”作用，所以可以得到高纯度的产品。由于该装置结构简单，无运转件，开停车容易，已较广泛地用于产量不太大的精细化工产品的结晶分离提纯过程中。

自 MWB 分步结晶装置问世以来，人们针对不同的物系也开发了许多新型的熔融结晶技术及设备，这些新技术和设备不但继承了原有熔融结晶技术的特点，同时也更加注重节能。

（1）布莱梅钢带传送结晶

该装置常用于石蜡的分离提纯，采取连续操作方式。装置的核心结构是一个倾斜的钢质传送带，传送带从下往上温度逐渐升高，顶端温度接近主组分的熔点。待分离的熔融原料在传送带的中上部加入并完成部分结晶。在传送带的上部获得提纯产品，下部获得富集杂质的残液，整个过程包含多次固液相平衡以及“发汗”提纯，可获得较高的产率。

（2）造粒结晶

该技术首先应用于含水及其他杂质的己内酰胺的分离精制，是一种传送带冷却固化和悬浮结晶耦合的过程。熔融的原料首先在低温的传送带上完成造粒结晶，然后被送入悬浮结晶釜中进行重结晶，再经过“发汗”或洗涤而被进一步提纯。相对于一般的熔融结晶装置，该技术由于首先制备粒度较均匀的晶体颗粒，因此清洗塔的流体性能良好，而且得到的粗产品含有比较粗糙的孔结构，在后续“发汗”或洗涤过程中使杂质容易熔融析出，最终得到比较好的提纯分离效果。

（3）直接接触冷却结晶

这种装置适用于低共熔有机物系的分离提纯，可以是间歇操作或连续操作。这种技术就是把冷却介质直接加入熔融的原料液中，使系统内液体产生过饱和度完成结晶。该技术的突出优点在于它使晶体与熔融液的接触界面大大增加，提高了传热效果；采用直接接触冷却的方式，可以避免常规悬浮结晶装置中的结垢问题，消除了污垢对传热的影响；去掉了常规悬浮结晶装置中的机械刮刀，装置维修简便，可操作性强。

（4）静态熔融结晶

此技术用于结晶温度远低于或远高于室温的物系的结晶分离。其结构类似于列管式换热器，通过逐步降低壳程换热介质的温度，使静止于管程中的熔融物料逐步降温并结晶，结晶结束后将未固化的低浓度残液排出，然后通过壳程介质缓慢提高管程中粗晶体颗粒的温度，使之“发汗”而得以进一步提纯。

四、精馏-结晶耦合技术

针对沸点接近的物系或同分异构体，若采用精馏方法进行高纯度分离，存在回流比大、能耗较高等问题。考虑到体系存在结晶点差异高的特性，采用精馏和结晶耦合的方式进行沸点接近或同分异构体的高纯度分离，大大降低了整个过程的能耗。叶青等[19]从理论上提出了该工艺的可行性，认为有两类方法可实现精馏 - 结晶耦合工艺。

第一类：用于分离由于形成共沸物或相对挥发度接近而难分离的物系，有以下两种流程。

① 精馏 - 结晶流程，如图 6-10 所示。

原料被预热后送入精馏塔 T1，塔釜得到重组分 A，塔顶馏出液中轻组分 B 的含量高于共熔点的轻组分的含量，馏出液被冷却后送入结晶器 C1，结晶器的操作温度比共熔点稍高，可通过结晶进行分离。B 的晶体经过滤从系统采出，滤液则经预热后重新返回精馏塔。

② 精馏 - 结晶 - 精馏流程，如图 6-11 所示。

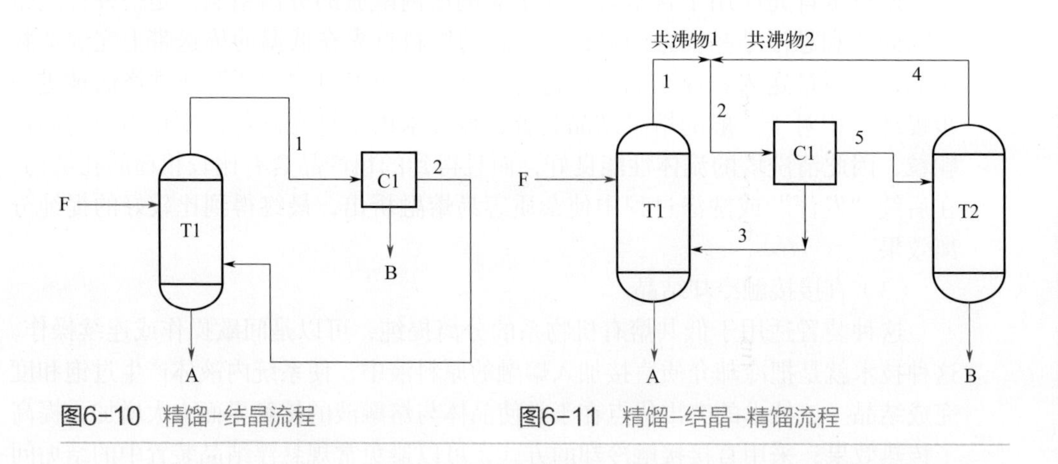

图6-10 精馏-结晶流程　　图6-11 精馏-结晶-精馏流程

精馏 - 结晶 - 精馏流程可用于分离形成非均相共沸物且形成固体溶液（无共熔点）的二元物系。原料 F 经预热后送入精馏塔 T1，组分 A 在塔釜得到，馏出物 1 与精馏塔 T2 的馏出物 4 组成物流 2，这个物流冷却后送入结晶器 C1，富含

A 的晶体 3 经过滤、熔融后返回 T1，富含 B 的滤液 5 进入精馏塔 T2，馏出液接近恒沸组成，塔釜得到组分 B。

第二类：分离易形成共熔物的二元体系，有以下两种流程。

① 结晶 - 精馏流程，如图 6-12 所示。

原料和精馏塔 T1 馏出液混合组成物流 1 进入结晶器 C1，组分 B 经结晶从系统采出，滤液 2 经加热后送入精馏塔 T1，组分 A 从塔釜得到，馏出液经冷却后与进料汇合重新送入 C1。

② 结晶 - 精馏 - 结晶流程，如图 6-13 所示。

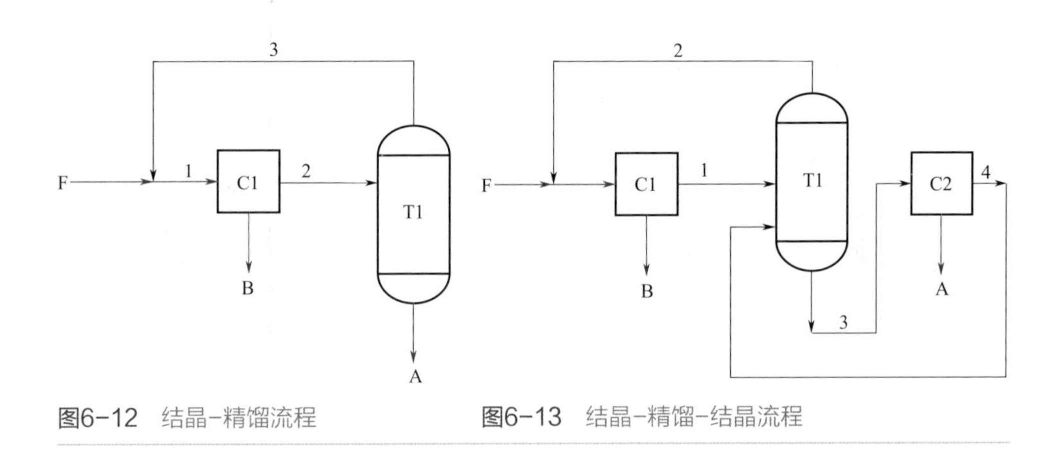

图6-12 结晶-精馏流程　　图6-13 结晶-精馏-结晶流程

精馏塔的馏出液与原料混合后进入结晶器 C1，组分 B 经结晶从系统采出，滤液 1 进入精馏塔 T1，精馏塔塔顶馏出液 2 经冷却返回结晶器 C1，釜液则经冷却送入结晶器 C2，经结晶得到组分 A，滤液 4 返回精馏塔。

姜福美等 [20] 分别将这四种流程与单纯使用精馏或熔融结晶的工艺进行比较，认为这四种流程在不同物系的生产中都有一定的适用范围，在此范围内才能达到既易于分离又最大限度地实现节能的效果。

五、精馏-结晶耦合技术的工业应用

1．精萘 [21]

萘是一种重要的有机化工原料，被广泛用于合成纤维、合成树脂、增塑剂、橡胶防老剂、染料中间体及一些新兴精细化工行业中。工业萘中常见的杂质就是硫茚，其也是一种重要的精细化工原料，广泛用于医药、农药、染料等领域。用分步结晶法分离精制便是依据物系的固液平衡。目前工业应用最广泛的方法便是区域熔融结晶法，该法具有工艺流程和装备简单、能耗小、效率高等优点，因而被国内外公认为一种先进的萘精制技术。

苏鸣皋连续多级分步结晶萘 - 硫茚混合物，发现由工业萘生产精萘一般要经过五次重复结晶过程来达到所需要的指标。由表 6-2 可见，最终制得的精萘产品纯度可达 99.996%。

表6-2　几种典型实验结果

序号	x_F/%	P/(g/min)	F/(g/min)	R	x_p/%
1	95.894	8.45	27.60	2.27	99.926
2	95.894	9.68	41.61	3.30	99.996
3	90.272	10.22	51.49	4.04	99.979

注：P 为产品流率，F 为进料流率。

在鞍山煤焦化中精萘的提取分离采用结晶 - 精馏耦合技术能够把能耗大幅度降低，将回流比从原来的 5 降为 2，能耗降低 80% ～ 90%，节能效果显著。对于同分异构体或者沸点相近的物系精馏，采用该技术，塔顶得到高纯度轻组分产品，塔釜液进入结晶塔。经过连续多级逆流分步结晶，结晶塔塔釜得到纯度 99.999% 甚至更高的另一产品，塔顶得到混合物继续精馏。如此，可以把回流比降到 2 ～ 3，且能耗极低，产品纯度高。

2．硝基氯苯

邻、对硝基氯苯（ONCB、PNCB）是重要的有机化工中间体之一。对硝基氯苯主要用于生产偶氮染料、硫化染料，也是生产医药、农药等的原料；PNCB 水解后可制得对氨基苯酚，大量用于医药生产。ONCB 可以用来生产邻氨基苯乙醚、邻氨基苯酚、邻硝基苯胺、邻硝基苯酚等，也是制造几十种染料和医药产品的中间体。工业上邻、对硝基氯苯由硝化反应后生成的混硝基氯苯分离精制得到。邻、对硝基氯苯的沸点相差不大，而熔点相差较大，因此很难通过直接精馏的方式分开，却可以采用结晶技术进行分离。

本书编著者团队对结晶法分离制备高纯度邻、对硝基氯苯进行了研究。研究在一个提纯塔中开展，提纯塔为内径 50mm、长 1350mm 的玻璃管。塔的侧面每隔 100mm 都有一个直径 14mm、长 15mm 的玻璃接口，这些就是提纯塔的测温口和取样口。塔体外部有一内径为 80mm 的套管，且外壁用电伴热带缠绕，在塔体和夹套之间形成一个空气保温夹套。在提纯塔内部装有一根搅拌桨，由顶部电机控制转速，塔的底部是熔融段，由 ϕ7mm×1mm 的玻璃管绕成 ϕ35mm 的 8 圈螺旋蛇管，两端引出塔外与超级恒温水浴相连，提供熔融段所需热量。通过螺旋推料器顶部进料，实验过程中产生的废液通过塔顶排出至废液罐中。刘一鸣在多次实验中，变换了许多操作条件，取得了大量数据，为充分研究提纯塔和进一步放大提供了依据，两种典型的实验数据见表6-3。

表6-3 两种典型实验结果

序号	x_F/%	P/(g/min)	F/(g/min)	R	x_P/%
1	90.85	13.73	48.01	2.50	99.97
2	90.85	11.16	68.53	5.14	99.98

由表6-3可见，采用多级连续逆流分步结晶法可分离邻、对硝基氯苯混合物，其中得到的对硝基氯苯产品纯度可达99.98%。

3．间苯氧基苯甲醛

采用精馏和熔融结晶耦合装置提高间苯氧基苯甲醛（MPBA）的质量分数。质量分数在75%左右的MPBA粗品经精馏后得到91%左右的粗成品并作为结晶器的进料，在结晶器中经多次熔融结晶与“发汗”后，其质量分数可达到99%，母液则进入精馏塔重新精馏。

4．对二氯苯[22, 23]

对二氯苯是一种重要的原料，被广泛用于杀虫剂、防霉剂、分析试剂，也是合成染料和医药中间体。本书编著者团队对结晶法分离制备高纯度邻、对二氯苯进行研究，以连续多级逆流分布结晶的提纯塔为研究对象，在自行设计的ϕ50mm×1060mm设备中，以邻、对二氯苯同分异构体混合物为实验物系，以进料浓度、回流比、晶体床层高度、搅拌作用等操作参数为变量，成功进行全回流和连续操作的各种实验，最终制得的对二氯苯产品纯度高于99.99%。实验结果表明，采用连续逆流分布结晶技术分离提纯邻、对二氯苯，技术可行，经济效益好。几次典型数据见表6-4。

表6-4 几次典型实验结果

序号	x_F/%	P/(g/min)	F/(g/min)	R	x_P/%
1	90.397	10.53	20.08	1.00	99.983
2	92.903	15.95	44.26	2.82	99.992
3	87.726	12.76	56.27	4.70	99.953
4	80.004	9.38	44.40	4.00	99.980

工业上对二氯苯的精制主要用减压精馏分离，分离到接近产品要求，再用结晶法精制。将原工艺改造成精馏-结晶耦合工艺，比原工艺增加了两组降膜结晶器，使精馏塔顶部上升的蒸气直接在上结晶器冷凝结晶，没有结晶的母液一部分回流到精馏塔，另一部分进入下结晶器继续冷却结晶，最终没有结晶的母液返回精馏塔。整个装置在保持原来的操作参数和工艺指标的同时，能耗大大降低，改造后的新工艺比原工艺的总能耗下降了71.7%。

第五节
精馏-膜分离耦合技术

膜分离过程是一种新兴的分离方法，且已经广泛应用于许多领域并不断扩展。目前膜分离过程正处于从微滤、超滤、纳滤、反渗透、电渗析、膜电解、扩散渗析及透析等第一代膜过程向气体分离、蒸气渗透、全蒸发、膜蒸馏、膜接触器和载体介导传递等第二代膜过程的过渡时期。

膜分离的对象是无机盐、有机物、大分子物质的水溶液、含悬浮微粒的液体、混合有机液体和混合气体。膜分离的过程和机理与经典的化工分离操作有若干的不同，例如操作体系从两相增为三相，同时从一个相界面增加为两个相界面，过程的推动力不仅有浓度差，还有压力差、分压差和电位差。因而膜分离有可能提高传质速率，或实现逆浓度梯度方向的物质迁移，很多情况下能够高效地代替现用的分离方法。

一、渗透蒸发、蒸气渗透机理模型

渗透蒸发过程是一种新型膜分离技术，液体混合物中各组分在膜前后蒸气压差推动下，利用组分通过膜的溶解与扩散速率不同来达到分离目的。Kober[24] 在一次透析实验中发现水蒸气是通过膜释放出去的，从而首次定义了渗透蒸发现象。蒸气渗透则是利用蒸气混合物或蒸气与不凝气混合物在致密膜中溶解度与扩散速率的不同来实现分离的。

渗透蒸发和蒸气渗透过程与传统意义上的精馏分离过程相比，有以下优点 [25]：

① 单级选择性高；

② 节能效果显著；

③ 操作简单，容易控制；

④ 不引入其他物质，可实现少污染或零污染；

⑤ 易与其他单元操作进行集成耦合，易于工业放大。

虽然渗透蒸发和蒸气渗透过程都属于膜精馏技术，但两者仍有不同之处：

① 料液相状态、流动性和传质阻力不同；

② 操作温度和渗透通量不同；

③ 杂质对分离效果的影响不同。

由于膜分离技术存在处理能力、膜寿命等方面的限制，单纯使用渗透蒸发或蒸气渗透来分离混合物存在一定的局限性，可以考虑与其他分离技术耦合以充分发挥各自的技术优势，实现优势互补，从而达到提高过程整体效率和经济效益的目的。精馏与膜分离的集成过程就是其中一种比较重要的应用。

建立蒸气渗透模型是理解与设计其传质过程的基础步骤，也能为流程模拟提供基础模型，建立合适的蒸气渗透模型对后续的研究与设计起着相当重要的作用。蒸气渗透模型中主要包括质量守恒方程、能量守恒方程和膜通量方程等。质量守恒方程取决于膜的结构和物料的流型，常见的膜结构有管式、框板式和中空纤维式等，流型有并流、逆流和错流。在蒸气渗透中，能量守恒方程取决于膜组的散热，所以大部分学者直接假设蒸气渗透过程温度不变。膜通量方程的选择是尤为重要的，因为相同的蒸气渗透膜存在不同的膜通量方程形式，取决于不同膜的应用领域。蒸气渗透模型根据不同的膜通量方程形式主要可以分为理论模型与半理论半经验模型。鉴于理论模型较复杂，膜流程的设计主要用半理论半经验模型。虽然半理论半经验模型与经验模型都需要实验来确定模型的参数，但是与经验模型相比，半理论半经验模型有一定理论基础，即拥有一定的拓展性。

渗透蒸发和蒸气渗透两种过程虽然存在一定的差异，但是传质机理一致，都是利用致密的膜对混合物中各组分的吸附扩散性能的差异进行分离，由 Lonsdale 等 [26] 提出的“溶解 - 扩散”模型（SDM）在被不断改进完善后，已成为公认的描述渗透蒸发过程较为合适的机理模型。渗透蒸发过程同时涉及传质和传热，是一个比较复杂的过程。“溶解 - 扩散”模型描述了渗透物通过致密膜进行传递的 3 个步骤：

① 进料组分中渗透组分分子在膜上游侧进行表面吸附；

② 渗透组分分子沿化学位梯度方向通过扩散作用透过膜；

③ 渗透组分在膜下游侧进行解吸。

整个过程简称为“吸附 - 扩散 - 解吸”过程。该模型具体是由两部分组成 [27,28]，第一部分是质量平衡方程，总质量平衡方程如式（6-6）所示：

$$\rho_{\mathrm{L}}\mathrm{d}q = -J\mathrm{d}A_{\mathrm{m}} \tag{6-6}$$

进料流股中组分 i 的质量平衡方程如式（6-7）所示：

$$\mathrm{d}qC_i = -J_i\mathrm{d}A_{\mathrm{m}} \tag{6-7}$$

第二部分的计算是渗透通量方程。有机物的通量可以根据总渗透率或总传质系数表示为式（6-8）：

$$J_i = \frac{D_i \times K_i \times (p_{i0} - p_{i1})}{t} \tag{6-8}$$

将式（6-8）中扩散系数 D_i 与吸附系数（溶解度）K_i 乘积表示为渗透系数 P_i，如式（6-9）所示：

$$J_i = \frac{P_i \times (p_{i0} - p_{i1})}{t} \tag{6-9}$$

从上述方程可以看出，组分透过膜的通量与其在膜前后的分压差成正比，而与膜厚度成反比。膜的理论选择性定义为两个组分间渗透系数之比，如式（6-10）：

$$\alpha_{i,j} = \frac{P_i}{P_j} \tag{6-10}$$

渗透系数是描述膜性能好坏的一个特征参数，可以通过膜渗透实验求得。

由于膜分离过程在不同操作条件下的渗透通量有所不同，故“溶解 - 扩散”模型并非适用于所有操作条件，因此该模型有待进一步改进和修正以适用于各种不同操作情况。Sherwood 等提出了不完全溶解 - 扩散模型（SDIM），忽略了溶质的偏摩尔体积，将渗透通量描述为压力与浓度的函数。Burghoff 提出了扩展溶解 - 扩散模型（ESDM），能够预测溶质脱除率随压力的变化[29]。

二、精馏-膜分离耦合技术

每种技术都有局限性，膜分离也是如此。在某些条件下它是经济、节能、高效的分离方法，在另一种条件下它就成为不经济、低效的分离方法。因此，当一些膜分离过程日益成熟并广泛地应用在工业后，在解决某些复杂的分离问题时，为获得最佳的分离效率及经济效益，便出现了集成膜技术分离过程，即将几种膜分离过程组合起来，或将膜分离与其他分离方法结合起来用，将它们各自用在最合适的条件（环境）下，发挥其最大分离效率。

集成膜技术分离过程是膜分离与其他分离技术组合而成的过程，因此，往往具有原来各自技术的优点并使原来方法的某些缺点得到一定程度的克服。例如：膜蒸馏是膜技术与精馏过程结合的膜过程；膜萃取是将膜分离与液液萃取技术相结合的分离过程；膜吸收是将膜与吸收 / 解吸相结合的分离过程。

精馏技术具有通量大的优点，但是它无法分离共沸物或沸点相近的物系，膜分离技术分离效率高且节能，但存在通量小、成本高的问题。精馏 - 膜分离耦合技术结合了精馏技术与膜分离技术各自的优势，克服各自的缺陷，并作为一种高效节能的分离工艺在近年来发展迅速。

精馏与蒸气渗透膜耦合主要是为了结合两种单元操作各自的优势，降低能耗及设备投资，提高分离效率和分离效果。精馏 - 蒸气渗透膜分离过程耦合形式[28]根据分离需求主要分为以下三种，如图 6-14 所示。

图 6-14(a)：蒸气渗透膜组件用于精馏塔侧线采出物料的分离，截留侧与渗透侧的气体都在精馏塔内，其主要目的就是降低精馏塔所需塔板数或者回流

比，从而减少年费用。Caballero 等[30]利用该结构分离乙烯 - 乙烷体系，比单独利用精馏塔分离节省了 20% 的年费用。截留侧与渗透侧的气体只有一侧返回到塔中，利用膜组件打破体系中存在的共沸现象，使分离过程不仅能达到指定的浓度要求，而且还能降低费用。Hommerich 等[31]为了解决在生产甲基叔丁基醚过程中，产物甲基叔丁基醚和正丁烷均和甲醇生成共沸物，从而造成不易分离的问题，利用膜组件在精馏塔侧线引出甲醇，既达到了分离要求，又简化了结构。

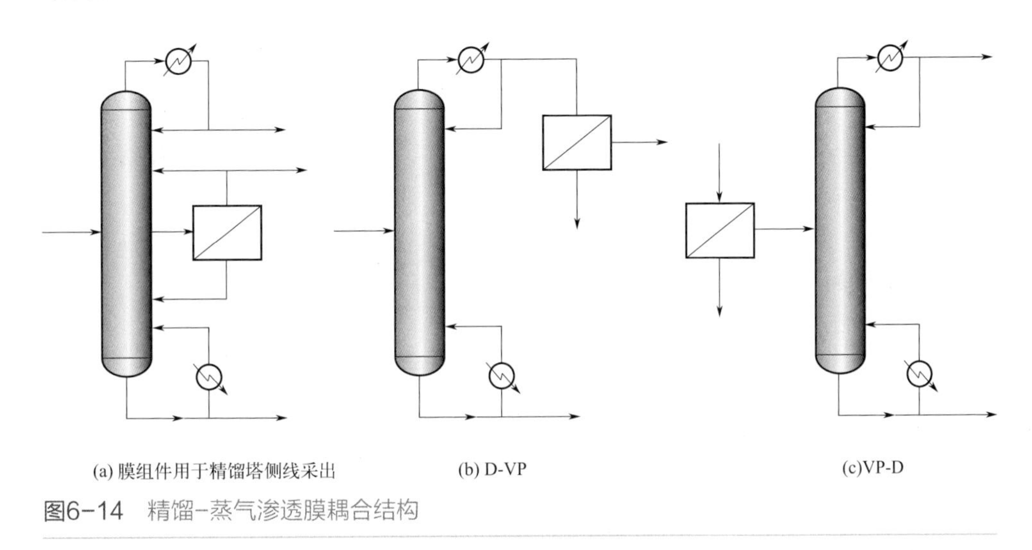

图6-14　精馏-蒸气渗透膜耦合结构

图 6-14(b)：将蒸气渗透膜组件放置于精馏塔后，用于分离塔顶馏出气体，形成精馏 - 蒸气渗透（D-VP）结构，其主要作用为分离精馏塔无法处理的共沸体系和作为馏出气的精加工过程。该结构充分发挥了膜分离技术的优势，且精馏塔的存在又弥补了膜分离处理大通量分离任务的不足。该结构适用于有机溶剂的脱水过程，如乙醇 - 水体系、异丙醇 - 水体系。与传统工艺相比，该耦合流程能耗低，操作简单，有研究表明该形式下的精馏 - 蒸气渗透耦合工艺比精馏 - 渗透蒸发耦合工艺更加经济[32]。

图 6-14(c)：蒸气渗透膜组件安装于精馏塔前面形成蒸气渗透 - 精馏（VP-D）结构，而 VP-D 常置于初馏塔后形成精馏 - 蒸气渗透 - 精馏（D-VP-D）结构，其主要目的是在膜组件打破共沸或者浓缩原料液后，利用精馏塔完成后续的分离工作，减少膜组件的费用。该膜的抗污染性是比较差的，一般先经过精馏进行原料净化，所以 VP-D 结构比较适合清洁物料的分离。

随着膜分离及精馏技术的发展，精馏 - 膜分离耦合过程在工业中应用越来越多，而集成过程的最优化问题仍然是阻碍膜分离技术普及的一大难题。对于部分物系，现已找到了最优集成方案，但很大一部分物系的分离是否可以使用精馏-膜集成过程，如何快速准确地搜索到给定物系的最优分离集成方案，使经济性达到最优，是精馏-膜分离耦合工作下一步的发展方向。

三、精馏-膜分离耦合技术的工业应用

1．甲醇生产

以甲醇生产过程为例，可利用膜分离技术对甲醇尾气中的有效成分进行回收，并增产甲醇。甲醇生产及膜分离流程框图见图 6-15。

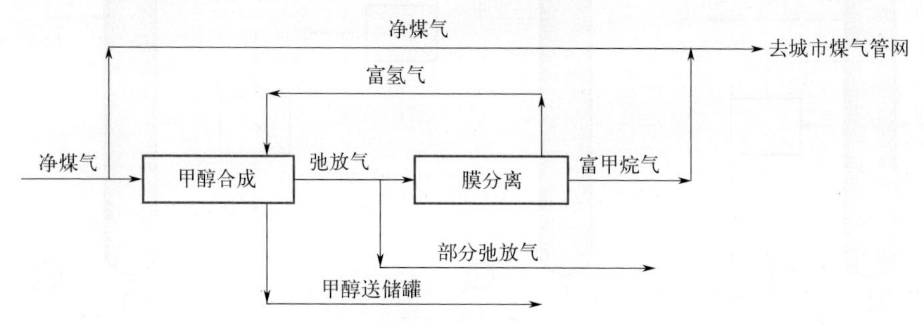

图6-15　甲醇生产及膜分离流程框图

甲醇合成尾气分成两部分：一部分以 4.7MPa、40℃进入膜分离装置回收其中的 H_2、CO，富氢的渗透气通过中空纤维膜壁从靠近分离器原料气入口的渗透气管口离开，压力 2.1MPa，送到合成气压缩机；另一部分会同离开膜分离器的壳程非渗透气，直接去用户的城市煤气管网。两部分气量的分配取决于甲醇合成气对气体成分的要求。

膜分离装置主要根据渗透侧压力和膜组件数量来控制有效气体的回收，渗透侧压力越低，膜组件用量越少，有效气体的回收越多。对甲醇合成系统来说，如果渗透侧压力低于 2.1MPa，则需要增加富氢气压缩机。因此，选定的工艺参数为：氢回收率为 72%，渗透压力为 2.1MPa。

膜分离在化工公司甲醇尾气装置中应用具有以下显著优点：

① 在回收氢气的同时，可以回收部分一氧化碳和大部分二氧化碳；

② 富氢气压力可以达到 2.1MPa，直接进入合成气压缩机；

③ 尾气压力可以达到 4.4MPa，直接进入煤气管网；

④ 膜装置没有转动部件，维修工作量较小，可以实现无人运转。

采用膜分离法后，蒸汽使用量降低 52%，能耗有效降低，同时塔顶甲醇纯度从 99.5% 提高至 99.95%，实现了很好的经济效益与环境效益。

2．有机物脱水

对于乙醇脱水过程，本书编著团队[33]提出了一种精馏 - 膜分离耦合生产电子级乙醇的方法，成品电子级乙醇的质量纯度≥99.99%，其中≥0.5μm 的尘埃颗粒含量≤5 个 /mL，其具有能耗低、路线短、成本低等优点，且生产的产品质量高。

Tusel 和 Ballweg[34] 提出了一个将精馏塔与两个具有不同类型亲水膜的 PV 装置相结合的分离系统。乙醇 - 水混合物通过精馏塔初步分离后，首先采用一种“高通量 - 低选择性”膜分离共沸物，接着采用一种“低通量 - 高选择性”膜作为最终步骤，以获得符合要求的产物。Tusel 和 Bruschke 提及了只采用一个渗透蒸发单元作为乙醇脱水过程的最后一步的方案。Gooding 和 Bahouth[35] 提出了在两个精馏塔之间设置带有亲水膜的单个渗透蒸发单元，以破除第一精馏塔塔顶共沸物的另一集成方案。与传统乙醇脱水的精馏过程相比，这种集成过程可以节省 28% 的设备费用和 40% 的操作费用。

对于异丙醇（IPA）脱水工艺，Binning 和 James[36] 首次引入精馏 - 渗透蒸发集成过程。由于精馏塔的塔顶产品为异丙醇 - 乙醇 - 水三元共沸物，故在这里设置一个基于亲水膜的渗透蒸发单元以分离得到含水量低于 0.5%（质量分数）的可售酒精产物，而富含水的渗透物流再循环回精馏塔。Stelmaszek[37] 讨论了在两个精馏塔之间安装亲水性渗透蒸发单元，第一精馏塔塔釜产物作为产品移出，塔顶产物与第二精馏塔的塔顶产物混合并进料到渗透蒸发单元中，富含 IPA 的渗余物流进入第二精馏塔进行进一步精制，在第二精馏塔塔釜获得最终的 IPA 产品。Bruschke 和 Tusel 发表了将 IPA 从 85.0% 脱水升至 99.0%（质量分数）的研究，据称，与共沸精馏相比，处理量为 100t/d 的精馏 - 膜分离集成设备可节省约 48% 的总成本。

3．有机物分离

精馏 - 膜分离集成过程不仅可以在有机物脱水中使用，在有机物与有机物之间的分离过程中，其优势也相当显著。

碳酸二甲酯（DMC）通常通过分离 DMC- 甲醇共沸物来制备，在其制备过程中，涉及如何从有机混合物中高效分离碳酸二甲酯产物。Shah 等提出了一种集成工艺，将含 70%（质量分数）甲醇的 DMC- 甲醇共沸物进料到设置有亲有机（亲甲醇）复合膜的渗透蒸发单元中。渗透蒸发单元含 95%（质量分数）甲醇的渗透物得以回收，而含有 45%（质量分数）DMC 的渗余物通过精馏进一步纯化。精馏塔的底部产物含有 99%（质量分数）DMC，然后将顶部产物再循环至渗透蒸发单元，以打破共沸。

甲基叔丁基醚（MTBE）的生产工艺涉及从反应器流出流股中分离 MTBE 和 C_4 化合物及未反应的甲醇，以获得高纯度 MTBE，在该混合物中甲醇与 MTBE

和 C_4 化合物形成共沸物。Kanji 和 Makoto[38] 提出了一种集成方法。精馏塔塔釜产物是高纯度 MTBE，而塔顶产物由未反应的低级醇和烃组成。将经液化的塔顶产物输送到具有分离因子超过 200 的亲有机（亲低级醇）芳族不对称膜的渗透蒸发操作单元中，渗透蒸发操作单元将进料分离成富含低级醇的渗透物流，将其再循环到反应器中。为了改善 MTBE 生产工艺，Streicher 等 [39] 提出了一个“直接”方法，将渗透蒸发单元放置在两个精馏塔之间，即在去丁烷塔和 C_4 纯化塔之间分离甲醇 -C_4 化合物。

参考文献

[1] 王光贤，张晋波．乙腈法碳五分离技术及二萃简介 [J]．甘肃科技纵横，2014,43(10):29-30.

[2] Stichlmair J G, Klein H, Rehfeldt S. Distillation: principles and practice[M]. Hoboken: John Wiley & Sons, 2021.

[3] Rodríguez-Donis I, Gerbaud V, Joulia X. Entrainer selection rules for the separation of azeotropic and close-boiling-temperature mixtures by homogeneous batch distillation process[J]. Industrial & Engineering Chemistry Research, 2001, 40(12): 2729-2741.

[4] Backhaus A A. Continuous process for the manufacture of esters[P]. US 1400849A. 1921-12-20.

[5] 付强，王建刚，张吉波．特殊精馏的应用及进展 [J]．山东化工，2017, 46(24): 67-68.

[6] Wang L, Sun X, Xia L，et al. Inside-out method for simulating a reactive distillation process[J]. Processes, 2020, 8(5): 604.

[7] Kumar M V P, Kaistha N. Internal heat integration and controllability of double feed reactive distillation columns. 1. effect of feed tray location[J]. Industrial & Engineering Chemistry Research, 2008, 47(19): 7294-7303.

[8] Corrigan T E, Miller J H. Effect of distillation on a chemical reaction[J]. Industrial & Engineering Chemistry Process Design and Development, 1968, 7(3): 383-384.

[9] Huang K, Nakaiwa M, Wang S J, et al. Reactive distillation design with considerations of heats of reaction[J]. AIChE Journal, 2006, 52(7): 2518-2534.

[10] 曹军．反应精馏技术用于硅烷生产工艺的研究 [J]．云南化工，2020, 47(3):65-67.

[11] 张建海，秦俏，任琪，等．反应精馏合成碳酸二甲酯过程优化及热集成研究 [J]．现代化工，2020,40(7): 226-229.

[12] 王静康，张远谋．熔融结晶过程的新进展 [J]．化工进展，1991(1):35-40.

[13] 吴鑫干，莫馗．高纯度苯甲酸精制工艺述评 [J]．湖南化工，2000(6):1-3.

[14] 秦学功，徐延玲．双降膜分步熔融结晶分离对、邻二氯苯的研究 [J]．佳木斯工学院学报，1996(2):121-123,136.

[15] 曹贵安．结晶精制技术进展 [J]．现代化工，1994(8):12-17.

[16] 顾鸣海．用熔融结晶法分离有机物 [J]．上海化工，2003,28(12):26-29.

[17] 陈亮，李军，刘逸飞，等．倾斜晶析塔内有机物纯化过程的理论与实验研究 [J]．四川大学学报（工程科学版），2006, 38(3):54-58.

[18] 汪斌，王车礼，云志．基于直接冷却固化与发汗提纯的熔融结晶研究 [J]．江苏工业学院学报，2004,

16(2): 33-36.

[19] 叶青，王车礼，裘兆蓉. 精馏 - 熔融结晶耦合工艺 [J]. 江苏石油化工学院学报，2000(3):46-49.

[20] 姜福美，胡仰栋，郑世清，等. 结晶精馏耦合流程分离 MDI 同分异构体的新工艺 [J]. 聚氨酯工业，2008(3):42-45.

[21] 李群生，李奎，罗超，等. 结晶塔中萘 - 硫茚物系的分离与提纯 [J]. 化工进展，2010,29(7):1196-1200.

[22] 李群生，王宝华，宋春颖，等. 精馏 - 结晶联合分离法分离挥发度相近物系 [J]. 化工进展，2002, 21(6):402-403,409.

[23] 叶青，裘兆蓉，钟秦，等. 用精馏 - 降膜结晶耦合技术提纯对二氯苯 [J]. 精细化工，2005(5):362-364.

[24] Kober P A. Pervaporation, perstillation and percrystallization[J]. Journal of the American Chemical Society, 1917, 39(5): 944-948.

[25] 韩宾兵，陈翠仙，李继定，等. 渗透汽化膜分离技术及其应用 [J]. 化工科技市场，2000,23(6):7-9.

[26] Lonsdale H K, Merten U, Riley R L. Transport properties of cellulose acetate osmotic membranes[J]. Journal of Applied Polymer Science, 1965, 9(4): 1341-1362.

[27] 郭宇彬，许振良，姬朝青. 吸附 - 扩散模型与溶解 - 扩散模型及其修正模型的相互关系 [J]. 膜科学与技术，2010,30(2):29-32.

[28] 王晓红，张远鹏，于新帅，等. 精馏 - 膜分离技术集成过程研究进展 [J]. 化工进展，2018,37(S1):12-18.

[29] Wijmans J G, Baker R W. The solution-diffusion model: a review[J]. Journal of Membrane Science, 1995, 107(1/2): 1-21.

[30] Caballero J A, Grossmann I E, Keyvani M, et al. Design of hybrid distillation − vapor membrane separation systems[J]. Industrial & Engineering Chemistry Research, 2009, 48(20): 9151-9162.

[31] Hommerich U, Rautenbach R. Design and optimization of combined pervaporation/distillation processes for the production of MTBE[J]. Journal of Membrane Science, 1998, 146(1): 53-64.

[32] Fontalvo J, Cuellar P, Timmer J M K. Comparing pervaporation and vapor permeation hybrid distillation processes [J]. Industrial & Engineering Chemistry Research, 2005,44(14): 5259-5266.

[33] 李群生. 一种精馏 - 膜分离联合生产电子级乙醇装置及方法 [P]. CN 114712884A. 2022-07-08.

[34] Tusel G, Ballweg A. Method and apparatus for dehydrating mixtures of organic liquids and water[P]. US 4405409A. 1983-09-20.

[35] Gooding C H, Bahouth F J. Membrane-aided distillation of azeotropic solutions[J].Chemical Engineering Communications, 1985, 35(1-6): 267-279.

[36] Binning R C, James F E. Now separate by membrane permeation[J]. Petroleum Refiner, 1958, 37(5): 214-215.

[37] Stelmaszek J. Untersuchungen der oèkonomischen effektivitaÈt von verschiedenen wasserabscheidungsme-thoden[J]. Chemtech, 1979, 8: 611-617.

[38] Kanji N, Makoto M. Process for producing ether compound[P]. US 5292963A. 1994-03-08.

[39] Streicher C, Kremer P, Tomas V. Development of new pervaporation membranes, systems and processes to separate alcohols/ethers/hydrocarbons mixtures[C]//Proc. 7th Int. Conf. Pervaporation in the Chemical Industry. Englewood: Bakish Material Corporation，1995：297-309.

第七章
高纯度化学品精馏的节能技术

第一节　精馏系统的优化 / 204

第二节　多塔差压集成精馏节能技术 / 214

第三节　中间换热器的精馏节能技术 / 227

第四节　热泵精馏技术 / 237

第五节　热管节能技术在高纯度化学品精馏中的应用 / 241

第六节　低温余热回收技术 / 244

能耗问题一直是化学工业的重点关注对象。精馏过程的能耗占据化学工业能耗的 60% 以上，尤其是高纯度化学品精馏分离过程的能源消耗更高。通常精馏过程中精馏塔、换热设备及其支撑设施约占总资金成本的三分之一，占能源消耗的一半以上。相比普通化学品精馏过程，高纯度化学品精馏工艺更为复杂，不同流股物流间的温差小，这就造成了高纯度化学品精馏过程的能量网络优化难度极大。为了得到更高纯度的化学品或去除某一微量杂质，精馏过程的回流比更高，单位产品能耗值也随之变大。因此，精馏系统的节能设计和优化对整个过程的经济性具有至关重要的影响[1]。本章主要介绍高纯度化学品精馏的节能技术。

第一节 精馏系统的优化

精馏过程是一个能量密集型过程，大量消耗蒸汽、电力等能源。由于精馏过程存在离散型和连续型变量，很难保证精馏塔在最佳操作点运行。通过单因素变量优化方法，可以一定程度上使精馏设备在最佳操作范围内工作，有助于提高产品纯度、降低过程能耗。高纯度化学品精馏过程更容易受到进料和生产环境波动的影响，造成无法长周期、稳定生产，因此精馏过程中通常会留有一定的操作余量。通过对高纯度化学品精馏系统的决策变量进行优化，可以确定最优的设备参数和操作参数，并合理地给出操作余量。

本节以高纯度四氯化硅的四塔精馏过程为例具体讲解精馏过程的单因素变量优化，四氯化硅精馏工艺简介如下。

工艺流程主要包括四个精馏塔，分别为精馏一塔（T1）、精馏二塔（T2）、精馏三塔（T3）、精馏四塔（T4）以及与之配套的冷凝器和再沸器等。其中 T1 和 T3 为脱轻组分塔，T2 和 T4 为脱重组分塔。精馏工艺流程为粗四氯化硅原料通过进料泵送入 T1，在塔顶除去轻相杂质（HCl、SiH_2Cl_2、BCl_3 和 $SiHCl_3$），塔釜采出液送入 T2，在塔釜分离出重相杂质（PCl_3 和 $CuCl_2$、$MnCl_2$ 等金属氯化物），塔顶物质主要是四氯化硅，但两塔精馏后的产品纯度远远不能达到高纯度化学品的要求，杂质尚未完全除去，需要进一步提纯，以获取达标的产品，故将 T2 塔顶采出液送入 T3，进一步脱除轻组分杂质，塔釜采出液送入 T4，进一步脱除重组分杂质，在 T4 塔顶采出高纯度四氯化硅产品[2]。

一、操作压力优化

随着压力增加，组分间的相对挥发度减小，分离效果下降。因此应在满足条件的范围内，尽量选择较低压力。物系主要成分的饱和蒸气压与温度关系见图 7-1，精馏一塔与精馏三塔两个脱低沸塔的主要作用是除去原料液中的轻组分杂质，即 SiH_2Cl_2、BCl_3、$SiHCl_3$ 等，工艺参数相近导致两塔能耗相近，对两塔进行能量匹配。同理精馏二塔与精馏四塔两个脱高沸塔主要除去 PCl_3 和金属氯化物，也可以在两塔之间进行能量匹配，有效地降低精馏系统的能量消耗。通过改变两塔压力差的方法使高压塔塔顶温度升高，或者低压塔塔釜温度降低，由此达到两塔换热需要的温差，这也是两塔之间热量集成的关键。换热过程是高压塔塔顶蒸气的潜热作为低压塔再沸器的热源，使塔釜液相变为气相，同时此过程可以使高压塔塔顶蒸气冷凝。根据理论经验和实际生产情况，两股物流的温度差≥15℃，即可以满足换热条件 [3]。

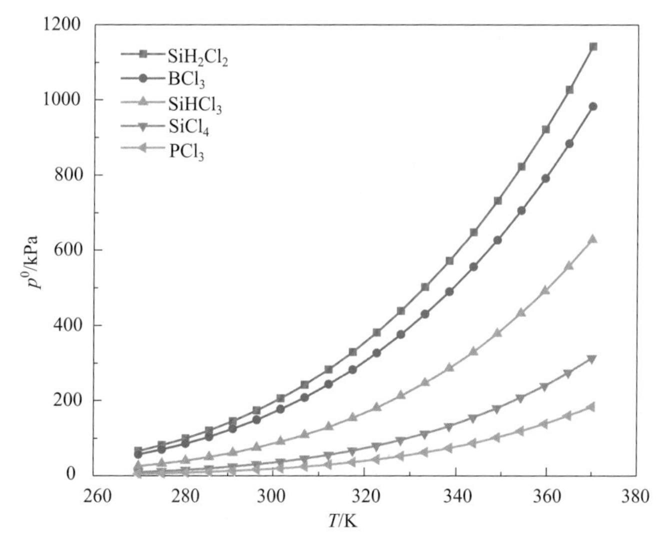

图7-1　四氯化硅物系中关键组分饱和蒸气压随温度变化关系

进一步分析压力与塔顶和塔釜采出物流温度的关系。分别改变精馏一塔和精馏三塔的操作压力，得到 T1 和 T3 压力与塔顶和塔釜温度的关系，模拟结果如表 7-1 所示。从表中分析可得，随着压力的增大，物系各组分沸点升高，因此塔顶与塔釜温度升高。当 T1 塔顶压力为 0.10MPa 时，塔顶温度 t_{D1} 为 48.8℃，采用 32℃循环冷却水对塔顶气相物流冷凝，满足温差大于 15℃的要求，此时 T1 塔釜温度 t_{W1} 为 62.3℃。在已知 T1 塔压和温度的情况下，分析 T3 操作压力改变时塔内温度的变化情况。当 T3 塔压取 0.20MPa 时，塔顶温度 t_{D3} 为 80.0℃，T3 塔顶与 T1 塔釜的温差 $t_{D3}-t_{W1}$=17.7℃＞15℃，符合换热温差要求。可考虑利用 T3 塔顶热物流加热 T1 塔釜冷物流，同时使 T3 塔顶物流冷凝，实现能量的回收利用，提高热力学效率。

表7-1 T1、T3塔顶和塔釜温度与操作压力的关系

p/MPa	t_{D1}/℃	t_{W1}/℃	t_{D3}/℃	t_{W3}/℃
0.05	27.8	45.6	36.1	45.6
0.10	48.8	62.3	56.4	62.3
0.15	62.5	74.1	69.8	74.1
0.20	72.9	83.5	80.0	83.5
0.25	81.5	91.4	88.4	91.4
0.30	88.8	98.2	95.6	98.2
0.35	95.2	104.3	101.9	104.3
0.40	100.9	109.7	107.6	109.7

精馏二塔与精馏四塔为两个脱重组分塔，同时两塔都为高能耗塔，主要除去原料液中的重相杂质。为了实现能量的充分利用，可以改变精馏二塔压力，利用 T2 塔顶物流作为 T3 塔釜热源，同时使 T2 塔顶物料冷凝。调整操作压力，对精馏二塔进行了模拟计算，模拟结果见表 7-2。其中 $t_{D2}-t_{W3}$ 代表 T2 塔顶与 T3 塔釜的温差。当 T2 塔压取 0.35MPa 时，$t_{D2}-t_{W3}$=18.4℃＞15℃，满足换热要求。

表7-2 T2操作压力对塔顶温度、塔釜温度以及换热温差的影响

p/MPa	t_{D2}/℃	t_{W2}/℃	$t_{D2}-t_{W3}$/℃
0.20	80.0	83.5	−3.5
0.25	88.4	91.4	4.9
0.30	95.6	98.2	12.1
0.35	101.9	104.3	18.4
0.40	107.6	109.7	24.1
0.45	112.8	114.7	29.3
0.50	117.5	119.3	34.0
0.55	121.9	123.6	38.4
0.60	126.0	127.6	42.5

已知 T2 塔压和温度的情况下，分析比较不同压力下 T4 塔顶温度和塔釜温度的变化。改变操作压力，对精馏四塔 T4 进行模拟计算，结果见表 7-3。当 T4 塔压取 0.55MPa 时，T2 塔釜与 T4 塔顶的温差 $t_{D4}-t_{W2}$=17.6℃＞15℃，满足换热要求，可考虑利用 T4 塔顶热流股加热 T2 塔釜物流，同时使 T4 塔顶物流冷凝，

实现能量的回收利用。此时，T4 塔釜温度为 123.6℃，工厂可提供 0.5MPa(表压) 的低压蒸汽，温度为 150℃，满足 T4 塔釜加热条件。

表7-3　T4 操作压力对塔顶温度、塔釜温度及换热温差的影响

p/MPa	t_{D4}/℃	t_{W4}/℃	$t_{D4}-t_{W2}$/℃
0.40	107.6	109.7	3.3
0.45	112.8	114.7	8.5
0.50	117.5	119.3	13.2
0.55	121.9	123.6	17.6
0.60	126.0	127.6	21.7
0.65	129.8	131.3	25.5
0.70	133.5	134.9	29.2
0.75	136.9	138.3	32.6
0.80	140.2	141.5	35.9

二、进料位置优化

固定其他操作参数，改变精馏塔的进料位置。通过模拟计算，分析其对采出物料的分离纯度以及换热器负荷的影响，得到最佳进料位置。图 7-2 为塔釜中四氯化硅（STC）和三氯氢硅（TCS）质量分数与进料位置的关系。

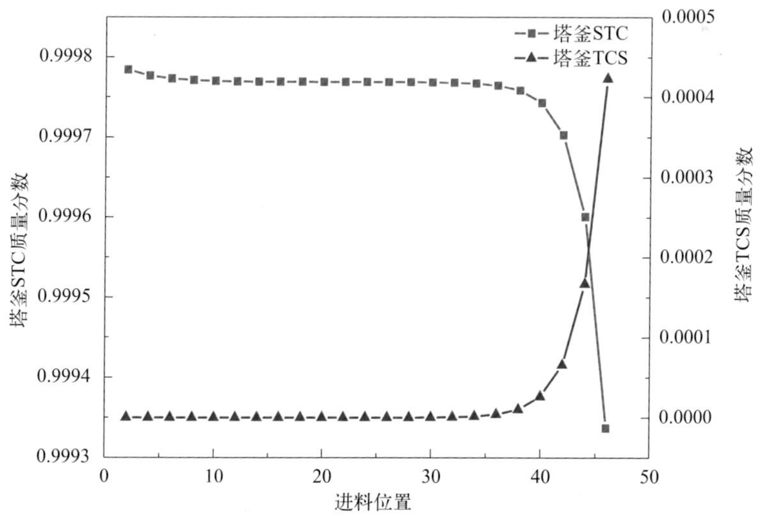

图7-2　进料位置对塔釜STC、TCS质量分数的影响

进料位置从塔顶至塔釜下移的过程中，精馏段塔板数增加而提馏段塔板数减少，对塔釜液相产品的分离能力降低，因此塔釜中四氯化硅质量分数减小，三氯氢硅质量分数增加。对进料板位置自第 2 层下移至第 14 层的过程进行分析，其计算结果见表 7-4，根据结果绘制曲线图 7-3。可以看出 T1 塔釜液中三氯氢硅杂质的质量分数先减小后增大，在第 4 块塔板进料时杂质质量分数最低，仅为 2.54×10^{-12}，此时进料中的轻杂质三氯氢硅能够较为彻底地除去。进料位置继续下移时更多重组分在塔釜液聚集，轻组分分离能力降低。另外从模拟结果可见，换热器负荷随进料位置几乎不变，可以忽略进料位置对精馏一塔能耗的影响。因此选定精馏一塔进料位置为第 3 ～ 5 块板。

表7-4 精馏一塔进料板位置的优化模拟结果

N_F	w_B(STC)	w_B(TCS)	Q_C/kW	Q_R/kW
2	0.999784	3.3264×10^{-12}	443.2365	475.4408
4	0.999776	2.5448×10^{-12}	443.5919	475.7632
6	0.999773	3.7713×10^{-12}	443.5877	475.7593
8	0.999771	8.3951×10^{-12}	443.5865	475.7581
10	0.999770	2.0714×10^{-11}	443.5858	475.7574
12	0.999769	5.3084×10^{-11}	443.5855	475.7570
14	0.999769	1.3647×10^{-10}	443.5853	475.7568

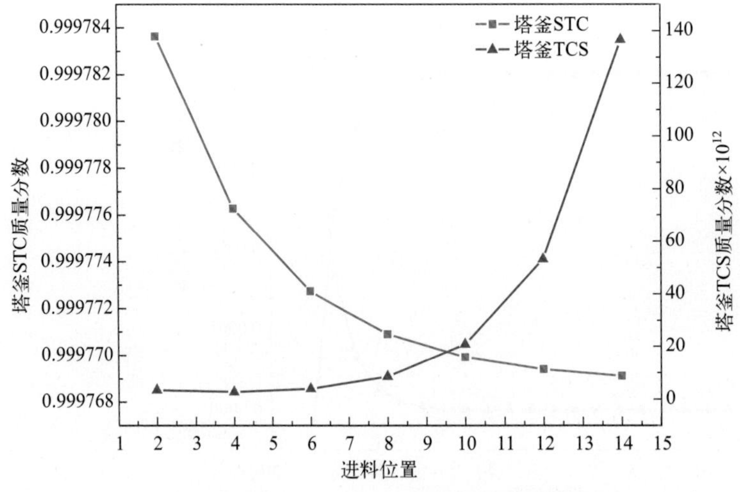

图7-3 进料位置对塔釜STC、TCS质量分数的影响（$N_F=2\sim14$）

三、回流比优化

精馏过程中回流比是非常关键的参数，直接影响过程的能耗和分离效果。在保证塔板数、进料板位置 N_F 和采出比 D/F 不变的条件下，增大回流比会导致塔内上升气量增多，从而导致换热器负荷增大，能耗升高，与此同时提升了气液相的传递效果（包括传热过程和传质过程），从而使分离效果得到提升。但气相负荷增大还会导致精馏塔塔径增大，因此增大回流比虽然提高了提纯效果，却导致操作费用和设备费用均有所提高。因此需要考虑经济费用和分离要求的平衡关系，选择适当的回流比。考察塔釜采出液中三氯氢硅质量分数、塔顶冷凝器负荷以及塔釜再沸器负荷随回流比的变化，根据结果作出图 7-4。

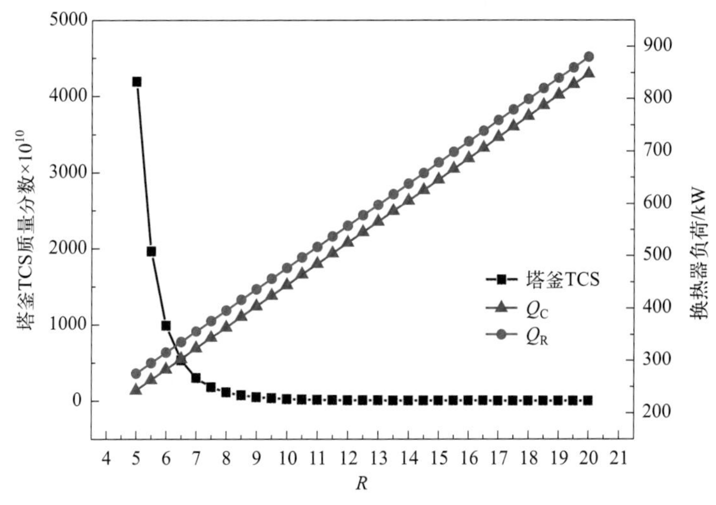

图7-4　精馏一塔回流比对塔釜TCS质量分数及负荷的影响

由图 7-4 可以看出，随着回流比的增大，塔釜三氯氢硅质量分数先急剧减小；当回流比大于 8 时，三氯氢硅质量分数的减小开始减缓；当回流比大于 10 时，塔釜三氯氢硅质量分数趋于定值，此时回流比对采出物料的纯度影响甚小。然而，随着回流比的增大，下降液量和上升气量增大，塔顶所需制冷量和塔釜所需加热量升高，如图 7-4 所示，回流比与能耗呈现正相关。进一步缩小回流比的选取范围，模拟并分析回流比在 8.0 ～ 14.0 之间时 T1 的分离效果和能耗，模拟结果见表 7-5。在保证采出物流纯度的前提下，尽量调小回流比，可以达到减少设备费用和能量消耗的要求。综合考虑，选择回流比在 9.9 ～ 10.1 之间。

表7-5　精馏一塔回流比的优化模拟结果（R=8.0～14.0）

R	w_B(STC)	w_B(TCS)	Q_C/kW	Q_R/kW
8.0	0.999769	1.1180×10^{-8}	362.9333	395.1048
8.5	0.999769	7.2150×10^{-9}	383.0962	415.2678
9.0	0.999769	4.8120×10^{-9}	403.2592	435.4307
9.5	0.999769	3.3046×10^{-9}	423.4221	455.5937
10.0	0.999769	2.3294×10^{-9}	443.5851	475.7567
10.5	0.999769	1.6808×10^{-9}	463.7481	495.9196
11.0	0.999769	1.2387×10^{-9}	483.9110	516.0826
11.5	0.999769	9.3034×10^{-10}	504.0740	536.2455
12.0	0.999769	7.1090×10^{-10}	524.2369	556.4085
12.5	0.999769	5.5179×10^{-10}	544.3999	576.5714
13.0	0.999769	4.3445×10^{-10}	564.5628	596.7344
13.5	0.999769	3.4656×10^{-10}	584.7258	616.8974
14.0	0.999769	2.7978×10^{-10}	604.8888	637.0603

四、采出比优化

确定合适的采出比有利于对精馏塔进行稳定的物料平衡控制，改变采出比会对精馏分离效果以及产品的产量或物料的损耗情况有一定影响，在动态控制中会有更明显的影响。在塔板数、进料位置以及回流比不变的条件下，分析塔顶采出比与分离能力和能耗之间的关系，模拟结果见表7-6。分别做出精馏一塔塔顶采出比与塔釜四氯化硅、三氯氢硅质量分数的关系（如图7-5），以及采出比与换热器负荷的关系（如图7-6）。

表7-6　精馏一塔采出比D/F的分析结果（D/F=0.05～0.15）

D/F	w_B(STC)	w_B(TCS)	Q_C/kW	Q_R/kW
0.05	0.997589	2.2175×10^{-3}	109.4200	142.7247
0.06	0.998925	8.7881×10^{-4}	131.2558	164.4745
0.07	0.999566	2.3633×10^{-4}	153.0607	186.1911
0.08	0.999743	5.7086×10^{-5}	174.8575	207.8984
0.09	0.999783	1.4946×10^{-5}	196.5963	229.5523
0.10	0.999791	4.4335×10^{-6}	218.2793	251.1551
0.11	0.999792	1.4869×10^{-6}	239.9178	272.7173
0.12	0.999790	5.5670×10^{-7}	261.5215	294.2477
0.13	0.999788	2.2947×10^{-7}	283.0976	315.7530
0.14	0.999786	1.0176×10^{-7}	305.0104	337.5640
0.15	0.999784	4.9065×10^{-8}	326.5527	359.0385

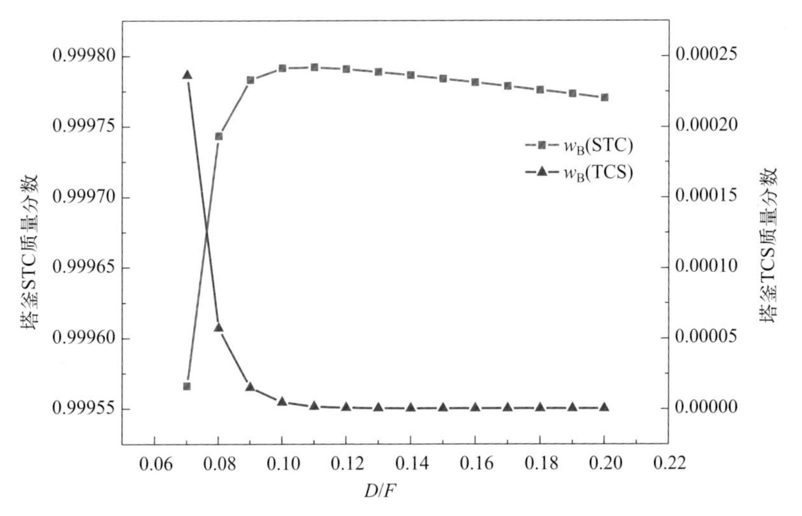

图7-5 采出比D/F与塔釜STC、TCS质量分数的关系

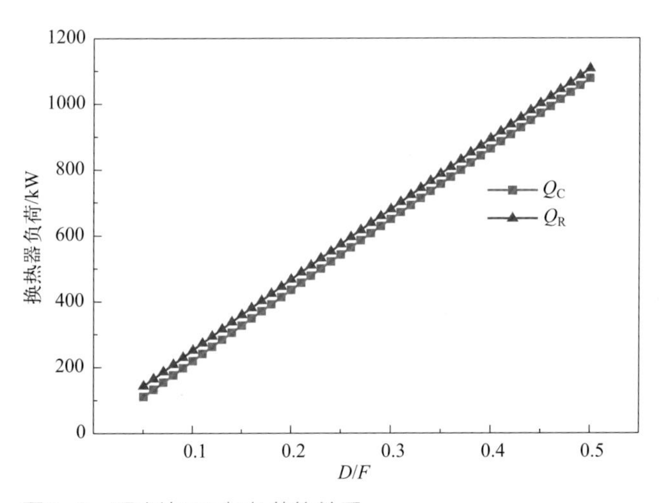

图7-6 采出比D/F与负荷的关系

通过图 7-5 分析可知，当采出比为 0.07 ～ 0.10 时，随着塔顶采出量的增大，低沸点杂质三氯氢硅以气相形式在塔顶富集，更多的三氯氢硅从塔顶采出，因此随采出比的增大，塔釜三氯氢硅质量分数减小、塔釜四氯化硅质量分数增大。当采出比大于 0.10 时，塔釜采出物料中三氯氢硅质量分数趋于恒定值，塔顶采出物料中四氯化硅采出量占主导，大量四氯化硅被夹带到塔顶，因此随采出比的增大塔釜四氯化硅质量分数逐渐降低。由图 7-6 可以看出随着采出量增大，换热器

能耗增大。综合分析，选择采出比为 0.09 ～ 0.11。

五、正交试验设计

上述对于精馏一塔的灵敏度分析是在不改变其他参数的条件下，分析目标参数的优化范围，这属于单因素分析方法，具有一定的局限性，无法综合对比不同参数对结果的影响。因此，运用正交试验分析方法来完成多因素试验，从而寻找最优水平组合，进行更具体的参数确定和更全面的分析。由于冷凝器采用循环水作为冷却介质，而再沸器采用的低压蒸汽费用较高，因此将再沸器负荷 Q_R 作为优化目标。此外，由于所要求产品纯度较高且大量物料由塔釜流入 T2，将 T1 需除去的主要轻杂质三氯氢硅在塔釜液中的质量分数 $w_B(SiHCl_3)$ 作为另一优化目标。由此进行多指标试验，综合权衡，确定最优条件。

选择进料位置 N_F、回流比 R 和采出比 D/F 三个因素，其中进料位置 N_F 的三个水平分别为 3、4、5；回流比 R 的三个水平分别为 9.9、10.0、10.1；采出比 D/F 的三个水平分别为 0.09、0.10、0.11。正交试验表达式可以写为 $L_i(x^y)$，式中 i 为总行数，表示试验次数；x 表示各因素水平对比数；y 为总列数，表示对比因素数目。本过程采用三因素三水平试验，选择 $L_9(3^3)$ 最合适。以三氯氢硅在塔釜液中的质量分数 $w_B(SiHCl_3)$ 越小越好为目标，同时再沸器负荷 Q_R 越低越好。根据以上参数模拟计算，绘制正交试验分析表 7-7。

计算得到各因素各水平下各个试验指标的数据，并进行极差比较可知：①仅对再沸器负荷指标而言，D/F 对 Q_R 的影响最大，R 次之，N_F 最小，最优水平组合为进料位置 4 或 5，回流比 9.9，采出比 0.09；②仅对产品质量指标而言，D/F 对 $w_B(SiHCl_3)$ 的影响最大，N_F 次之，R 最小，最优水平组合为进料位置 5，回流比 10.1，采出比 0.11。以上三个指标对于能耗和提纯效果两个优化目标单独分析得到的优化结果不同，需根据各因素影响程度综合考量，确定最优工艺条件。

采出比 D/F 对两个指标的影响均处于第一位，将 $D/F=0.11$ 时与 $D/F=0.09$ 时两指标的计算结果作比较可得，当 $D/F=0.11$ 时，再沸器负荷增大了 15.83%，而塔釜液三氯氢硅质量分数却减少了 97.7%，因此 D/F 取值为 0.11。进料位置 N_F 对产品质量的影响仅次于采出比 D/F，而对负荷的影响为次要因素排在第三位，因此可以选择塔釜液三氯氢硅质量分数最低时的进料位置，即 N_F 取 5。回流比 R 对负荷的影响排在第二位，而其对产品质量的影响为次要因素排第三位，因此选择负荷最低时的回流比 $R=9.9$。综上，最优的参数组合为 $D/F=0.11$、$R=9.9$、$N_F=5$，此时塔釜三氯氢硅质量分数为 5.46×10^{-6}，再沸器负荷为 270.4kW。

表7-7　精馏一塔正交试验表

序号		因素			Q_R/kW	$w_B(SiHCl_3)$
		N_F	R	D/F		
1		3	9.9	0.09	227.7	3.99×10^{-4}
2		3	10.0	0.10	251.1	4.45×10^{-5}
3		3	10.1	0.11	274.9	6.45×10^{-6}
4		4	9.9	0.10	249.1	3.51×10^{-5}
5		4	10.0	0.11	272.6	5.40×10^{-6}
6		4	10.1	0.09	231.2	1.87×10^{-4}
7		5	9.9	0.11	270.4	5.46×10^{-6}
8		5	10.0	0.09	229.5	1.70×10^{-4}
9		5	10.1	0.10	253.0	2.22×10^{-5}
Q_R	K_1	753.7	747.2	688.4		
	K_2	752.9	753.2	753.2		
	K_3	752.9	759.1	817.9		
	极差	0.8	11.9	129.5		
	因素主次顺序　$D/F>R>N_F$					
$w_B(SiHCl_3)$	K_1	4.50×10^{-4}	4.40×10^{-4}	7.56×10^{-4}		
	K_2	2.28×10^{-4}	2.20×10^{-4}	1.02×10^{-4}		
	K_3	1.98×10^{-4}	2.16×10^{-4}	1.73×10^{-5}		
	极差	2.52×10^{-4}	2.24×10^{-4}	7.39×10^{-4}		
	因素主次顺序　$D/F>N_F>R$					

同理，可以对精馏二塔、精馏三塔、精馏四塔进行参数优化，结果见表7-8及表7-9。

表7-8　操作参数优化结果

精馏塔	操作压力/MPa	塔板数N	进料位置N_F	回流比R	采出比
T1	0.10	60	5	9.9	0.11(D/F)
T2	0.35	60	52	11.2	0.16(B/F)
T3	0.20	75	6	10.1	0.11(D/F)
T4	0.55	75	63	10.8	0.16(B/F)

表7-9　精馏工艺流程能量平衡表

精馏塔	冷凝器负荷Q_C/kW	再沸器负荷Q_R/kW	总负荷$Q_{总}$/kW
T1	237.68	270.48	508.16
T2	1607.37	1644.39	3251.76
T3	169.62	193.47	363.09
T4	1095.62	1143.31	2238.93

第二节
多塔差压集成精馏节能技术

一、多塔差压集成精馏的发展

多塔差压集成精馏（多效精馏）一般采用多个压力不同的精馏塔代替单塔来提高能源效率，它的基本概念是改变塔压力，提高一个塔的塔顶蒸气温度（加压），或降低另一个塔的塔釜温度（减压），使得两者的温度差达到换热要求，进而利用高压塔塔顶蒸气的相变潜热与低压塔再沸器中的物流完成换热，将前者的冷凝器与后者的再沸器组合在一起，避免使用热交换器以及相应的公用设施。由于多效精馏不需要额外消耗电能，且整个工艺中可以充分利用塔顶蒸气的热能，极大地节省了蒸汽与冷却水的消耗，因此它已成为许多研究人员的首选[4]。多效精馏在化工过程中具有巨大的节能潜力[5]。在规模化的工业过程中，双效精馏是目前最普遍的商业化过程，这主要基于两个原因：①随着效数的增加，固定资本投资增加的幅度大于能耗降低的幅度且节能有限；②随着效数的增加，过程的非线性、多变量和交互性质使操作变得更加困难[6]。

对于组成一定的物系，压力高其泡点高，压力低其泡点低。因此可以通过调整每座精馏塔的操作压力，使某一个塔的塔顶气相温度高于另一个塔的塔釜液相温度，且满足换热温差要求，从而可以用高压塔的塔顶蒸气作为低压塔的再沸器热源，使热能实现集成应用，达到节约热能的效果。根据精馏系统热集成连接方式的不同，即物流和能量输送方向和位置的不同，精馏系统热量集成可分成三种连接方式：顺流连接流程、逆流连接流程及平流连接流程。

由图 7-7 分析，顺流流程就是高压塔连接低压塔，物流首先流入高压塔，精馏后塔釜物流进入低压塔。利用气相潜热，高压塔塔顶采出的热量加热低压塔的塔釜，塔顶气相冷凝成液相。

由图 7-8 分析，逆流流程就是低压塔连接高压塔，物流首先流入第一个低压塔精馏后，塔釜物料进入第二个高压塔。用高压塔塔顶热量加热低压塔塔釜，塔顶气相冷凝成液相。

由图 7-9 分析，平流流程就是高压塔连接低压塔，物流几乎平均流入高压塔和低压塔，采用高压塔塔顶流出的热量加热低压塔塔釜的冷物流，同时塔顶气相冷凝成液相。由于潜热的热量远远大于显热的热量，因此用来加热低压塔塔釜。

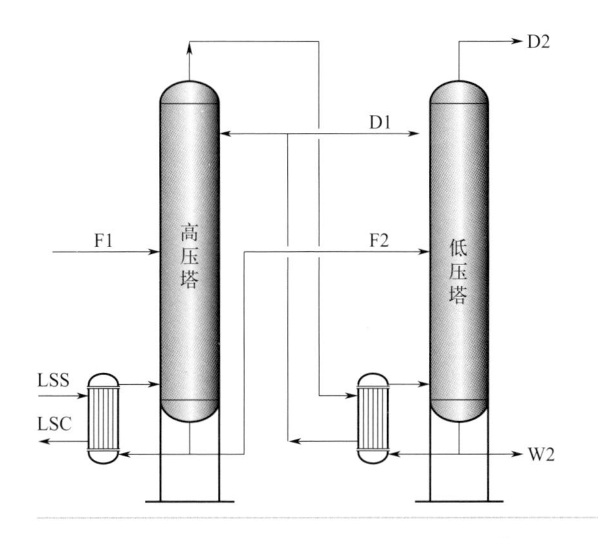

图7-7
双效顺流流程图
LSS—低压蒸汽；LSC—低压蒸汽回水

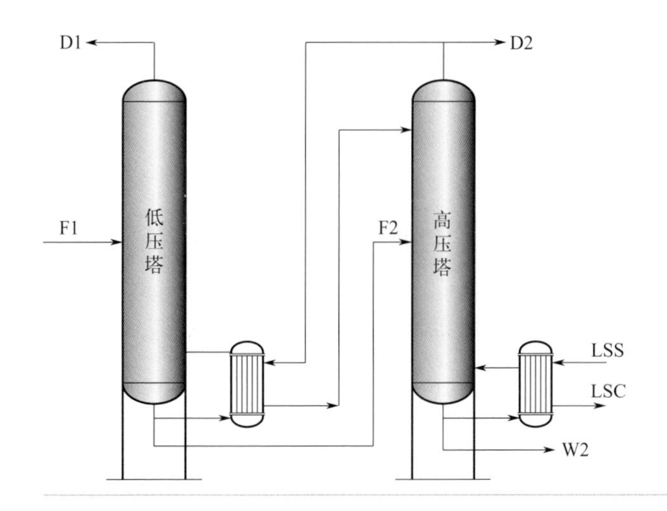

图7-8
双效逆流流程图

综上所述，不论采用哪种流程，该方式主要是利用塔压差节省低压塔塔釜加热所需的蒸汽量，同时节省高压塔塔顶冷凝所需的冷凝水用量。高纯度化学品精馏过程，尤其是由工业级化学品制备高纯度化学品的工艺，精馏塔整体温差较小，第二精馏塔的塔釜温度与第一精馏塔的塔顶温度接近，因此更容易通过调整压差，实现第一精馏塔和第二精馏塔的换热。

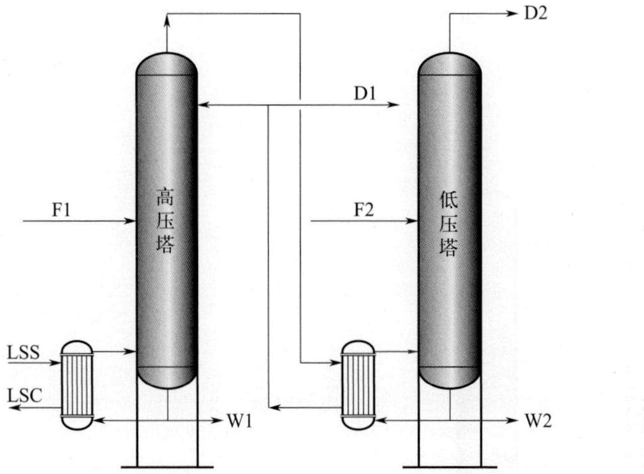

图7-9
双效平流流程图

二、能耗公式推导

基于能量匹配原则，需调节高压塔塔顶冷凝器负荷 Q_{C1} 与低压塔再沸器负荷 Q_{R2} 相匹配，使 $Q_{C1} \geqslant Q_{R2}$，实现能量的充分利用。基于本章第一节中单塔优化的参数调节，在满足分离效果的基础上，对影响能耗的主要参数进行微调，尽可能减少能量和公用工程的损耗。精馏塔换热器负荷计算公式如下：

$$Q_C = Vr_c \tag{7-1}$$

$$Q_R = Vr_b \tag{7-2}$$

式中，r_c 表示精馏塔塔顶采出组分 x_D 的平均汽化热；r_b 表示精馏塔塔釜采出组分 x_W 的平均汽化热。

分析进料位置上的气液相传质和传热过程，如图 7-10 所示。

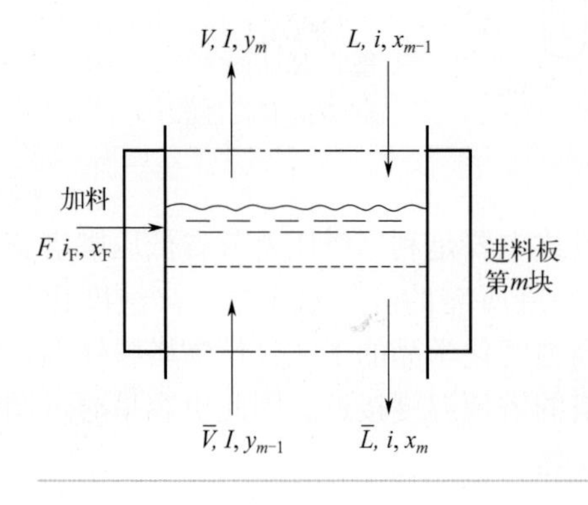

图7-10
进料板传热与传质过程

第 m 块进料板上的物料平衡关系式和热量平衡关系式如下：

$$F+\overline{V}+L=V+\overline{L} \tag{7-3}$$

$$Fi_{\mathrm{F}}+\overline{V}I+Li=VI+\overline{L}i \tag{7-4}$$

式中，i_{F} 为每摩尔原料具有的热焓，另外热量平衡中采用了恒摩尔流假设，即不同组成、温度下饱和液体相变焓 i 等于汽化热 r。

两式联立得到：

$$\frac{\overline{L}-L}{F}=\frac{I-i_{\mathrm{F}}}{I-i} \tag{7-5}$$

另外，q 为进料热状态参数，与进料温度和状态的关系式如下：

$$q=\frac{I-i_{\mathrm{F}}}{I-i} \tag{7-6}$$

式（7-5）与式（7-6）等号右边相同，因此可得到：

$$\overline{L}=L+qF \tag{7-7}$$

$$V=\overline{V}+(1-q)F \tag{7-8}$$

根据上述精馏过程的基本公式，可将能耗公式转化为：

$$Q_{\mathrm{C}}=(R+1)Dr_{\mathrm{c}} \tag{7-9}$$

$$Q_{\mathrm{R}}=[(R+1)D-(1-q)F]r_{\mathrm{b}} \tag{7-10}$$

由式（7-10）可以看出，能耗主要与回流比 R、塔顶采出量 D、进料热状态 q 相关。因此在保证产品纯度和产量的前提下，基于第一节的优化结果，对采出量 D、回流比 R 和进料温度 T_{F} 进行微调，达到能量的匹配和充分利用。

三、参数调节

由第一节的模拟结果可以看出，四个精馏塔能耗有所不同且脱低沸塔（T1、T3）与脱高沸塔（T2、T4）能耗相差很大。因此，采用能量回收与热集成工艺，通过调整塔压达到一定的温差，利用高压塔塔顶蒸气的汽化热为低压塔的冷料提供热量，与此同时冷凝高温蒸气。本节提出将 T1 与 T3 进行能量匹配，T3 塔顶热量为 T1 再沸器提供热源，同时冷凝 T3 塔顶物流；将 T2 与 T4 进行能量匹配，利用 T4 塔顶热量为 T2 再沸器提供热源，同时冷凝 T4 塔顶物流。另外，用 T2 塔顶热量作为 T3 再沸器热源，由此减少 T3 加热成本，但由于 T2 塔顶能量高于 T3 塔釜，无法将 T2 塔顶热物流完全冷凝。在此方案的情况下，仅有 T1 塔顶、T2 塔顶、T4 塔釜需要外界供应公用工程。

为了保证能量利用的顺利进行，需要换热的两股物流之间存在不低于15℃的温度差[7]。研究物质的沸点随压力的升高而升高。通过增大塔压，可提高精馏塔塔顶蒸气温度，与低压塔塔釜物流形成温差，由此达到热量传递的效果。通过之前的大量模拟计算，确定了满足换热温差要求下的各塔塔压，即$p_{T1}=0.10MPa$、$p_{T2}=0.35MPa$、$p_{T3}=0.20MPa$、$p_{T4}=0.55MPa$。

根据节能优化工艺绘制工艺流程图，见图7-11。图中CWS表示循环水上水，CWR表示循环水回水，LS表示低压蒸汽，SC表示蒸汽冷凝水。

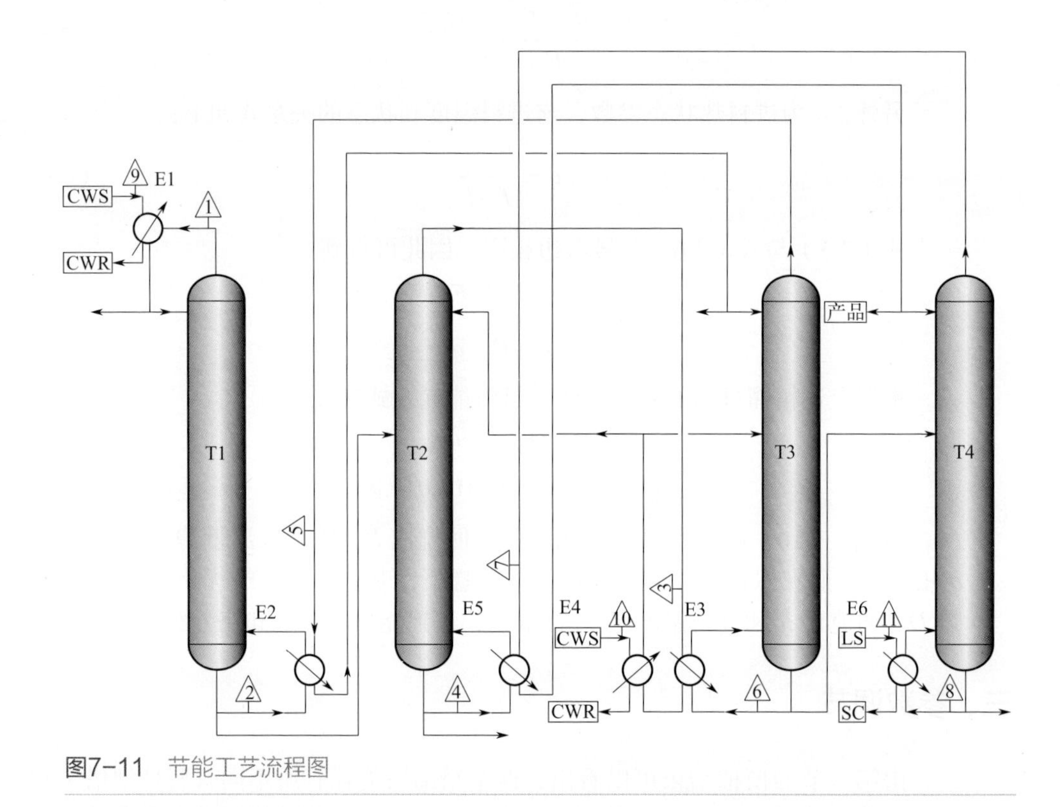

图7-11　节能工艺流程图

1. T1进料温度确定

T1为常压塔，作为其余三个塔进行能量匹配的基础，因此回流比仍采用第一节的单塔优化数值，仅考虑进料温度对能耗的影响，使能耗尽量低。不同进料温度对应的T1负荷变化情况如表7-10所示，关系图如图7-12所示。可以看出当进料温度升高，冷凝器负荷几乎不变，而再沸器负荷减小。T1能耗越低越好，考虑到加热进料同样会造成能量和热公用工程的消耗，因此T1采用常温进料，

当 T_F=25℃时，Q_C=237.68kW，Q_R=270.48kW。

表7-10　精馏一塔进料温度的分析结果

T_F/℃	Q_C/kW	Q_R/kW
10	237.62	284.01
15	237.71	279.59
20	237.68	275.04
25	237.68	270.48
30	237.68	265.91
35	237.68	261.31
40	237.68	256.68
45	237.68	252.02
50	237.68	247.33

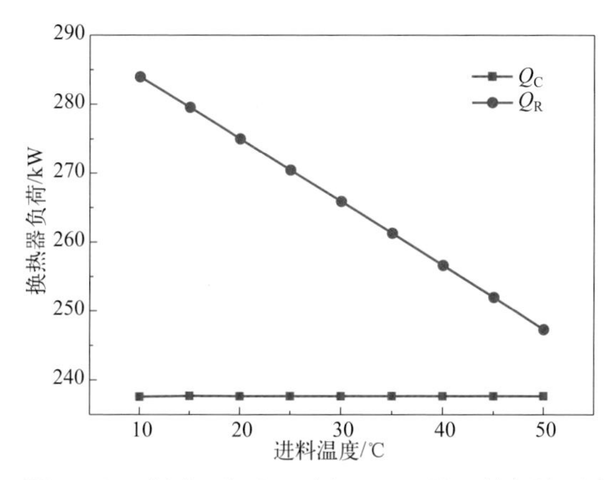

图7-12　进料温度对T1冷凝器和再沸器能耗的影响

2．T2 进料温度确定

T2 塔釜与 T4 塔顶换热，塔顶与 T3 塔釜换热，基于模拟结果可知，T2 冷凝器能耗约为 T3 再沸器能耗的 5 ～ 6 倍，可以满足 T3 需要的能量，因此 T2 能耗应尽量低。回流比可采用第一节的优化结果，此处仅考虑 T2 进料温度对负荷的影响。由模拟结果表 7-11 和图 7-13 可以看出，T2 进料温度对冷凝器负荷影响很小，再沸器负荷随进料温度的升高而减小，但其数值变化不大。T2 进料为 T1 塔釜采出液，T1 塔釜温度 62.3℃，因此进料温度选择 60℃，即由 T1 塔釜采出物流直接送入 T2，减少进料换热所带来的能量消耗。在此条件下，Q_C=1607.37kW，Q_R=1644.39kW。

表7-11　精馏二塔进料温度的分析结果

T_F/℃	Q_C/kW	Q_R/kW
10	1607.37	1685.63
20	1607.37	1677.56
30	1607.37	1669.41
40	1607.37	1661.17
50	1607.37	1652.83
60	1607.37	1644.39
70	1607.37	1635.84
80	1607.37	1627.18
90	1607.37	1618.38
100	1607.37	1609.44

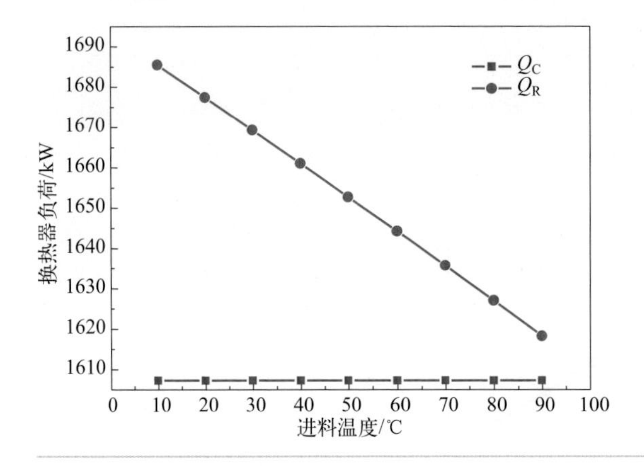

图7-13
进料温度对T2冷凝器和再沸器能耗的影响

3. T3 能量匹配

T3 塔釜与 T2 塔顶换热，塔顶与 T1 塔釜换热。由本章第一节模拟结果可知，参数调整后，T3 再沸器负荷为 193.47kW，远低于 T2 塔顶冷凝器负荷（1607.37kW），满足换热条件；T3 冷凝器负荷为 169.62kW，低于 T1 再沸器负荷（270.48kW），还需要额外的换热器和蒸汽加热 T1，因此主要考虑提高 T3 的冷凝器负荷，实现与 T1 塔釜的能量匹配。由冷凝器能耗计算公式（7-9）可知，冷凝器负荷随进料温度变化微乎其微，因此直接将 T2 塔釜物料送入 T3，不利用额外设备换热，进料温度约为 100℃。模拟不同塔顶采出比情况下，回流比与再沸器负荷之间的关系，模拟结果见表 7-12，根据结果作图 7-14。从图中可以发现，为满足能耗大于 270.48kW 的要求（取图中虚线以上的点），当选择较小回流比时，需要较大的采出比，这样会造成物料浪费，经济收益降低，因此采用本章第一节中对 T3 采出比的优化结果，即 $D/F=0.11$。当摩尔回流比 $R=16$，$Q_C=259.67\text{kW}<270.48\text{kW}$，当摩尔回流比 $R=17$，$Q_C=274.95\text{kW}>270.48\text{kW}$。

表7-12 不同回流比时冷凝器负荷随T3塔顶采出比的变化

D/F	冷凝器负荷/kW							
	R=10时	R=11时	R=12时	R=13时	R=14时	R=15时	R=16时	R=17时
0.05	76.37	83.32	90.26	97.20	104.15	111.09	118.03	124.98
0.06	91.65	99.98	108.31	116.64	124.98	133.31	141.64	149.97
0.07	106.92	116.64	126.36	136.08	145.81	155.53	165.25	174.97
0.08	122.20	133.31	144.42	155.53	166.63	177.74	188.85	199.96
0.09	137.47	149.97	162.47	174.97	187.46	199.96	212.46	224.96
0.10	152.75	166.63	180.52	194.41	208.29	222.18	236.07	249.95
0.11	168.02	183.30	198.57	213.85	229.12	244.40	259.67	274.95
0.12	183.30	199.96	216.62	233.29	249.95	266.62	283.28	299.94
0.13	198.57	216.62	234.68	252.73	270.78	288.83	306.89	324.94
0.14	213.85	233.29	252.73	272.17	291.61	311.05	330.49	349.93
0.15	229.12	249.95	270.78	291.61	312.44	333.27	354.10	374.93
0.16	244.40	266.62	288.83	311.05	333.27	355.49	377.71	399.92
0.17	259.67	283.28	306.89	330.49	354.10	377.71	401.31	424.92
0.18	274.95	299.94	324.94	349.93	374.93	399.92	424.92	449.91
0.19	290.22	316.61	342.99	369.37	395.76	422.14	448.52	474.91
0.20	305.50	333.27	361.04	388.81	416.59	444.36	472.13	499.90

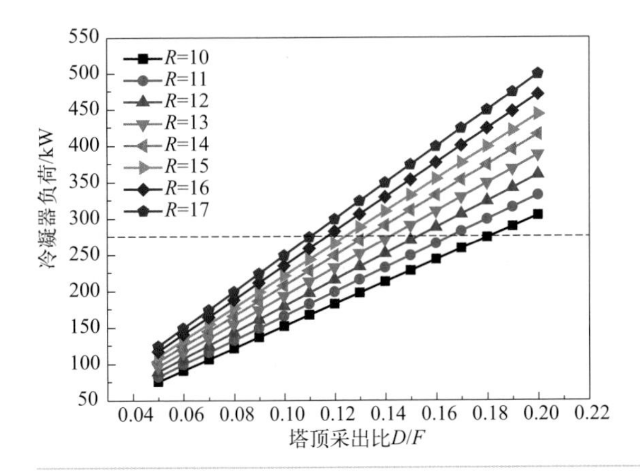

图7-14
不同回流比时冷凝器负荷随T3塔顶采出比的变化

进一步模拟计算回流比R在16～17间变化的情况，选取冷凝器负荷最佳值，模拟结果如表7-13所示。选定回流比为16.8，此时冷凝器负荷为271.89kW，符合能量匹配要求。但回流比增大带来的问题是再沸器负荷较高，由于通过参数调整后T3的再沸器负荷（Q_R=259.27kW）仍然远低于T2塔顶冷凝器负荷（Q_C=1607.37kW），采用T2塔顶热蒸气作为T3塔釜的热源，不需要外来热源，因此参数的调整是合理的。

表7-13　T3冷凝器和再沸器负荷随回流比变化情况（D/F=0.11）

R	Q_C/kW	Q_R/kW
16.0	259.67	247.05
16.1	261.20	248.58
16.2	262.73	250.10
16.3	264.25	251.63
16.4	265.78	253.16
16.5	267.31	254.69
16.6	268.84	256.21
16.7	270.36	257.74
16.8	271.89	259.27
16.9	273.42	260.80
17.0	274.95	262.32

4．T4 能量匹配

采用 T4 塔顶热蒸气作为 T2 塔釜热源，根据本章第一节的模拟结果，T4 塔顶冷凝器负荷为 1095.62kW，小于 T2 塔釜再沸器负荷（1644.39kW），还需要额外的换热器和蒸汽用于 T2 加热，不能节省蒸汽消耗和达到能量的充分利用，需要通过提高 T4 的冷凝器负荷，达到能量匹配。由冷凝器能耗计算公式（7-9）可知，冷凝器负荷随进料温度变化微乎其微，因此可以直接将 T3 塔釜物料送入 T4，不利用额外设备换热，进料温度约为 80℃。模拟不同塔釜采出比情况下，回流比对再沸器负荷的影响，模拟结果见表 7-14 和图 7-15。从图 7-15 中可以发现，图中虚线以上的点可以满足能耗大于 1644.39kW 的要求。当选择较小塔釜采出比时，塔釜的液体被加热成蒸气，此时塔顶需要更多的能量使气相冷凝，因此换热器负荷增加；当选择较大回流比时，需要更大的上升气量，因此也可以使换热器的负荷增加。但其带来的不利影响是塔釜再沸器负荷增加，需要的公用工程量增加，因此应在满足能量匹配的条件下，使负荷尽可能小。综合考虑，选择回流比 R=15，塔釜采出比 B/F=0.07，此时 Q_C=1644.75kW，稍大于 T2 再沸器负荷（1644.39kW），而 T4 的 Q_R=1673.13kW。

表7-14　不同回流比时冷凝器负荷随 T4 塔釜采出比的变化

B/F	冷凝器负荷/kW						
	R=14时	R=15时	R=16时	R=17时	R=18时	R=19时	R=20时
0.01	1641.44	1750.87	1860.30	1969.73	2079.15	2188.58	2298.01
0.02	1624.86	1733.18	1841.51	1949.83	2058.15	2166.48	2274.80
0.03	1608.28	1715.50	1822.71	1929.93	2037.15	2144.37	2251.59
0.04	1591.70	1697.81	1803.92	1910.04	2016.15	2122.26	2228.38

续表

B/F	冷凝器负荷/kW						
	R＝14时	R＝15时	R＝16时	R＝17时	R＝18时	R＝19时	R＝20时
0.05	1575.12	1680.13	1785.13	1890.14	1995.15	2100.16	2205.16
0.06	1558.54	1662.44	1766.34	1870.24	1974.15	2078.05	2181.95
0.07	1541.96	1644.75	1747.55	1850.35	1953.15	2055.94	2158.74
0.08	1525.38	1627.07	1728.76	1830.45	1932.14	2033.84	2135.53
0.09	1508.80	1609.38	1709.97	1810.56	1911.14	2011.73	2112.32
0.10	1492.22	1591.70	1691.18	1790.66	1890.14	1989.62	2089.10
0.11	1475.64	1574.01	1672.39	1770.76	1869.14	1967.51	2065.89
0.12	1459.06	1556.33	1653.60	1750.87	1848.14	1945.41	2042.68
0.13	1442.48	1538.64	1634.81	1730.97	1827.14	1923.30	2019.47
0.14	1425.90	1520.96	1616.01	1711.07	1806.13	1901.19	1996.25
0.15	1409.32	1503.27	1597.22	1691.18	1785.13	1879.09	1973.04
0.16	1392.74	1485.58	1578.43	1671.28	1764.13	1856.98	1949.83
0.17	1376.16	1467.90	1559.64	1651.39	1743.13	1834.87	1926.62
0.18	1359.57	1450.21	1540.85	1631.49	1722.13	1812.77	1903.40
0.19	1342.99	1432.53	1522.06	1611.59	1701.13	1790.66	1880.19
0.20	1326.41	1414.84	1503.27	1591.70	1680.13	1768.55	1856.98
0.21	1309.83	1397.16	1484.48	1571.80	1659.12	1746.45	1833.77
0.22	1293.25	1379.47	1465.69	1551.90	1638.12	1724.34	1810.56
0.23	1276.67	1361.79	1446.90	1532.01	1617.12	1702.23	1787.34
0.24	1260.09	1344.10	1428.11	1512.11	1596.12	1680.13	1764.13
0.25	1243.51	1326.41	1409.32	1492.22	1575.12	1658.02	1740.92

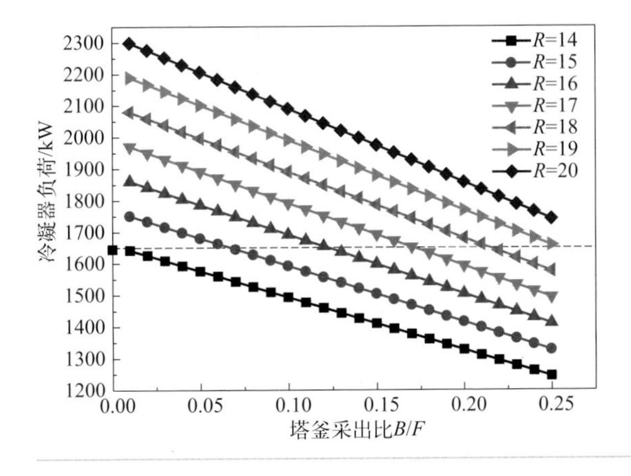

图7-15
不同回流比时冷凝器负荷随T4塔釜采出比的变化

四、差压精馏经济效益分析

1．能耗对比

通过上述对参数的调整，可以达到差压精馏工艺方案中对能量的匹配要求。下面对比节能前后换热器能耗的情况，并为后续经济分析提供数据基础。原工艺能耗计算公式为：

$$Q_{总}=\sum_{k=1}^{n}Q_{C,k}+\sum_{k=1}^{n}Q_{R,k} \tag{7-11}$$

节能工艺能耗计算公式为：

$$Q_{总}=\sum_{k=1}^{n}Q_{C,k}-Q_{R1}-Q_{R2}-Q_{R3}+Q_{R4} \tag{7-12}$$

由表7-15中可见，通过差压精馏进行节能优化，能耗由原工艺的6361.94kW降低至3260.68kW，与原工艺相比节能48.75%。

表7-15　节能前与节能后换热器能耗对比

位置	换热器类型	原工艺能耗/kW	节能工艺能耗/kW
T1	冷凝器	237.68	237.68
	再沸器	270.48	270.48
T2	冷凝器	1607.37	1607.37
	再沸器	1644.39	1644.39
T3	冷凝器	169.62	271.89
	再沸器	193.47	259.27
T4	冷凝器	1095.62	1644.75
	再沸器	1143.31	1673.13
总能耗		6361.94	3260.68

2．公用工程消耗对比

对于公用工程消耗量，通过考察年经济效益来评估设计方案，方法如下：

$$Y=Y_1+Y_2 \tag{7-13}$$

$$Y_1=tLC_c \tag{7-14}$$

$$Y_2=tVC_h \tag{7-15}$$

冷凝器公用工程消耗量计算公式如下：

$$L=\frac{Q_C}{c_p\Delta T} \tag{7-16}$$

再沸器蒸气消耗量计算公式：

$$V = \frac{Q_R}{r} \tag{7-17}$$

式中，Y 为总操作费用，万元 /a；Y_1 为冷公用工程的费用，万元 /a；Y_2 为热公用工程的费用，万元 /a；t 为运行时间，按照每年 8000 小时计算；L 为冷公用工程用量，kg/h；V 为热公用工程用量，kg/h；C_c 为冷公用工程成本，元 /t；C_h 为热公用工程成本，元 /t；c_p 为冷介质的比热容，kJ/(kg • ℃)；r 为蒸气汽化热，kJ/kg。

冷公用工程介质可选用 32 ～ 38℃循环水，热公用工程选用 0.5MPa 低压蒸汽，温度为 150℃。循环水的价格按 0.2 元 /t 计，低压蒸汽按 200 元 /t 计，根据上述公式计算得到节能优化方案的操作费用见表 7-16。对比节能前后的公用工程消耗量及操作费用，结果见表 7-17。由上述计算分析可知，节能后操作费用为 494.33 万元 /a，比原工艺节省 647.85 万元 /a，其中循环水节省 249.26 万 t/a，是原工艺的 57.84%，蒸汽节省 2.99 万 t/a，是原工艺的 56.63%。

表 7-16　节能后公用工程消耗数据及操作费用

设备位号	公用工程类型	公用工程用量/（万t/a）	单价/（元/t）	费用/（万元/a）	总费用/（万元/a）
E1	循环水	27.23	0.2	5.45	494.33
E4	循环水	154.44	0.2	30.89	
E6	蒸汽	2.29	200	458.00	

表 7-17　节能前后公用工程消耗量及操作费用对比

项目	公用工程类型	用量/（万t/a）	单价/（元/t）	经济效益/（万元/a）	总计/（万元/a）
原工艺	蒸汽	5.28	200	1056.00	1142.19
	循环水	430.93	0.2	86.19	
优化工艺	蒸汽	2.29	200	458.00	494.33
	循环水	181.67	0.2	36.33	
节省	蒸汽	2.99	200	598.00	647.85
	循环水	249.26	0.2	49.85	

3．设备费用对比

根据上述公式以及工艺中需要的能耗计算出各换热器的换热面积。

换热面积计算公式：

$$A = \frac{Q}{K\Delta t_m} \tag{7-18}$$

其中 Δt_m 为对数平均温差，计算公式为：

$$\Delta t_m = \frac{\Delta t_1 - \Delta t_2}{\ln \frac{\Delta t_1}{\Delta t_2}} \quad (7\text{-}19)$$

从而得到换热器设备费用，见表 7-18。与原工艺换热面积和设备费用进行对比，见表 7-19，通过对比可见，差压节能工艺优化可节省设备费用 6.62 万元。

表7-18 差压节能换热器设备表

序号	设备位号	换热物流号	负荷/kW	换热面积/m^2	设备费用/万元
1	E1	1、9	237.68	32.34	6.99
2	E2	2、5	271.89	26.62	6.16
3	E3	3、6	259.27	23.92	5.74
4	E4	3、10	1348.10	47.40	8.96
5	E5	4、7	1644.75	162.49	19.96
6	E6	8、11	1673.13	93.71	13.96

表7-19 节能前后设备费用对比

工艺	换热面积/m^2	设备投资/万元
原工艺	422.48	68.39
优化工艺	386.48	61.77

4. 产品对比

对产品纯度进行对比：原工艺产品中轻杂质质量分数 0.011×10^{-12}，重杂质质量分数 2.31×10^{-12}；优化工艺后轻杂质质量分数 0.010×10^{-12}，重杂质质量分数 1.00×10^{-12}。因此本工艺在节能的同时，提高了产品质量。对产量进行对比：按照年运行 8000h 计算，进料量 3.4×10^4t/a。按照原工艺的采出比计算，产品年产量为 1.9×10^4t/a；通过参数的微调，精馏四塔的塔顶采出比由 0.16 降低至 0.07，产品总产量增加到 2.1×10^4t/a。按产品价格为 4000 元 /t 计算，节能后每年附加产能增值 800 万元。

五、工业应用

甲醇是一种重要的有机化工原料和新型能源燃料，在化工、轻工和清洁能源领域具有广泛的用途。在甲醇工业生产过程中，甲醇精制是决定甲醇质量的重要工序，精制工序的能耗也是影响甲醇生产成本的关键因素之一。

以山西某企业高纯度甲醇精制过程为例，该厂原流程主要由预塔和常压塔组成，技改新增加压精馏塔，并采用热集成精馏流程降低工艺的能量消耗。加压塔操作压力为 0.64MPa（绝压），加压塔塔顶为质量分数 99.95% 以上的甲醇蒸气，温度大约为 120℃，可以作为常压塔再沸器热源使用，余热用来预热粗甲醇进料。冷凝至 40℃的甲醇进入回流槽，一部分作为甲醇产品送出，另一部分作为回流液。将加压塔塔釜排出的甲醇水溶液送至常压塔，常压塔中下部设置杂醇油出口，以保证低于水沸点的杂质分离出塔。常压塔塔顶采出 99.95% 甲醇，塔釜废水送至废水处理系统。

精馏热集成节能的实质在于将加压塔塔顶冷凝器与常压塔塔釜再沸器合二为一，利用加压塔塔顶蒸气加热常压塔再沸器，从而节省冷却水和水蒸气。三塔双效精馏流程可使精甲醇纯度由 99.00% 提高至 99.95% 以上，热负荷减少 47.2%，冷负荷减少 44.9%，废水中可回收甲醇 658.82t/a，年节省电力 2683330kW·h，充分发挥了节能降耗的作用。

第三节 中间换热器的精馏节能技术

精馏塔顶部和底部的较大传质驱动力和较大传热驱动力导致有效能量的大量损失，因此精馏塔的热力学效率非常低[8]。在精馏塔中的某个位置设置中间换热器（再沸器、冷凝器），热力学分析表明，分离过程的不可逆性减小了。如果这个想法得到扩展，则在精馏段的每一级中添加中间冷凝器，并且在提馏段的每一级中添加中间再沸器以形成透热蒸馏，整个精馏过程可以最大程度地降低塔的不可逆性[9]。

一、中间换热技术在精馏过程中的节能原理

在常规精馏中，最低温度点位于塔顶，需要比塔顶温度更低的冷源来冷凝塔顶气相；而全塔最高温度点位于塔釜，需要比塔釜温度更高的热源来再沸塔釜液相。系统中动量、热量和质量传递推动力越大，则系统能量损失越大。因此当精馏过程中需要大量高品位换热介质时，就会造成大量的经济消耗和能量消耗。针对上述情况，提出了在常规精馏中加入中间再沸器和中间冷凝器的精馏节能技术，改造后的精馏塔结构如图 7-16 所示。

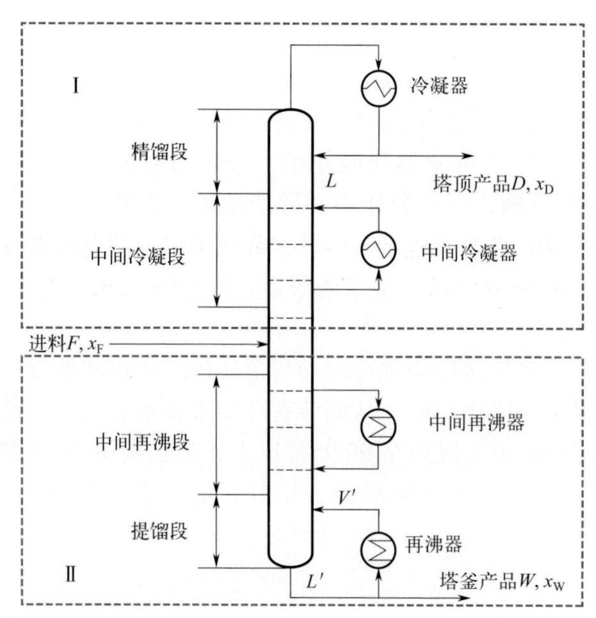

图7-16 加入中间换热器的精馏塔结构示意图

加入中间再沸器后，将再沸器加热量分配到塔釜和提馏中间段；加入中间冷凝器后，将冷凝器负荷分配到塔顶和精馏中间段。经过改造，显著减小了塔釜再沸器以及塔顶回流冷凝器的负荷。尽管塔釜再沸器和中间再沸器的总负荷与初始再沸器负荷相等，但中间再沸器可使用较低温度的热源，而且往往还可以实现某些低温废热的二次利用，从而节省高品位热能。同样塔顶冷凝器和中间冷凝器总负荷与初始冷凝器负荷相等，但中间冷凝器可使用较高温度的冷却介质。若塔顶温度低于环境温度，塔顶冷凝器的冷却介质必须采用低温制冷剂，而中间冷凝器温度较高可使用水冷，这就可使操作费用大大降低。

对于中间换热技术，通过操作线理论分析推导，分别对中间换热器的最佳位置、最佳采出流量进行分析。

1．加入中间换热器后精馏塔操作线分析

加入中间换热器后，精馏塔从上到下被分为：精馏段、中间冷凝段、精馏中间段、提馏中间段、中间再沸段、提馏段。根据恒摩尔流假定，精馏中间段和提馏中间段的操作线和常规精馏过程相同，假设泡点进料，且为设计型任务，塔顶、塔釜组成不变。

（1）中间冷凝段操作线分析

与常规精馏相同的气量 V 和液量 L 进入中间冷凝段时，抽出的气量进入中

间冷凝器，则此时操作线斜率为$\dfrac{L}{V-V_{C}}$，与常规精馏比斜率变大。

（2）精馏段操作线分析

精馏段斜率为$\dfrac{L-L_{C}}{V-V_{C}}$，与常规精馏比，斜率减小。

同理可进行提馏段和中间再沸段的操作线分析。由分析可知，中间换热改变了精馏操作的操作线，加入中间换热前后的精馏塔操作线如图 7-17 所示。

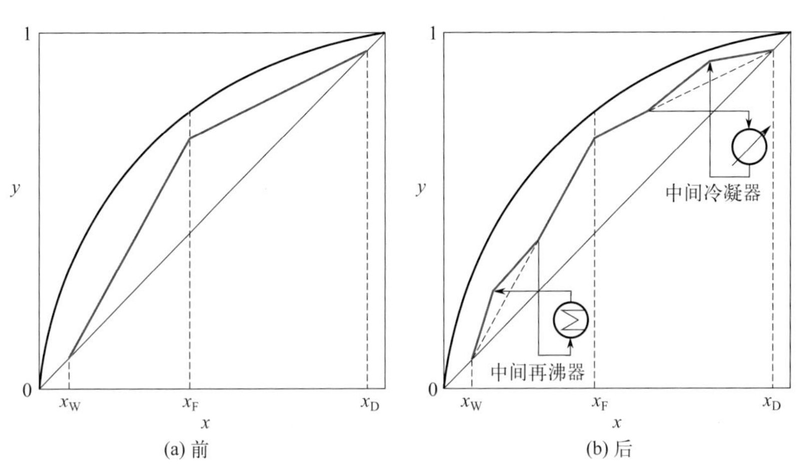

图7-17 加入中间换热前后的精馏塔操作线

从图 7-17 中可以看出，加入中间冷凝器和中间再沸器后，精馏塔操作线更加靠近平衡线，达到分离要求所需的理论板数明显增加。

2. 从操作线的角度进行参数优化

由上述分析可知，中间冷凝器和中间再沸器的加入增大了理论板数，但可以分担塔顶和塔釜的能耗，节省能源。

若增大中间冷凝器、中间再沸器的采出量，则可以减小塔顶低温位、塔釜高温位换热介质的使用量，总费用降低，但同时，中间冷凝段斜率增大，中间再沸段斜率减小。

由图 7-18 可知，增大中间换热器采出量后，操作线更加靠近平衡线，理论板数增大，设备费用增加。所以，综合考虑设备费用和换热介质费用，存在一个最佳的中间换热器采出量。

分别在中间冷凝器位置固定的三种情况下，改变中间再沸器位置，得到中间再沸器位置与总费用关联曲线如图 7-19 所示。由图可知，中间冷凝器位置的改变对中间再沸器最佳位置不产生影响。

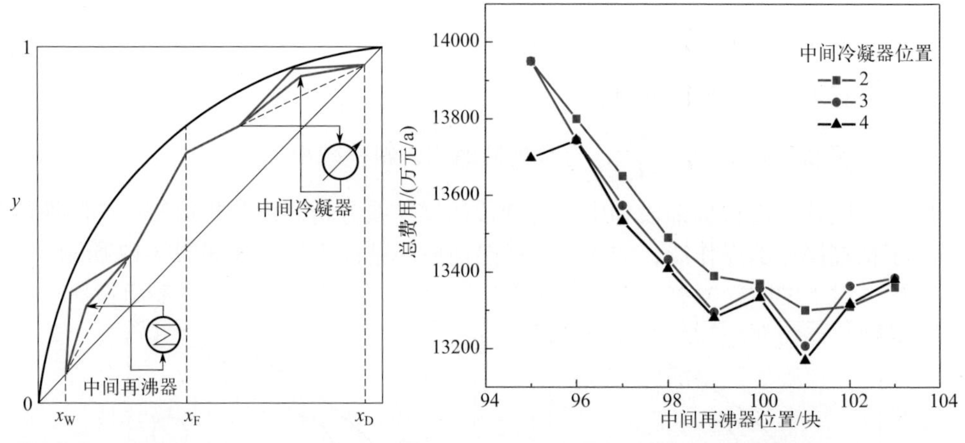

图7-18 中间换热器采出量增大对操作线的影响　**图7-19** 中间再沸器位置与总费用关联图

进一步分析中间换热器存在最佳位置的原因。若中间换热器的位置过于靠近塔的两端，则采出物料和塔顶、塔釜的温差过小，无法起到节省换热介质费用的目的。若中间换热器位置过于靠近进料位置，则影响精馏塔的最佳进料状态，使操作线靠近平衡线，理论板数增大，设备费用增加。由上述分析可知，中间换热器存在最佳位置。

固定中间再沸器的位置，确定不同中间冷凝器位置下的各项费用，依然存在最佳中间冷凝器位置，操作线分析与中间再沸器相同，具体数据见表 7-20。

表7-20 不同中间冷凝器位置下的工艺参数及费用表（中间再沸器位置为100）

工艺参数及费用	中间冷凝器位置			
	5	6	7	8
中间冷凝器抽出量/(10^3kg/h)	290	295	290	295
中间再沸器抽出量/(10^3kg/h)	100	100	100	100
再沸器负荷/kW	11077.02	11076.9	10918.58	11167.58
中间再沸器负荷/kW	8237.71	8237.71	8233.07	8235.41
冷凝器负荷/kW	−22.67	−22.67	−22.65	−22.61
中间冷凝器负荷/kW	−27444.07	−27443.95	−27281.75	−27532.87
再沸器换热总面积/m^2	85.34	85.34	84.61	85.74
冷凝器换热总面积/m^2	185.48	185.48	184.38	186.08
换热器费用/万元	40.62	40.62	40.35	40.77
塔设备费用/万元	295	295	295	295
设备折旧费/万元	67.12	67.12	67.07	67.15
能耗费用/万元	13164.39	13164.32	13070.44	13216.43
总费用/（万元/a）	13231.52	13231.45	13137.51	13283.59

加入中间再沸器和中间冷凝器后，更加合理地分配了塔内热传递过程的推动力，降低了塔内热传递的不可逆性，减少了有用功的损失，从而提高了过程的热力学效率，达到节能的目的。

二、中间换热技术在特殊精馏塔中的应用

对于中间再沸器，一部分热源的供应温度低于塔釜再沸器的热源温度。类似地，对于中间冷凝器，在高于顶部冷凝器温度下去除一部分冷凝负荷。由于在中间换热器中有使用新的、较便宜的公用设施的可能性，该过程变得更可逆并且更经济。设置中间再沸器的方式一般适用于塔顶和塔釜温差较大，且在塔釜位置温度发生显著变化的状况。目前许多学者对特殊精馏过程的中间换热技术进行了研究。Li 等 [10] 在环丁砜作为夹带剂分离苯 - 环已烷混合物的过程中，提出了中间再沸器的热集成工艺，其中间再沸器的热源为塔釜馏出的高温夹带剂，结果表明能耗降低了 53.8%。Agrawal 等 [11] 研究表明任何精馏过程引入中间再沸器后，相应的底部再沸器的负荷可以降低。

本书编著者团队在分离 *N,N*- 二甲基乙酰胺（DMA）- 乙酸 - 水的三元混合物时，提出一种以 DMA 作为共沸剂，同时以离子液体（IL）作为萃取剂的共沸 - 萃取精馏方案。由于离子液体不易挥发，且沸点较高，采用溶剂回收塔回收高纯度的离子液体时，塔釜温度较高，需要高温导热油作为塔釜再沸器热源，同时对设备的材质有较高的要求。可以采用闪蒸的方式回收离子液体，通过第一个闪蒸罐，实现二元混合物中绝大部分 *N,N*- 二甲基乙酰胺的脱除，然后在第二个闪蒸罐中实现 DMA 和离子液体的精密分离。同时为了避免采用冷冻水对第二个闪蒸罐气相进行液化，采用压缩机使第二个闪蒸罐中的气相返回第一个闪蒸罐，不仅避免了冷冻水的使用，也可以降低两个闪蒸罐的压力要求。图 7-20 显示了上述方案的流程简图。

大量离子液体通过第二级闪蒸罐实现分离回收，这部分离子液体的温度为 413.15K，但其温度不足以达到与塔釜之间换热。为了能量的综合利用，考虑将这股物流用于进料预热，可以将进料物流预热到 376.17K，能量交换为 735.08kW。通过分析，共沸精馏塔和萃取精馏塔塔顶和塔釜之间温差较大，无法通过热泵精馏的方式进行能量综合利用，另外两个精馏塔塔顶和塔釜之间的温差同样无法满足塔顶气相用作塔釜再沸器的热源的条件，因此塔顶气相通过循环水冷却会损失大部分低品质热能。通过萃取精馏塔的温度分布进行分析，如图 7-21 所示，温度仅在精馏塔塔釜发生较大的变化。

由图中结果分析，第 22 块理论板的温度仅为 379.93K，与塔顶温差不大。在第 22 块理论板位置增加一个中间再沸器，中间再沸器的热源为共沸精馏塔顶

气相。增加中间再沸器会造成所在理论板的温度升高，为 382.45K。共沸精馏塔顶气相一部分通过冷凝器冷凝后回流，另一部分通过压缩机压缩到 2.6atm，此时温度为 402.36K，满足换热温差的要求。通过压缩机提高热源品质后的塔顶气相给中间再沸器提供 2978.22kW 的能量。这种方法适用于温度在塔釜位置存在突变的情况，避免了热泵精馏技术中塔顶和塔釜温差要求小的缺点 [12]。经过优化后的热集成的共沸 - 萃取精馏方案的工艺流程如图 7-22 所示。

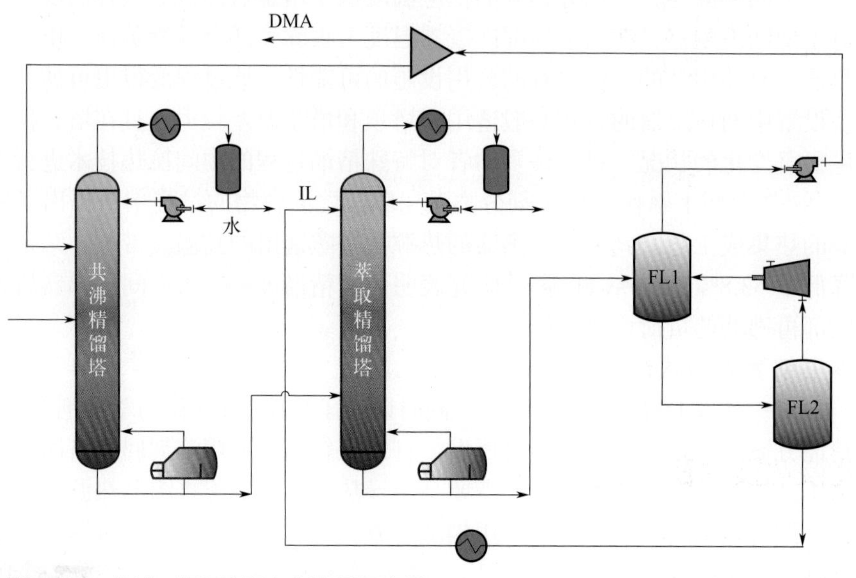

图7-20　共沸-萃取精馏方案流程示意图

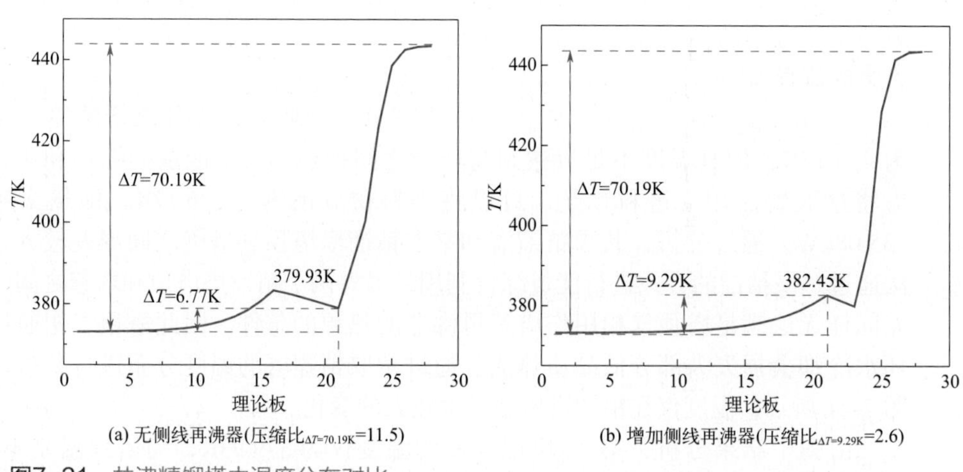

图7-21　共沸精馏塔中温度分布对比

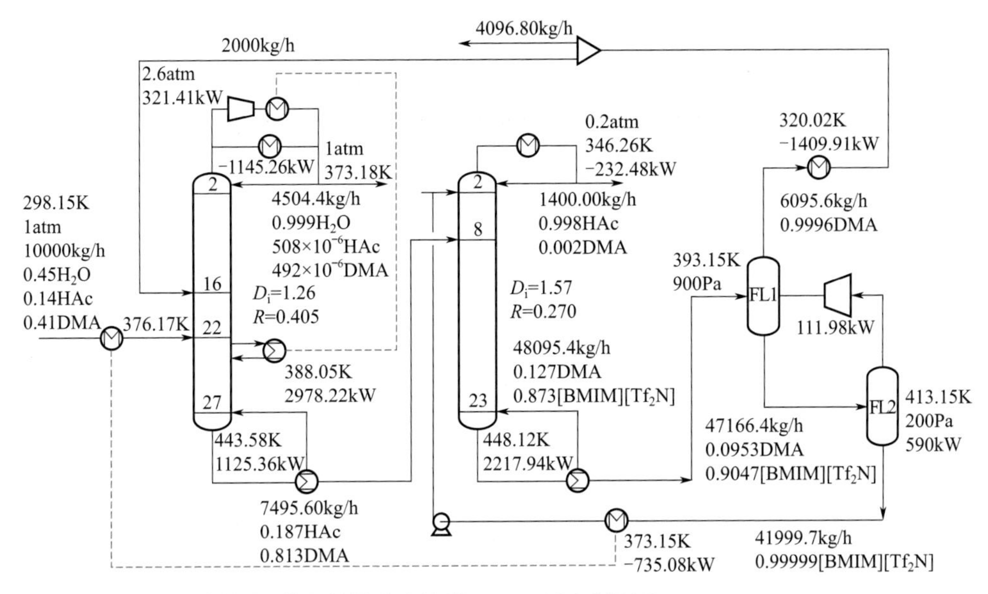

图7-22 优化后的共沸-萃取精馏方案流程1atm=101.325kPa

三、中间换热技术在隔壁精馏塔中的应用

相比于传统精馏塔，隔壁塔（dividing wall column，DWC）在节能和空间方面有明显的优势。隔壁塔可以通过一对冷凝器和再沸器实现多元混合组分的分离，同常规精馏塔相似，塔顶蒸气的有效能被外部冷凝剂带走，降低了能量利用率。但是由于隔壁塔的塔顶和塔釜温差较大，无法通过热泵精馏等能量利用方式实现有效能的利用。这给隔壁塔的能量耦合带来一定挑战。

在 DWC 的主塔中，副产物段是精馏段和提馏段的连接处，可以认为是中间再沸器或中间冷凝器的位置。当中间再沸器位于副产物段时，可采用多级直接蒸气再压缩（MVRC）辅助 DWC 布置，分类为 MVRC-DWC(Ⅰ)，如图 7-23(a) 所示。在这种布置中，塔顶产物段和副产物段之间的温差必须低于塔顶段和提馏段之间的温差。如果底部再沸器冷凝液的温度足够高，冷凝液可用于汽化中间再沸器中的液相，则可以实现热集成配置 HI-MVRC-DWC(Ⅰ)，如图 7-23(b) 所示。

当副产物段适合作为中间冷凝器的位置时，中间再沸器的位置必须从主塔的提馏段中选择，这种布置可以归类为 MVRC-DWC(Ⅱ)，如图 7-23(c) 所示。在这种布置中，中间再沸器位置靠近底部再沸器，塔顶和侧部之间的温差必须大于

MVRC-DWC(Ⅰ)中的温差。来自底部再沸器的冷凝液可用于蒸发侧液，实现热集成布置 HI-MVRC-DWC(Ⅱ)，如图 7-23(d) 所示。

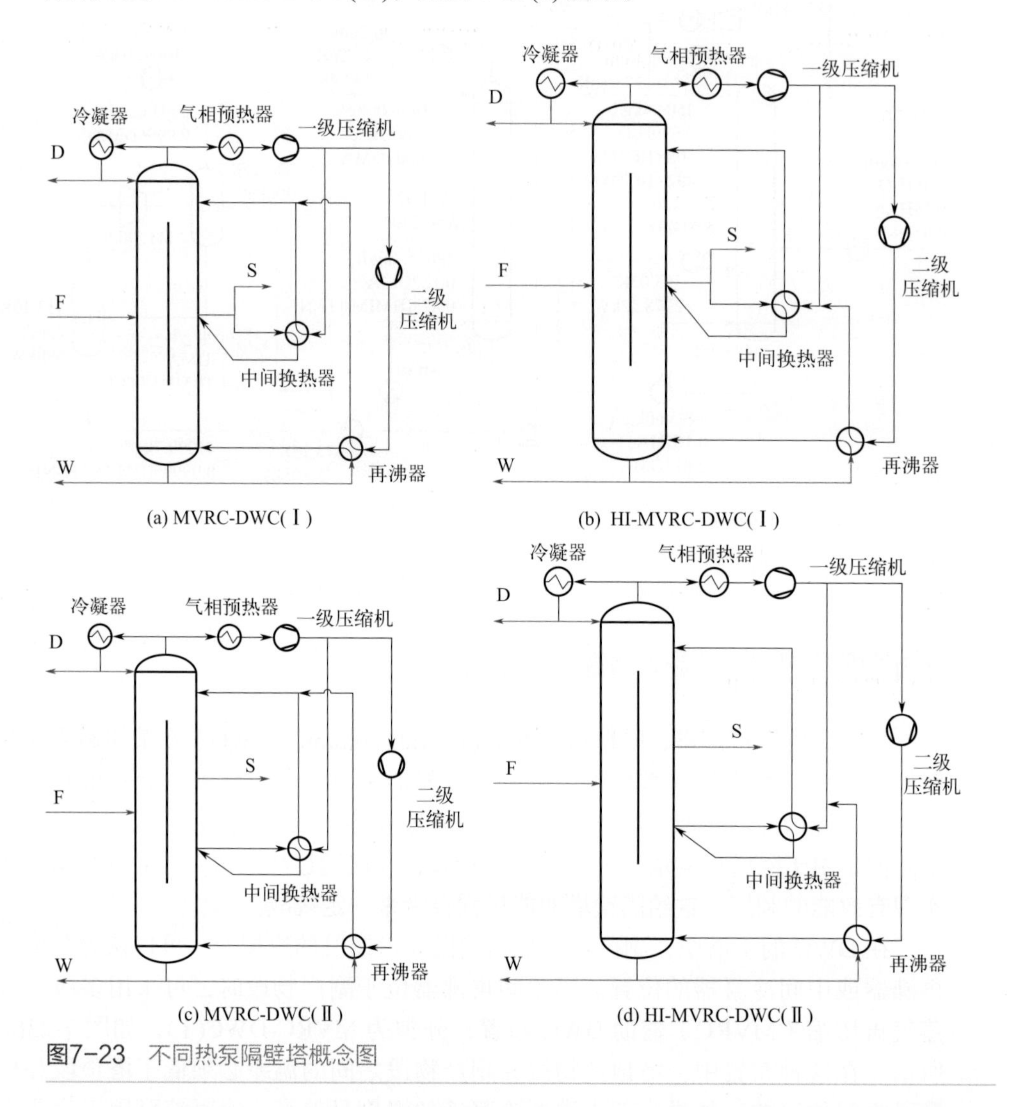

图7-23 不同热泵隔壁塔概念图

袁希钢团队[13]采用中间再沸器的多级蒸气再压缩隔壁塔分离苯、甲苯和乙苯混合物，塔顶产物和副产物段的温差为 36.2℃，DWC 两端之间的温差为 66.5℃。在 VRC-DWC 配置中，塔顶蒸气应以 5.63 的压缩比进行压缩，以便为再沸器提供 3556kW 的负荷。同时，冷却器应提供 1570kW 的冷负荷以充分冷凝来自节流阀（TV）的部分汽化流。图 7-24 展示了隔壁塔热泵过程的优化结果。

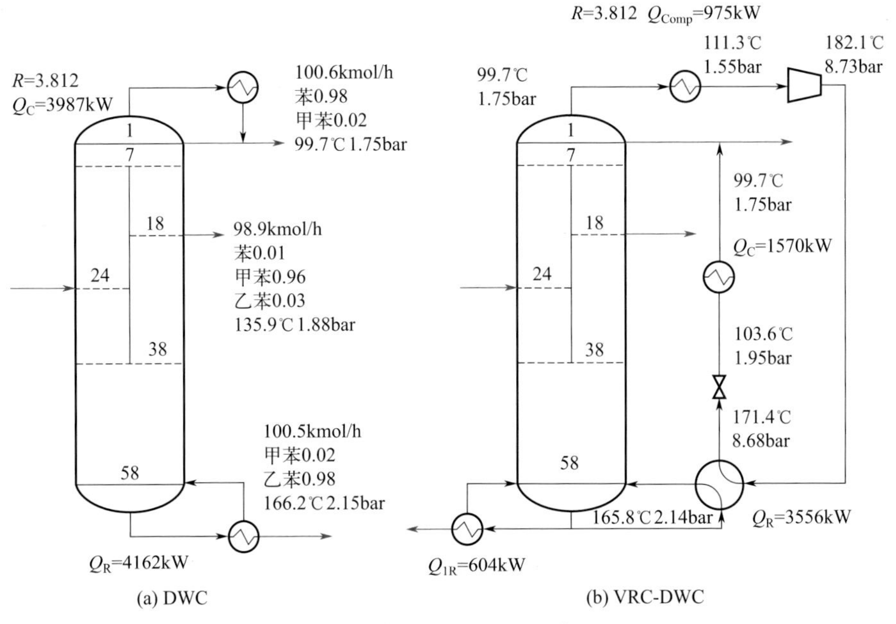

图7-24　隔壁塔热泵过程模拟结果（1bar = 100kPa）

DWC 的塔板 - 焓损失（SH）曲线如图 7-25 所示。这表明副产物段位于中间冷凝器区域。因此采用 MVRC-DWC(Ⅱ) 配置，设计结果如图 7-26(a) 所示。可以看到，最佳侧线采出位置位于第 42 级，塔顶蒸气和侧线采出液体之间的温差高达 52.9℃。塔顶蒸气应以 4.34 的压缩比进行压缩，为中间再沸器提供 1276kW

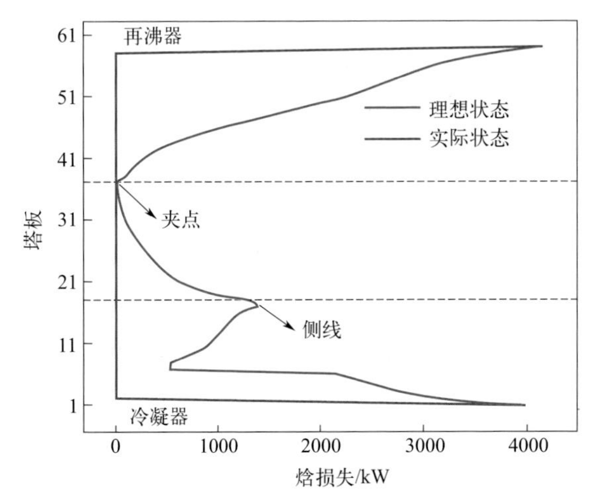

图7-25　DWC的SH曲线

的热量，导致第一台压缩机的工作负荷高达 977kW。图 7-26(a) 显示侧液流量为 136kmol/h。在低抽出流量条件下，应通过来自第二个压缩机的压缩蒸气为底部再沸器提供另外的 2998kW 负荷 [13]。

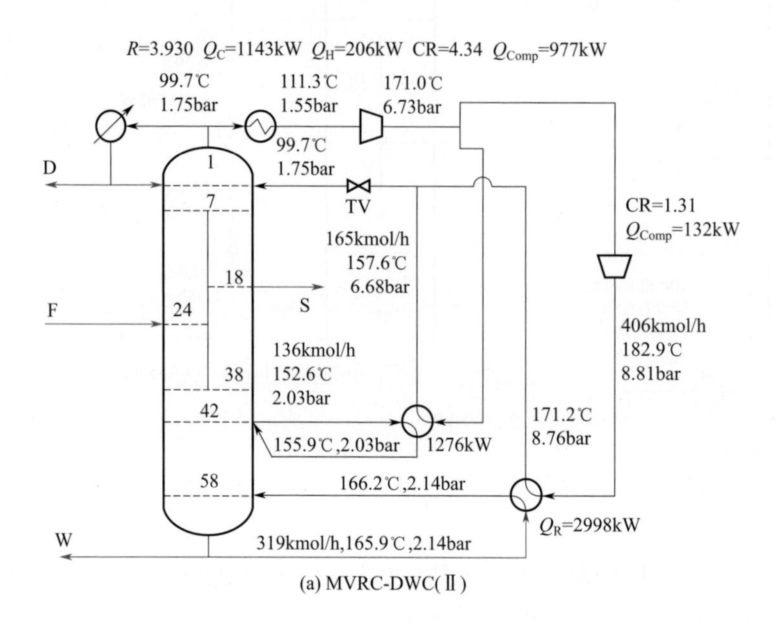

(a) MVRC-DWC(Ⅱ)

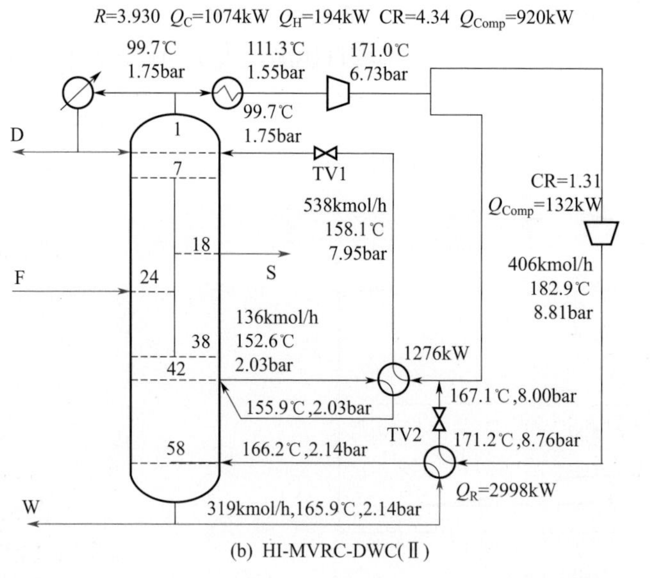

(b) HI-MVRC-DWC(Ⅱ)

图7-26 MVRC-DWC(Ⅱ)和HI-MVRC-DWC(Ⅱ)的仿真结果

来自底部再沸器的冷凝液与侧液的温差为18.6℃，因此可以进行两个VRC循环之间的热集成，并实现HI-MVRC-DWC（Ⅱ）配置。其设计结果如图7-26(b)所示。可以看到，在两个VRC循环之间综合热量后，第一台压缩机的工作负荷、冷凝器和加热器的负荷减少到一定程度。

第四节
热泵精馏技术

在传统的精馏塔中，塔釜再沸器所需热量来自外加的加热蒸汽，塔顶蒸气通过冷却水进行冷凝，导致大量的能量浪费。针对此现象，降低能耗的一个明显方法就是将冷凝器和再沸器分别作为主要的能量来源进行耦合。因此，热泵和精馏塔之间的集成一直是专家学者们研究的热点问题[14, 15]。

在高纯度化学品精馏中，分离和纯化混合物的过程需要大量的能量消耗。高能耗意味着高排放和高污染，不利于环境保护和可持续发展。通常的节能方法是与热集成结合使用，例如部分和全热集成技术[16]。其中蒸气再压缩技术是利用压缩机将气相物流加压，变成高温高压的高品质热源。Feng等[17]采用*N*-甲基-2-吡咯烷酮作为萃取剂，分离乙酸乙酯和正己烷的二元混合物，并提出一种蒸气再压缩萃取精馏方案VRHP-ED提高分离的热效率。结果表明，与常规工艺相比，VRHP-ED方案的TAC降低了7.07%，热力学效率提高了9.24%。Yang等[18]将换热网络（HEN）和热泵（HP）技术一起用于分离工业废水以节省能源，并对经济和环境性能进行了比较。结论是，HEN和HP技术的结合具有节能和减少CO_2排放的完美性能。Aurangzeb等[19]提出一种间壁塔和热泵精馏耦合工艺来分离乙醇-水，先用塔釜物料对塔顶蒸气进行加热，然后利用压缩机将蒸气压缩到一定温度，与塔釜再沸器进行换热，结果表明该方案可节省30.39%的TAC和54.22%的能耗。

一、热泵精馏概述

热泵系统与精馏塔的耦合，可分为两类：机械式热泵和吸收式热泵[20]。在机械式热泵中，不使用单独的塔顶冷凝器和塔釜再沸器，而是将离开塔顶的蒸气流压缩到更高的压力，然后用于加热塔釜液体，或者将离开塔釜的液体流在减压阀中闪蒸，然后用于冷却塔顶蒸气。

针对机械式热泵，Null[21] 提出了三种基本方案，即蒸气再压缩热泵、底部闪蒸热泵和闭式循环热泵。三种机械式热泵的工作原理都是通过膨胀阀和压缩机来改变塔顶蒸气冷凝温度或塔釜液体沸腾温度，使塔顶冷凝器中释放的热量用于塔釜再沸器，实现热量的回收利用。蒸气再压缩热泵利用机械动力将低品位塔顶热蒸气加压至较高品位，然后加压蒸气在再沸器中冷凝时提供热量。冷凝后的加压蒸气经减压后一部分回到塔顶，另一部分直接采出，其流程示意图如图 7-27 所示。底部闪蒸热泵是利用塔顶蒸气作为减压降温后的塔釜物流的加热源，使塔釜液体汽化，然后将其通入压缩机中进行增压升温，从而作为塔釜蒸气回流至塔中，其流程示意图如图 7-28 所示。闭式循环热泵适用于精馏介质有腐蚀的情况，外部流体与塔顶蒸气换热蒸发为气体，然后经过压缩机增压升温后在冷凝器中冷凝放热，其流程示意图如图 7-29 所示。

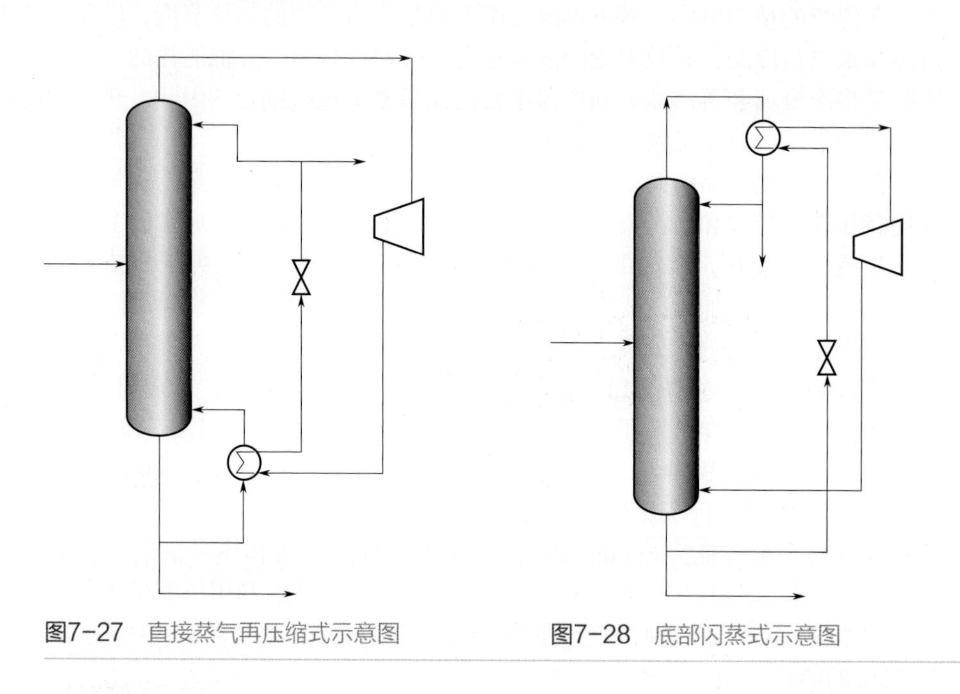

图7-27　直接蒸气再压缩式示意图

图7-28　底部闪蒸式示意图

二、新型热泵技术

1．传统热泵精馏存在的问题

为降低精馏过程能耗，回收塔顶蒸气冷凝潜热，减少公用工程用量，热泵精馏技术已经被广泛应用。热泵精馏技术的核心是逆向卡诺循环（图 7-30）。使用热泵精馏技术后，除开工阶段外，几乎不需要向再沸器和冷凝器提供额外的热量，减少了换热介质的使用量。

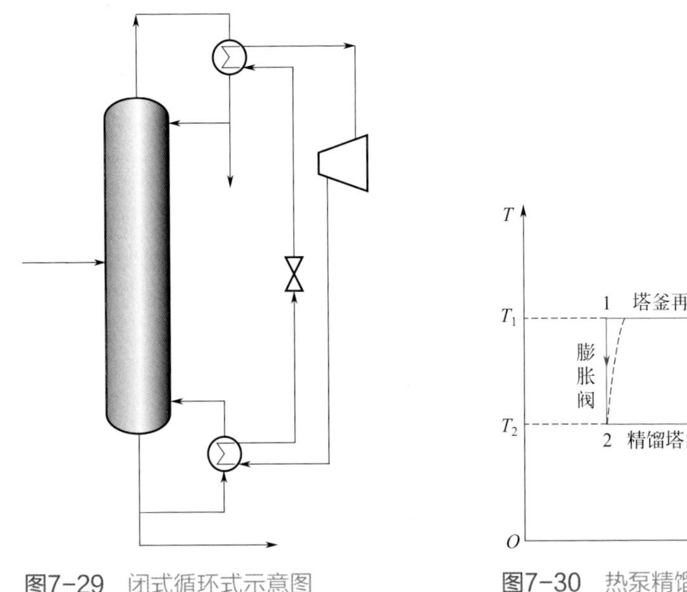

图7-29　闭式循环式示意图

图7-30　热泵精馏中的逆向卡诺循环

但热泵精馏的使用对塔顶和塔釜的温差有一定的要求。如果温差过大，使塔顶气体升温达到能够再沸塔釜液相所需的压缩机能耗就会很大，很有可能导致热泵精馏的能耗高于普通精馏。一般工业上要求精馏塔能够进行热泵改造的条件是塔顶和塔釜温差小于35℃，这一点在很大程度上限制了热泵精馏技术在实际中的应用。

除了塔顶和塔釜温差对热泵精馏适用范围的限制外，由于塔顶气相处于饱和状态，采用压缩机直接压缩易出现液化，这不仅容易对压缩机的寿命造成影响，同时大量高品质能量通过压缩机直接与空气换热，造成大量能量损失。

2．针对上述问题提出的热泵精馏改进措施

图7-31为一般热泵精馏结构示意图，在压缩机之前的塔顶蒸气管线上增加一个换热器，并引出一股塔釜出料液作为这一换热器的换热介质。利用塔釜出料中的余热加热塔顶蒸气，提高塔顶蒸气的温度，缩小塔顶和塔釜的温差，同时使塔顶蒸气脱离饱和状态。改造后的热泵精馏结构示意图如图7-32所示。

三、工业应用

多晶硅是硅产业链中重要的中间产品，是半导体工业、电子信息工业、太阳

能光伏电池产业最重要、最基础的功能性材料。太阳能多晶硅的生产往往需要多塔串联和很大的回流量，精馏过程能耗非常高，采用热泵精馏可以有效地利用系统自身的热量，减少对外加能量的需求。

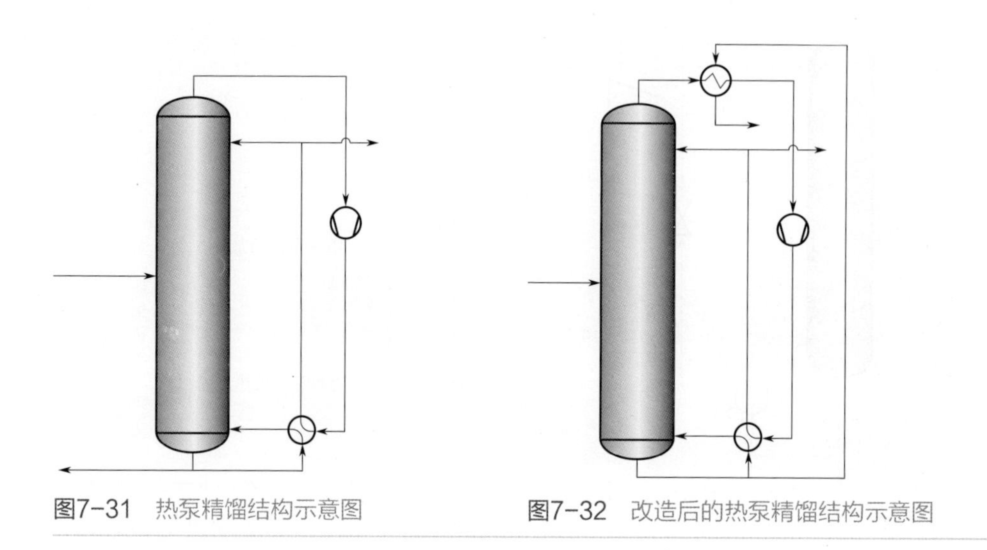

图7-31　热泵精馏结构示意图　　图7-32　改造后的热泵精馏结构示意图

对江苏某公司的三氯氢硅生产装置进行热泵精馏的工业化设计，塔顶三氯氢硅气体通过压缩机加压后温度升高，进入再沸器加热釜液，使釜液完全汽化。三氯氢硅冷凝液经减压阀减压后会有一部分汽化，由辅助冷凝器冷凝后进入回流罐，一部分回流，其余采出进入产品罐。表 7-21 给出了三氯氢硅塔常压精馏条件。

表7-21　三氯氢硅塔常压精馏条件

主要参数	三氯氢硅塔
塔板数/块	55
进料板位置/块	24
回流量/（kg/h）	13455
进料量/（kg/h）	5495
塔顶采出量/（kg/h）	4642
操作压力/MPa（表压）	0

由于采用热泵精馏，精馏塔塔顶的温度不再受冷介质温度的限制，三氯氢硅可以采用常压操作，釜温也相应降低，相对挥发度增大，三氯氢硅的分离效果进

一步提高。相比于常规精馏，热泵精馏流程中塔再沸器不需要外加蒸汽，可节省约 70% 的能量，减少公用工程费用 500.72 万元 /a，操作费用减少 35.59%。

第五节 热管节能技术在高纯度化学品精馏中的应用

随着现代工业的快速发展，装备趋向于集成化、小型化和高通量，同时各个领域对高效且温度均匀度高的散热需求日益提高。热能的高效利用和回收是解决能源可持续发展问题的重要途径之一[22]。热管是基于蒸发冷凝及蒸气流动换热原理的非能动输热设备，具有传热效率高、等温性好和结构简单等优势，被广泛应用于传热、散热和储能等方面。由工业级化学品制备高纯度化学品的精馏过程中，工业级化学品中杂质含量对混合物泡点的影响已经很低，因此整个精馏过程中物料流股的温差很小。一般传统的换热器要求换热温差在 15℃以上，物料的能量将无法再利用。热管技术由于对换热温差要求低，可以在高纯度化学品精馏制造中展现出很好的性能。

一、热管节能技术基本原理

热管是一种具有极高导热性能的新型传热元件，利用虹吸作用等流体原理，具有良好的传热效果。典型的热管结构主要包括管壳、吸液芯及汽腔。热管传热是通过管内工质在热端（蒸发段）和冷端（冷凝段）的相变传热，以及气、液两相工质分别在汽腔和吸液芯内的反向流动实现的。

热管内蒸发段工质受热后将沸腾或蒸发，吸收外部热源热量，产生汽化热，由液体变为蒸气，产生的蒸气在管内一定压差的作用下，流到冷凝段，蒸气遇冷壁面及外部冷源凝结成液体，同时放出汽化热，并通过管壁传给外部冷源，冷凝液在重力（或吸液芯）作用下回流到蒸发段再次蒸发。如此往复，实现对外部冷热两种介质的热量传递与交换。热管式换热器由于其极高的换热系数，降低了冷却介质与物料的温差，提高了换热效率，如图 7-33 所示。

热管传热是一种非能动的传热形式，其内部工质的循环并不需要泵或其他外部动力驱动，因此从外部来看它是一种静止的固态导热，这一特点在核能领域具有重要意义，非能动及静态传热大幅提高了反应堆的安全性和可靠性。

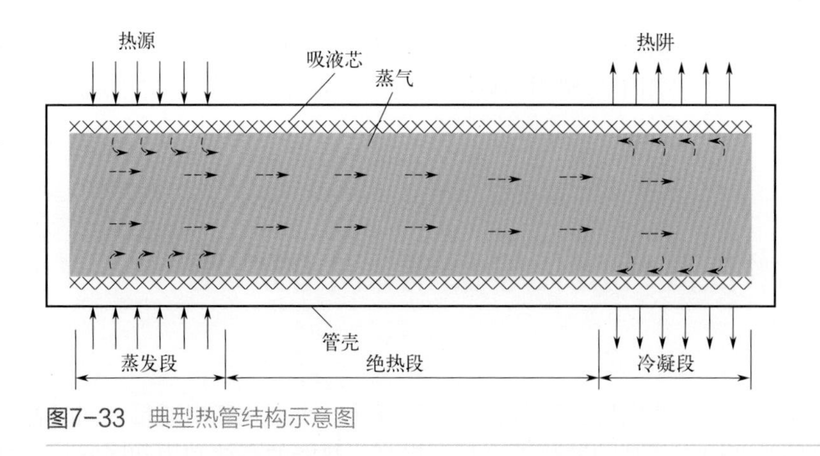

图7-33　典型热管结构示意图

二、热管节能技术的分类

以运行温度区间划分，热管可分为深冷热管（−273 ～ 0℃）、低温热管（0 ～ 250℃）、中温热管（250 ～ 450℃）和高温热管（450 ～ 1000℃）；按照工作液体回流动力区分，热管可分为有芯热管、两相闭式热虹吸管（又称重力热管）、重力辅助热管、旋转热管、电流体动力热管、磁流体动力热管、渗透热管等等；按管壳与工质的组合方式可分为铜水热管、铝丙酮热管等；按结构形式区分可分为普通热管、分离式热管、毛细泵回路热管、微型热管、平板热管、径向热管等；按热管的功用划分可分为传输热量的热管、热二极管、热开关、热控制用热管、仿真热管、制冷热管等。随着热管技术的开发不断深入，脉动热管作为一种新型热管节能技术，因其结构简单、热传导性能好等特点，备受诸多学者的关注。此外，本书编著者团队针对高纯度化学品精馏过程，研发了一种倒 U 形结构热管节能技术，并完成了工业应用。

1．脉动热管技术

传统重力式驱动热管的单向导热性，限制了其应用范围；传统毛细力驱动热管的烧干极限较低，且工质回流能力较弱，不适合长距离热输送。脉动热管（oscillating heat pipe, OHP）于 20 世纪 90 年代被提出，主要由若干直管路和弯头组成，以管内工质交替蒸发膨胀和冷凝收缩产生的压力差以及相邻管间的压力不平衡作为驱动力。脉动热管不仅能够通过气液相变传递潜热，而且可以通过气液塞振荡实现显热传递，相对传统热管具有众多优势：结构简单、理论热输送距离长、应用范围广、传热温差极限高、抗重力性能好、启动迅速、加热方式灵活等。脉动热管技术在太阳能利用、余热回收、电子冷却等热输送领域是一种简单、可靠、经济的选择，应用前景良好。图 7-34 给出了脉动热管结构改进发展脉络[22]，图 7-35 给出了脉动热管结构图[23]。

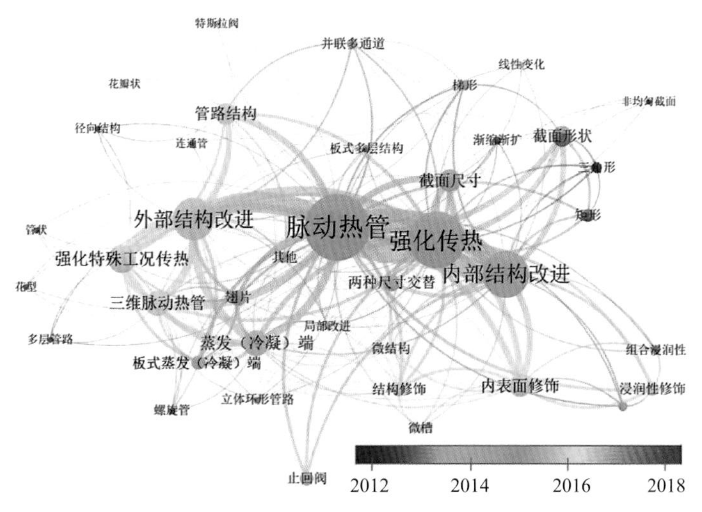

图7-34 脉动热管结构改进发展脉络

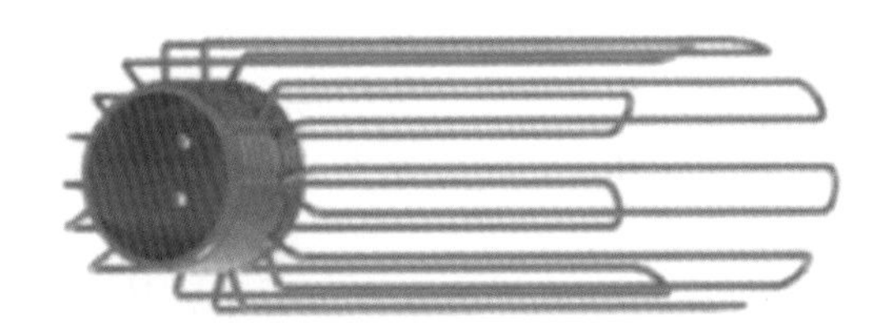

图7-35 脉动热管结构图

工质与脉动热管通道内表面的相互作用直接影响其在管内的振荡运动状态和相变传热速率。通过调整通道内表面多尺度结构实现工质运动调控和相变传热过程强化属于无源强化手段，调控表面结构的尺度和分布不仅可以促进气泡的核化、生长和逸出以及冷凝液滴的形成和脱离，增强壁面与工质换热，还可以改变其浸润性，利于调控工质与通道表面的毛细力和摩擦力。因此，合理修饰脉动热管通道内表面，可以有效强化其传热性能和启动特性[22]。

2. 倒 U 形结构热管技术

对热管结构进行改进，由原本的直管改为 U 形管，如图 7-36 所示。倒 U 形管上部为冷凝段，上升蒸气在冷凝段放出热量，凝结为冷凝液。冷凝液顺着倒 U 形管壁，在重力的作用下流至倒 U 形管下部的蒸发段，冷凝液在蒸发段吸收热量汽化为蒸气，而后上升至冷凝段重新冷凝。

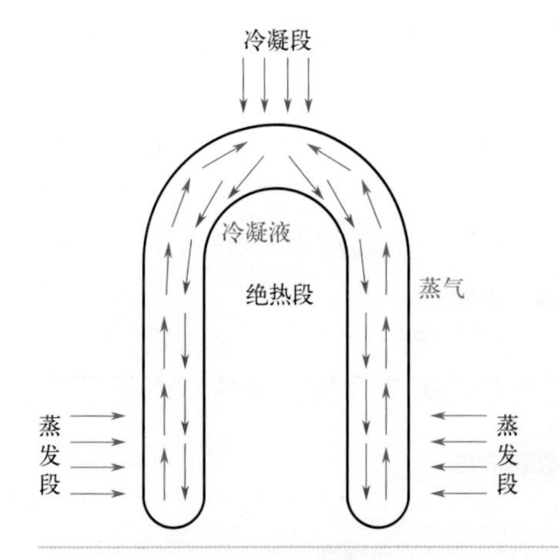

图7-36
倒U形热管示意图

利用倒U形管优化热管技术，可以扩大热管的换热面积，同时利用重力完成冷凝液的传质，减小了传质阻力，进一步提高了换热效率。

三、工业应用

化工过程中的低温余热具有量大的特点，对其进行充分回收利用具有重要意义。普通换热器传热温差小、设备昂贵、维护困难且运行费用高，应用于余热回收十分困难。而热管换热器由于换热管路互相独立，结构简单，维护费用低，传热效率高，在余热回收中具有良好的应用前景。

山东滕州辰龙能源集团有限公司高纯度乙酸乙烯酯生产过程中，从合成炉出来的高温（165 ～ 220℃）合成气通过管道进入气体分离塔进行冷凝分离，冷量由电制冷供应。为了利用合成气的热量，减少气体分离塔的热负荷，在合成炉与气体分离塔连接的管道外面增加热管换热器，在热管换热器气体管道外增加凸齿等来增加换热面积，加强传热。热管换热器换热效率高，能量利用充分，每年节省用电 1.2×10^7kW•h，以 0.6 元 /（kW•h）计算，折合人民币 720 万元。

第六节
低温余热回收技术

余热是指在直接利用后受制于经济技术条件未能利用的剩余能量。余热资源在钢铁、建材、化工等高耗能行业中普遍存在。通常根据温度梯度将余热资源划分成为低温余热资源、中温余热资源和高温余热资源。由于高温余热资源的温度梯度高，可用能量大，回收方式简单，因此回收效率相对于中低温余热资源来说要大得多。而低温余热资源由于回收难度大、投资高、可用能量低等因素导致回收效率低。因此，在相当长的一段时间里低温余热资源都没有引起足够的重视。针对以上难题，若能实现不同品位余热源的回收，特别是回收难度较大的低温余热，对于化工行业具有重大意义。

精馏过程主要低温余热资源为大量中低温工艺介质、低压或常压蒸汽、蒸汽冷凝液、尾气、烟气等。具体包括：200℃以下的工艺生产过程产生的余热气、冷凝水、热水；300℃以下的气体；400 ～ 450℃以下的锅炉排烟气；等。

高纯度化学品的精馏过程中大量温度相近的物流可以通过热管技术进行一定程度的能量优化，但经过热管换热后的物流仍然具有很高的温度，这部分温度可以通过与高纯度化学品精馏过程的其他工段进行能量耦合，以实现更高的能量利用率，其中多阶梯换热技术可以通过物流的温度和能量的匹配完成更多高品质能量的提供。

一、多阶梯换热技术

化工厂中往往产生低温流体，其能量总量是很高的。若将其直接应用于不需要如此低温的领域，在换热过程中必然造成大量的㶲损失，这从能量有效利用的角度看是不合理的。因此，冷能的梯级利用，减小㶲损失是非常重要的。冷剂是有品位的，蒸发温度越低，冷剂的品位越高，功损也越大。和被冷物流的温差越大，功损也越大。一套系统同时提供两个或三个品位的冷源，采用多级冷却是合理的。

在河南某公司三氯氢硅生产过程中，反应器出口混合气温度在 300℃左右，需要使用制冷剂将其冷凝到 −35 ～ −55℃。如果只是用一种深冷剂冷凝全部气体，则会造成大量能源和物质的浪费，设备费用也会非常高。工业实际中，采用五级冷却的方法，先利用废热锅炉制造蒸汽，之后采用循环水进行冷却，并依次采用 7℃、−15℃、−35℃冷冻盐水进行冷却，该工段流程图如图 7-37 所示。

通过一次冷凝和五级阶梯冷凝对比，采用五级阶梯冷凝使超低温冷却剂的使用量降低了 70% 以上。在超低温冷却剂制取过程中能耗随之降低。相比于德国西门子两级冷凝工艺，每年可节省电力 1.61×10^{7}kW·h，节约费用约 966 万元。

二、工业应用

低温余热回收工业应用以山西美锦能源股份有限公司为例，利用化工企业低温余热循环水提供热源，由低温余热制冷机组生产 −35℃冷冻盐水，实现了低温余热的回收利用与高品位冷源的制取。相比于日本溴化锂冷水机组 5℃冷却水的制取，实现了大量能量的回收。

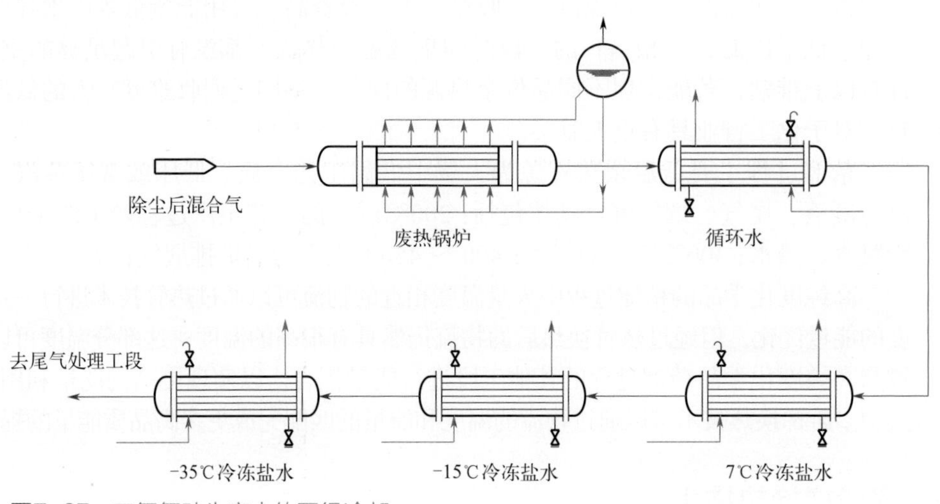

图7-37　三氯氢硅生产中的五级冷却

参考文献

[1] Fitzmorris R E, Mah R S H. Improving distillation column design using thermodynamic availability analysis[J]. AIChE Journal, 1980, 26(2): 265-273.

[2] 李曼曼．电子级四氯化硅的模拟精馏及节能工艺分析 [D]．北京：北京化工大学，2018.

[3] 杨佳宁．电子级四氯化硅精馏系统的模拟节能与工艺研究 [D]．北京：北京化工大学，2017.

[4] Cui C, Yin H, Yang J, et al. Selecting suitable energy-saving distillation schemes: making quick decisions[J]. Chemical Engineering & Processing：Process Intensification, 2016, 107: 138-150.

[5] Sun J, Dai L, Shi M, et al. Further optimization of a parallel double-effect organosilicon distillation scheme through exergy analysis[J]. Energy, 2014, 69: 370-377.

[6] Jana A K. Heat integrated distillation operation[J]. Applied Energy, 2010, 87(5):1477-1494.

[7] 肖丰，高维平，杨家军．顺流双效 HGL 精馏过程模拟与优化设计 [J]．辽宁化工，2006, 35(3):154-156.

[8] Mah R S H, Nicholas Jr J J, Wodnik R B. Distillation with secondary reflux and vaporization: a comparative evaluation[J]. AIChE Journal, 1977, 23(5): 651-658.

[9] Fang J, Cheng X, Li Z, et al. A review of internally heat integrated distillation column[J]. Chinese Journal of Chemical Engineering, 2019, 27(6): 1272-1281.

[10] Li L, Tu Y, Sun L, et al. Enhanced efficient extractive distillation by combining heat-integrated technology and

intermediate heating[J]. Industrial & Engineering Chemistry Research, 2016, 55(32): 8837-8847.

[11] Agrawal R, Fidkowski Z T. On the use of intermediate reboilers in the rectifying section and condensers in the stripping section of a distillation column[J]. Industrial & Engineering Chemistry Research, 1996, 35(8): 2801-2807.

[12] Hu N, Guo J, Wu Q, et al. Design and evaluation of energy-saving total distillation separation of *N*, *N*-dimethylacetamide/acetic acid/water[J]. Separation and Purification Technology, 2022, 282: 120154.

[13] Xu L, Gao L, Yin X, et al. Improving performance of dividing wall column using multistage vapor recompression with intermediate reboiler[J]. Chemical Engineering Research and Design, 2018, 134: 382-391.

[14] Gao X, Chen J, Tan J, et al. Application of mechanical vapor recompression heat pump to double-effect distillation for separating *N*,*N*-dimethylacetamide/water mixture[J]. Industrial & Engineering Chemistry Research, 2015, 54(12): 3200-3204.

[15] Cui P, Zhao F, Yao D, et al. Energy-saving exploration of mixed solvent extractive distillation combined with thermal coupling or heat pump technology for the separation of an azeotrope containing low-carbon alcohol[J]. Industrial & Engineering Chemistry Research, 2020, 59(29): 13204-13219.

[16] Li Q, Hu N, Zhang S, et al. Energy-saving heat integrated extraction-azeotropic distillation for separating isobutanol-ethanol-water[J]. Separation and Purification Technology, 2021, 255: 117695.

[17] Feng Z, Shen W, Rangaiah G P, et al. Design and control of vapor recompression assisted extractive distillation for separating *n*-hexane and ethyl acetate[J]. Separation and Purification Technology, 2020, 240: 116655.

[18] Yang A, Jin S, Shen W, et al. Investigation of energy-saving azeotropic dividing wall column to achieve cleaner production via heat exchanger network and heat pump technique[J]. Journal of Cleaner Production, 2019, 234: 410-422.

[19] Aurangzeb M, Jana A K. A novel heat integrated extractive dividing wall column for ethanol dehydration[J]. Industrial & Engineering Chemistry Research, 2019, 58(21): 9109-9117.

[20] Jana A K. Advances in heat pump assisted distillation column: a review[J]. Energy Conversion and Management, 2014, 77: 287-297.

[21] Null H R. Heat pumps in distillation[J]. Chemical Engineering Progress (United States), 1976, 72(7): 58-64.

[22] 赵佳腾，吴晨辉，戴宇成，等. 脉动热管强化传热及其应用研究进展 [J]. 化工学报，2022,73(2): 535-565.

[23] 陈贝贝，陈曦，林毅，等. 乙烷脉动热管的启动性能和传热特性 [J]. 化学工程，2021,49(1):28-33.

第八章

高纯度化学品精馏的低排放技术

第一节　间歇精馏在高纯度化学品精馏减排中的应用 / 250

第二节　新型高效塔器减排 / 258

高纯度化学品由于纯度极高，其精馏过程注定比普通化学品精馏过程能耗高、排放高。部分物系在分离提纯过程中存在分子间作用复杂、回收提纯困难等问题，很多高附加值化学品更是直接排放或者被迫焚烧，使得部分精馏过程能耗高、污染高。随着现代社会对环境保护的逐渐重视，我国高纯度化学品精馏过程的低排放技术已经处于起步状态，国内投入大量人力、物力进行节能技术的开发，节能新技术、新工艺、新方法不断问世。本章介绍了间歇精馏在高纯度化学品回收提纯中的原理与应用技术，并介绍了高效塔器设备在化工分离过程中减排的原理及应用[1-7]。

第一节 间歇精馏在高纯度化学品精馏减排中的应用

一、间歇精馏工艺流程

自 20 世纪 50 年代起，国内外学者对间歇精馏作了大量的研究。从单纯的间歇精馏到间歇共沸精馏、间歇萃取精馏、变压精馏等，从单纯的间歇操作到处理热敏物料的循环釜式半连续操作，从基础的间歇精馏实验研究到建立数学模型进行模拟计算，对间歇精馏技术的研究有了较大发展。在此期间，间歇精馏的研究共经历了 3 个阶段：50 年代以模拟计算为主，60 年代至 80 年代侧重于优化操作及简捷计算，90 年代以来则以一些新型操作方式的研究为主，陆续出现了几种新型精馏塔，如提馏式间歇塔、中间储罐间歇塔和多储罐间歇塔等。这些新型操作方式和新型精馏塔通常是针对特定的分离任务而设计的，因而其流程和操作方式更符合实际情况，效率更高，更具备灵活性，在化工生产中具有很好的应用前景。进入 21 世纪，伴随着化学工业和计算机技术的迅速发展，间歇精馏的研究重点集中在过程的模拟优化、自动控制和工程应用等方面[8-11]。这些研究将使间歇精馏的数学模型更为精准和接近实际过程，并通过模拟计算使工艺更加优化，同时控制的自动化水平和精度更高，研究更贴近工业化生产。

间歇精馏是一个动态过程，近些年来研究者和工程技术人员对间歇精馏的研究主要集中在以下几个方面：①精馏过程操作方法的优化；②新型塔结构的开发；③精馏过程的模拟计算；④间歇精馏在反应精馏、萃取精馏和变压精馏等特殊精馏方式中的应用。

1．部分回流间歇精馏过程

间歇精馏过程中所使用的回流比控制方法可分为以下三种：①恒回流比操作；②恒塔顶浓度变回流比操作；③优化变回流比操作[12-14]。其中恒回流比操作是最简便易行的方法，被工业上广泛采用[15]。恒塔顶浓度操作严格来讲只适用于二元间歇精馏过程。优化变回流比操作一般将产量、操作时间、年经济效益等作为优化的目标函数，自变量包括间歇精馏过程中的所有可变参数，是近些年来间歇精馏过程中研究最多的一种操作方法，目前为止还难以应用到现实工业生产过程中。

2．全回流间歇精馏过程

全回流操作一般作为间歇精馏过程开车时的操作，具有以下特点：①全回流条件下，精馏塔的分离提浓效率最高，待分离物系得到最大程度的分离，在塔顶可获得最高纯度的轻组分产品；②因为是全回流操作，无须控制回流比，具有操作简单，易于控制，对扰动不敏感等特点，可用于相对挥发度小的难分离物系，特别是回流比无法确定的物系分离；③一般情况下，全回流过程不能采出产品，主要用于开车时建立浓度梯度。然而，研究者开发的循环全回流操作、脉冲控制操作、中间储罐间歇精馏等新型操作方法和精馏塔结构使得全回流操作应用于实际成为现实，具有良好的分离效率和工业应用前景[16,17]。因此，以全回流为特征的新型间歇精馏过程逐渐成为研究开发的热点[18]。

（1）动态累积循环全回流间歇精馏过程

动态累积循环间歇精馏是一种全回流操作，通过在精馏塔顶设置回流罐来实现。在操作过程中，反复进行全回流，直到回流罐内的液体纯度达到平衡或接近平衡时才停止操作。按照塔顶储罐数量和全回流循环次数可将其分成 3 种：①塔顶单储罐一次全回流操作；②塔顶单储罐多次全回流 - 全采出操作；③塔顶双储罐多次全回流 - 全采出操作。

动态累积全回流操作起初由 Block[19] 于 1967 年提出，最早的循环全回流操作仅局限于二元物系分离。1970 年，Treybal[20] 对塔顶单储罐一次全回流操作进行了研究，结果表明该操作方式可以实现二元物系的高效分离，而且操作简单，控制简便。Sørensen 等[21] 的研究结果表明单储罐一次全回流操作所需时间较长，不利于分离，进而提出了全回流 - 全采出交替进行的单储罐多次循环操作方法，如图 8-1 所示。其操作过程包括无回流充液、全回流浓缩和无回流采出三个阶段。这三个阶段形成一个基本的操作单元，称为一个循环，经过数个循环后，当轻组分收率达到要求，或者塔釜内重组分的浓度达到分离要求后，精馏过程结束。

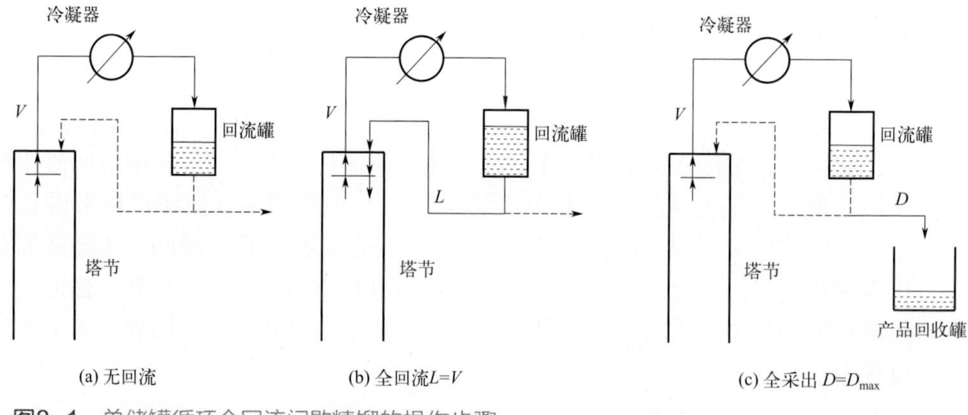

图8-1　单储罐循环全回流间歇精馏的操作步骤

（2）无累积罐循环全回流操作

无累积罐循环全回流操作也称为全回流 - 全采出操作，也叫脉动控制法，是在研究过渡馏分采出过程中提出的，该操作方式包括全回流和全采出两个典型的操作阶段，如图 8-2 所示。这两个操作阶段组成一个操作单元，连续多个操作单元就构成了该操作方式。李文秀等 [22] 将脉冲控制操作法应用于间歇精馏过渡馏分的分离，研究表明该操作方式可以有效地减少过渡馏分量，实现过渡馏分的快速采出，提高了合格产品的单程收率，同时可降低能耗。但是，该操作方式的难点在于全回流阶段和全采出阶段转换时间的确定，即全回流阶段和全采出阶段的持续时间和切换时机的把控。

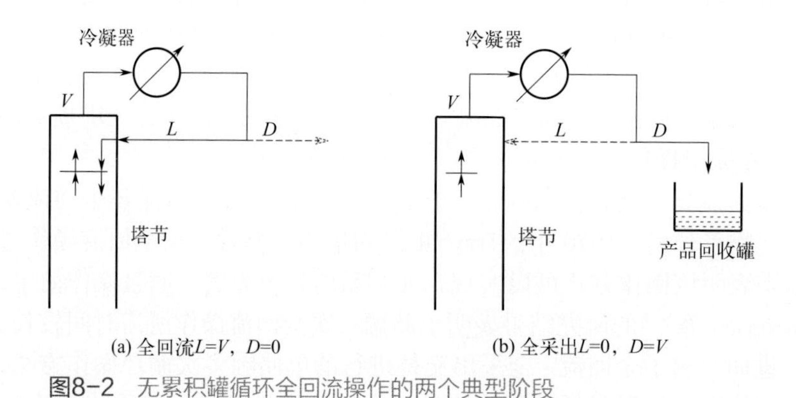

图8-2　无累积罐循环全回流操作的两个典型阶段

通常，这两个阶段的切换规则根据模拟结果或实验统计值确定，以组分浓度作为标准。由于浓度的检测具有滞后性，因此脉冲控制法要实现自动控制具有一定的难度，只能以温度作为控制参数。2007 年，Peng 等 [23] 提出了利用塔顶 - 塔中双温度控制法进行全回流 - 全采出过程控制。使用异丙醇 - 正丙醇和乙醇 - 正丙醇物系进行的实验验证了双温度控制法的可行性，与传统的恒回流比和单温度控制相比，双温度控制法能在塔中重组分浓度快速增大时及时切换到全回流状态，因此可有效地抑制塔顶重组分的含量，缩短全回流提浓的时间，提高精馏过程的总体效率，降低生产过程的能耗。但该控制方法需要对不同的分离物系进行浓度和温度的精确对应，在实际工业应用过程中存在一定的限制。

在无累积罐循环全回流操作过程中，全回流操作方式能得到最高的提浓效率，而全采出操作方式能够在最短时间内采出产品，因此这两种操作方式交替循环能以更快的速度将轻组分产品和过渡馏分从塔顶馏出，完成间歇精馏操作过程。所以全回流 - 全采出操作相对于恒回流比间歇精馏更具有高效节能的优势。

二、间歇精馏操作方式

1．提馏式间歇精馏操作方式

提馏式间歇精馏塔也叫反向间歇精馏塔，其装置如图 8-3 所示。该精馏塔结构相当于连续精馏塔的提馏段，塔顶设置有回流罐，由塔釜馏出难挥发组分，塔釜持液量较小，所以特别适合分离难挥发组分纯度高的物系或物系中的组分具有热敏性的情况，具有开车耗时短、操作周期短、能耗低等优点。

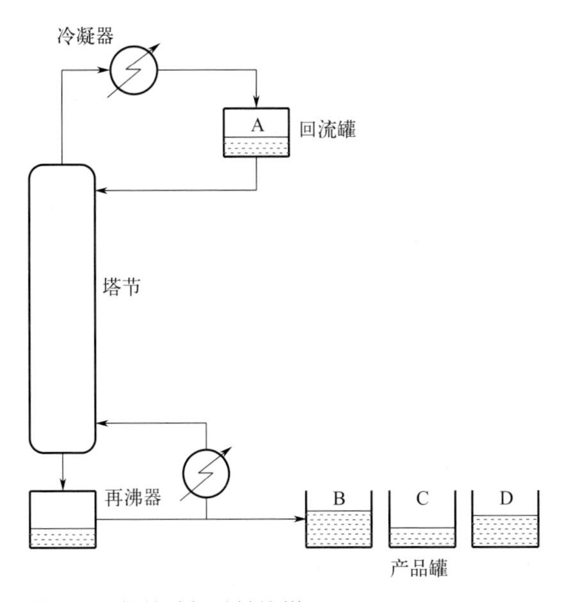

图8-3　提馏式间歇精馏塔

提馏式间歇精馏塔是由 Robinson 和 Gilliland[24] 于 1950 年提出的。之后 Sørense 等 [25] 对提馏式间歇精馏塔进行了研究，并与常规间歇精馏塔进行了比较。对于相同的分离任务，当物系中各组分相对挥发度恒定时，常规间歇精馏塔比提馏式间歇精馏塔的分离效率更高。Sørense 更加深入全面地对比了提馏式间歇精馏塔和常规间歇精馏塔，指出当原料中含有少量轻组分时，利用传统间歇精馏分离会减小重组分产品的收率。同时，通过优化再沸比获得的最短操作时间也表明提馏式精馏塔更具有优势，原因在于为了获得高浓度的轻组分，在常规间歇精馏塔塔顶采用较大回流比采出少量的轻组分相较于从提馏式间歇精馏塔塔釜用较小或中等再沸比采出大量的重组分所需要的操作时间更长，而且提馏式间歇精馏塔具有更高的动态响应性。Mujtaba 和 Macchietto[26] 把提馏式间歇精馏塔应用于反应精馏过程，提出当反应产物为最重组分时，可以在精馏塔塔釜不断采出产品，不仅有利于平衡反应向正反应方向进行，提高组分转化率，而且可以缩短获得产品的操作时间。

郭永欣 [27] 研究了提馏式间歇精馏塔在热敏性物系分离中的应用，建立了包含热反应项的间歇精馏恒体积持液数学模型，并采用 Gear 方法进行求解。他们对提馏式间歇精馏塔和常规间歇精馏塔分离热敏性物系进行了对比，结果表明提馏式间歇精馏过程更适合热敏性物系的分离，特别是塔釜重组分为热敏物料的分离过程，并对模拟结果进行了实验验证。毕伟 [28] 提出了塔身分散加热式提馏操作分离热敏性物系，并通过模拟和实验对这种方法进行了可行性分析和验证。该方法通过在塔中分散加热，有效缩短了组分的受热时间、降低了再沸器的持液量，有利于热敏性物系的分离。王超 [29] 进一步提出了多再沸器提馏塔间歇精馏操作方法，在塔中设置多个再沸器进行分散加热，并对该过程的操作参数进行了模拟与优化。理论分析和实验结果均表明，该操作方式适用于热敏性物系的分离。然而，提馏式间歇塔的塔釜持液量相对不易控制，只能通过再沸比等参数控制，存在一定的难度，限制了该塔型的应用和推广。

2. 中间储罐间歇精馏操作方式

中间储罐间歇精馏塔又称为复合精馏塔，这种精馏塔结构与连续精馏塔具有相同之处，二者都具有精馏段和提馏段，中间储罐相当于连续精馏塔中的进料板，能够在塔顶和塔釜分别得到轻重组分的合格产品，其装置如图 8-4 所示。

此种精馏操作方式最早是由 Robinson 和 Gilliland[24] 于 1950 年提出的。Davidyan 等 [30] 用非线性数学理论对该类塔型进行了模拟计算，以恒定相对挥发度的二元物系为研究对象的模拟结果表明，利用新塔型存在纯组分以外的鞍形稳定状态，可以在有限回流比条件下获得二元物系的纯组分产品。

中间储罐间歇精馏塔的优点可总结为四点。第一，在精馏过程中，易挥发组分在精馏段随时间延长而减少，难挥发组分在提馏段也随时间延长而减少，同时采出塔顶和塔釜产品，能够有效地缩短操作时间，提高精馏分离的效率。第二，再沸器中的持液量小且停留时间短，适用于分离热敏性物系。第三，操作过程采用全回流和全再沸方式，简便易行且分离效率高。第四，该塔型吸收了提馏式间歇精馏塔的特点，可广泛应用于反应间歇精馏和萃取间歇精馏过程。

3．多储罐间歇精馏操作方式

Hasebe 等 [31] 于 1995 年提出多储罐间歇精馏塔，也叫多效间歇精馏塔，其装置如图 8-5 所示。这种塔结构是塔连接多个中间储罐，储罐将精馏塔分隔为数段，可看作是由多个间歇精馏塔依次串联而成，但仅在第一段塔的塔釜加热，在最后一段塔的塔顶冷凝回流。该塔同时具备常规间歇精馏塔、提馏式间歇精馏塔和中间储罐精馏塔的特点。对于 N 元组分的分离，可通过连接 N−2 个中间储罐的间歇精馏塔实现。通过全回流操作，可依次在塔顶回流罐、中间储罐和塔釜中获得合格纯度的产品，实现多组分的高效分离。

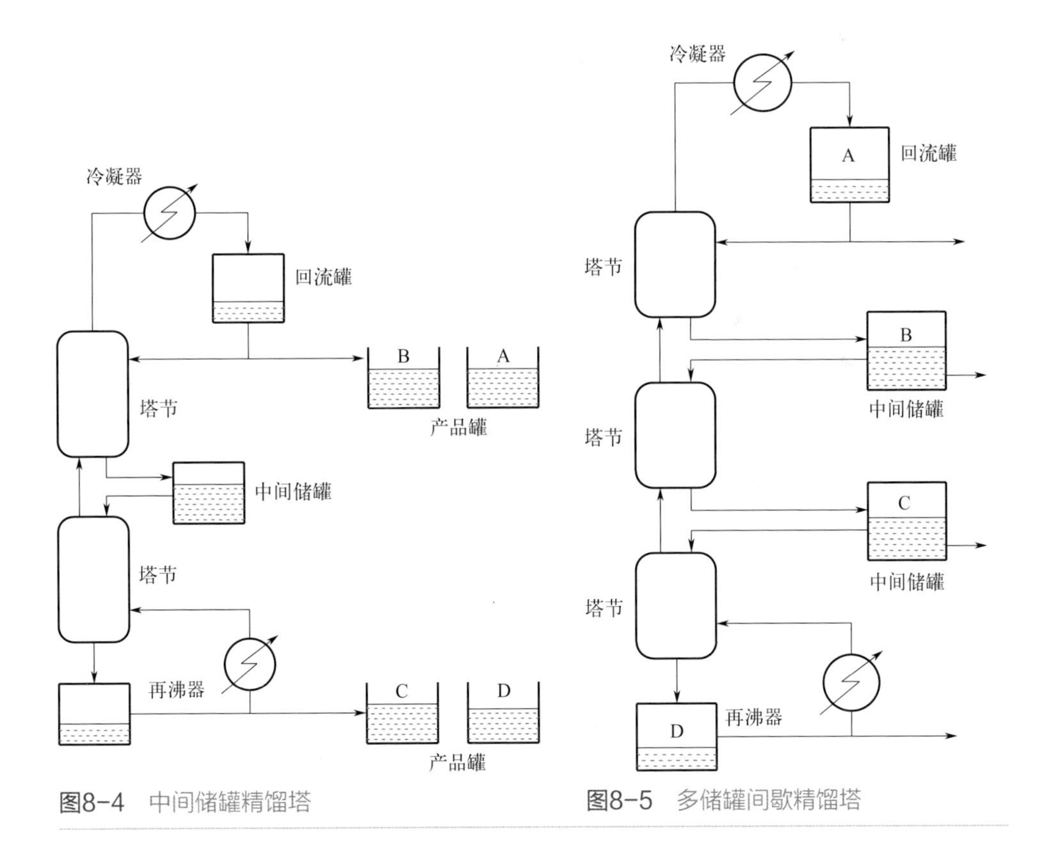

图8-4　中间储罐精馏塔

图8-5　多储罐间歇精馏塔

关于多储罐间歇精馏塔的操作方式，Hasebe 等[32] 首先提出了最优化持液策略，其主要依赖于组分的气液相平衡关系。当组分间的相对挥发度恒定不变时，首先将原料全部加入塔釜，中间储罐中的持液则随精馏过程的进行逐步增加到最终持液量。实例分析的结果表明变持液操作方法可以使精馏过程的总操作时间平均缩短 47%。随后，Hasebe 等[33,34] 还提出了恒摩尔持液量全回流操作策略，根据原料组成及进料量，通过物料衡算确定各组分的总量，即对应中间储罐在操作结束时的持液量，并将其预设为储罐持液的初值。在操作过程中控制液位高度以保持各储罐的持液量不变，进行全回流操作，直到储罐中的组分均达到纯度要求时结束。当进料浓度无法确定时，可以根据一段时间后测量的指定储罐的持液浓度进行持液量调整。该操作方式需要高级严格的控制方法且操作复杂。

大量的实验和模拟计算结果表明，对于相同的分离任务，多储罐间歇精馏塔具有比常规间歇精馏塔更加明显的优势，特别是针对多元物系的分离。其与传统的间歇塔比较有两个显著优势：第一，该塔能同时分离多元混合物，且操作过程中无产品罐切换、回流比设置等问题，操作简单易行；第二，由于该塔本质上具有多效性，操作能耗更低。目前带有多个中间储罐的操作方式主要用在多组分物系的间歇精馏中，对于应用多储罐塔分离二元物系的研究较少。

三、间歇精馏的设计

在间歇精馏操作周期的开始阶段，轻组分需要被冷凝器冷凝，冷凝器的尺寸成为控制因素；在操作循环的中期，塔径是控制因素；在操作周期的最后阶段，再沸器温度达到最高值，再沸器的传热是控制因素。在该系统中，操作周期取决于冷凝器和再沸器的面积、塔径以及回流策略。

间歇精馏系统的核心是精馏塔，需要根据蒸气流量和理论级数来确定具体尺寸。接着必须对回流控制做出规定：是采用恒定回流比收集组成变化的馏分直到其组成恰好符合规定纯度的产品要求为止，还是不断增大回流比保持恒定的塔顶组成（或温度）直到达到经济效益上不合理的高回流比为止[29]。计算步骤流程图如图 8-6 所示。

四、高纯度丙酮间歇精馏减排

丙酮（acetone）在工业上主要作为溶剂，用于炸药、塑料、橡胶、纤维、制革、油脂、喷漆等行业中，也可作为合成烯酮、乙酐、碘仿、聚异戊二烯橡胶、甲基丙烯酸甲酯、氯仿、环氧树脂等物质的重要原料。

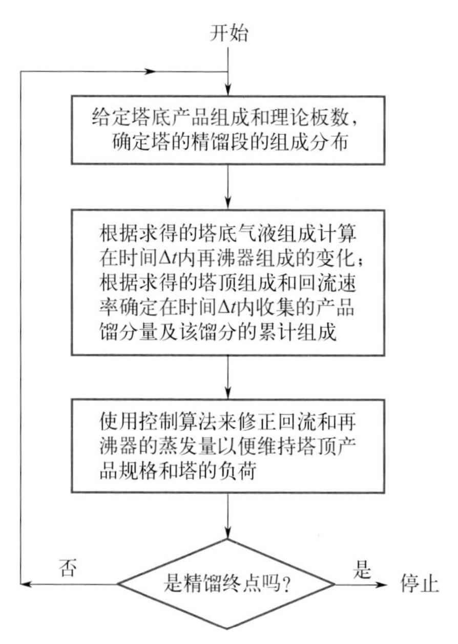

图8-6　间歇精馏塔计算步骤流程图

西陇化工股份有限公司现有丙酮原料，其中含有甲醛、乙醛、苯等杂质，本书编著者团队为其设计了一套精馏装置将粗品原料进行分离提纯，以达到要求的处理量、产品纯度及操作弹性。进料产品纯度为99.9%，进料量180kg/h，操作时间8000h/a，操作弹性50%～120%。产品质量要求丙酮中总醛＜3×10^{-5}，苯＜1×10^{-6}。丙酮粗品由泵自原料罐送至精馏塔，塔釜先进料2000L，经传质、传热过程，且全回流达到稳定后，开始以180kg/h连续进料，塔顶以15kg/h采出含醛的丙酮溶液至1号塔顶采集罐，塔中部以150kg/h采出总醛$<3\times10^{-5}$的高纯度丙酮产品。精馏后期釜液中苯会积累，釜液将蒸至2号塔顶采集罐进行降级处理。产品纯度提升的关键是填料塔截面液相的均匀分布，由于高纯度的要求，轻微的壁流、返混均可能导致精馏提纯失败，这要求液体分布器具有优良的液体初始分布能力并且填料具有优良的传质效率、液体再分布能力。本设计采用BH800填料和高效液体分布器进行间歇精馏过程，本书编著者团队开发的高效液体分布器通过一级过滤缓冲，二、三级槽调节液位实现液体的均匀分布。BH800填料具有较高的比表面积，传质效率高，其多段波纹折线有效提高了液体再分布能力，极大减弱了壁流效应。流程简图见图8-7。

装置开车一次成功，侧采产品丙酮中总醛为2.7×10^{-5}，小于3×10^{-5}，苯质量分数为$0.19\times10^{-6}<1\times10^{-6}$，符合产品指标。在制得精丙酮的同时，显著减少了物料排放。

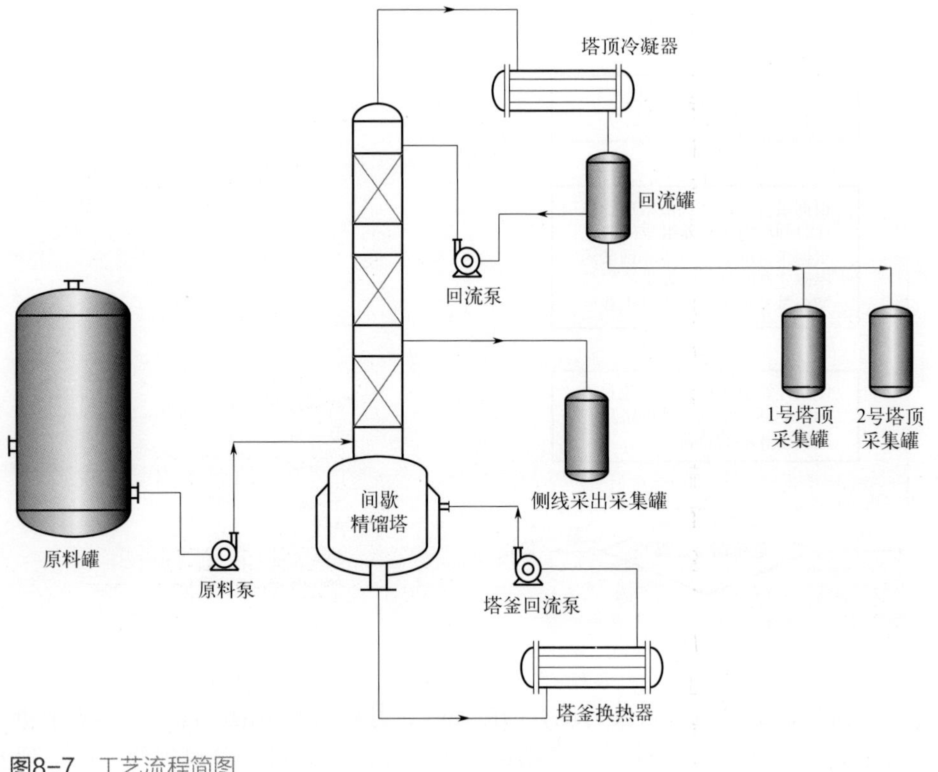

图8-7 工艺流程简图

第二节 新型高效塔器减排

一、高效导向筛板

高效导向筛板具有生产能力大、板效率高、压降低、结构简单、造价低廉、维修方便的特点，目前已广泛应用于化学工业、石油化工、精细化工、轻化工、医药工业、香料工业、原子能工业等。

高效导向筛板上开设了大量筛孔及少部分导向孔，通过筛孔的气体在塔板上与液体错流穿过液层垂直上升。穿过导向筛板的气体沿塔板水平前进，将动量传递给塔板上水平流动的液体，从而推动液体在塔板上均匀稳定前进，克服了原来塔板上的液面落差和液相返混，增大了生产能力和板效率，解决了堵塔、液泛等问题。另外，在传统塔板上，由于存在液面梯度，在塔板的上游总存在一个非活化区，在此区域内气流无法穿过液层而上升鼓泡，如浮阀塔板上游的几排浮阀无法打开，而筛板塔板上游的一个区域内无气泡鼓出。根据实验测定，非活化区的面积往往占塔截面积的 1/3 左右。高效导向筛板在液流入口处增加了向上凸、呈斜台状的鼓泡促进器，促使液体一进入塔板就能鼓泡，改善气液接触与传质状况。

高效导向筛板具有下述特点。

（1）生产能力大

由于下列原因，高效导向筛板至少比传统塔板的生产能力增大 50%～100%。

① 克服了液流上游存在的非活化区，使气流通道增加了 1/3 以上。

② 消除了液面梯度，使气速均匀。在传统塔板上，由于上游液层厚而下游液层薄，气速在整个塔截面上是不均匀的，下游液层较薄处气速较大，该处液层易被吹开，限制了生产能力，而导向筛板由于整个塔截面上气速均匀，相比于传统塔板其生产能力更高。

③ 从筛孔中上升的气体是垂直向上，从导向孔中上升的气体是水平向前，气体的合成气速是斜向上方的，这样既延长了气体夹带微小液滴的运动轨迹，减少了雾沫夹带，又增大了气速和生产能力。

④ 由于导向筛板效率高，相同塔板数时回流比可以降低，进而增大了塔的负荷与生产能力。

（2）效率高

① 由于高效导向筛板减小了非活化区，使塔板上鼓泡区域增加，增加了气液传质机会，从而提高了塔板效率。

② 液相返混是影响塔板效率的最重要因素之一，高效导向筛板很好地克服了液相返混，从而提高了塔板效率。

③ 消除了液面梯度，降低了漏液量和雾沫夹带量，从而提高了塔板效率。

（3）压降低

与泡罩塔板、浮阀塔板相比，由于筛板塔板结构简单、气流通道顺畅，因此操作压降最低。实验和生产经验表明，导向孔对气体的阻力比筛孔低 20% 左右，导向筛板的压降比普通筛板低 10% 左右。

（4）抗堵能力强

从导向孔中喷出的气体推动液体在塔板上水平前进，可以强化液体在塔板上的流动。因此，对黏性物料可以多设置导向孔，尤其是对发酵醪液的精馏、聚合物与单体的分离等。

（5）结构简单、维修方便

由于高效导向筛板的传质元件主要为筛孔和导向孔，而无其他组件，因此其结构简单、质量较轻，拆装和维修非常方便。

综上所述，高效导向筛板适用于要求生产能力大或扩产改造的场合，要求分离效率高以及精密分离的场合，要求压降低特别是真空精馏的场合；它对黏性物料或含有固体颗粒的物料有很强的抗污、抗堵能力，还能够有效地破除塔板上的泡沫，减少雾沫夹带，防止液泛发生；其成功之处还在于结构简单，维修方便。

二、新型高效填料

填料是填料塔最重要的传质内件，其性能主要取决于填料表面的润湿程度和气液两相流体分布的均匀程度。填料在单位体积内提供了较大的传质面积，但一般来说，填料上液体的润湿面积比填料的几何表面积小。总有一部分填料表面未被润湿，减少了气液有效接触的相界面，从而降低了传质效果；若想达到好的传质效果，必须使液体充分润湿整个填料表面，形成均匀的液膜。根据上述流体在填料中的传质理论，本书编著者团队研发了 BH 型高效填料，其特点在于：

① 填料波纹线呈折线式变化，液膜在波纹线折线交点处发生流向变化，流动的液膜发生扰动，气体向上流动时，亦发生同样情况。使用这种填料时，流体层流底层和流动边界层减薄，传质阻力减小。并且由于流体在拐点处的流向发生变化，增加了液膜表面更新的机会，因此强化了气液传质过程。

② 填料表面经过特殊的物理和化学处理，液体在其表面的成膜性更好，单位体积内液膜面积大为增加，如从 $500m^2/m^3$ 增大到 $700m^2/m^3$、$800m^2/m^3$ 甚至 $1500m^2/m^3$，气液有效传质面积增大能够大大强化气液接触，提高填料的分离效率，使回流比大幅减小，从而达到节能减排的目的。

三、多晶硅精馏减排

提高光伏材料的转换效率和降低太阳电池的制造成本是光伏工业一直追求的两个目标。多晶硅硅片是太阳能光伏电池的核心部分。硅片的质量对于太阳能的光电转化率起着至关重要的作用。一般情况下，其光电转化率为 10% ～ 14%，而高纯度硅片的太阳能光伏电池转化率可达 16%，甚至更高。因此，对于太阳能电池的生产来说，多晶硅的生产至关重要。

多晶硅不仅是信息产业的基础材料，而且也是实现光电转换（如太阳能发电）的理想材料。在全球光伏产业链中，高纯度硅料不仅硅的纯度高达 99.99999% ～ 99.9999999%，而且其中的硼、磷等杂质限制在亿分之几的量级，是光伏企业生产太阳能电池所需要的核心原料。因此，高纯度硅料的合成、精制、提纯、生产也就成为光伏产业集群中最上游的产业。

为促进我国光伏产业和电子信息产业的持续快速发展，国家发展和改革委员会将“光伏硅材料”列入《可再生能源产业发展指导目录》; 2005 年国家发展和改革委员会发布的第 40 号令《产业结构调整指导目录》将“6 英寸及以上单晶硅、多晶硅及晶片制造”列入当前国家重点鼓励发展的产业。这些都为多晶硅的产业化发展提供了强有力的政策支持，使我国硅材料产业跨入一个新的发展时期。

目前多晶硅生产的核心技术还掌握在外国企业手中。规模生产及副产品回收一直是国内企业面临的最大难题，而且多晶硅纯度要求非常高，生产过程中又有大量易燃易爆气体存在，如果回收工艺不成熟，$SiHCl_3$、$SiCl_4$、HCl、Cl_2 等有害物质极有可能泄漏，存在重大的安全和环境隐患。

因此，自力更生发展多晶硅产业，首先要保证工厂的先进装备和工艺技术水平，以及产品的高质量和低成本。为了实现这一目标，就需要对以下关键技术进行重点攻关：①先进的 $SiHCl_3$ 生产技术；②多级精馏技术和设备；③大型节能还原炉技术；④生产过程废弃物的循环利用技术；⑤贯穿生产线的节能和清洁生产技术。

本书编著者团队对多晶硅生产中的精馏过程进行了研究，并运用精馏节能技术对其进行分析，这个过程中主要运用到了多效精馏、高效导向筛板塔及填料塔等[35-37]。

用冶金级硅生产半导体级多晶硅有 2 个主要的方法。

（1）改良西门子法

改良西门子法是一种化学方法，首先使冶金级硅（纯度要求在 99.5% 以上）与氯化氢（HCl）反应，产生便于提纯的 $SiHCl_3$ 气体，然后将 $SiHCl_3$ 精馏提纯，最后通过还原反应和化学气相沉积将高纯度的 $SiHCl_3$ 转化为高纯度的多晶硅。还原后产生的尾气进行干法回收，实现了 H_2 和 $SiHCl_3$ 闭路循环利用。改良西门子法是目前生产多晶硅最为成熟、投资风险最小、最容易扩建的工艺。改良西门子法工艺流程图如图 8-8 所示。

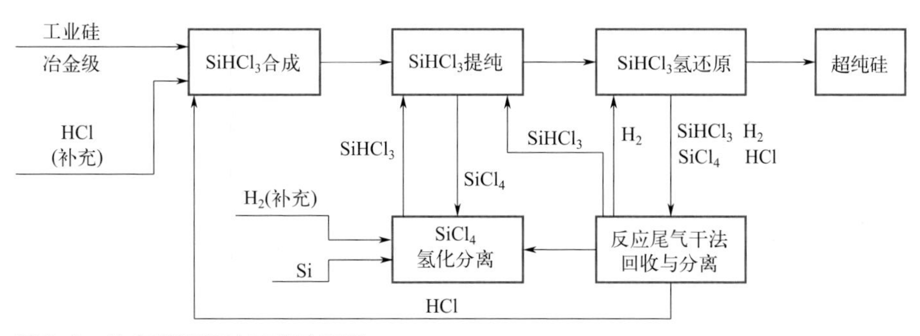

图8-8 改良西门子法工艺流程图

（2）硅烷法

硅烷法与改良西门子法接近，只是中间产品不同。改良西门子法的中间产品是三氯氢硅，而硅烷法的中间产品是甲硅烷。甲硅烷通过四氯化硅氢化法、硅合金分解法、氢化物还原法、硅的直接氢化法等方法来制取，然后将制得的甲硅烷气体提纯用于在热分解炉中生产纯度较高的棒状多晶硅，其生产工艺流程如图 8-9 所示。

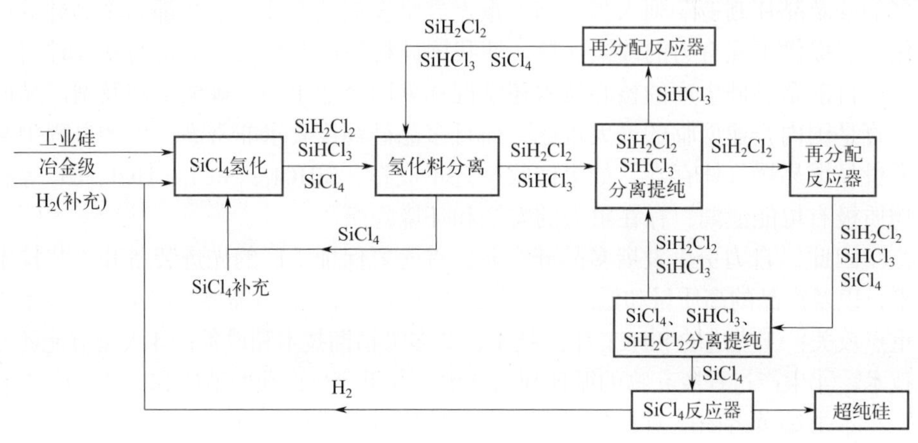

图8-9　硅烷法生产工艺流程图

通过对多晶硅目前 2 种主要的生产工艺进行了解后，可以知道，在其生产过程中，多级精馏技术及其设备是至关重要的。如改良西门子法中的三氯氢硅、四氯化硅提纯分离部分，硅烷法工艺中的三氯氢硅、二氯二氢硅分离提纯及氢化料的分离部分决定了最终产物超纯硅的产量及质量。同时，精馏技术及设备对整个多晶硅生产过程的节能减排也起着决定作用。

对多晶硅生产各股物料进行全面的物料衡算和能量衡算，考察其能耗的合理性，采用热集成的技术，将流程优化设计，最大限度地节能降耗。将节能和清洁生产贯穿生产线，并在全生产过程中实现闭环清洁生产，达到降低电耗，Si、H_2、Cl_2 等原料消耗，降低成本的目的。

本书编著者团队在 1 万 t/a、2 万 t/a 工业级三氯氢硅的制备中，采用高效塔板技术，得到的三氯氢硅质量高、能耗低、排放少。三氯氢硅生产的流程如下所述。首先，通过硅粉与氯化氢反应，得到三氯氢硅和四氯化硅及其他成分。然后再将上述过程的合成气送入由多个精馏塔组成的精馏工段以提纯其中的三氯氢硅。开车后精馏过程非常稳定。在进料量 600 ～ 3500kg/h 范围内，均能正常稳定开车。三氯氢硅质量分数由原来的 98% 提高到 99.90% ～ 99.98%；塔釜排放的四氯化硅产品中，三氯氢硅的质量分数由原来的 0.5% 左右降低到 0.01%，极大地降低了三氯氢硅的排放，进而提高了三氯氢硅生产的经济效益，还减少了环境污染。所得工艺与传统工艺技术相比，节能 30%，产品质量提高一个档次。

为了生产外延级多晶硅，需要生产超纯的二氯二氢硅。本书编著者团队在二氯二氢硅的提纯过程中，通过采用高效塔板技术，将二氯二氢硅提纯到外延级硅的水平。产品中硼、碳、铝、磷等杂质均低于国际质量标准。

四、精乙酸甲酯精馏减排

乙酸甲酯是一种重要的溶剂和有机化工原料，在工业上常用作硝酸纤维素和乙酸纤维素的快干性溶剂，广泛用于油漆涂料、纺织、香料、医药及食品等行业，另外还用作油脂的萃取剂。高纯度乙酸甲酯可用于合成乙酸、乙酐、丙烯酸甲酯、乙酸乙烯酯和乙酰胺等。纯度在 90% 左右的乙酸甲酯的市场价格较低，而纯度在 99.9% 以上的乙酸甲酯的市场价格则很高。因此，生产高纯度的乙酸甲酯具有较大的经济效益。

安徽皖维集团有限责任公司为国内乙酸甲酯生产企业，该公司于 2012 年采用 BH 型填料、新型槽榫式液体分布器及新型高效丝网除雾器技术提纯粗乙酸甲酯原料，取得了良好的效果。其具体工艺流程如图 8-10 所示。

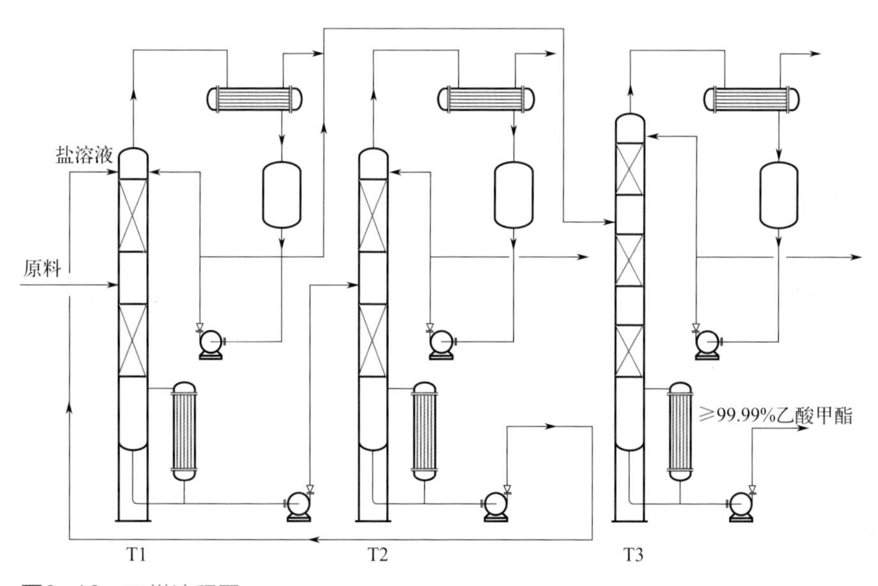

图8-10 三塔流程图

T1—加盐精馏塔；T2—盐 - 水回收塔；T3—除轻杂质塔

该项目中设计了三座填料塔，高度分别为 12m、12m 和 15m。用盐的水溶液作为萃取剂，将 92% 的粗乙酸甲酯原料提纯到 99.99% 以上。

流程简述如下。原料进 T1 中部，T1 塔顶加入盐的水溶液，通过计算及工业应用实践的回归，得到 T1 塔径为 1.2m，采用 BH 型填料，所需填料高度为 12m，乙酸甲酯、乙醛、丙酮及其他轻组分从塔顶采出，T1 塔釜盐的水溶液进 T2。T2 塔顶采出物料送入回收工段进一步回收乙酸甲酯，T2 塔釜盐的水溶液返回 T1 塔顶循环利用。T3 塔顶采出的物料也送入回收工段进一步回收乙酸甲酯，塔釜得到纯度≥99.99% 的乙酸甲酯产品。经该流程后能够将原料中的乙酸甲酯回收利用，取得显著经济效益的同时，粗乙酸甲酯的处理问题得到解决。

产品指标如表 8-1 所示，所得乙酸甲酯纯度为 99.99%，远高于国际著名乙酸甲酯生产企业的 99.95%。

表8-1　乙酸甲酯产品指标

项目	产品指标
外观	无色透明，无悬浮物
色度/Hazen单位（铂-钴色度号）≤	10
乙酸甲酯质量分数≥	99.99%
水分（质量分数）≤	0.05%
酸度（乙酸的质量分数）≤	0.03%
蒸发残渣质量分数≤	0.05%

五、乙炔精制减排

新疆天辰化工有限公司为我国聚氯乙烯生产代表性企业。在聚氯乙烯生产过程中，其乙炔精制工艺存在以下问题：①乙炔水洗冷却塔为空塔，喷头式液体分布器的分布均匀程度较差，使得气液两相接触不充分，热量不能及时移除；②乙炔清净塔填充的多为梅花环散堆填料，分离效率不高，采用现有技术将乙炔清净后，其纯度最高只能达到 99%，且含有少量 S、P 等杂质进入 VCM（氯乙烯）合成工段，容易导致催化剂中毒，且该填料容易导致清净塔堵塞；③中和塔存在中和不彻底、碱液的使用周期短、换碱次数频繁等问题。此外，该公司在解决上述问题的基础上还要达到装置扩建的目的。因此，该公司自 2010 年起采用槽榫式液体分布器、新型高效丝网除雾器及 BH 型填料对全工段进行优化设计改造。

（1）水洗冷却塔的改造

经电石与水反应生成的粗乙炔为高热气体，需要进入冷却塔降温把其中的热量及时移出。原塔液体分布器采用喷头式液体分布器，呈莲蓬头状，液体通过喷头顶部的小孔喷洒。虽然喷头式液体分布器结构简单，造价低，但是在应用过程中喷头的小孔很容易被水垢等杂质堵塞，且喷头的喷淋面积较小，液体分布均匀性比较差。经槽榫式液体分布器及 BH 型填料改造后，水洗冷却塔液体分布更为均匀，气液有效接触面积、传热和传质的有效面积均大大增加。同时，解决了分布器易堵的行业问题，分布器更换周期由原来的 3 ～ 6 个月延长至一年以上，大大延长了分布器使用周期。改造后仅该工段每年可带来经济效益超过一百万元，投入产出比小，对资源节约亦具有重要意义。

（2）乙炔清净塔的改造

原乙炔清净塔技术指标：进塔气相物料组成为乙炔 93.46%、硫化氢 0.06%、磷化氢 0.02%、水蒸气及其他惰性气体 6.46%；进塔液相物料组成为新鲜次氯酸钠溶液，其有效氯质量分数 0.08% ～ 0.10%（次氯酸钠在 2 座塔中串联使用，并且实现部分循环，循环量高于 30%）。

为防止溶液的腐蚀、降低塔的造价，清净塔塔体选用 BH 型填料，在清净塔塔顶安装由北京化工大学自行研制的高效丝网除雾器极大地改善了乙炔气中含有水分的雾滴进入中和塔导致中和塔的中和减弱问题。新设计的乙炔清净塔生产能力较原塔扩大了 2.3 倍，H_2S 杂质质量分数由原来的 0.0080% 降至 0.0037% 以下（一般为检不出），PH_3 质量分数由原来的 0.006% 降至 0.0039% 以下（一般为检不出），其他杂质质量分数几乎为零，乙炔气纯度由传统条件下的 99.0% 提高到 99.5% 以上，达到同类技术的领先水平。催化剂的使用寿命延长，停车清洗周期由原来的 3 ～ 6 个月延长至一年以上，减少了水的用量，同时降低了次氯酸钠的消耗，减少后续工段的设备腐蚀，节约能源。仅该工段每年可实现约三百万元的经济效益，投入产出比小，提高了企业在相关行业的竞争力。

（3）乙炔中和塔的改造

该公司采用 BH 型填料、槽榫式液体分布器及高效丝网除雾器对乙炔中和塔进行改造，改造后的乙炔处理量扩大了一倍以上，解决了中和塔原有的中和不彻底、碱液使用周期短、换碱次数多的问题，减少了乙炔损失、减轻了操作负担。改造后的乙炔中和塔中和效率大幅提高，对于 1μm 以下雾滴的脱除率由 70% 提高到了 99%，乙炔气杂质质量分数降低，质量得到提高，减少了次氯酸钠和碱液用量并延长碱液及催化剂的使用周期，降低了后续工段的设备腐蚀，同时亦减少了后续工段中 VCM 合成副反应的发生。该工段每年可增加二百万元的经济效益，经济效益相当突出。

六、高纯度聚氯乙烯精馏减排

聚氯乙烯（PVC）生产所处理的物系复杂，塔的操作条件恶劣。采用传统塔板时，氯乙烯单体容易自聚形成黏性微团，逐渐长大，将塔板糊住，易发生液泛、堵塔事故，塔压严重升高，甚至达到 0.08 ～ 0.1MPa。本书编著者团队在原工艺上进行了多项技术创新，提高了 PVC 生产过程的技术指标。在 PVC 生产中，国际著名公司的氯乙烯单体质量分数为99.99%，乙炔等低沸物的质量分数为3×10^{-5}，二氯乙烷等高沸物的质量分数为5×10^{-5}左右，而技改之后，氯乙烯单体的质量分数达到了99.999%（干基），低沸物和高沸物一般检不出。产品的质量大幅度提高，且产量扩大40%，所得产品纯度提高，排放残液中物料含量大幅降低，回流比也比原来小，节能减排效果显著。脱低沸塔原来每3～6个月必须停车拆塔清洗，改造后一直稳定连续生产，解决了堵塔的难题。另一方面，采用新技术提高分离效率后，中间产品和最终产品质量均有提高，排放到环境中的物料浓度降低。当地的环境得到很大的改善，不仅提高了经济效益和节约了能量，更获得了巨大的环保效益。

图8-11中，图(a)为上海氯碱化工股份有限公司用乙烯法生产得到的产品，图(b)为台湾塑胶工业股份有限公司乙烯法生产的产品，图(c)为本书编著者团队技术生产的产品。可以看出，图(c)产品颜色较其余两家企业更白。国产聚氯乙烯质量因长期不如进口产品而广受诟病，本书编著者团队技术有效解决了长期存在的难题，达到和超过了国际知名公司的同类产品。

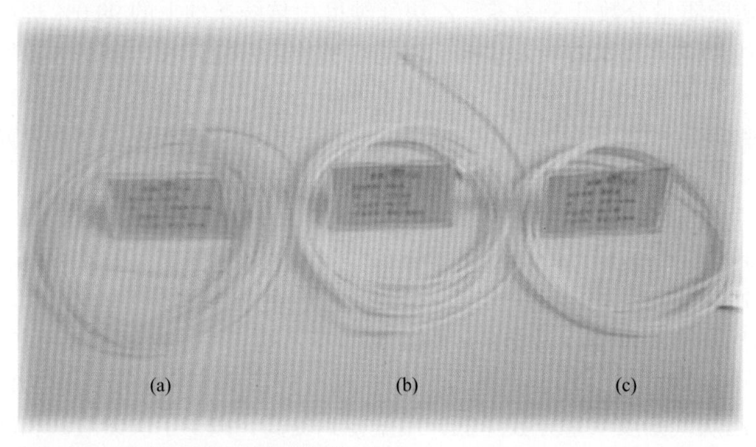

图8-11　聚氯乙烯制品白度指标对比

七、高纯度乙酸乙烯酯精馏减排

乙酸乙烯酯是一种无色透明、有强烈气味的液体，是世界上产量最大的50种化工原料之一。来自合成工段的乙酸乙烯酯反应液中，除了有大量的乙酸乙烯酯，还包含乙酸、乙醛、丁烯醛等，因此精馏工段的作用是将乙酸乙烯酯精制提纯，同时回收其他的杂质。

以内蒙古双欣环保材料股份有限公司乙酸乙烯酯的精馏分离为例，使用本书编著者团队开发的BH型填料使得工艺回收的产品和副产品的产量和质量都得到极大的提高。如甲醇纯度达到99.99%，明显高于同类企业，如长春集团的99.95%的产品；精乙酸甲酯达到了99.99%，明显高于长春集团的99.95%的产品。该项技术解决了乙酸乙烯酯、甲醇共沸精馏的行业难题，塔顶乙酸乙烯酯由原来的50%提高到60%，塔釜乙酸乙烯酯质量分数由0.26%降低到0.02%，回流比由1.3降低到0.7，显著提高了产品质量，降低了物料排放，对比长春集团的塔顶55%，塔釜0.08%，回流比1.1的技术指标，也有明显优势。

此外，乙酸乙烯酯精制系统中精馏五塔T5采出的乙酸蒸气需要冷凝水冷却之后循环使用，现在利用流程优化技术，根据Aspen Plus模拟和多效精馏的原理，将T5中乙酸蒸气采出，主要加热T3再沸器。而原用来加热T3的蒸汽仅作为补充蒸汽，可调节精馏塔中温，因此T3消耗的蒸汽量大大降低。技改后T5中采出的乙酸蒸气量为40000kg/h，乙酸蒸气的汽化热为393.8kJ/kg，以每年8000h，每吨水蒸气100元计算，相当于每年节省的能量效益为600万，同时还节省T5冷凝水1.8×10^6t/a，折合36万元效益，每年带来的效益为636万元，而其投资仅约为60万元。

本书编著者团队在原工艺上进行了多项技术创新，提高了乙酸乙烯酯分离过程的技术指标。仅2016年，共计节省水蒸气26082t，节省循环水782800t，减少甲醇消耗4618t，减少乙酸乙烯酯排放2809t，减少乙酸排放1754t。三年的时间带来新增销售额10282.5万元，新增利润13814.7万元。该项技术市场需求度高，在同行业得到大面积的推广和应用，不仅解决了工厂的难题，提高了经济效益和节约了能量，还减少了污染物的排放，使当地的环境得到很大的改善。

参考文献

[1] Jin S, Dong H, Guo X. A state-space-based MIDO formulation for batch distillation process synthesis[C]// Proceedings of AIChE Annual Meeting. New York: American Institute of Chemical Engineers, 2012,75: 133-143.

[2] Mujtaba I M. Batch distillation: design and operation[M]. London: World Scientific Publishing Company, 2004.

[3] 金山．间歇精馏过程优化综合[D]．辽宁：大连理工大学，2013.

[4] 朱文龙．BDO蒸馏废液回收工艺的研发[D]．重庆：重庆大学，2014.

[5] 刘家祺．传质分离过程[M]．北京：高等教育出版社，2014.

[6] Xu S, Jose E, Hector E S, et al. Operation of a batch stripping distillation column[J]. Chinese Journal of Chemical Engineering, 2001,9(2): 141-144.

[7] Yao J, Lin S, Chien I. Operation and control of batch extractive distillation for the separation of mixtures with minimum-boiling azeotrope[J]. Journal of the Chinese Institute of Chemical Engineers, 2007, 38(5,6): 371-383.

[8] 刘家祺．分离过程与模拟[M]．北京：清华大学出版社，2014.

[9] 杨海荣，薄翠梅，陆爱晶，等. 间歇精馏过程变回流比智能控制策略的研究 [J]. 化工自动化及仪表，2008,35(1): 12-16.

[10] 陈建宁，阮奇，陈佳彬，等. 间歇精馏常规设计和优化设计的模型及算法 [J]. 计算机与应用化学，2004,21 (3): 429-433.

[11] Barakat T M M, Fraga E S, Sørensen E. Multi-objective optimisation of batch separation processes[J]. Chemical Engineering and Processing: Process Intensification, 2008, 47(12): 2303-2314.

[12] Diwekar U M, Malik R K, Madhavan K P. Optimal reflux rate policy determination for multicomponent batch distillation columns[J]. Computers & Chemical Engineering, 1987, 11(6): 629-637.

[13] Mussati M C, Aguirre P A, Espinosa J, et al. Optimal design of azeotropic batch distillation[J]. AIChE Journal, 2006, 52(3): 968-985.

[14] 颜清，彭小平. 恒馏出液组成间歇精馏回流比的控制和调节 [J]. 计算机与应用化学，2008, 25(10):1248-1252.

[15] 许前会，吴正策，张桂花. 恒回流比多组分间歇精馏计算 [J]. 计算机与应用化学，2008, 25(6):746-748.

[16] 杨志才. 化工生产中的间歇过程：原理、工艺及设备 [M]. 北京：化学工业出版社，2001.

[17] Sørensen E, Prenzler M. A cyclic operating policy for batch distillation—theory and practice[J]. Computers & Chemical Engineering, 1997, 21(4,5): S1215-S1220.

[18] 王为国，王存文，吴元欣，等. 二元混合物"全回流"间歇精馏的能耗 [J]. 化工学报，2004,55(9):1474-1480.

[19] Block B. Control of batch distillation[J]. Chemical Engineering, 1967, 74: 147-150.

[20] Treybal R E. A simple method of batch distillation[J]. Chemical Engineering, 1970,77: 95-98.

[21] Sørensen E, Skogestad S. Optimal operating policies of batch distillation with emphasis on the cyclic operating policy[C]//Proceedings of the 5th International symposium on Process Systems Engineering. Seoul：Korea Institute of Chemical Engineers, 1994: 449-456.

[22] 李文秀，胡国良，于三三，等. 间歇精馏过渡馏分的脉动馏出 [J]. 沈阳化工学院学报，1996,10(3):196-202.

[23] Peng B, Li X, Sheng M, et al. Study of dual temperature control method on cyclic total reflux batch distillation[J]. Chemical Engineering and Processing: Process Intensification, 2007, 46(8): 769-772.

[24] Robinson C S, Gilliland E R. Elements of fractional distillation[M]. New York: McGraw-Hill, 1950.

[25] Sørense E, Skogestad S. Comparison of regular and inverted batch distillation[J]. Chemical Engineering Science, 1996, 51(22): 4949-4962.

[26] Mujtaba I M, Macchietto S. Optimal operation of reactive batch distillation[C]//Proceedings of AIChE Annual Meeting. New York: American Institute of Chemical Engineers, 1992.

[27] 郭永欣. 用于热敏物料分离的提馏式间歇精馏过程研究 [D]. 天津：天津大学，2007.

[28] 毕伟. 分散加热式间歇提馏操作过程的研究 [D]. 天津：天津大学，2007.

[29] 王超. 多再沸器提馏塔分离热敏物质的研究 [D]. 天津：天津大学，2008.

[30] Davidyan A G, Kiva V N, Meski G A, et al. Batch distillation in a column with a middle vessel[J]. Chemical Engineering Science, 1994, 49(18): 3033-3051.

[31] Hasebe S, Kurooka T, Hashimoto I. Comparison of the separation performances of a multi-effect batch distillation system and a continuous distillation system[M]//Dynamics and Control of Chemical Reactors, Distillation Columns and Batch Processes Oxford: Pergamon Press, 1995: 249-254.

[32] Hasebe S, Noda M, Hashimoto I. Optimal operation policy for multi-effect batch distillation system[J]. Computers & Chemical Engineering, 1997, 21: S1221-S1226.

[33] Noda M, Chida T, Hasebe S, et al. On-line optimization system of pilot scale multi-effect batch distillation system[J]. Computers & Chemical Engineering, 2000, 24(2): 1577-1583.

[34] Hasebe S, Noda M, Hashimoto I. Optimal operation policy for total reflux and multi-effect batch distillation systems[J]. Computers & Chemical Engineering, 1999, 23(4,5): 523-532.

[35] 李群生. 多晶硅生产中精馏节能减排与提高质量技术的应用 [J]. 精细与专用化学品，2009,17(2):25-30,32.

[36] 李群生. 氯硅烷和多晶硅精馏节能减排与提高质量的技术与应用 [J]. 新材料产业，2008(9):60-66.

[37] 王翔宇，李群生. 多晶硅生产中三氯氢硅精馏环节的节能增效 [C]// 2013 中国化工学会年会论文集. 北京：中国化工学会，2013:79-80.

第九章

高纯度化学品精馏的工业应用

第一节　高纯度甲醇的制备 / 272

第二节　精萘的制备 / 275

第三节　高纯度三氯氢硅的制备 / 280

第四节　光纤级四氯化硅的制备 / 285

第五节　电子级三氟化氮的制备 / 288

第六节　电子级三甲基镓的制备 / 294

第七节　超净高纯试剂的制备 / 295

高纯度化学品是化工、能源、电子、航天、军工等行业急需的高端基础材料，其精馏关键技术的开发是实现产品高端化的重要途径。本书编著者团队取得了具有完全自主知识产权的技术和成果，在精馏理论创新、高效填料、新型塔板、流程优化等方面取得了多项原创性发明，在化工行业近 30 家企业百余个项目中成功实现工业应用，生产出了市场急需的高纯度硅料（纯度高达 10N 级）、高端聚氯乙烯（单体纯度为 99.999%，聚氯乙烯通过了出口欧盟、美国的 ATS 155 项指标检测）、精乙酸乙烯酯（纯度高达 99.995%，杂质乙酸乙酯质量分数$\leqslant 2\times10^{-5}$）等多种超高纯度化学品，打破了国外技术封锁和产品垄断，满足了我国诸多领域高纯度化学品基础材料的需求，同时部分产品出口到欧盟、美国等地区，取得了显著的经济和社会效益。

第一节
高纯度甲醇的制备

一、高纯度甲醇生产现状

随着教育科研产业的快速发展，越来越多的先进大型精密仪器设备出现，同时高新技术领域也在不断扩张，高纯度甲醇的应用领域越来越多。如今高纯度甲醇已广泛应用于电子、医药、生化等诸多领域，其用途主要体现在以下两个方面。

① 化学精密仪器　相关领域的不断进步导致生化、医药、精细化工等多个领域取得多方面的重要进展。高效液相色谱对样品的限制较少，具有许多优势，如效率高、速度快、灵敏度高等，因此应用范围广泛。流动相是液相色谱样品分离分析的重要因素之一，常采用高纯度甲醇作为流动相。

② 电子工业　高纯度甲醇常用于现代电子工业，主要是在芯片清洗领域用作清洗剂，因此其纯度直接影响集成电路的质量和可靠性，在集成电路制造过程中发挥着十分重要的作用。

长期以来，包括高纯度甲醇在内的高纯试剂制造商主要分布在欧美等发达国家和地区，如德国 Merck 和 MerckKanto。虽然国内高纯度甲醇的研发起步工作较国外晚，但近年来，随着一类高纯和超高纯试剂基地的建立，我国相关行业研究已经取得了不小的进展。就目前而言，产品质量与同类的国外知名公司的产品相比还有一定的差距，因此能够达到相关标准的高纯度甲醇产品制造技术在我国仍有待发展。

二、高纯度甲醇主要精馏技术

高纯度甲醇的生产制造技术一般为商业机密，不对外公开，但常规制造工艺分为两种。一种方法是使用高纯度原料气，在此基础上合成高纯度甲醇，整个过程为清洁反应，对环境和设备有严格的要求[1]。为了使甲醇更纯净，高纯度氧化锰是催化剂的主要选择，而氮气、氢气等高纯度气体也在此过程中发挥作用。要使用这种方法，必须满足严格的生产工艺要求，而目前我国掌握的技术还不成熟，产品附加值较高。另一种方法是采用工业甲醇为原料进行提纯或对高纯度甲醇进行进一步纯化，该方法以对实际情况具有充分研究、掌握大量甲醇原料以及掌握国际上甲醇的重要提纯信息为基础，采用精馏、膜分离、吸附等现代分离技术生产高纯度、高质量的甲醇产品。

三、高纯度甲醇其他制备工艺研究

甲醇提纯技术在国外研究时间较长，且有许多公开的技术文件，而国内相关生产厂家和科研院比较缺乏对该技术领域的研究。Max 等提出采用萃取的方式制备高纯度甲醇，主要使用水作萃取剂来提取粗甲醇中的杂质，然后通过精馏将甲醇与水分离。有关学者在此基础上进行改进，提出了一种萃取精馏的方式，使用水作为萃取剂去除杂质后，沿精馏塔子线进一步提纯得到高纯度甲醇。

四、相关技术工业应用

1．工业实例——本书编著者团队电子级甲醇生产工艺

针对苏州某电子有限公司甲醇回收装置进行工程技改，本书编著者团队依据建设要求条件，在进行了详细的精馏塔内件设计和流体力学计算的基础上，结合长期设计、改造的工程经验，提出各精馏工段塔内件设计方案。在确保产品质量和顺利完成开车的前提下，本着为用户节省投资、降低能耗，尽量发挥高新技术的优势，尽量降低一次费用和二次费用的原则，设计了有较大处理能力和较大操作弹性的甲醇回收装置。

在实验室阶段以间歇操作的方式进行小试，调整各项运行参数为最优值，并按此结果对原有装置进行工程改造，最终达到分离要求。此时，计算的流体力学数据及所需蒸汽消耗等结果如表 9-1 所示。

表9-1 计算流体力学数据表

参数		上段	下段
结构参数	填料型式	BHS Ⅱ	BHS Ⅱ
	填料高度/m	10	10
	塔内径/m	1	1
	塔内件/套	2	2
气液负荷	气相负荷/（m^3/h）	1950	2367
	气相密度/（kg/m^3）	1.154	0.588
	液相负荷/（m^3/h）	1.896	2.303
	液相密度/（kg/m^3）	791	990
水力学数据	空塔气速/（m/s）	0.69	0.84
	空塔动能因子/（$Pa^{0.5}$）	0.74	0.64
	液流强度/［m^3/（m^2·h）］	2.41	2.93
	塔板压降/kPa	1	1

由表 9-1 可以看出，填料高度为 20m，按等板高度 HETP 为 0.2m 计算，相当于板式塔 100 块理论板，达到塔顶、塔釜的分离指标。由计算可得，塔顶冷凝器的负荷为 2508.893MJ/h，塔釜再沸器的负荷为 2923.594MJ/h，由此得所需蒸汽量为 1.39t/h，冷凝器的换热面积为 180m^2，冷却水用量为 59.9t/h。另外，还得到流量与管径的计算结果见表 9-2。

表9-2 流量与管径计算结果表

项目	流量/（m^3/h）	管径/mm	流速/（m/s）
液相进料	1.26	30	0.500
液相出料	2.30	50	0.326
气相进料	2367.15	200	20.930
气相出料	1950.00	200	17.240
回流	1.90	30	0.745

经过上述优化设计后，苏州某电子有限公司甲醇回收装置的塔顶、塔釜产品质量指标均能达到设计任务要求。其中甲醇回收装置下限弹性为 40%，上限弹性为 130%。

2．工业实例——江阴市润玛电子材料有限公司超高纯度甲醇连续生产工艺

此工艺提供了一种操作连续性强、分离效果好、产品纯度高、杂质含量低的超高纯度甲醇生产技术，克服了目前高纯度甲醇产品质量达不到国际标准 SEMI-C8，且无法满足高端半导体技术要求的缺点。如图 9-1 所示，其具体操作方式为：首先将工业级甲醇原料与甲醇质量分数 0.5% ～ 1% 的乙二胺四乙酸在

预处理器里混合，混合后进行过滤并将产品送入精馏塔，出塔物料再通过混合阴、阳离子交换装置，最后经纳滤器过滤后得到超高纯度甲醇产品。在全流程中，所采用的混合阴、阳离子交换装置的柱长为 2 ～ 2.5m，直径为 0.15 ～ 0.2m，其中阴、阳离子的体积比为 1∶（1.5 ～ 2）；纳滤器中的纳滤膜过滤时压力选择 0.5 ～ 0.8MPa，纳滤膜孔径为 0.5 ～ 1.5nm。该工艺流程所制得的超高纯度甲醇中单个阳离子质量分数低于 10^{-9}，单个阴离子质量分数低于 10^{-7}，尘埃颗粒（大于 0.5μm）低于 5 个 /mL[2]。整个工艺流程设计合理，设备制造相对简单，技术成熟度高，原料运行成本低，产品纯度高，分离效果好，适合大规模的工业化生产。

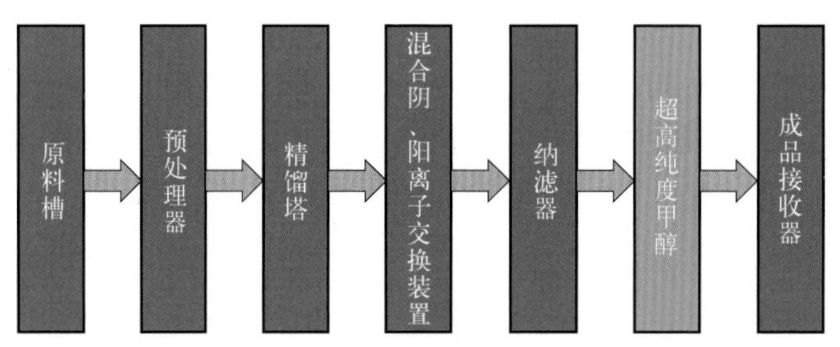

图9-1 工业实例超高纯度甲醇连续生产工艺流程图

该技术得到高质量、高纯度的甲醇产品，达到国际标准 SEMI-C8 等级，其中的重金属离子含量极低。因此，该工艺推广价值高，优势明显，适合在全国单醇及联醇行业推广使用，将获得巨大的经济效益。同时该工艺也符合国家节能环保、清洁生产、循环经济和可持续发展的要求。

第二节 精萘的制备

一、精萘生产现状

煤焦油中的萘质量分数为 8% ～ 12%。工业级的萘中含有众多不饱和化合物杂质，主要包括硫茚、苯酚、喹啉等。精萘是用工业萘为原料，经进一步提纯精制得到的产品，其中萘质量分数在 98.45% 以上[3]。因此，想要获得高纯度的精萘就必须对工业萘的提纯技术方法进行深入研究。工业萘提纯的传统技术是酸洗精馏，随着行业不断进步，如今逐渐发展起来的制备精萘的工艺方法主要有溶剂法、催化加氢法、区域熔融结晶法、分步结晶法等。

二、精萘主要精馏技术

1．酸洗精馏法

酸洗精馏法一般以浓硫酸为原料，用硫酸磺化硫茚等工业萘中的不饱和化合物，使其聚合成树脂，之后通过碱洗除去苯酚。碱洗后的萘经真空精馏可从塔顶提取精萘。酸洗过程中由于存在磺化反应，因此萘的损失率比较高，一般在10%以上。与此同时酸洗精馏法对硫茚等不饱和化合物杂质的去除率较低，生产的精萘一般只能达到国家二级精萘质量标准。另外，由于酸洗设备腐蚀程度高，因此需要使用特殊钢材，设备投资大，且汽提产生的废水也难以处理[3]。

2．溶剂法

溶剂法是精萘提纯的另一种方式，原理较为简单，即利用硫茚与萘在某种溶剂中溶解度的不同来实现分离。其技术关键点在于过程中需要提供一种选择性良好的溶剂，一般情况下，经过两次萃取就可以得到二级精萘。若想要得到纯度更高的精萘，还需要通过精馏进一步精制。该方法的缺点也较为明显，即所采用的溶剂具有一定的毒性，生产设备复杂，精制效果差。

3．区域熔融结晶法

区域熔融结晶法通常以工业萘为原料，其原理是利用固体萘与其他杂质熔点的差别，在精制机内进行分离提纯，最后将精制机出来的提纯萘送入精馏塔进一步脱除其中的高沸点及低沸点杂质，采出即得精萘产品[3]。该方法为连续生产，所得产品质量较为稳定，但由于其基础建设投资较大，且操作费用高，操作条件要求较严，因此在中国还没有得到普遍应用。

三、精萘其他制备工艺研究

1．催化加氢法

美国环球石油公司和联合石油公司开发了一种提纯工艺，称为催化加氢法。该方法通常在石化行业中较为常见，也可用于精制萘。自工艺问世以来，此类设备在美国、英国等其他国家和地区均有制造[4]。其具体操作方式为：以工业萘为原料，首先将其汽化，并在高温高压下与氢气混合，通过催化剂层进行催化加氢。主要杂质（硫茚）在该条件下发生分解，转化为烃类物质和硫化氢，其余不饱和化合物杂质也转化为氨、水以及烃类物质。在反应过程中也会不可避免地产生副反应，萘转化为四氢萘等副产物。催化加氢法的工艺具备一些优点，如产品质量高，其中硫的质量分数小于 3×10^{-4}，最低约 10^{-5}。然而，复杂的工艺流程、高昂的基础设施和运营成本使其难以推广和应用。另外，由于在制造过程中会产生四氢萘副产品，使得萘产品的使用范围受到限制。

2．分步结晶法

分步结晶法是现代工业中生产精萘最为常见的方式。它利用熔融粗萘的组分在冷却结晶过程中会重新分布在液相和固相之间的原理，反复多次操作实现萘的提纯。粗萘中含有的杂质（主要为硫茚及其他不饱和化合物）一般会降低萘的熔点，所以当液态粗萘缓慢冷却时，萘首先结晶析出，杂质逐渐在液相中积累。如果将析出的萘晶体熔化并再次进行同样的结晶操作，则将进一步提高析出的萘的晶体纯度。整个熔融结晶过程通过严格控制温度和速率，最终可以得到高纯度的精萘产品[4]。此工艺方法可以连续、半连续或间歇进行，适用范围较广。由于硫茚沸点与萘只有 2℃之差，且其为主要杂质，普通的精馏方式难以除去，因此利用它们结晶点相差 48℃的性质，采用更为适宜的结晶法制得精萘。该方法原料简单，不需要外加辅助原料；工艺流程、设备及操作都较为简单，减少了原材料的投资；产品质量和纯度可通过调节结晶次数而改变，生产具有很大灵活性；且该种方法工艺成熟，产品质量稳定。在此基础上，国内外的许多工艺都做出了改良和优化，实现高质量生产，主要如下。

（1）间歇式分步结晶法——Prosbd 法

此法是 20 世纪 60 年代在捷克乌尔克斯焦油加工厂实施的方法。主要设备是 8 个结晶箱，分 4 步进行。结晶箱的升温和降温通过一台泵、一台加热器和一台冷却器与结晶箱串联起来实现。其特点是操作时仅需泵的压送、冷却结晶、加热熔融，操作费用和能耗都比较低，且生产过程中不产生废水、废气、废渣，对环境无污染。原料可用工业萘也可用萘油馏分，适合于大型工业生产。

（2）连续式多级分步结晶法——Brodie 法

此法为 20 世纪 70 年代联合碳化物公司研制。工艺主要由晶析精制、精萘蒸馏、制片包装和温水循环 4 个环节组成。其特点是生产过程连续，产品质量稳定。但因其基建投资和操作费用高，操作条件要求较严，所以在中国并未得到普遍应用。上海宝钢化工 1985 年运行此装置。宝钢三期精萘装置从法国引进，也同样是分步结晶法。

（3）立管降膜结晶法

此法为 20 世纪 80 年代末瑞士苏尔寿公司开发。我国鞍山化工总厂 1992 年引进该套加工装置，并于1994年实现投产。此法独特的降膜技术有效地强化了萘在熔融过程中的传热与传质，提高了装置的处理能力。其他熔融结晶法还有20世纪80年代初德国吕特格公司开发的鼓泡式熔融结晶法，70年代末日本新日铁化学公司开发的连续结晶法等。

3．微波和超声波法

太原理工大学开发了一种利用微波和超声波从工业萘制备精萘的方法，是将工业萘与由过氧化氢水溶液和有机酸混合成的氧化剂混合液在超声波作用下制备成水包油型分散均匀的乳化液，再在微波辐射条件下反应，之后在超声波作用下冷却结晶，得到精萘产品[5]。此法过程采用微波强化手段，使得反应时间大大缩短，其主要是利用了特定频段的微波对工业萘反应体系中不同极性组分的选择性加热作用。微波对萘等极性较小的烃类物质作用较小，而对有一定极性的硫茚等物质以及加入的氧化剂具有较强的作用。因而在微波照射下，一方面可以加快活性氧的生成；另一方面又可促使硫茚的硫键断裂，使其更易与活性氧进行反应，加快了氧化剂脱硫的速度，提高了脱硫效率。

4．升华法

萘在远低于沸点时已具有较高的蒸气压，因此萘蒸气冷却时可不经过液相直接凝结成固体。利用此性质可分离原料中的萘与高沸点杂质等，得到高纯度的精萘。此法在现实生产中采用较少。

四、相关技术工业应用

连续多级逆流分步结晶是在单一的设备中，通过固液逆流接触，实现物料的分离和提纯，像普通精馏、萃取那样逐步完成多个理论级的分离过程，设备的型式一般都是塔式或塔式的变形。这种设备的特点是能在单一的设备中达到相当于若干个分离级的分离效果，有较大的生产能力，并能适应连续生产过程。连续多级逆流分步结晶有许多的优点，尤其适合于分离有机化合物的同分异构体物系和低共溶物系，这类物系的沸点相差一般仅为几摄氏度。采用精馏分离此类物系需要为数颇多的理论平衡级和数以十计的回流比。采用连续多级逆流分步结晶仅需要几个理论平衡级和较低的回流比，即可将此类物系很好地分离，得到较高纯度的产品。

此外，连续多级逆流分步结晶还能够显著降低能耗。由于分离效率高，故对一定的分离目的所需要的回流比相应减小，是一般精馏回流比的10%～50%，能耗随之降低[6]。从全工艺流程来看，连续多级逆流分步结晶的能耗大约为精馏的5%～10%，尤其是许多结晶过程温度较低，因此可回收利用废热、余热之类的低阶能源。从这个层面讲，连续多级逆流分步结晶比普通的分离方法具有明显的优势和竞争力。

本书编著者团队以连续多级逆流分步结晶过程为研究对象，在自行开发设计的长 1350mm、内径 50mm 的结晶塔内，以萘 - 硫茚的混合物为实验物系，考察了搅拌速度、晶体床层高度、进料质量分数、回流比等操作参数对操作线和分离效率的影响[7]。结果表明，在 900mm 的晶体床层高度和回流比 3.30 的条件下可以将物料中萘的质量分数从 95.36% 提高到 99.99%。实验原料为萘、硫茚混合物，萘的质量分数为 95.36%，来自淄博市东发化工有限公司。实验分析仪器为日本岛津 GC-15A 型气相色谱仪（含空气发生器）、GH-300C 氢气发生器、10μL 微量进样器、PEG（聚乙二醇）色谱填充柱等。实验设备是本书编著者团队自行研制开发的连续多级逆流分步结晶塔，过程如图 9-2 所示[6]。

连续多级逆流分步结晶所用设备一般都可以分为三个部分（如图 9-3 所示[6]，结晶段 1、分离段 2、熔融段 3）。物料从中间进入塔后，在结晶段产生晶体，沉降至分离段后，进入熔融段熔融为液态，一部分作为产品排出去，另一部分作为回流液进行传质。回流液纯度逐渐下降，在结晶段通过结晶分离，作为残液排出塔外。在分离段中，由于固液逆流接触，不断进行相变化和逆流洗涤。分离段内存在着晶浆密度很高的晶体床，在结晶的全过程中任意位置的物料都

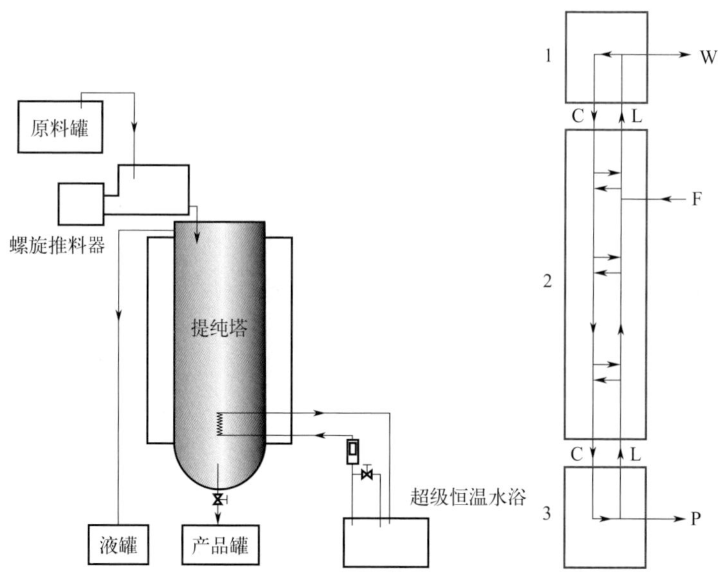

图9-2 本书编著者团队精萘实验设备图

图9-3 本书编著者团队连续多级逆流分步结晶过程

1—结晶段；2—分离段；3—熔融段；W—残液；F—进料；P—产品；C—晶体；L—回流液

处于饱和状态。结晶段和熔融段的温差以及分离段内进行的质量传递，使分离段内存在着温度分布和浓度分布。流动的晶体在下降过程中，由于对其逆流洗涤的回流液浓度不断增加，故其纯度也在逐渐变大，最后全部熔融，获得精萘产品。

第三节 高纯度三氯氢硅的制备

一、高纯度三氯氢硅生产现状

高纯度三氯氢硅是半导体行业不可或缺的气体原材料。随着我国集成电路行业快速发展，硅外延用三氯氢硅特气市场应用前景广阔，对高纯度三氯氢硅需求呈日益增长态势。因此，实现高纯度三氯氢硅生产自主化，对我国电子领域的发展意义重大[8]。由于其生产和制造存在非常高的技术要求，国内市场主要依赖进口，目前，世界上只有美国、日本、德国等少数国家能够大规模生产符合芯片制造要求的高纯度三氯氢硅，其中德国的 Wacker 公司和日本信越公司为该领域的龙头企业。近年来，在实现碳达峰、碳中和的目标要求和时代背景下，光伏行业发展迅速，这也使得多晶硅厂商需求增加。2021 年 4 月以来我国多晶硅产量增速保持在 15% 以上，同时下游各行业的飞速发展导致上游的三氯氢硅原料价格疯涨。2022 年以来三氯氢硅产品价格由不到 6000 元 /t 大幅上涨至目前市场价格 15000 ～ 17000 元 /t。

二、高纯度三氯氢硅主要精馏技术

高纯度三氯氢硅（以下称电子级三氯氢硅）是半导体外延硅片的常用硅源，广泛用于各种半导体芯片的制造工艺和各类集成电路元件的生产，是现代微电子行业生产过程中十分重要的原材料。其中最广泛使用的环节为气相外延工艺，具体操作为：三氯氢硅（$SiHCl_3$）被氢气携带着进入置有硅衬底的反应室，反应室为高温条件，原料气在其中进行高温化学反应，使含硅的三氯氢硅气体发生还原反应或被热分解，产生的硅原子在反应室的硅衬底表面外延生长。由于使用三氯氢硅作为硅源时外延生长速度快，且操作过程安全，因此三氯氢硅是一种最为常见的硅源，使用较为广泛。该过程的具体反应式如下：

$$SiHCl_3+H_2 = Si+3HCl \quad (9\text{-}1)$$

1．多级串联精馏

（1）三氯氢硅合成

三氯氢硅精馏提纯之前首先必须经过反应过程。国内外常见的合成方式主要有四氯化硅氢化法、低压氯化合成法和改良西门子法[9]。

① 四氯化硅氢化法　具体操作如下：采用流化床反应器，原料包括纯度 >98.5% 的冶金级硅粉、纯度 99.999% 的氢气和纯度 99.9% 的四氯化硅，反应条件为温度约 500℃、压力约 3MPa，在此条件下反应生成三氯氢硅。具体的反应方程式为：

$$Si+2H_2+3SiCl_4 = 4SiHCl_3 \quad (9\text{-}2)$$

由于该反应转化率较低，通常不到 30%，因此反应后的气体经过后续旋风分离、粗精馏等操作后只可得到纯度 95% 左右的三氯氢硅，离芯片硅外延所需三氯氢硅的纯度要求还距离甚远，还需进行多级精馏对其进一步提纯。

② 低压氯化合成法　与四氯化硅氢化法相同，均采用流化床反应器。其具体操作为纯度大于 98.5% 的冶金级硅粉原料直接与氯化氢气体在 300℃、50kPa 的条件下发生反应，生成三氯氢硅和四氯化硅。反应器受温度调控，可通过调节温度来改变三氯氢硅与四氯化硅的摩尔比。过程反应方程式为：

$$2Si+7HCl = SiHCl_3+SiCl_4+3H_2 \quad (9\text{-}3)$$

同第一种方法一样，反应后的气体经过旋风分离、粗馏等后续工段可得到纯度约 95% 的三氯氢硅，因此也需要进行类似的多级精馏进一步提纯。

③ 改良西门子法　又称三氯氢硅还原法，是现代工业中生产多晶硅采用的最为普遍的领先技术。最早使用的为第一代西门子工艺，其中未参加反应的氢气可以在还原炉中进行回收，得到副产品，如四氯化硅、氯化氢等，进一步处理后可进行销售。该工艺适用于规模较小的生产装置，通常在 100t 以下。第二代西门子法在此基础上进行改进，将工业级硅与四氯化硅反应，进一步扩大生产。第三代工艺，即为现行的西门子工艺，通常称为改良西门子法。该方法是一种干法回收工艺，通过四氯化硅氢化和尾气还原充分回收利用原材料，并实现闭环生产。

（2）三氯氢硅精馏提纯

粗三氯氢硅中主要含有四氯化硅、二氯二氢硅、微量金属等杂质，需进一步多级精馏提纯后才能达到芯片硅外延用电子级三氯氢硅的要求。由于传统的三氯氢硅精馏工艺精馏塔数量少，且塔内件脱除杂质的效果较差，因此三氯氢硅与杂质能够实现一定程度的分离，但离光伏产业所要求的纯度标准相距甚远。21 世纪以来，我国一些企业陆续从俄罗斯引进改良西门子法生产工艺。该工艺中精馏塔通常为5～7个，塔的型式通常为筛板塔。该工艺的优点是可得到高纯度的三氯氢硅，但也存在明显的缺点，如过程所需精馏塔数量多，工艺操作复杂、能耗高、产品制造成本高。随着国内许多研究机构不断深入挖掘，一些学者正尝试采用高效塔内件、研发新型塔盘填料等来简化生产装置，同时对整个三氯氢硅精馏系统进行优化设计，降低能量负荷。

姜利霞等[10]对精馏塔数目较少的传统多级精馏工艺进行了优化和拓展，采用五塔串联的流程对三氯氢硅进行精制提纯，过程中对轻重组分杂质多次脱除，可得到高纯度三氯氢硅产品。此种提纯三氯氢硅的工艺包含的主要装置为五个串联的精馏塔：一级精馏塔为脱重塔，其主要作用是脱除重组分杂质，即从塔釜分离出粗三氯氢硅原料中的四氯化硅和重组分物质，塔顶馏出物送入二级精馏塔；二级精馏塔为脱轻塔，能分离出挥发性化合物和氯化物等轻组分杂质，塔釜的三氯氢硅中还包含微量的重组分杂质，通过出料泵送至三级精馏塔；三级精馏同一级精馏类似，主要作用是从塔釜除去重组分杂质，在塔顶得到纯度大于7N级别的三氯氢硅，这部分三氯氢硅再进行两级精馏脱除痕量杂质，最后从第五级精馏塔采出的三氯氢硅产品纯度可达到11N，满足光伏产业外延要求。

袁希钢等[11]在多级精馏基础上采用了一种热耦合的方式生产制备超高纯度三氯氢硅，其主要是针对传统多级精馏过程中提纯能耗高、装置运行负荷大等问题提出的解决方案。该方案在主塔区侧线处即可采出纯度达9N级的高纯度三氯氢硅。该方案的核心设备是一台隔壁精馏塔，其内部的中段安装了一道隔板，将塔内空间划分为预分馏区和主塔区。两者通过塔顶、塔釜的气液相流股连接，实现了能量耦合。由于气液相的连接，使原来的三组分分离得到了很大程度的简化。

裴艳红等[12]对以上所描述的隔板塔作出进一步优化，将热耦合精馏与常规精馏相结合，具体为在隔板塔后设置另一台常规精馏塔，使侧线采出的产品再通过常规精馏塔进行又一次脱重，脱重后可得到纯度为9N等级的三氯氢硅。热耦合精馏的方式通常适用于中间产物纯度要求高且含量较高的物系，而三氯氢硅原料含量很高，一般在90%～99%（质量分数），且对产品的纯度要求非常高，光伏产业要求至少达到6N级别。因此，此种热耦合技术可应用于高纯度三氯氢硅的精馏生产，获得高质量产品的同时实现节能优化。

三氯氢硅的多级精馏优点是能够实现工业化生产。为降低能耗，目前多采用热耦合方式进行能量回收，但由于串联级数多，投资高，产品质量容易受操作条件影响，因此国内主要用于中等品质光伏用三氯氢硅的制备。目前，隔板精馏塔在国内甲硅烷氯化物提纯领域中尚未实现工业化应用，但为未来研究提供了理论依据。

2. 反应精馏

反应精馏是在同一设备中同时进行反应和精馏，实现两个过程的耦合，因其具有选择性强、投资少、能耗低等优点而受到研究机构和企业的广泛关注。目前国内有关三氯氢硅反应精馏的研究相对较少，大部分研究在国外开展。

（1）芳香醛加成反应精馏

该过程主要原料为芳香醛与三氯氢硅，或其他甲硅烷氯化物，具体过程分为反应工段和精制提纯工段。首先在甲硅烷氯化物原料中添加杂质摩尔分数 10 ～ 1000 倍的芳香醛，使之在特定温度下与甲硅烷氯化物中的杂质发生反应，生成的产物（高沸点）再通入精馏塔进行进一步提纯。精馏过程为三塔多级串联精馏，分别为脱重、脱轻和脱重，最后在三塔塔顶得到高纯度甲硅烷氯化物产品，其纯度能达到电子级标准，可用于光伏产业芯片生产[10]。但由于流程中的管道或其他设备中存在杂质铁离子，因此不可避免地会产生固体副产物。针对此类问题进行系统优化设计，向反应过程的三氯氢硅中加入抑制催化作用的路易斯碱，从而可以有效避免固体副产物的形成，反应后产品同样送入精馏工段进行下一步精制。

（2）二苯基硫卡巴腙或三苯基氯甲烷反应精馏

该精制生产电子级三氯氢硅的工艺过程中主要利用二苯基硫卡巴腙或三苯基氯甲烷两种辅助物质。具体操作方式为将以上两种物质与工业级的三氯氢硅原料进行混合，使其与原料中的硼及其他金属杂质发生反应，两种辅助试剂在过程中会与杂质形成共价键，从而形成沸点很高的络合物，对反应后的物料进行精馏提纯，可得到精制后产品。过程中采用两个精馏塔，且为防止温度过高而导致络合物发生分解，设置一塔塔釜温度为 38 ～ 48℃，最终在二塔塔顶得到高纯度的三氯氢硅产品。

以上工艺同样可从节能降耗的层面进行优化，有学者采用热耦合的方式，在此基础上设计开发一种双塔热耦合反应精馏装置，可在降低能耗的同时除去原料中硼等微量杂质。由于试剂与物料的接触时间越长，其脱除杂质越彻底，因此设置一个循环单元，在第一精馏塔塔釜增加循环泵，使得从第一精馏塔塔顶加入的未反应的反应剂可部分返回第一精馏塔，通过该方式让硼等杂质与试剂接触时间延长，反应更加彻底。通过上述工艺流程最终在二塔塔釜采出达到电子级标准的高强度三氯氢硅。

（3）通氧反应精馏

通氧具体操作为，在 170 ～ 300℃的条件下将一定量的氧气通入三氯氢硅中，与硼和磷杂质发生反应。反应过程中三氯氢硅与少量氧气接触发生部分氧化和络合反应，形成中间络合物和氧自由基，该络合物能与三氯化硼快速反应生成一种高沸点物质 $Cl_2B\text{-}O\text{-}SiCl_3$，在后续工艺通过精馏将其除去。同时过量的氧或其他硅氧化合物与杂质 BH_3 反应产生中间络合物与氧自由基，络合物进一步与三氯氢硅反应生成高沸点 $H_2B\text{-}O\text{-}SiHCl_2$，通过后续的精馏工艺从脱高沸塔中脱除。经过上述的氧化络合和精馏操作可除去三氯氢硅中的 B、P、Al、As 等杂质，从而产生高纯度的三氯氢硅。

随着光伏产业的快速发展，电子级三氯氢硅的精制成为目前热点之一，而精馏是最适合大型化工操作的分离方式。因此在提高产品质量的同时，如何简化流程，减少多级精馏串联级数，降低设备投资和能源消耗，具有重大的理论研究价值和广阔的应用前景。另外，在反应精馏领域，国内目前的研究较少，而国外展开的相应研究更为深入，但国外学者对三氯氢硅反应过程中杂质转化机理、反应效率、反应试剂的选择等问题还存在较大的分歧。不过可预见的是，未来三氯氢硅的精制提纯绝不会限于某种单一的模式，各种分离方式耦合使用将逐渐成为系统优化的流行趋势，如何更高效、经济地提纯三氯氢硅将成为未来的发展方向。

三、相关技术工业应用

本书编著者团队提出一种电子级三氯氢硅的生产工艺，并成功实现年生产规模 200t，纯度为 99.9999999% 的电子级三氯氢硅（且产品要求的杂质含量低）的工业应用，其具体操作方式如下。

先将三氯氢硅含量 99% 的工业级三氯氢硅作为原料送入吸附装置进行吸附分离，由于三氯氢硅不是对称分子，因此采用先进吸附剂活性氧化铝和硅胶作为吸附介质。采用两个塔轮流完成吸附和脱附的过程，吸附完成后将氮气吹入吸附塔中对杂质进行脱附，其中氮气可循环使用，控制吸附时间。该过程主要脱除原料中硼、磷以及含碳氢键、氢氧键的物质等微量杂质，原因是这些杂质对光的吸收强度大，会增加光纤损耗，而精馏过程中此类杂质易发生缔合反应，因此首先尽可能将其除去。

吸附后，物料进入三氯氢硅精馏系统。其主要包括脱轻塔、脱重塔、机动塔以及相匹配的冷凝器和再沸器（接触设备均为超洁净级），具体为五塔精馏过程。来自上一工段的原料经原料泵送入脱轻塔除去三氯化硼、氯化氢和氢气等轻组分杂质，所述脱轻塔采用填料塔，设备材料采用 316L 超洁净电抛光材料以保证产品的高纯度，釜液主要为三氯氢硅、四氯化硅以及重组分杂质。

将脱轻塔所得釜液经缓冲罐由泵打入脱重塔进行分离，脱重塔采用板填复合塔，塔顶设置 40 层塔板，下段设置填料，通过塔板得到电子级三氯氢硅，为避免填料中的杂质污染产品，设备材料采用 316L 超洁净电抛光材料以保证产品的高纯度，且过程中两塔之间采用多效精馏方式，利用脱重塔塔顶蒸气作为脱轻塔塔釜再沸器热源，减少公用工程。脱重塔采出的产品再依次经过脱轻塔、机动塔和脱重塔进一步脱除其中杂质，最终得到电子级三氯氢硅产品，纯度达到 99.9999999%，可用于电子元器件制造。该工艺流程图如图 9-4 所示。

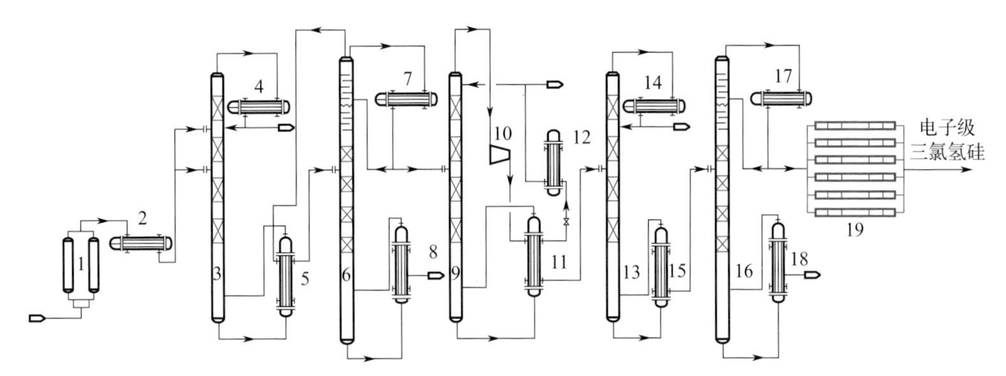

图9-4　本书编著者团队电子级三氯氢硅生产工艺流程图

1—吸附塔；2—冷凝器；3—第一脱轻塔；4—第一脱轻塔冷凝器；5—第一脱轻塔再沸器；6—第一脱重塔；7—第一脱重塔冷凝器；8—第一脱重塔再沸器；9—第二脱轻塔；10—热泵压缩机；11—第二脱轻塔再沸器；12—热泵冷凝器；13—机动塔；14—机动塔冷凝器；15—机动塔再沸器；16—第二脱重塔；17—第二脱重塔冷凝器；18—第二脱重塔再沸器；19—膜分离装置

生产电子级三氯氢硅精馏塔设有温度计、压力计，可从取样口中取产品分析组成，生产规模 200t/a，年生产时间为 330 天。

需要注意的是，由于吸附剂会进入产品，增加杂质含量，因此需要在后续的精馏阶段除去杂质，得到进一步提纯的产品。

第四节 光纤级四氯化硅的制备

一、光纤级四氯化硅生产现状

在实际工业生产中，绝大多数四氯化硅是通过硅粉和氯化氢在高温条件下的合成而实现成品制备，有着非常广泛的用途。目前，四氯化硅广泛应用于军事、冶金、铸造等领域，作为原料生产制造烟幕剂、脱模剂、耐腐蚀硅铁等产品。随着光伏产业的不断发展，高纯度光纤级四氯化硅成为最主要的生产原料之一，在半导体、光纤等领域用作硅外延生长原料，同时更是大规模集成电路的主要硅源。

根据《2021—2025 年中国四氯化硅行业发展前景及投资风险规避建议报告》，近年来，随着智慧城市建设速度加快，以及新一代信息技术应用深入，全球光纤市场呈极好发展态势，光纤预制棒市场需求在行业带动下不断增加。高纯度光纤级四氯化硅是生产光纤预制棒的主要原料，约占光纤预制棒成本的三分之一，因此随着该产品市场需求的不断增加，光纤级四氯化硅市场需求也将不断扩大，未来光纤级四氯化硅市场有着广阔的发展前景[13]。

与欧美等发达国家和地区相比，我国四氯化硅行业在产品质量、生产技术、资金投入等方面存在一定差距，国内企业多以生产中低端四氯化硅产品为主，高纯度光纤级四氯化硅市场占比较低，产品进口依赖度相对较高。近年来，我国高纯度光纤级四氯化硅行业发展缓慢，国内可稳定供货的高纯度光纤级四氯化硅企业屈指可数，主要包括唐山三孚硅业股份有限公司、浙江富士特集团有限公司等。但与此同时，随着我国科学技术的发展进步，越来越多的国内学者和研究机构在该领域展开深入的研究，不断实现四氯化硅提纯技术的创新突破，尤其在微量杂质，如金属离子、含氢杂质的去除等方面已经取得了可观的应用成果。

二、光纤级四氯化硅主要精馏技术

目前，多级串联精馏工艺是生产光纤级四氯化硅的主要精馏技术，其中又以由脱轻塔和脱重塔构成的双塔流程为核心。天津大学发明了一种光纤级四氯化硅连续共沸脱轻精馏的方法。全流程以脱轻塔和脱重塔为核心设备，具体操作为：原料首先通过脱轻塔分离出其中的轻组分和共沸物，塔釜采出液送入脱重塔进一步除去重组分杂质，其中脱重塔塔釜物流部分循环回脱轻塔再次进料，最终在脱重塔塔顶得到光纤级四氯化硅产品。此发明方法工艺连续，流程简单，适合大规模化生产，同时四氯化硅原料来源广泛，降低了生产限制，减少了投资运行成本。

尽管光纤、光缆行业发展迅速，但由于我国研究基础相对薄弱，国内能自主生产出光纤级四氯化硅的企业屈指可数，更不用提能够实现稳定供应的厂商。全球光纤级四氯化硅的市场就现在来看分布相对集中，主要由日本和德国的公司占有，其中德国 Merck 公司制定了高纯度四氯化硅的行业标准，是整个行业的领军者[14]。其企业标准如表 9-3 所示。

表9-3　德国Merck公司光纤用高纯度原料的质量标准

材料	金属质量浓度/(μg/L)							非金属质量浓度/(μg/L)
	Cu	Ni	Co	Fe	Mn	Cr	V	$SiHCl_3$
$SiCl_4$	＜1	＜2	＜1	＜5	＜0.5	＜1	＜2	＜5
$GeCl_4$	＜2	＜5	＜2	＜5	＜2	＜2	＜10	—
$POCl_3$	＜1	＜5	＜1	＜10	＜2	＜5	＜5	—

但随着国内相关技术的不断成熟以及相关产业的升级，未来我国实现光纤级四氯化硅的进口替代目标并不是梦，且根据目前我国市场对光纤需求的持续高速增长形势来看，未来实现光纤级四氯化硅全球性的市场替代也将成为可能。

三、光纤级四氯化硅其他制备工艺研究

1. 部分水解法

首先向四氯化硅液体中加入一定量的水，使其水解形成胶体，再进一步通过非均相物质的分离得到脱除金属化合物、三氯氢硅等杂质的四氯化硅，剩下的HCl等微量杂质进一步通过精馏除去。需要注意的是，加入的水最好不使用纯液体水，而是将含水的湿气通入四氯化硅中。

除此之外，大多的部分水解法原理都是基于卤化硼或其他含硼络合物以及钛、铝等其他元素的氯化物比四氯化硅更容易水解、水化或被水络合，从而形成不挥发的化合物，再通过精馏的方式除去。该法对四氯化硅中许多种类杂质的脱除都有十分明显的效果，例如金属杂质、硼磷化合物、三氯氢硅等。

2. 络合法

络合法在光纤级四氯化硅的制造领域一直被广泛关注，由于硼元素在硅中的分布系数非常之高，因此制备高纯度三氯氢硅或四氯化硅等产品的关键因素在于除硼的程度。与此同时，硼与硅的氯化物又具有十分接近的蒸气压，因此采用多级精馏法具有很大的限制，无法达到较好的除杂效果。国外半导体工业对此类体系应用络合法，可较高程度地脱除硼等杂质。

四、相关技术工业应用

本书编著者团队提供了一种分离提纯光纤级四氯化硅的方法，由于四氯化硅与三氯氢硅同属氯硅烷系物质，具有较为相似的性质，因此它的制备过程与图9-4所示的三氯氢硅的制备过程基本一致，主要通过吸附和精馏最终得到光纤级四氯化硅产品。

上述工艺的原料来源为在多晶硅生产过程中产生的副产物，即三氯氢硅的生产工艺中从原料提纯出来的重组分杂质，就是精制生产光纤级四氯化硅的原料。就原料来源看，目前我国多晶硅生产较大的企业有洛阳中硅高科技有限公司、江苏中能硅业科技发展有限公司、四川新光硅业科技有限责任公司、国电内蒙古晶阳能源有限公司、内蒙古神舟硅业有限责任公司等。多晶硅年产量能达到3000～20000t，过程中副产物的回收量也较大，因此将精馏副产物作为四氯化硅生产工艺原料具有非常充分的供应来源。且对三氯氢硅工艺中的副产物回收提纯再利用满足节能环保的战略需求，通过以上流程得到能用于光纤制备的产品，为我国光纤通信技术的飞速发展作出积极贡献。

第五节
电子级三氟化氮的制备

一、电子级三氟化氮生产现状

目前，在光伏能源、集成电路等新兴电子行业领域，含氟电子特气已经从众多种类的电子气体中脱颖而出，成为其中不可缺少的重要组成部分。由于氟的化学性质非常活泼，氟原子反应活性强、电负性大，因此含氟电子特气具有其独特的性能。其中，电子特气三氟化氮作为一种优良的等离子刻蚀气体和反应腔清洗剂，在集成电路芯片制造领域及液晶显示、非晶硅薄膜电池等工业领域使用十分广泛。三氟化氮作为一种刻蚀气体其优势十分明显，刻蚀速率高、选择性强，且整个过程中没有任何残留物遗留在被刻蚀物表面。另外作为一种清洗气体，三氟化氮的分解温度低，与其他种类气体相比其无害处理的成本大大减少，与此同时三氟化氮还具有比其他清洗气更好的清洗效果，能够得到更好的经济效益，因此目前多晶硅生产中大型的化学气相沉积（CVD）设备基本都采用三氟化氮为主要的清洗气体。除此之外，其使用方式也具有多变性，除了单独使用作为刻蚀气体外，三氟化氮还能与其他气体组合使用，例如 NF_3/Ar、NF_3/He 常作为 $MoSi_2$ 的刻蚀气体；NF_3/CCl_4、NF_3/HCl 可同时用于 $MoSi_2$ 和 $NbSi_2$ 的刻蚀。可见，三氟化氮在未来的电子特气领域极具发展潜力。

近年来，随着下游集成电路、平板显示等领域快速发展，我国电子特气的市场规模也不断扩大，其中含氟电子特气发展势态良好。中国目前是世界上主要生产四氟化碳和电子级六氟化硫的国家，其中主要供应商包括科美特特种气体有限公司、福建德尔科技股份有限公司、山东飞源气体有限公司和黎明化工研究院等，总体供需相对平衡。而就生产情况来看，三氟化氮和六氟化钨的市场供应比较短缺。表 9-4 为 2017—2019 年三氟化氮的进出口量、价格等数据。

表9-4　2017—2019年三氟化氮的进出口数据

年份	进口量/t	进口均价/(美元/t)	出口量/t	出口均价/(美元/t)
2017	1386.3	27158	992.1	26612
2018	1086.7	27322	991.2	24768
2019	958.1	24350	1192.2	22784

由表分析，我国三氟化氮进口量 2017—2019 年间不断减少，出口量不断增加，且进出口的总量相当，无较大差别。从进出口价格来看，两者波动范围较大，并且仍存在一定的差异。这表明国内三氟化氮产品与国外先进产品相比在许多方面还略有差距，市场供需相对紧张。从全球分布来看，三氟化氮在亚洲有着最大的消费量，在国内更有着巨大的发展空间，在多个关键领域（如半导体、集成电路、液晶显示、发光器件）都有着举足轻重的地位，是制造过程不可或缺的基础性材料。因此，深入研究三氟化氮电子特气的制造技术，加快实现我国电子级三氟化氮的自主生产，对解决市场供应的平衡、打破国外技术垄断具有重要意义。

二、电子级三氟化氮主要精馏技术

现存的三氟化氮生产工艺得到的产品中大都含有 HF、N_2F_2、N_2F_4、CF_4 等杂质，在对其脱除的过程中容易引入新的杂质，例如水分，会严重影响纯度和质量，使其无法达到半导体刻蚀气体的标准，或者无法达到 CVD 设备清洗气体的要求，因此选择合适的提纯技术十分重要。工业中主要的提纯方法包括：精馏法、化学吸收法、化学转化法、选择吸附法等，其中，精馏法是大型工业生产中最广泛采用的方法，由于其操作连续、处理量大，且能够脱除其他方法难以脱除的杂质（如 CF_4），从而得到高质量的产品，因此适合大规模的工业化生产。

1．低温精馏工艺

在 NF_3 原料气中，含有许多高沸点和低沸点杂质，例如 N_2O、CO_2、HF 和 N_2F_2 等高沸点杂质，以及 O_2、N_2 和 F_2 等低沸点杂质。针对以上的原料特点，学者 Hiroyuki 等提出一种低温精馏的工艺，在一个低温精馏塔中，高低沸点杂质经过多次汽化冷凝实现分离，工艺如图 9-5 所示。

工艺中所述的粗品气体，需要首先采用活性铝吸附剂将其中的高沸点杂质组分大量吸附掉，其中杂质主要包括 N_2O、CO_2 等，得到的粗品气体送入低温精馏塔，除去其中的低沸点杂质，如 O_2、N_2 等。需要注意的是在低温精馏的过程中，还需要规定冷却介质，一般情况下采用液氮，且需要加入另一种惰性气体作为第三介质到精馏塔中，一般采用沸点很低的 He。运行时，控制好原料气体与第三介质的比例，根据实际经验数据通常为 0.1 ～ 10，然后经过低温精馏传热传质得到质量纯度大于等于 99.99% 的液态 NF_3。但此种方法存在明显的缺点，即第三介质的消耗量很大，在原料方面加大了投资，且增加了操作成本。因此为了减少消耗，需要提高生产的连续性和稳定性。低温精馏法经过多次改良，目前以连续精馏工艺最为典型，工艺流程如图 9-6 所示。

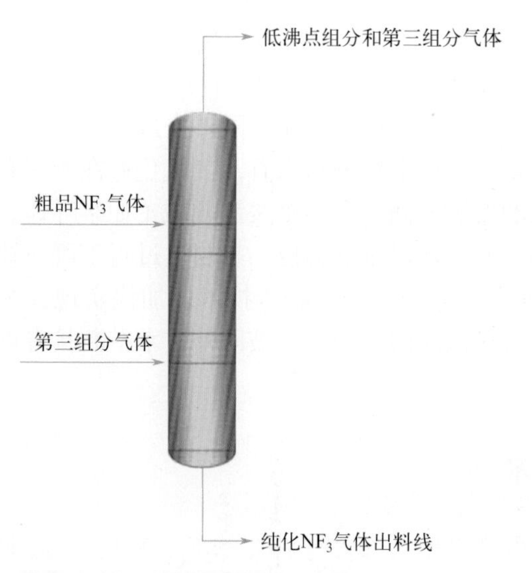

图9-5 低温精馏法流程示意图

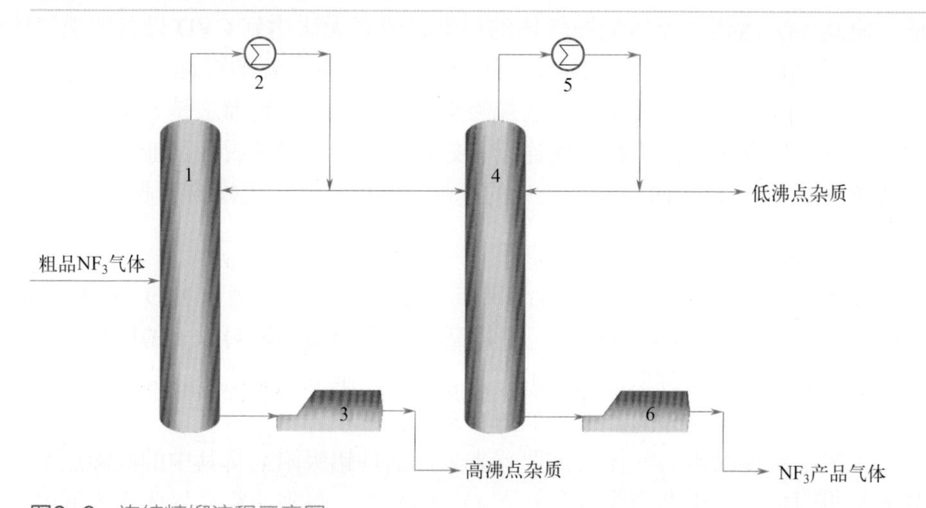

图9-6 连续精馏流程示意图

1—中压精馏塔1；2—塔顶冷凝器1；3—塔釜再沸器1；4—精馏塔2；5—塔顶冷凝器2；6—塔釜再沸器2

全流程由两个精馏塔组成，原料气体首先送入中压精馏塔1，控制塔顶温度在一定范围内变化，部分NF_3气体及低沸点组分杂质送入精馏塔2，高沸点杂质组分从精馏塔1塔釜分离，同样经过多次传热传质，最终在精馏塔2塔釜得到高纯度的NF_3电子特气。改进后的连续低温精馏方法，可以得到电子级NF_3产品气体，但是该方法在实际工业生产过程中对精馏操作要求非常严格，需要精准的分析控制才能实现产品的质量目标。

2．共沸精馏工艺

三氟化氮的共沸精馏从20世纪90年代至今一直被许多学者或公司研究和使用。由于NF_3粗品气体中含有杂质CF_4，而两者的沸点非常之接近，仅仅相差1℃，因此采取普通的精馏方式无法实现分离。美国杜邦提出过一种共沸精馏法，是在夹带剂的存在下进行的；韩国索迪夫材料公司发明的一种制备高纯度NF_3的共沸精馏法，需要在惰性气体的辅助下进行。常见的采用共沸精馏生产电子级三氟化氮的工艺如图9-7所示。

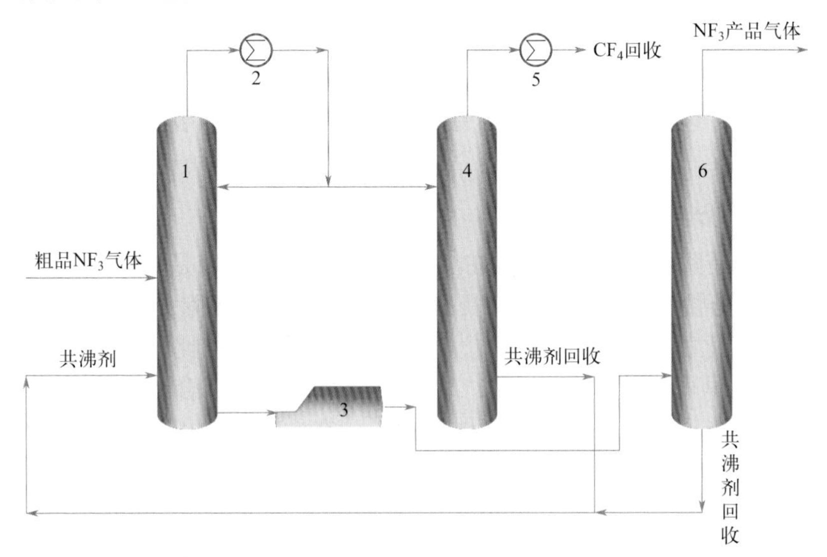

图9-7　共沸精馏流程示意图

1—精馏塔1；2—塔顶冷凝器1；3—塔釜再沸器；4—精馏塔2；5—塔顶冷凝器2；6—精馏塔3

首先将粗品气体与共沸剂同时加入精馏塔1进行精馏分离，通过调节精馏塔1的压力使共沸剂与原料中的CF_4杂质形成共沸物，最后在塔1底部得到脱除CF_4杂质后的NF_3气体。精馏塔2为回收塔，主要作用是在其塔釜回收来自塔1顶部的CF_4气体和共沸剂，其中共沸剂循环利用。塔1底部出料送入精馏塔3进一步分离，最终得到高纯度电子级NF_3产品，且共沸剂能有效地回收利用，节约资源。从以上流程看，共沸精馏法能够高效地除去NF_3中沸点相近的杂质组分CF_4，得到满足光伏产业的高质量NF_3电子特气。

三、电子级三氟化氮其他制备工艺研究

1．化学吸收法

在NF_3制备过程中会产生一些酸性、氧化性气体，针对此类物质可用碱性或

者还原性溶液通过吸收法将其去除，得到高纯度的产品，此种方式称为化学吸收法，从 20 世纪 90 年代沿用至今。代表性企业主要有三井化学，该公司公开的用碱水溶液、碱性或还原性溶液吸收以及通过热交换精制装置除水等方面的专利都具有典型的工业应用。

2．化学转化法

在 NF_3 的制备过程中会产生 N_2F_2、N_2F_4 等氮氟化合物杂质，可以选用合适的金属催化剂促使其发生分解反应实现杂质的去除，故称为化学转化法[15]。化学转化法相对于吸收法而言应用更加广泛，其起源于 20 世纪 80 年代，最早是日本三井化学公开一系列化学转化法制备高纯度 NF_3 的专利，后来被许多企业沿用和不断改进，包括我国七一八研究所提出的用裂解塔填装金属填料制备高纯度 NF_3。

3．选择吸附法

选择吸附法是除精馏外常用于 NF_3 纯化的方法，其原理是根据 NF_3 粗品气体中不同杂质组分性质的差异，选择具有针对性的吸附剂吸附分离出其中杂质，例如 N_2F_2、氮氧化物、CF_4、H_2O 等[15]。与前面两种方法相比，选择吸附法历史最为悠久，最早可追溯到 1978 年，某化学公司提出采用合成沸石吸附剂选择吸附 NF_3 中的杂质，实现高纯度气体的制备。在此之后，以日本三井为首的多家公司从吸附剂的选择、特定杂质的去除等多个方面对纯化 NF_3 作出了工艺改进。

四、相关技术工业应用

洛阳黎明大成氟化工有限公司现有的 1000t/a 电子级三氟化氮生产线采用黎明化工研究院自主研发的高效电解、净化、低温精馏技术，与韩国大成气体株式会社先进的洁净充装工艺设备相结合，使得产品指标达到国际先进水平[16]。该工艺生产的电子级三氟化氮已长期稳定供应欧盟、美国、日本、韩国等国家和地区的半导体和液晶面板企业。

该生产线主要分成以下几个工段，如图 9-8 所示。

（1）三氟化氮制取

制取方式为电解，主要原料为熔融态 $NH_3(HF)X$ 电解质，主要过程为电解操作，阳极使用镍电极，阴极使用碳钢电极，HF 和 NH_3 通入其中间歇性补充电解质液位，同时冷热公用工程为冷却水和热蒸汽，控制电解槽温度在 90 ～ 140℃。过程中阳极产生的以及挥发出来的粗品气体包括 NF_3、F_2、N_2F_2、CO_2、HF 等，送入净化工段，阴极产生的 H_2、HF 直接送入废气处置系统。

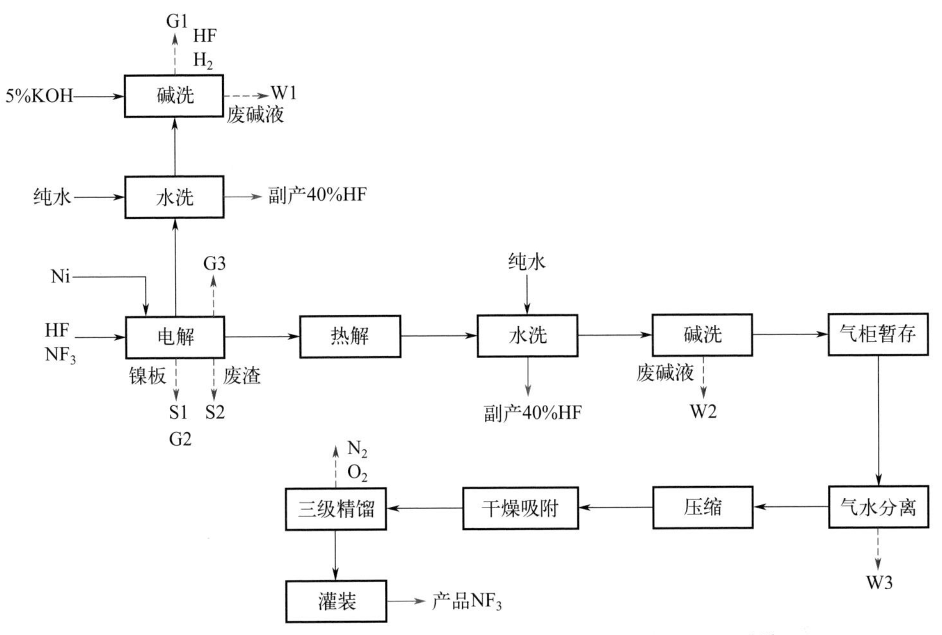

图9-8 工业实例低温精馏法生产电子级三氟化氮工艺流程及产污环节图[16]

（2）粗气净化

粗气的净化主要分为热解、水洗、碱洗三步，在电解槽末端设置热解设备，上工段的阳极气体首先在其中进行热解。具体过程为气体在逐渐加热的过程中发生部分分解，主要针对的是不饱和氟氮化合物杂质，例如 N_2F_2 分解成 N_2 和 F_2，达到除杂效果。热解后气体送入水洗系统，主要目的是除去粗品气体中夹带的酸性气体，且部分可实现回收利用，例如HF被水吸收后可作为副产品氢氟酸销售。最后一步，对上一操作中未除尽的酸性气体进行碱洗，洗去其中残留的 HF 等，碱洗后物料进入气柜暂存。

（3）产品精制纯化

气柜出来的 NF_3 气体含有大量水分，首先依次通过除沫器、冷干器初步脱水，脱水后的气体经压缩进入干燥吸附系统，吸附塔压力不高于 1.0MPa，此步骤的主要目的是深度除去水分等杂质，其中吸附塔介质采用硅胶，经过吸附后的粗气进入多级串联精馏系统（此处为三级）进行精馏提纯，塔温控制在 -180 ～ -80℃，压力不高于 1.0MPa，通过多级精馏可去除粗气中大量的 N_2、O_2，以及残留的 H_2O 等杂质气体。

（4）灌装

精馏系统出口的产品质量合格后，用隔膜压缩机进行压缩灌装，灌装压力为 10.0MPa。需要注意的是，灌装时需严格控制灌装速度并监控灌装温度，不合格气体返回至精馏塔进行二次精馏，最后直至产品合格。

（5）分析检测

主要目的在于两个方面：一是对精馏塔采出的 NF_3 质量进行检测；二是对灌装完成后各气瓶内的 NF_3 进行检测。具体操作是从取样口抽取微量的产品气，通过氦气作为载气一并送入气相色谱仪进行质量检测，最终微量样气和氦气排空。上述所有步骤完成后进行废渣处理。

第六节 电子级三甲基镓的制备

一、电子级三甲基镓生产现状

三甲基镓是半导体领域用于化学气相沉积等工艺技术，生产制备光电化合物材料的基础原材料（通常称为 MO 源）。在全球常见的几十种 MO 源中最为核心的是三甲基镓和三甲基铟两种物质，但从用量上相比，三甲基镓占有绝对的主导地位，其使用比例高达 80%。因此电子级三甲基镓的纯化过程尤为重要，需要用到不同的精制手段，目前国内外主要的生产电子级三甲基镓的技术包括多级精馏法、合金法以及络合物法。

（1）多级精馏法

精馏是最常规且最适合大规模化工业生产的提纯手段。三甲基镓的多级精馏核心设备即为精馏塔系统，液态原料在每个塔设备内经过充分的传热传质，脱除原料中现存的杂质组分。将该精馏过程进行多次，从每个塔分别脱除轻、重组分等各类不同的杂质，最终得到电子级产品。

（2）合金法

合金法通常采用钠钾合金作为媒介，具体操作方式为向通过加热反应釜反应生成的合金中加入三甲基镓原料溶液以及正十二烷，在特定的温度下保证其充分混合，搅拌过程中合金中的三甲基镓逐渐与其他物质分离，因此将该分离流出的组分收集起来进行下一步的精馏操作即可得到电子级产品。

（3）络合物法

许多有机物具备与其他物质形成络合物的能力。络合物法主要利用该性质，用某些有机物与三甲基镓反应形成某种络合物，需要注意的是此有机物能够与三甲基镓形成性质较为稳定且沸点较高的络合物，方便后续分离。同时该有机物不与原料中其他的杂质发生任何形式的络合反应。完成络合后通过精馏可得到电子级三甲基镓产品。

二、相关技术工业应用

国际上 MO 源的市场分布比较集中，相关的制造商较少，世界范围内只有中国、美国、欧洲、日本四个国家和地区的少数几个公司拥有规模化的产业能力。目前国内精制纯化三甲基镓的企业主要有：江苏南大光电材料股份有限公司、广东先导稀材股份有限公司、苏州普耀光电材料有限公司等。2013 年，江苏南大光电材料股份有限公司在 MO 源市场已处于世界领先水平，全球市场占有率接近 30%，产品纯度大于等于 6N，在全球市场中竞争优势明显[17]。

其具体工艺流程如图 9-9 所示。三甲基镓在常温常压下为液态，对氧气和水敏感，在空气中自燃，因此第一步采用金属镓与氯气反应生成三氯化镓；第二步碘甲烷与镁反应生成碘化镓基镁；第三步碘化镓基镁与三氯化镓反应生成三甲基镓醚络合物；第四步络合物解离生成粗三甲基镓；最后粗三甲基镓经过精馏、络合物提纯、高精密精馏等工艺可制得电子级三甲基镓，纯度达到 99.9999%（6N）水平。

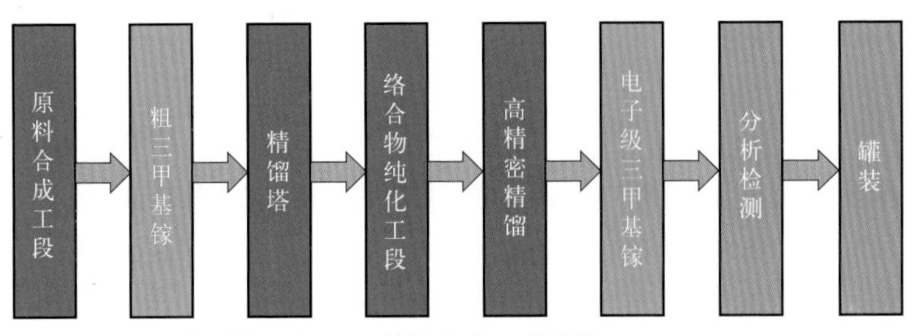

图9-9　工业实例电子级三甲基镓生产工艺流程

第七节
超净高纯试剂的制备

一、超净高纯试剂生产现状

1．国内外发展现状

超净高纯试剂，是一类纯度高于 99.99%，杂质含量符合国际标准要求的化学试剂，在世界范围内也被称为工艺化学品，其主要用于超大规模集成电路制作的过程，为该领域代表性和关键性基础材料之一，常作清洗剂用于芯片的清洗以及硅片表面的清洗等[17, 18]。近年来，我国电子光伏产业发展迅猛，许多欧美发达国家也不断将电子信息产业重心转向中国，这导致超净高纯试剂市场不断扩大，需求量日益增长，从而直接带动下游行业发展，市场规模增速平稳。

从国内发展现状来看，超净高纯试剂相关的企业在制备方法技术、工业规模化生产以及企业管理等多个层面，与欧美、日本等国外发达国家和地区相比都较为落后。我国生产超净高纯试剂的企业不在少数，且产品种类并不单一，但绝大多数属于中小型企业，生产规模也相对较小，真正实现批量生产且满足市场供应需求的大型企业很少，因此国际市场竞争力整体较弱。总体而言，我国超净高纯试剂的生产市场空缺相对较大，国产化程度低，且质量越高的产品国内能够实现自主生产的企业越少，更高级别的高端试剂基本被德国 Merck 集团、美国 Sigma-Aldrich 等国外知名企业垄断。但是近年来为了适应电子光伏行业的发展趋势，越来越多的研究机构和企业投身超净高纯试剂的研究和生产，例如上海化学试剂研究所、上海华谊微电子等少数企业已经逐渐对 C8 试剂实施规模化生产，并实现 C12 级别试剂的实验室研发。

2. 国内外发展主要差距

（1）工艺技术

最常用的工艺技术包括高温蒸馏、连续精馏、气体吸收以及膜分离技术，其中高温蒸馏与连续精馏技术结合的方式主要用于许多种类的超纯试剂制备，但该工艺的生产能力小。气体吸收技术在制备高纯度氢氧化铵的工艺中优势明显，技术也较为成熟[19]。膜分离在国际上使用更为广泛，属于较为成熟的纯化手段，主要用于一些精馏方式难以脱除的固体颗粒及金属离子的去除，但其生产成本相对较高。除此之外，还有许多特殊分离方法也逐渐得到使用，例如分子蒸馏技术也开始应用于超净高纯试剂的制造过程，但同样受到高成本的制约。

（2）分析测试技术

分析测试的主要作用是对产品中的杂质颗粒进行检验和对产品质量进行分析，是高纯度化学品制备及产业化过程中必不可少的环节。国际半导体设备与材料组织针对分析测试制定了一系列国际标准，但国内尚未达成统一的参考标准[19]。这也是与国外出现差距的因素之一。国内部分企业通过工业生产的产品在指标与质量水平上已达到了国际 SEMI C12 标准，但由于分析测试技术相对落后，针对超净高纯试剂缺少必要的测试方法，甚至许多企业根本不具备最基础的测试条件，更别谈专业的测试技术人员，多方面原因导致我国难以将高质量产品实现规模化供应。

（3）包装技术

包装也是决定产品最终质量的关键性因素之一。国际先进企业对超净高纯试剂所采用的包装容器主要包括加仑瓶、200L 桶、吨级方桶、吨级贮罐等；国内所使用的包装容器以加仑瓶、500mL 瓶、25L 桶为主，相对较小[19]。对于目前的超大规模集成电路生产线而言，小包装更容易将二次污染物引入从而导致产品质量的降低，更进一步导致成品数量的下降，因此根本无法满足市场的需求。目前，国内还无法实现国际先进的包装技术，其主要原因首先是包装材质问题，我国现有的高纯试剂的包装容器存在过多溶出杂质的问题，且在不断使用的过程中随着时间延长，容器内表面颗粒不断脱落，从而影响产品的最终质量。其次是清洗技术问题，国内目前的清洗技术无法满足大包装容器的清洗条件，并且国内大包装由于质量原因，必须经过使用前的二次清洗才能够满足高纯度产品包装的要求，因此这也成为拉大国内外差距的一个核心问题。

二、相关技术工业应用

1．工业实例——江苏九天高科技股份有限公司电子级乙醇生产工艺

与普通等级的高纯度乙醇相比，电子级乙醇主要是其中重金属离子等杂质含量大大降低。江苏九天高科技股份有限公司针对电子级乙醇的生产，从几个关键的分离方法上进行创新突破，形成一套精馏 - 渗透蒸发 - 吸附耦合生产电子级乙醇的高效工艺技术，通过提纯精制实现从原料乙醇获得电子级乙醇。其工艺的几个核心组成为：一是渗透蒸发技术，其优点在于装置简单、分离效率高、节能环保、截留物质可回收利用，在设备投资成本方面具有明显的优势；二是精馏过程，精馏质量的好坏是决定最终电子级乙醇质量能否达标的核心因素；三是吸附环节，吸附的作用是对精馏系统出来的物料进一步除杂，得到更高纯度的产品。此外，产品的包装条件、运输过程也是保持高纯度高质量的关键环节。

如图 9-10 所示，该工艺具体实施方式及运行数据为，先将工业乙醇（一般乙醇质量分数 95%）原料通过原料罐送入精馏系统，将塔釜的加热温度调节到 110℃并保持，控制全塔回流比为 2 并保持全回流状态 1h，过程可除去原料质量 10% 的轻组分杂质，回流完成后将温度范围在 72 ～ 80℃的乙醇馏分采出送入渗透蒸发装置进行下一阶段纯化，其中乙醇质量分数 85%、含水 10%。渗透蒸发过程先用蒸发器将乙醇水溶液加热到 110℃，此时乙醇物料将以蒸气形式进入到渗透蒸发核心装置进行脱水分离，包括 15 个分子筛膜、二氧化硅膜、PVA（聚乙烯醇）膜组件（每级膜组件面积为 $10m^2$），且各组件之间串联构成最终的渗透蒸发膜分离装置。料液侧压力为 0.2MPa（表压），渗透侧压力控制在 1000Pa。

最终在膜料液侧得到含水仅 0.2%（质量分数）的无水乙醇，将其送入下一工段做吸附处理。吸附过程中乙醇在吸附塔内先后经过阳离子、阴离子树脂吸附，除去其中微量离子杂质，最终得到电子级乙醇产品。最后采用气相色谱分析其中的阴、阳离子及尘埃颗粒含量，得到成分表如表 9-5 所示。

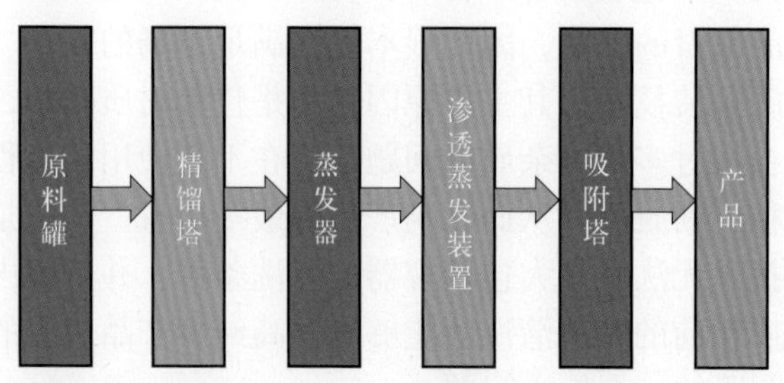

图9-10 工业实例电子级乙醇生产工艺流程

表9-5 电子级乙醇成分表

项目		单位	国际参考标准	检测值
乙醇质量分数		%	≥99.99	≥99.99
尘埃颗粒		—	≥0.5μm颗粒 ≤25个/mL	23
金属离子质量分数	Na	%	5×10^{-5}	7.9×10^{-8}
	As	%	5×10^{-6}	3.3×10^{-8}
	Mn	%	1×10^{-6}	7.0×10^{-10}
	Fe	%	5×10^{-6}	1.7×10^{-8}
	Co	%	1×10^{-6}	2.2×10^{-9}
	Ni	%	1×10^{-6}	1.2×10^{-9}
	Cu	%	1×10^{-6}	6.0×10^{-9}
	Zn	%	1×10^{-6}	5.9×10^{-9}
	Pb	%	1×10^{-6}	3.0×10^{-9}
	Ba	%	5×10^{-7}	1.6×10^{-8}

此制备方法得到的乙醇水分少，纯度高，工艺简单，运行能耗低，安全系数高，过程中不产生废盐。

2．工业实例——浙江建业微电子材料有限公司电子级异丙醇生产工艺

该工艺主要提供一种吸附 - 精馏耦合制备电子级异丙醇的方法。生产装置包括原料罐、分子筛吸附单元、蒸发罐、第一精馏塔、第二精馏塔、过滤器及循环单元。精馏塔均为填料塔，吸附剂采用具有磁性定向吸附能力及超大比表面能的改性吸附材料，最终得到金属离子含量极低的电子级异丙醇，如图 9-11 所示。

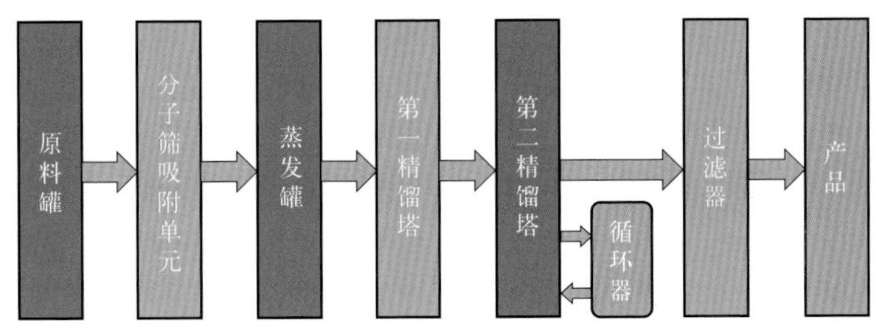

图9-11　工业实例电子级异丙醇生产流程图

具体流程如下：原料异丙醇从原料罐依次流经分子筛吸附单元、蒸发罐、第一精馏塔、第二精馏塔及过滤器，最终从过滤器采出高纯度的电子级异丙醇产品。分子筛吸附主要目的是降低原料中的含水量，采用先进吸附剂可将原料异丙醇中的水分降至 3×10^{-5} 以下。精馏主要目的是对异丙醇中的轻组分杂质及金属离子杂质进行脱除，其中塔的主要材质为抛光等级不同的不锈钢，其型式均为填料塔，最终离开精馏系统的物料金属离子降至 10^{-11} 以下。其工业应用数据如表 9-6 所示。

表9-6　电子级异丙醇成分表

项目	吸附材料	吸附后异丙醇中水的质量分数	金属离子质量分数	最终产品纯度/%
应用1	永磁性羟丙基壳聚糖改性活性炭	1×10^{-5}	4.5×10^{-12}	99.99999
应用2	永磁性羟丙基壳聚糖改性活性炭	8×10^{-6}	4.0×10^{-12}	99.99999

整个工艺能得到性能优异稳定的电子级异丙醇，克服了其他制备异丙醇方法分离杂质困难、产品质量不稳定的缺点，生产工艺简单且高效，装置还具有占地面积小、易自动化操作、生产质量稳定和连续化程度高等优点。

3．工业实例——本书编著者团队乙腈精馏装置系统技改工艺

乙腈常温常压下为无色透明液体，属于易燃物质，是一种具有很高绝缘系数的极性溶剂，性能优良，对于许多气体物质具有很好的溶解能力。乙腈最主要的用途之一是作溶剂，例如在油脂工业中用作从动植物油中抽提脂肪酸的溶剂，在医药领域用作甾族类药物再结晶的反应介质[17]。

在光伏产业领域，电子级乙腈是半导体部件清洗和刻蚀的主要试剂，其纯度和洁净度对集成电路的质量、性能都有着至关重要的影响。由于电子级乙腈对光学器件的清洗效果比其他许多常规清洗剂更为突出，同时，作为原料的工业乙腈价格相对低廉，而成品电子级乙腈价格可达到原料百倍之多，因此此种试剂具有很大的研究价值和广阔的应用前景。目前，许多发达国家已熟练掌握电子级乙腈的提纯工艺，其中大

部分已实现大规模生产，同时有一套完整的评价标准制度，由于涉及技术商业秘密，其工艺路线都严格不对外公开。就国内目前发展而言，电子级乙腈的纯化技术基本上仍处于实验室阶段，集成电路所用的试剂主要依赖进口，且相关产业没有制定标准作为依据。因此研究开发电子级乙腈的生产技术，实现生产自主性迫在眉睫。

本书编著者团队开发了乙腈精馏装置技改系统。原料为高纯度乙腈溶液，通过间歇精馏装置除去其中的微量杂质，将乙腈的质量浓度由99.9%提高到99.99%，达到电子级标准。原料组成为：乙腈为99.9%，含水量不高于2×10^{-4}，其余为紫外吸收光谱在200～260nm波长的微量杂质[20]。

工厂原先的乙腈生产装置包括：*DN*800mm×18500mm精馏塔四套，*DN*500mm×18500mm精馏塔一套。现对四套*DN*800mm×18500mm精馏塔中的一套进行技术改造，采用高效填料和均布液体分布器，提高分离及生产效率，同时增加该塔塔径，增大生产能力，将单套产能提升50%。

具体的工艺流程如图9-12所示。采用*DN*800mm精馏塔间歇精馏，塔釜一次加料13m³，全回流时间24h，脱轻时间24h，产品采出时间72h；产品采出后塔釜中残存的重组分釜渣采出去指定地点处理，冷凝器的不凝气去废气处理系统。采出的乙腈纯度不低于99.99%。乙腈原料的组成如表9-7所示，乙腈精馏塔系统公用工程消耗如表9-8所示，技改后塔设备一览如表9-9所示。

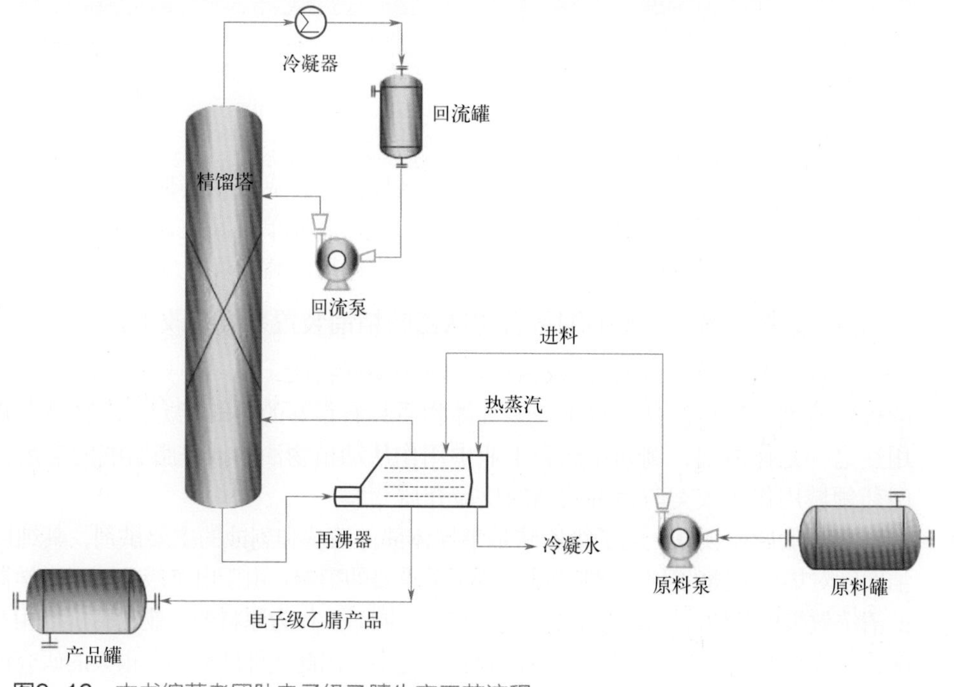

图9-12　本书编著者团队电子级乙腈生产工艺流程

表9-7　乙腈原料液组成表

项目	质量浓度/%	水分/10^{-6}	酸度/(mmol/100g)
原料	＞99.9	＜200	＜0.05

表9-8　乙腈精馏塔系统公用工程消耗表

编号	公用工程名称	规格	用量
1	循环水	0.4MPa（表压），常温	约100m³/h
2	蒸汽	0.6MPa（表压），155℃	约4.2t/h

表9-9　技改后塔设备一览表

序号	设备名称	规格参数	材质	数量	介质	备注
1	精馏塔	DN1000mm×30000mm，20m BHS高效填料，分4段	304	1	乙腈、水、丙烯腈、烯丙醇、丁腈等	将原精馏塔更换
2	精馏塔顶冷凝器	F=80m²，n=355，列管Φ25mm×2.0mm×3000mm，DN700mm	304	1	乙腈、水、丙烯腈、烯丙醇、丁腈等	新增一台冷凝器
3	精馏塔釜再沸器	F=55.8m²，n=245，列管Φ25mm×2.0mm×3000mm，DN600mm	304	1	乙腈、水、丙烯腈、烯丙醇、丁腈等	将原再沸器更换

参考文献

[1] 张志刚，徐世民，张卫江，等. 我国工业甲醇提纯精制高纯甲醇的可行性 [J]. 精细石油化工进展，2006, 7(2): 45-47.

[2] 江阴市润玛电子材料有限公司. 超高纯甲醇连续生产的工艺 [P]. CN 200810023537.4. 2008-04-03.

[3] 程正载，王洋，龚凯，等. 工业萘的精制与分析 [J]. 燃料与化工，2013, 44(3): 46-48.

[4] 郑伟. 精萘的生产和市场分析 [J]. 化学工程与装备，2010 (12): 142.

[5] 太原理工大学. 一种利用微波和超声波从工业萘制备精萘的方法 [P]. CN 201210127323.8. 2012-04-27.

[6] 苏鸣皋. 连续多级逆流分步结晶分离萘 - 硫茚的研究 [D]. 北京：北京化工大学，2015.

[7] 孙绪峰，李群生，苏鸣皋，等. 粗萘连续多级逆流分步结晶过程的研究 [J]. 北京化工大学学报（自然科学版），2009, 36(3): 11-14.

[8] 陈文，徐昱，李群生，等. 三氯氢硅精馏新过程的研究及其节能降耗的应用 [J]. 化工进展，2009, 28(S2): 297-300.

[9] 翟佳秀. 改良西门子法生产多晶硅中三氯氢硅精馏工艺的开发模拟研究 [D]. 北京：北京化工大学，2016.

[10] 姜利霞，严大洲，杨永亮，等. 氯硅烷提纯系统 [P]. CN 103950938A. 2014-07-30.

[11] 袁希钢，龚超，刘春江，等. 超纯三氯氢硅制备的多级全热耦合精馏生产装置和工艺方法 [P]. CN 201110151035.1. 2011-06-07.

[12] 裴艳红，李强，马国栋，等. 一种三氯氢硅精制方法 [P]. CN 201210295368.6. 2012-08-17.

[13] 李群生. 多晶硅生产中精馏节能减排与提高质量技术的应用 [J]. 应用科技，2009, 17(2): 25-31.

[14] 李群生．氯硅烷和多晶硅精馏节能减排与提高质量的技术与应用 [J]．新材料产业，2008 (9): 60-66.

[15] 白璐，周倩．三氟化氮高纯电子气体专利分析 [J]．科技创新与应用，2016 (14): 72.

[16] 高宝柱，王娟，魏磊，等．一种电解法制三氟化氮工艺产生的电解废渣废水的处理方法 [P]. CN 201911064536.9. 2019-10-23.

[17] 南大光电拟投建特种气体项目 [J]．低温与特气，2013, 31(4): 10.

[18] 王翔宇，李群生．多晶硅生产中三氯氢硅精馏环节的节能增效 [C]// 2013 中国化工学会年会论文集．北京：中国化工学会，2013:79-80.

[19] 徐英伟．我国超净高纯试剂的应用与发展 [J]．微处理机，2010, 31(3): 1-5.

[20] 李群生，亓军，汤金龙．一种含乙腈废水的精制工艺 [P]. CN 201910329794.9. 2019-04-23.

索引

A

鞍点　175

鞍形填料　115

B

板式塔　084

变温度法　070

标准偏差　051

标准态逸度　041

丙酮　257

C

采出比　209

残余曲线　173

残余曲线图　173

操作弹性　107

差热分析法　071

差示扫描量热法　071

差压集成　214

超滤　149

持液量　121

传质区　147

传质系数　125

催化加氢法　276

催化精馏　177

萃取剂　040

萃取精馏　040, 166

D

单因素变量优化　204

导向孔　085

导向立体喷射填料塔板　109

导向筛板　085

等板高度　125

等温吸附热　145

低温精馏　289

低温余热回收　244

狄克松（Dixon）填料　117

电感耦合等离子体发射光谱法　160

电感耦合等离子体质谱法　160

电渗析　149

电子级氢氟酸　157

动力学分离　144

动态法　070

动态累积循环　251

动态吸附容量　148

对二氯苯　193

多储罐间歇精馏　255

多级串联精馏 281
多阶梯换热 245
多晶硅 260

E

二氯二氢硅 182

F

发射光谱法 160
反渗透 149
反应精馏 177
反应型反应精馏 180
非均相共沸精馏 171
非均相共沸物 171
非随机作用参数 042
分步结晶法 277
分配系数 055
分散相 104
浮阀 084
浮阀塔板 099

G

改良西门子法 261
干板压降 097
高纯度化学品 002
高纯度甲醇 272
格栅填料 120
隔壁塔 233
共沸剂 171
共沸精馏 171
鼓泡促进器 093
鼓泡区 092
固阀 084
固阀塔板 099
固液相平衡 059
惯性碰撞 152
规整填料 113
硅烷法 262
过程强化 084

H

恒沸精馏 019
花环填料 116
化学势 040
环矩鞍填料 115
环形填料 114
回流比 016, 180
混合流 085
混合整数非线性规划 181
活度系数 041
活度系数法 060, 169
活塞流 085
火焰发射光谱法 160

J

计算机辅助分子设计法 169
计算机优化设计法 169
计算流体力学 084

加溶剂法 070
加溶质法 070
加盐精馏 054, 168
甲醇 198
甲硅烷 181
甲基叔丁基醚 199
间苯氧基苯甲醛 193
间歇萃取精馏 250
间歇共沸精馏 250
间歇结晶 185
间歇精馏 016
减排 256
简捷计算法 015
降液管 086
降液区 092
接触角 128
结点 175
结晶 185
截断式降液管 092
进料位置 180
经验模型法 066
经验筛选法 169
晶格填料 116
精馏传质元件 003
精馏－结晶耦合 184
精馏－膜分离耦合 194
精馏－渗透蒸发 199
精馏塔 016
精馏型反应精馏 180
精馏－蒸气渗透 197
静态法 070
聚氯乙烯 030
聚乙烯醇 170
均相共沸精馏 171
均相共沸物 171

K

糠醛 089
扩散碰撞 152

L

拉乌尔定律 172
离子液体 040
连续多级逆流分步结晶 279
连续结晶 185
连续相 104
流程模拟 022

M

脉冲控制法 252
脉冲填料 120
膜分离 194

N

纳滤 149
萘 191
能量匹配 216

年度总费用　180
年度总投资　180

P

偏摩尔剩余焓　056
平衡分离　144
平衡线　056
平均绝对偏差　051
平均相对偏差　051

Q

气液两相接触面积　092
气液相平衡　040
倾斜式降液管　092
清液层高度　097
球形填料　116
区域熔融结晶法　276
全回流　251

R

热泵　181
热泵精馏　233
热分析法　071
热管　241
热力学效率　181
人工神经网络法　069
溶解焓　072
溶解吉布斯自由能　072
“溶解－扩散”模型　195
溶解熵　072
熔融结晶　186

S

三氟化氮　288
三甲基镓　294
三氯氢硅　181
散堆填料　113
色谱分析法　071
筛孔　084
闪蒸　014
设备费用　225
渗透蒸发　194
湿板压降　089
湿电子化学品　028
石墨炉原子吸收光谱法　160
受液区　092
丝网波纹填料　118
丝网除雾器　153
酸洗精馏　276

T

塔板　084
塔板数　180
塔板效率　006
碳酸二甲酯　183
特殊精馏　004
提馏　014
提馏式间歇精馏　253

填料　084
填料塔　084
停留时间　085, 089
湍流模型　101
脱轻　284
脱重　284

W

烷基化　184
微量杂质脱除　004
微滤　149
无限稀释活度系数　055

X

吸附　284
吸附床　147
吸附 - 低温精馏法　162
吸附剂　147
吸附精馏　019
相对挥发度　048
硝基氯苯　192

Y

压降　092
严格计算法　016
盐效应　168
液泛气速　121
乙醇脱水　199
乙腈　299
乙炔精制　264
乙酸甲酯　263
乙酸 - 水分离　177
异丙醇　298
异丙醇（IPA）脱水　199
异戊二烯　170
逸度　040
有效相界面积　123
原子吸收分光光度法　160

Z

蒸馏　014
蒸气渗透　194
正规溶液模型　064
正交试验　212
直接拦截　152
中间储罐间歇精馏　254
中间冷凝器　227
中间再沸器　227
重量分析法　071
状态方程法　069
紫外可见分光光度法　071

其他

BH 型高效填料　260
eNRTL 模型　043
Euler-Euler 双流体模型　101
Ewell-Harris-Berg（EHB）法　169
Margules 方程　066

Mellapak 填料　119
NRTL 模型　041
Robbins 表法　169
Scatchard-Hamer 方程　065
UNIFAC 方程　064
van Laar 方程　066
VLE 方程　041
Whol 方程　064
Wilson 模型　041
θ 环高效填料　117